2.1 移动选区——繁花似锦 15 页

2.2 矩形选框工具——艺术相框 16 页

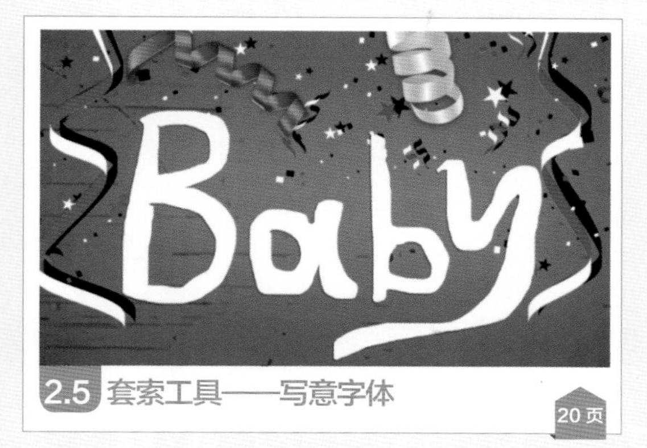

2.5 套索工具——写意字体 20 页

2.6 多边形套索工具——恐龙来了 21 页

2.7 磁性套索工具——女巫的城堡 22 页

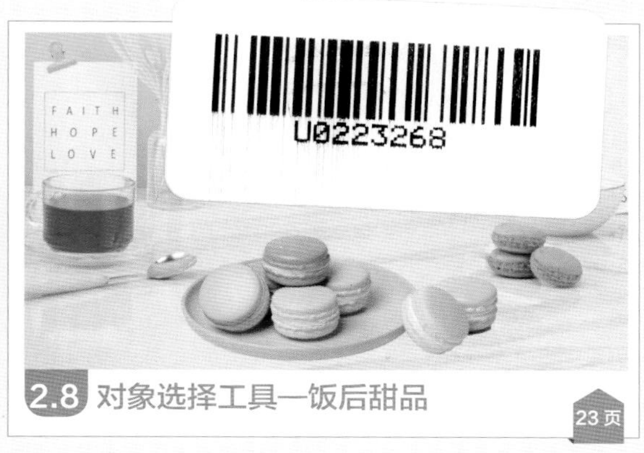

2.8 对象选择工具—饭后甜品 23 页

2.9 快速选择工具——空中的单车 23 页

2.11 色彩范围——换颜色的裙子 25 页

2.13 羽化选区——江南水乡 27 页

2.14 变换选区——质感阴影 29 页

2.18 描边选区——生日快乐 33 页

3.1 设置颜色——前景色和背景色 34 页

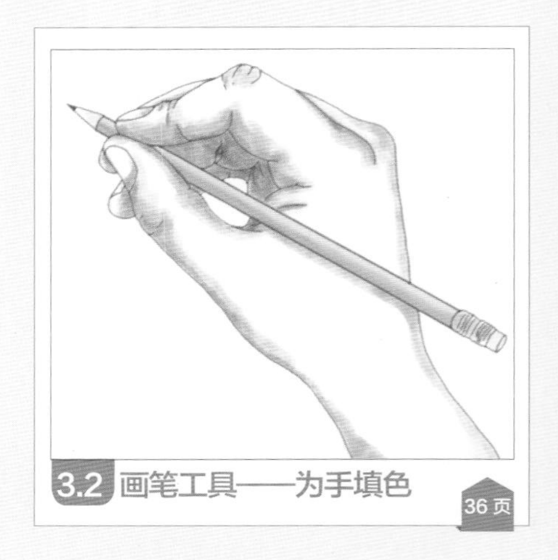

3.2 画笔工具——为手填色 36 页

3.3 铅笔工具——幸福一家人 37 页

3.8 渐变工具——时尚煎锅

42 页

3.10 橡皮擦工具——冰激凌花

45 页

3.11 背景橡皮擦工具——桃子店铺主图

46 页

3.18 仿制图章工具—海滩

51 页

4.1 编辑图层——浪漫樱花

59 页

4.2 投影——海中小船

61 页

4.3 斜面和浮雕——棉花糖海报 62 页

5.1 钢笔工具——美味食物 82 页

6.5 通道抠图 3——美容广告 114 页

7.13 调色技巧 2——制作甜美日系效果 151 页

8.1 描边字——放飞梦想 166 页

8.4 冰冻文字——清爽冰水 171 页

9.7 趣味影像合成——香蕉爱度假 201页

9.11 广告影像合成——手机广告 209页

10.1 App 标志——枫叶美术教育 212页

10.5 日用产品标志——草莓果儿童果味牙膏 224页

10.7 贵宾卡——金卡 228页

10.8 配送卡——新鲜果蔬 231页

10.9 VIP——地铁卡 233页

10.10 VIP 会员卡——蛋糕卡 235页

11.1 手机广告——挚爱一生 241 页

11.2 饮料广告——清凉一夏 244 页

11.4 香水广告——小雏菊之梦 249 页

11.5 促销海报——活动很大 251 页

12.3 茶叶包装——茉莉花茶 260页

12.4 月饼纸盒包装——浓浓中秋情 261页

13.1 气象图标——太阳天气 282页

13.2 拟物图标——立体饼干 285页

13.3 手机界面——音乐平台个人中心 289页

13.4 网页错误界面——网页 404 293页

13.5 网页界面——设计网 295 页

14.1 公众号首图——中奖通知 298 页

14.2 微视频插图——粉丝福利 300 页

14.3 二维码配图——有奖互动 305 页

14.4 公众号封面图——暑假兴趣班 308 页

14.5 社交平台头像框——鼠年大吉 311 页

从新手到高手

于莉佳 高杰 / 编著

Photoshop 2020 平面设计从新手到高手

清华大学出版社

北京

内 容 简 介

本书是一本专门讲解Photoshop 2020的专业教材。全书通过大量的实例展示与详细的操作步骤，深入讲解了Photoshop 2020从工具操作等基本技能到制作综合实例的完整流程。

本书共包括14章，第1章为Photoshop基础篇，讲解了Photoshop 2020的基础知识；第2～6章为运用篇，讲解了Photoshop 2020的基本操作，以帮助没有基础的读者轻松入门；第7～14章为综合篇，分别讲解了数码照片的处理、文字特效、影像合成、标志和卡片设计、广告与海报设计、包装与产品设计、UI图标及界面设计、新媒体设计等的制作方法，以使读者全面掌握Photoshop 2020的使用方法和基本操作，并积累实战经验。

本书讲解深入、细致，具有很强的针对性和实用性，可作为各大专院校和培训机构相关专业教材，也可作为广大Photoshop爱好者、平面设计和网页设计等从业人员的自学教程和参考用书。

图书在版编目(CIP)数据

Photoshop 2020 平面设计从新手到高手 / 于莉佳，高杰编著 . —北京：清华大学出版社，2021.2
（从新手到高手）
ISBN 978-7-302-56790-5

Ⅰ . ① P…　Ⅱ . ①于… ②高…　Ⅲ . ①平面设计－图像处理软件　Ⅳ . ① TP391.413

中国版本图书馆 CIP 数据核字 (2020) 第 217478 号

责任编辑：陈绿春
封面设计：潘国文
版式设计：方加青
责任校对：胡伟民
责任印制：丛怀宇

出版发行：清华大学出版社
网　　址：http://www.tup.com.cn，http://www.wqbook.com
地　　址：北京清华大学学研大厦 A 座　　**邮　　编：**100084
社 总 机：010-62770175　　**邮　　购：**010-83470235
投稿与读者服务：010-62776969，c-service@tup.tsinghua.edu.cn
质 量 反 馈：010-62772015，zhiliang@tup.tsinghua.edu.cn
印 装 者：三河市龙大印装有限公司
经　　销：全国新华书店
开　　本：188mm×260mm　**印　张：**20.25　**插　页：**4　**字　数：**600 千字
版　　次：2021 年 2 月第 1 版　**印　次：**2021 年 2 月第 1 次印刷
定　　价：89.00 元

产品编号：073499-01

前言

Photoshop是Adobe公司旗下著名的图像处理软件之一，主要用于处理由像素构成的数字图像，是一款专业的位图编辑软件。Photoshop应用领域广泛，在图像、图形、文字、视频等方面均有所涉及，在平面广告、产品包装、UI设计、新媒体设计等各方面都起着不可替代的重要作用。本书所讲解的软件版本为Photoshop 2020。

一、编写目的

鉴于Photoshop强大的图像处理能力，我们力图编写一本全方位介绍Photoshop 2020基本技能和操作技巧的工具用书，帮助读者逐步掌握并精通Photoshop 2020的使用方法。

二、本书内容安排

本书共分14章，精心安排了188个具有针对性的案例，从最基础的Photoshop 2020的使用方法介绍，到复杂的平面广告设计、海报设计、UI设计和新媒体设计等，内容丰富，可以帮助读者轻松掌握软件使用技巧和具体应用。为了让读者更好地学习书中知识，笔者在编写时特地对本书采取了“疏导分流”的措施，具体编排如下。

章 名	内 容 安 排
第 1 章 Photoshop 2020 快速入门	本章通过 15 个案例，讲解了 Photoshop 2020 的基本使用技巧，包括工作界面、文件的新建与存储、调整图像、裁剪图像、辅助工具应用等
第 2 章 选区的使用	本章主要了解选区的使用方法，精选 18 个案例，讲解了移动选区、椭圆选框工具、套索工具、魔棒工具等的运用，同时介绍对选区进行羽化、变换、反选、扩展和描边等操作的方法
第 3 章 绘画和修复工具的运用	本章通过 24 个案例，了解画笔工具、铅笔工具等绘画工具的应用方法，同时通过具体的案例，使读者掌握仿制图章工具、污点修复工具等的使用方法
第 4 章 图层和蒙版的运用	本章通过 16 个案例，介绍了图层、图层混合模式和调整图层的使用方法，并介绍图层蒙版、剪贴蒙版和矢量蒙版的使用方法

续表

章 名	内 容 安 排
第 5 章 路径和形状的应用	本章通过 14 个案例，了解钢笔工具、各项形状工具的使用方法，还介绍了路径的运算，以及路径的描边和填充等操作方法
第 6 章 通道与滤镜的运用	本章通过 22 个案例，讲述了使用通道进行调色、美白和抠图的方法，还介绍了各类滤镜的使用方法
第 7 章 数码照片处理	本章通过 21 个案例，介绍了数码照片的处理，从遮瑕、去皱、美白和修饰腿形等到照片的调色、精美相册的制作等
第 8 章 文字特效	本章通过 11 个特效文字的制作，为读者提供了制作特效字的思路
第 9 章 创意影像合成	本章通过 12 个创意影像的合成创意案例，非常详细地讲述了 Photoshop 合成作品中的一些技巧
第 10 章 标志与卡片设计	本章通过 11 个案例，讲解标志和卡片的制作，包括多个行业的标志制作方法，以及配送卡、地铁卡、会员卡的制作方法
第 11 章 广告与海报设计	本章中 6 个不同风格的广告和海报设计案例，是制作海报的极佳范例。通过讲解，可以了解海报制作的过程与技巧
第 12 章 包装与产品设计	本章通过 8 个案例，讲解了画册、手提袋等的设计方法，还讲解了茶叶、纸盒、食品等的包装设计过程
第 13 章 UI 图标及界面设计	本章的 5 个案例，小到图标设计，大到界面设计，为读者进行 UI 设计提供了具有参考价值的设计方案
第 14 章 新媒体设计	本章详细介绍了 5 个新媒体设计案例，包括公众号首图和封面图、微视频插图、二维码配图等

三、本书写作特色

为了便于读者更好地阅读与理解，本书在具体的写法上也“暗藏玄机”，具体介绍如下。

- 由易到难，轻松学习

本书详细地讲解了每个工具在实际应用中的使用方法，在编写时还特别考虑到各种可能用到的场景。从基本内容的实例到综合案例的运用，读者只要多加练习，即可应对绝大多数的工作需要。

- 知识点一网打尽

书中除了对基本内容的讲解，还在操作步骤中分布了大量的“提示”，用于相应概念、操作技巧和注意事项等深层次解读。因此本书可以说是一本不可多得的、能全面提升读者Photoshop技能的练习手册。

四、配套资源下载

本书的配套素材、教学视频请扫描右侧的二维码进行下载。

如果在配套资源的下载过程中碰到问题，请联系陈老师，联系邮箱chenlch@tup.tsinghua.edu.cn。

配套素材

教学视频

五、本书作者及技术支持

技术支持

本书由哈尔滨师范大学美术学院于莉佳、高杰编著。在编写过程中，作者以科学严谨的态度，力求精益求精，但书中疏漏之处仍然在所难免。如果读者发现任何技术上的问题，请扫描右侧的二维码，联系相关的技术人员进行解决。

作者

2021年1月

目录

第1章 Photoshop 2020快速入门

第2章 选区的使用

第3章 绘画和修复工具的运用

第4章 图层和蒙版的运用

第5章 路径和形状的应用

第6章 通道与滤镜的运用

第7章 数码照片处理

第8章 文字特效

第9章 创意影像合成

第10章 标志与卡片设计

第11章 广告与海报设计

第12章 包装与产品设计

第13章 UI图标及界面设计

第14章 新媒体设计

Photoshop是人们平时使用最多的图像处理软件，不论是平面设计、3D动画、数码艺术、网页制作，还是多媒体制作，Photoshop在每一个领域都发挥着不可替代的作用。本章主要介绍Photoshop 2020的基本操作方法，如新建文档、打开文档、保存和关闭文档等，通过对本章的学习，可以快速掌握Photoshop的使用技巧。

1.1 快速起步——Photoshop 2020工作界面

在学习Photoshop 2020之前，首先来认识一下它的工作界面。Photoshop 2020工作界面主要由6大版块构成，分别是菜单栏、工具选项栏、工具箱、浮动面板、编辑窗口及文档属性栏。

01 打开Photoshop 2020，启动界面如图1-1所示。

图1-1

02 启动完成后，Photoshop 2020工作界面如图1-2所示。工作界面详细介绍如下。

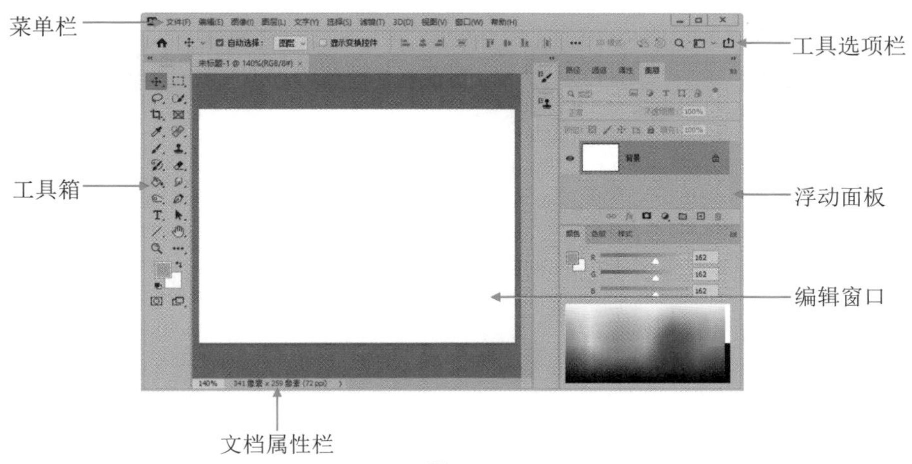

图1-2

- 菜单栏：在菜单栏中可以执行各项命令，主要包括文件、编辑、图像、图层、文字、选择、滤镜、3D、视图、窗口、帮助命令。
- 工具选项栏：工具选项栏控制当前所选工具的属性。如当前选择“矩形选框工具”，工具选项栏则显示出“矩形选框工具”的各项属性。若选择其他工具，工具选项栏则显示相应工具的属性。

- 工具箱：工具箱默认位于Photoshop 2020工作界面的左侧，也可以根据自己的使用习惯调整到界面的其他位置。工具箱中包含Photoshop 2020中所有的工具，是处理图片的“兵器库”。
- 浮动面板：浮动面板可以自由拖动，还可以通过“窗口”菜单中的命令打开或者关闭。通过不同的浮动面板，可以完成填充颜色、调整色阶等操作。
- 编辑窗口：编辑窗口是编辑图像的主要操作界面。
- 文档属性栏：文档属性栏的具体数值，因打开的文档不同而显示不同的内容。用户可以手动输入百分比来控制画面放大或缩小的比例；单击文档属性栏的小三角按钮，如图1-3所示，将弹出文档大小、文档配置文件、文档尺寸、测量比例等选项，供用户选择；单击小三角左侧的显示条，即出现画面的宽度、高度、通道和分辨率等参数。

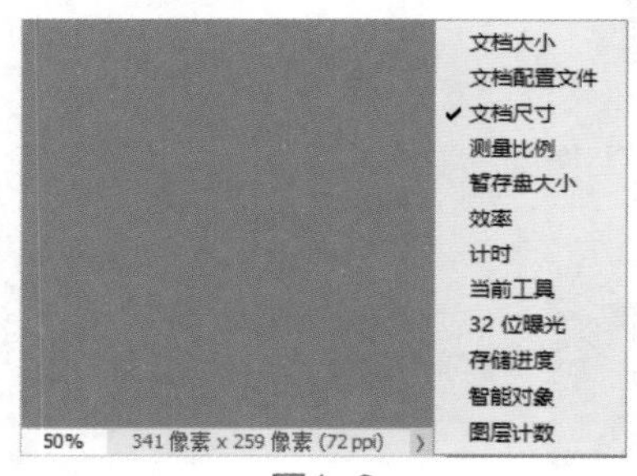

图1-3

03 更改编辑窗口的背景颜色。执行“编辑”|“首选项”|“界面”命令，在弹出的对话框中选择合适的颜色，如图1-4所示，调整颜色后的编辑窗口如图1-5所示。

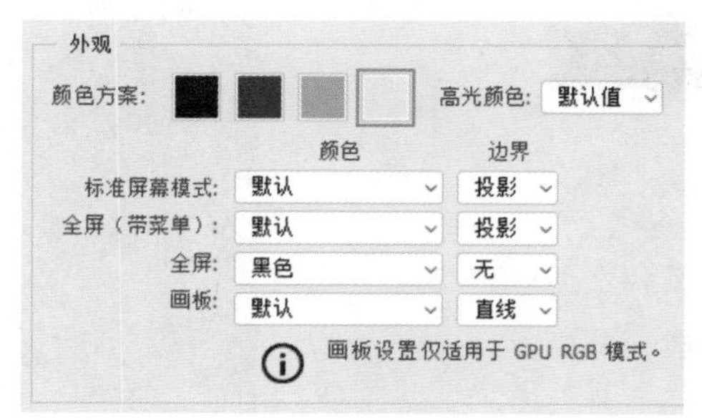

图1-4

图1-5

1.2 文件管理——新建、打开、关闭与储存图像文件

本节主要学习Photoshop 2020的文件管理方法，也就是如何新建、打开、关闭和存储图像文件。

01 启动Photoshop 2020，执行“文件”|“新建”命令，或按快捷键Ctrl+N，在弹出的“新建”对话框中设置参数，如图1-6所示。在这里可以为文件命名，设置图像的大小、分辨率、颜色模式和背景颜色等，单击“创建”按钮，新建文件。

图1-6

02 打开文件。执行“文件”|“打开”命令，或按快捷键Ctrl+O，在弹出的对话框中找到要打开的文件，单击“打开”按钮，这样就打开了一个文件，如图1-7所示。接下来可以对该文件的图片进行编辑和调整。

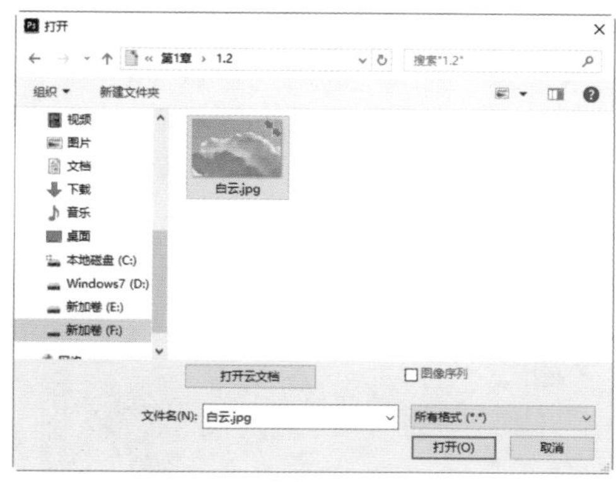

图1-7

03 存储文件。执行“文件”|“存储”命令或按快捷键Ctrl+S，即可对文档进行存储。若有对图层进行的操作，如新建了一个图层，存储时会弹出“另存为”对话框，选择计算机中合适的路径进行保存即可。

04 若想将文件存储为其他格式，执行“文件”|“存储为”命令或按快捷键Shift+Ctrl+S，在弹出的“存储为”对话框中选择相应的格式，如图1-8所示。

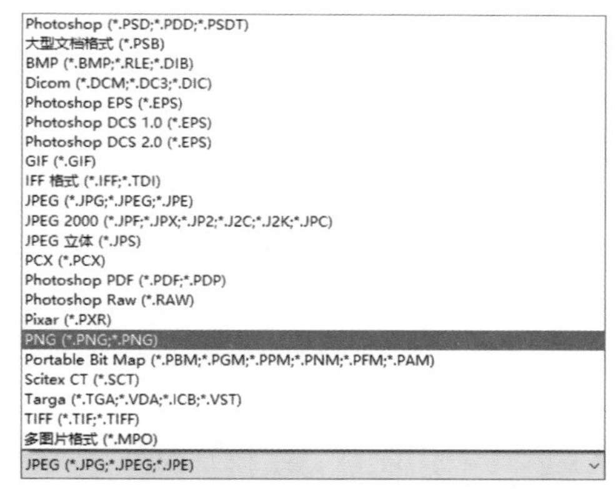

图1-8

05 若需要存储为PNG、JPEG、GIF和SVG类Web常用格式，执行“文件”|“导出”|“导出为”命令或按快捷键Alt+Shift+Ctrl+S。

执行“文件”|“导出”|“存储为Web所用格式（旧版）”命令，也能导出格式为GIF、JPEG、PNG-8、PNG-24和WEMP等Web格式的图片。

06 关闭文件，可以直接单击文档右上角的×按钮，或执行“文件”|“关闭”命令，也可以按快捷键Ctrl+W。若要关闭同时打开的全部文件，按快捷键Alt+Ctrl+W或直接单击Photoshop 2020右上角的“关闭”×按钮即可。

07 若没有对图像进行修改，文件会在执行“关闭”命令后直接关闭。若对图片进行了修改，文档会在执行“关闭”命令后弹出提示对话框，如图1-9所示。单击“是”按钮，文档会在保存后关闭；单击“否”按钮，文档不会被保存，而直接关闭；单击“取消”按钮，则文档不会进行任何处理。

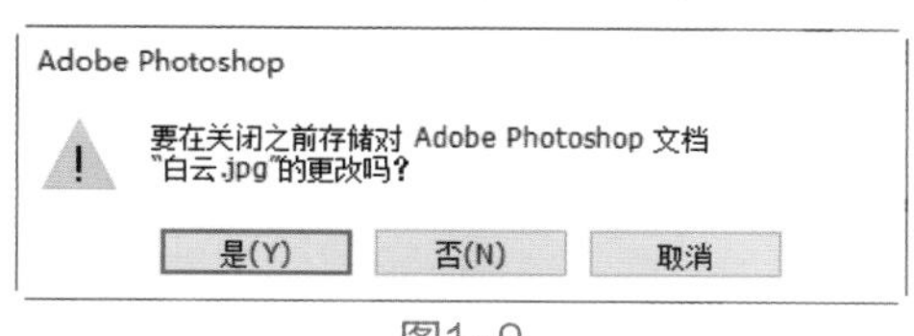

图1-9

1.3　控制图像显示——放大与缩小工具

在Photoshop 2020的实际运用当中，经常要对图像进行放大和缩小操作。其方法有很多，下面我们就来学习如何对图像进行放大与缩小。

01 启动Photoshop 2020，执行“文件”|“打开”命令，打开“花.jpg”素材，如图1-10所示。

图1-10

02 选择工具箱中的“缩放工具”，需要放大图像时，在工具选项栏中单击“放大”图标，移动指针到编辑窗口的图像上并单击，即可将图像放大，如图1-11所示。

图1-11

03 需要缩小图像时，在工具选项栏中单击“缩小”图标或按住Alt键，移动指针到编辑窗口的图像上并单击，即可将图像缩小，如图1-12所示。

图1-12

04 通过按快捷键Ctrl+“+”也可对图像进行放大。需要连续放大时，可以在按住Ctrl键的同时，连续按键盘上的“+”键。同样，通过快捷键Ctrl+“-”可对图像进行缩小处理。连续缩小时，在按住Ctrl键的同时，连续按键盘上的“-”键。

05 通过按快捷键Alt并滚动鼠标滚轮，也是一种常用的对图像进行放大、缩小的方法。按快捷键Alt+Shift并滚动鼠标滚轮时，能够对图像进行成倍放大或缩小。

按快捷键Ctrl+空格键，切换到放大工具，单击即可放大图像；按快捷键Alt+空格键，切换到缩小工具，单击即可缩小图像。

06 还原缩放。在工具箱中双击“缩放工具”，即可按100%的比例显示图像，如图1-13所示。

图1-13

其他还原缩放的方法

a）按快捷键Ctrl+1使图像100%显示。

b）单击“缩放”工具选项栏中的 100% 按钮，100%显示图像。

c）在文档选项栏中手动输入100%，100%显示图像。

整体预览图像的方法

单击 适合屏幕 按钮时，图像将自动缩放到窗口大小，以方便对图像进行整体预览；单击 填充屏幕 按钮，图像将自动填充整个图像窗口，而实际长宽比例不变。

1.4 移动图像显示区域——抓手工具

通过1.3节的学习，我们了解了“缩放工具”可以快速调整图像的显示比例，而本节将学习的“抓手工具”，则可以通过鼠标自由控制图像在编辑窗口中显示的位置。

01 启动Photoshop 2020，执行“文件”|“打开”命令，打开“叶子.jpeg”素材，如图1-14所示。

02 按Alt键并滚动鼠标滚轮放大图像（图像在编辑窗口显示为全部时不能使用“抓手工

具”），如图1-15所示。

图1-14

图1-15

03 选择工具箱中的“抓手工具”，或按快捷键H，移动鼠标指针到素材图像处，单击并拖曳，即可移动图像在窗口中的显示区域，如图1-16所示。

图1-16

04 在使用其他工具时，按住空格键，当指针变为“抓手工具”的形状时，单击并拖曳也能对图像进行移动。

05 若同时打开了多幅图像，可以选中“抓手工具”选项栏的 滚动所有窗口 复选框，即可同时移动多个画面。

注意与提示：在选中“抓手工具”的情况下，按住Ctrl键的同时，单击或按住鼠标左键拖出一个矩形框，即可对图像进行放大；若想缩小图像，则在按住Alt键的同时单击即可。

1.5　调整图像——设置图像分辨率

在进行不同需求的设计时，有时需要重新修改图像的尺寸，图像的尺寸和分辨率息息相关。本节将介绍实际中经常需要进行的操作——设置图像分辨率。

01 启动Photoshop 2020，执行“文件”|“打开”命令，打开“黄玫瑰.jpeg”素材。

02 执行“图像”|“图像大小”命令，或按快捷键Ctrl+Alt+I，弹出“图像大小”对话框，如图1-17所示。

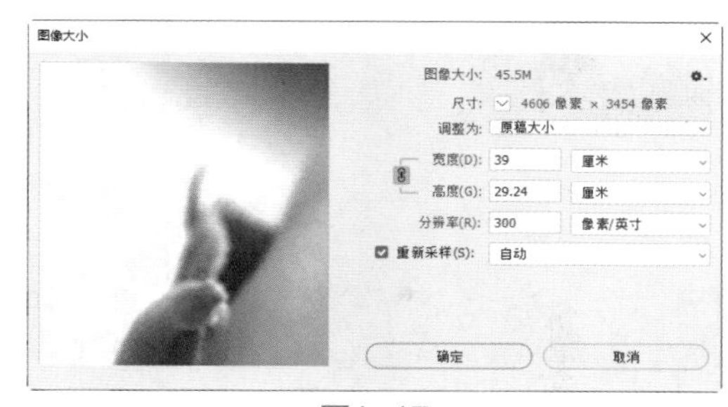

图1-17

03 此时图像分辨率为300，勾选 重新采样(S) 复选框，手动输入分辨率为150，单击“确定”按钮。

04 再次执行“图像”|“图像大小”命令，调出“图像大小”对话框，可以看到分辨率变成150，而图像的宽度和高度和原来保持一致，如图1-18所示。

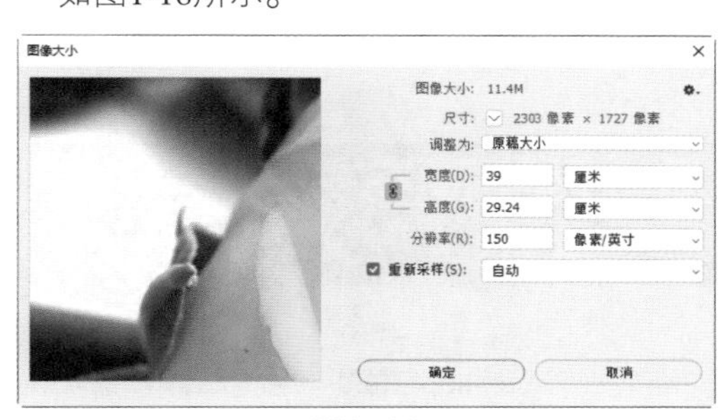

图1-18

05 更改图像大小时，若取消选中☐ 重新采样(S)复选框，像素数量不会变化，从屏幕上看，图片大小没变化。此时增加图像的宽度和高度，分辨率只能减小，如图1-19所示。同理，此时增加分辨率，图像尺寸会相应地缩小，如图1-20所示。

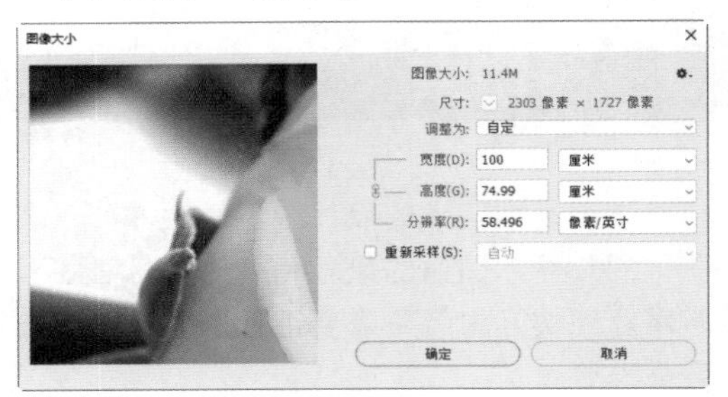

图1-19

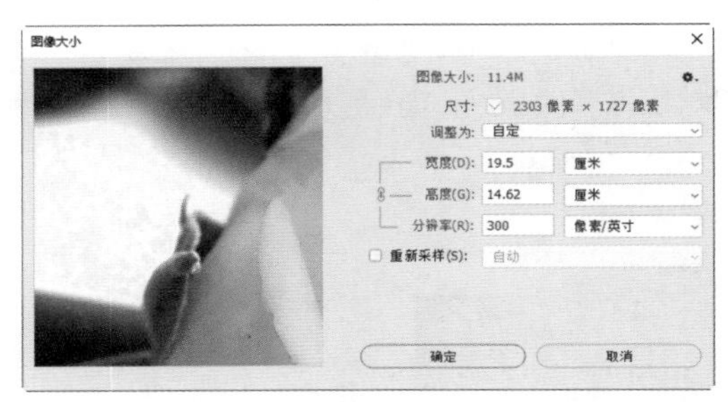

图1-20

分辨率是指单位长度内包含的像素数量，单位通常为像素/英寸。通常情况下，分辨率越高，单位面积内包含的像素就越多，图像质量也越高，但也相应地增大了文件的存储尺寸。为了得到最佳的使用效果，一般用于手机移动端和计算机端等屏幕显示的图像，分辨率设置为72像素/英寸，这样可以提高文件的传输和下载速度；用于打印机的图像，分辨率通常设置为100~150像素/英寸；用于印刷的图像，分辨率应设置为300像素/英寸。

1.6 调整画布——设置画布大小

有时在Photoshop 2020中编辑图像，会发现画面太小，需要为图像增加宽度或者高度，本节就来学习如何设置画面的大小。

01 启动Photoshop 2020，执行“文件”|“打开”命令，打开“野花.JPG”素材。

02 执行“图像”|“画面大小”命令，或按快捷键Ctrl+Alt+C，打开“画布大小”对话框，如图1-21所示。

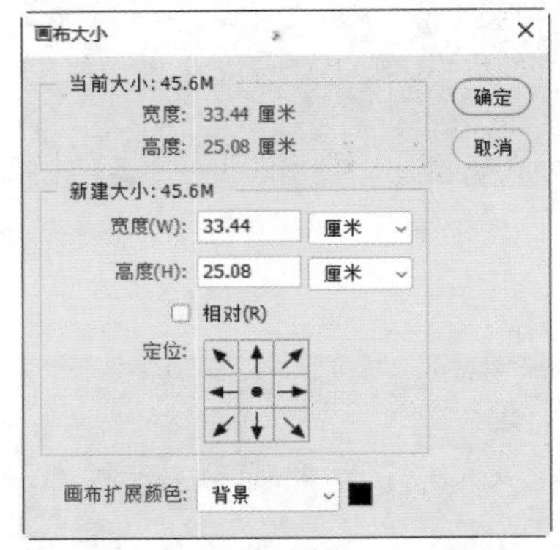

图1-21

03 在“高度”和“宽度”文本框内输入需要的数值，即可设置画面大小。

04 当选中“相对”复选框时，画面的宽度和高度变为0，这时输入的数值是指在原来画面大小基础上增加或减少的尺寸。

05 若只在画面的左侧增加画面的宽度时，单击“定位”处的“→”箭头，定位图示的左侧出现3个空白小格，如图1-22所示，便可增加图像在左侧的画面。同样，单击其他小箭头时，相应的位置会出现3个小空格，如此可从画面的各个方向增大或缩小画布。

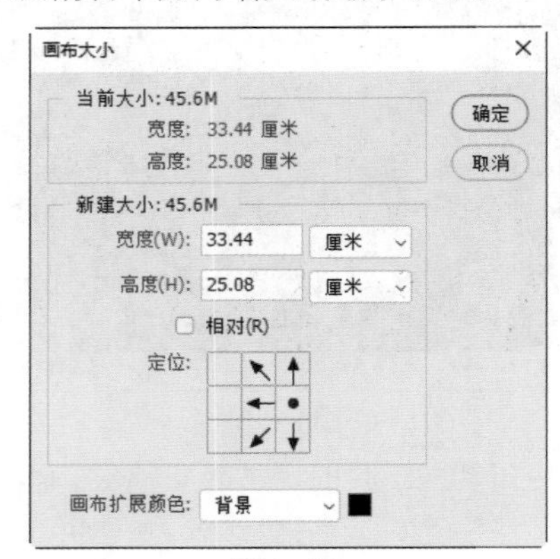

图1-22

06 若要定义新增画布的颜色，可以在“画布扩展颜色”下拉列表中选择前景色或背景色，以及白色、黑色和灰色，如图1-23所示。

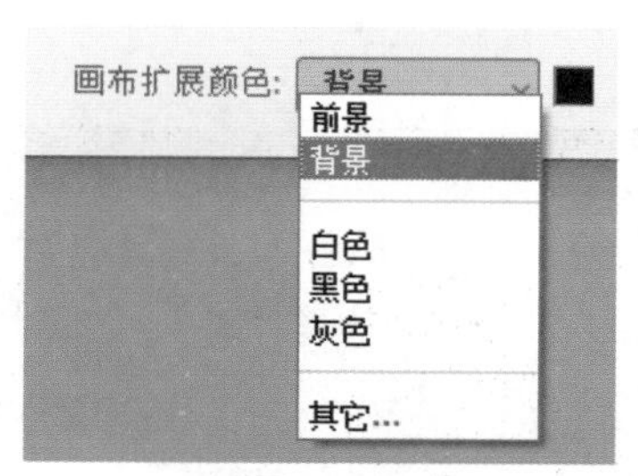

图1-23

07 若要选择其他颜色，选择“画布扩展颜色”下拉列表中的“其它...”选项，或单击“画布扩展颜色”下拉列表右侧的颜色框，在弹出的“拾色器”对话框中选择需要的颜色，如图1-24所示。

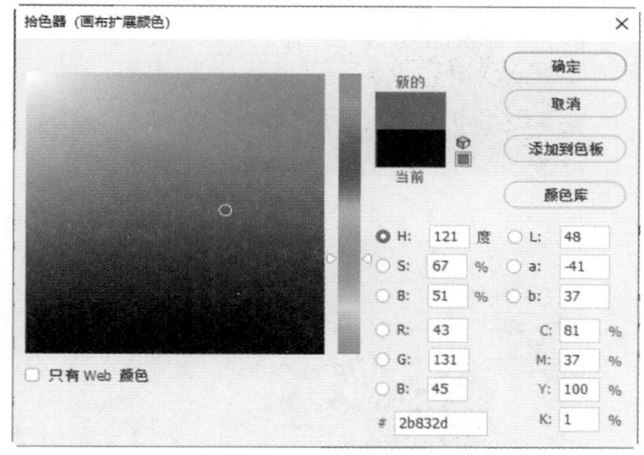

图1-24

1.7　管理屏幕——控制屏幕显示

在Photoshop 2020中有3种不同的屏幕显示模式，分别是标准屏幕模式、带有菜单栏的全屏模式和全屏模式。

01 启动Photoshop 2020，执行“文件”|“打开”命令，打开“美人蕉.jpeg”素材，如图1-25所示。此时屏幕显示为标准屏幕模式。在这种模式下，Photoshop 2020的所有组件都将显示，如菜单栏、工具箱和浮动面板等。

02 执行“视图”|“屏幕模式”|“带有菜单栏的全屏模式”命令，即可切换到带有菜单栏的全屏模式，如图1-26所示。此模式下，编辑窗口全屏显示，图像窗口标题栏和文档属性栏被隐藏。

图1-25

图1-26

03 执行“视图”|“屏幕模式”|“全屏模式”命令，则Photoshop 2020软件的所有内容均被隐藏起来，以获得图像的最大显示空间，如图1-27所示。此时图像以外的空白区域将变成黑色。

图1-27

04 还可以用鼠标左键长按工具箱中的“更改屏幕模式”按钮，在弹出的菜单中选择需要的屏幕显示模式。若单击“更改屏幕模式”按钮，切换“全屏模式”时会弹出图1-28所示的“信息”对话框，单击“全屏”按钮即可切换到全屏模式。按Esc键可返回标准屏幕模式。

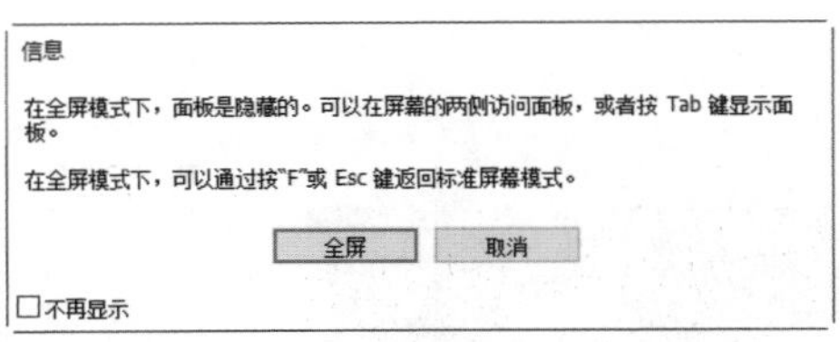

图1-28

注意与提示

按F键，可以快速切换屏幕模式。按快捷键Shift+Tab，可显示或隐藏面板；按Tab键，可显示或隐藏除图像窗口之外的所有组件。

1.8 变换图像——缩放、旋转、斜切、扭曲、透视与变形

为了方便查看和编辑图像，经常会对图像进行缩放与旋转操作，本节将学习变换图像的方法。

01 启动Photoshop 2020，执行"文件"|"打开"命令，打开"蛋糕.jpg"素材。双击"图层"面板中的"背景"图层，将"背景"图层转换成可编辑图层，如图1-29所示。

图1-29

02 执行"编辑"|"变换"|"缩放"命令，此时图像四周将出现含有8个控制点的变换框，如图1-30所示。

03 指针位于变换框的控制点上时，会变成↔形状，此时单击并按住鼠标左键，向变换框内拖动，图像将缩小，如图1-31所示。单击并按住鼠标左键，向变换框外拖动时，图像将放大，如图1-32所示。

图1-30

图1-31

图1-32

04 当指针位于变换框四周，指针变成↷时，单击并按住鼠标左键，向箭头方向拖动，即可对图像进行旋转。

05 所有操作结束后，按Enter键确认缩放或旋转操作。

06 执行"编辑"|"自由变换"命令或按快捷键Ctrl+T，也可调出自由变换框，并对图像进行缩放和旋转操作。

07 除了缩放与旋转，还能对图像进行斜切、扭曲、透视、变形等操作。

a）斜切：执行"编辑"|"变换"|"斜切"命令，当鼠标位于变换框左、右两侧，指针变成▷时，此时单击并按住鼠标左键，向上或下方拖动，即可对图像进行垂直方向的斜切，如图1-33所示。当鼠标位于变换框上、下两侧，指针变成▷时，此时单击并按住鼠

标左键，向左或右方拖动，即可对图像进行水平方向的斜切。

图1-33

b）扭曲：按Esc键取消操作，练习扭曲操作。执行“编辑”|“变换”|“扭曲”命令，当指针变成▷时，单击并拖动鼠标可以扭曲图像，如图1-34所示。

图1-34

c）透视：按Esc键取消操作，练习透视操作。执行“编辑”|“变换”|“透视”命令，当指针变成▷时，单击并拖动鼠标可以进行透视变换，如图1-35所示。

图1-35

d）变形：按Esc键取消操作，练习变形操作。执行“编辑”|“变换”|“变形”命令，拖动图像的任意位置，即可对图像进行变形操作，如图1-36所示。在Photoshop 2020版本中，变形图像不再出现九格宫状，在工具选项栏中增加了“拆分”功能 拆分： ⊞ ◫ ⊟。

图1-36

（1）按住Shift键的同时，对图层进行缩放和旋转操作，可保持等比例缩放或15°角倍数旋转。

（2）在自由变换状态下，当指针位于图像中央时，可对图像进行拖动。按住Alt键可以移动自由变换框的中心点，图像的缩放和旋转将以拖移后的中心点为变换中心。

08 如果只是需要视觉上的旋转，并且能实时看到旋转效果，不需要对旋转后的效果进行保存，可以利用“旋转视图工具”。选择工具箱中的“旋转视图工具”后，可输入旋转角度进行旋转或直接旋转。

a）输入旋转角度旋转：在工具选项栏中的旋转角度文本框内输入旋转角度，如输入30°（或拖动工具选项栏中的指针角度）时，视图即可进行角度的旋转，如图1-37所示。

图1-37

b）鼠标移动到素材图像上，指针变成，如图1-38所示，即可任意旋转视图。

图1-38

09 单击工具选项栏中的“复位视图”按钮 复位视图 ，可以还原视图角度，也可以按Esc键，复位视图。

10 若需要对打开的多幅图像一起旋转，选中工具选项栏中的 旋转所有窗口 复选框即可。

1.9 裁剪图像——裁剪工具

无损裁剪是图像编辑中的重要手段，可以对倾斜的图片进行矫正，还可以自由选取需要的图像区域，本节将学习在Photoshop 2020中无损裁剪图片的方法。

01 启动Photoshop 2020，执行“文件”|“打开”命令，打开“芽.jpeg”素材。

02 选择工具箱中的“裁剪工具” ，在工具选项栏中设置裁剪的默认设置为“比例”，如图1-39所示。

03 若选择“1：1（方形）”选项，此时裁剪操作框将按1：1设置，如图1-40所示。

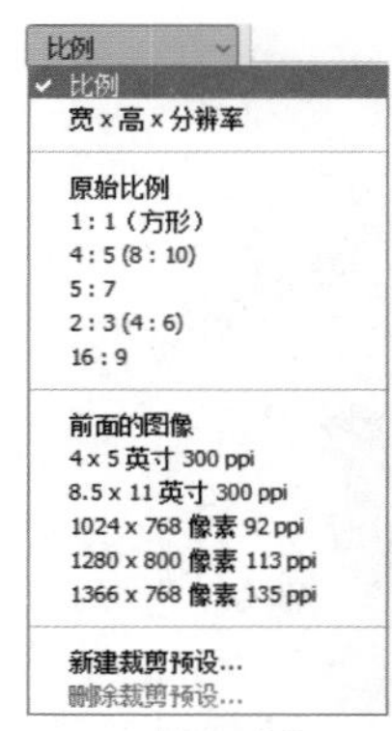

图1-39

图1-40

04 前面已经学习了对图像进行缩放和旋转的方法，此时的裁剪操作框也能应用相同的方法进行缩放和旋转。确定裁剪区域后，按Enter键确认裁剪。

05 若在裁剪时选中了工具选项栏中的 删除裁剪的像素 复选框，则裁剪后裁剪框以外的内容将被删除。若未选中此复选框，并觉得图像裁剪过多时，可以重新选择“裁剪工具” ，重新进行剪裁。

1.10 裁剪功能——透视裁剪工具

1.9节学习的“裁剪工具”只能按照严格的矩形区域裁剪，而透视裁剪工具可以在裁剪时调整图片的透视关系，这样就可以对倾斜的图片进行矫正，使画面的构图更完美。

01 启动Photoshop 2020，执行“文件”|“打开”命令，打开“清晨.jpg”素材。

02 选择工具箱中的“透视裁剪工具” ，在画面中单击并拖动鼠标，框选出需要裁剪的区域，如图1-41所示。

03 用鼠标拖动裁剪选区，或通过调整裁剪区域4个角的控制点来确定裁剪区域。可以在工具选项栏中选中 显示网格 复选框确定是否显示网格。

04 通过移动裁剪区域控制点，使裁剪的边与需要摆正的边重合，如图1-42所示。

05 双击或按Enter键确认裁剪，裁剪后的效果如图1-43所示。

图1-41

图1-42

图1-43

1.11 操控角度——标尺工具

在实际使用中，“标尺工具”较多的用途是

在版式设计中为图像定位，其实“标尺工具”也可以对图像进行精准测量。

01 启动Photoshop 2020，执行“文件”|“打开”命令，打开“建筑.jpg”素材。

02 选择工具箱中的“吸管工具”，在该工具按钮上按住鼠标两秒左右，在弹出的列表中选择“标尺工具”。

03 单击图片上面的一个点，拖动到另外一个点后释放鼠标。此时工具选项栏中将显示该标尺线的起始点、结束点、角度、长度等一系列数值，如图1-44所示。

X: 0.00　Y: 0.00　W: 0.00　H: 0.00　A: 0.0°　L1: 0.00　L2:　使用测量比例　拉直图层　清除

图1-44

04 若要清除标尺线，单击工具选项栏中的“清除”按钮即可。

05 若发现图片有倾斜，可以使用“标尺工具”对图片进行拉直。先沿需要拉直的方向画一条标尺线，如图1-45所示。

图1-45

06 单击工具选项栏中的“拉直图层”按钮，图像会自动根据标尺线进行拉直，如图1-46所示。

图1-46

07 再次裁剪，将画面外的内容裁掉，这样图片更美观，如图1-47所示。

图1-47

注意与提示　在按住鼠标左键的情况下按住Shift键，可以变换方向，画出倾斜角度为0°、45°、90°的标尺线。

1.12 控制图像方向——翻转图像

在编辑图像时，有时需要对图像进行翻转。与在1.8节中学习的图像旋转与缩放操作不同的是，这里针对的是单个图层的翻转。

01 启动Photoshop 2020，执行“文件”|“打开”命令，打开“花.jpg”素材。

02 执行“图像”|“图像旋转”|“180度”命令，图像将进行180°旋转，如图1-48所示。

图1-48

03 同样，执行“图像”|“图像旋转”菜单下的其他命令，可进行其他翻转操作。

04 执行“文件”|“存储”命令，或按快捷键Ctrl+S保存翻转后的图像。

05 打开一张图片后，双击“背景”图层将其转换为可编辑图层，执行“编辑”|“变换”|“水平翻转”命令，图像水平翻转如

图1-49所示。

图1-49

06 同样，可以执行“编辑”|“变换”|“垂直翻转”命令使图像垂直翻转。

1.13 工具管理——应用辅助工具

前面学习了如何利用“标尺工具”拉直图像，本节将学习另一个辅助功能，以及其他应用辅助工具，如网格、切片和注释等。辅助工具不能直接用来编辑图像，但可以帮助更精准地编辑图像。

01 启动Photoshop 2020，执行“文件”|“打开”命令，打开“城市.jpg”素材，如图1-50所示。

图1-50

02 使用标尺工具。执行“视图”|“标尺”命令或按快捷键Ctrl+R显示标尺，按住鼠标左键在X轴或Y轴标尺上拖出参考线，如图1-51所示。

03 拖移参考线，指针移动到参考线上会发生变化，按住鼠标左键手动拖动即可；隐藏参考线，按快捷键Ctrl+H或执行“视图”|“显示”|“参考线”命令，即可隐藏参考线；清除参考线，执行“视图”|“清除参考线”命令即可；锁定参考线，执行“视图”|“锁定参考线”命令即可。

图1-51

04 想要精确调整参考线的位置，执行“视图”|“新建参考线”命令，在弹出的对话框中设置参考线位置的参数。

05 网格辅助工具。执行“视图”|“显示”|“网格”命令显示网格，按快捷键Ctrl+K，弹出“首选项”对话框，选中“参考线、网格和切片”选项，在右侧可以选择网格的颜色、间隔大小和样式，如图1-52所示，单击“确定”按钮即可看到网格的变化。

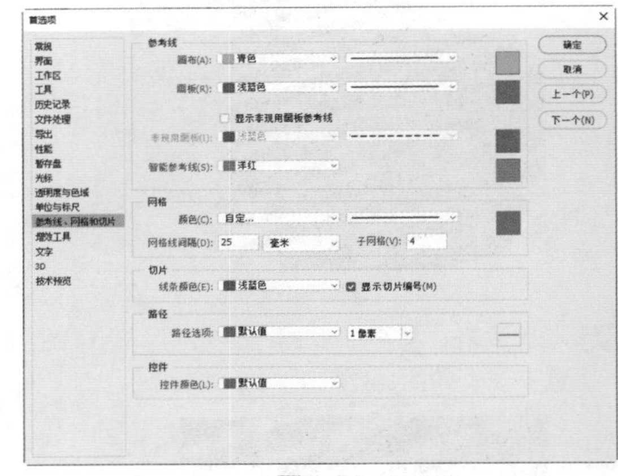

图1-52

06 也可以用同样的方法对参考线的颜色和样式进行设置。

07 使用切片工具。选择工具箱中“切片工具”，将指针移到画布中间，按住鼠标左键，在想要切片的位置拉出一个矩形框，图像将出现一个蓝色数字标识的矩形区域，这就是将要切片的区域，如图1-53所示。

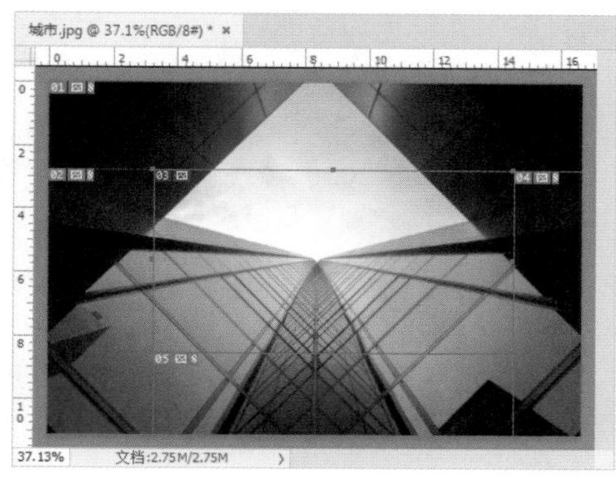

图1-53

08 若需要对切片内容进行调整，选择工具箱中“切片工具”后，在画面中右击，在弹出的快捷菜单中选择“编辑切片”选项，在弹出的“切片选项”对话框中对切片的名称、位置和大小进行调整。

09 若要等距水平或垂直划分切片，选中工具箱中“切片工具”后，在画面中右击，在弹出的快捷菜单中选择“划分切片”命令，选中“水平划分为”或“垂直划分为”选项，并输入切片个数即可。

10 若要基于参考线进行切片划分，在工具选项栏中单击 基于参考线的切片 按钮。

11 保存时执行“文件”|“存储为Web所用格式”命令。

12 使用注释工具。选择工具箱中的“注释工具”，单击画面中想要增加注释的位置，旁边会显示一个注释框，在其中输入相应内容即可。若要删除注释，在图中选择注释小图标，右击，在弹出的快捷菜单中选择“删除注释”或“删除所有注释”命令即可。

1.14 管理图像颜色——转换颜色模式

在计算机显示器中看到的图像颜色有时与实际印刷出来的图像颜色有所不同，这是为什么呢？常用的图像颜色模式主要有RGB和CMYK模式。目前大多数显示器都采用RGB颜色标准，其色彩丰富饱满。CMYK模式主要是针对印刷设定的颜色标准，CMYK即代表青、洋红、黄、黑4种印刷专用的油墨颜色，也是Photoshop 2020软件中4个通道的颜色。

01 启动Photoshop 2020，执行“文件”|“新建”命令或按快捷键Ctrl+N新建一个文件，在弹出的对话框中选择颜色模式，如图1-54所示。

图1-54

02 打开“水果.jpg”素材，并拖入文档，调整大小后，按Enter键确认。

03 在图像窗口标题栏可以看到文件的名称、缩放信息和色彩模式信息；在“通道”面板中可以看到这张图片是由“红”“绿”“蓝”3个通道组成，如图1-55所示。

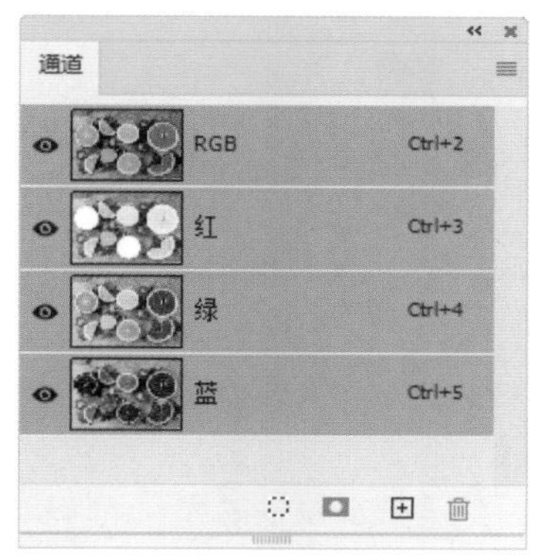

图1-55

04 执行“图像”|“模式”|CMYK命令，将图像转换为CMKY模式的图像。此时的图像与RGB模式时相比略微变暗一些，图像窗口标题栏处文件色彩模式也显示为CMYK模式。在“通道”面板中，可以看到这张图片是由“青色”“洋红”“黄色”和“黑色”4个通

道组成，如图1-56所示。

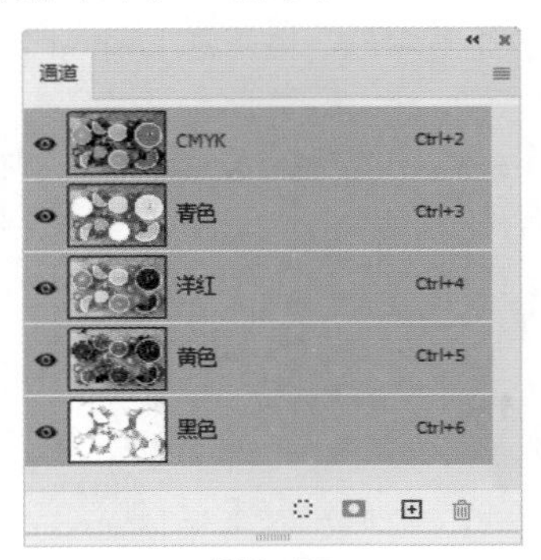

图1-56

05 执行“图像”|“模式”|“灰度”命令，将图像转换成黑白模式，扔掉彩色信息。将图片转换为灰度模式后，图像没有彩色信息。

06 在灰度模式下，执行“图像”|“模式”|“双色调”命令，可以将图像转换为双色调模式，双色调模式主要用于特殊色彩输出，也可以选择三色调或四色调。该模式采用曲线来设置各种颜色的油墨，图1-57为“双色调选项”对话框，调整相应参数可以得到比单一通道更丰富的色调层次，在印刷中表现出更多的细节。

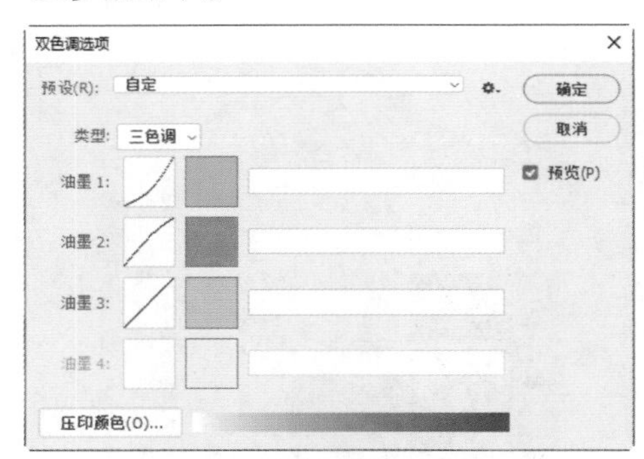

图1-57

07 位图模式只有纯黑和纯白两种颜色，只保留了亮度信息，主要用于制作单色图像或艺术图像。只有在灰度模式和双色调模式下，图像才能转换为位图模式。

1.15 优化技术——设置内存和暂存盘

在用Photoshop处理图像时会产生大量的数据，这些数据在默认情况下保存在C盘。若C盘文件过多将影响计算机的性能，甚至出现Photoshop 2020软件因内存不足自动关闭的情况，这时可以选择修改暂存盘和设置使用内存来进行优化。

01 启动Photoshop 2020，执行“编辑”|“首选项”|“暂存盘”命令或按快捷键Ctrl+K，在弹出的对话框中找到“暂存盘”选项，如图1-58所示，默认情况下暂存盘在C盘。取消选项C盘前的“√”，并选择其他容量较大的盘，单击“确定”按钮，完成暂存盘的设置。

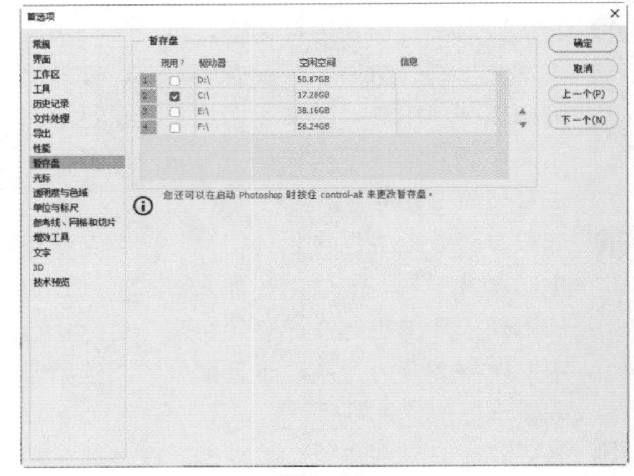

图1-58

02 在弹出的对话框的中选择“性能”选项，可以调整Photoshop 2020的使用内存，向右拖曳“内存使用情况”选项区下方的滑块，或在文本框内输入更大的数值，如图1-59所示，单击“确定”按钮，就设置好了更大的使用内存。

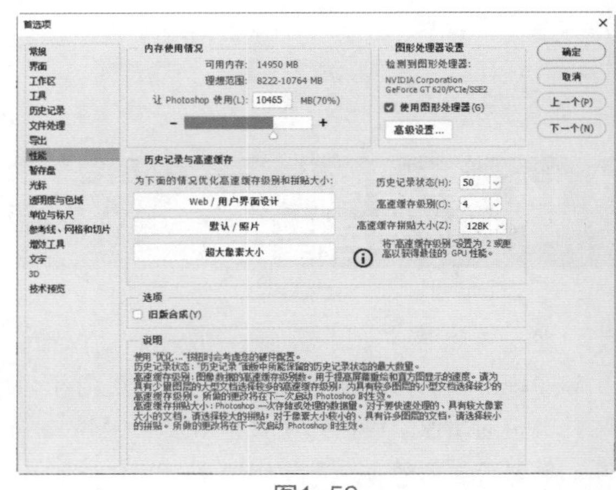

图1-59

第2章 选区的使用

选区的使用在Photoshop 2020中极其重要。创建选区即是指定图像编辑操作的有效区域，可以用来处理图像的局部像素。定义选区，基本会采用选区工具，包括规则的选区工具和不规则的选区工具。其中规则的选区工具包括：矩形选框工具、椭圆选框工具、单行选框工具、单列选框工具；而不规则的选区工具包括：套索工具、多边形套索工具、磁性套索工具、快速选择工具和魔棒工具。

2.1 移动选区——繁花似锦

Photoshop 2020在处理图像时，要指定操作的有效区域，即选区。本节学习移动和复制选区的方法。

01 启动Photoshop 2020，执行“文件”|“打开”命令，打开“背景.jpg”素材，如图2-1所示。

02 将“太阳花.png”素材拖入“背景”文档中，调整其大小和位置，按Enter键确认，如图2-2所示。

图2-1

图2-2

03 按住Ctrl键，单击“图层”面板中“太阳花”图层的缩略图，以“太阳花”区域创建选区，如图2-3所示。

04 选择工具箱中的“移动工具”，将指针移至选区内，单击并拖动，即可移动选区内的图像，如图2-4所示。若要对选区内的图像进行移动，可以通过按键盘上的↑、↓、←、→键进行调整。

图2-3

图2-4

05 单击并拖动选区的同时，按住Alt键，可移动并复制选区中的图像，如图2-5所示。

06 重复以上的移动并复制操作，在背景中铺满花儿。打开“云朵.png”素材，并拖入文档，按Enter键确认，完成整幅图像的制作，如图2-6所示。

图2-5

图2-6

2.2 矩形选框工具——艺术相框

“矩形选框工具”可以创建规则的矩形选区，本节学习具体的操作方法。

01 启动Photoshop 2020，执行“文件”|“打开”命令，打开“背景.jpg”素材，如图2-7所示。

图2-7

02 打开“芒果.jpg”素材，并拖入文档，按Enter键确认，如图2-8所示。

03 选择工具箱中的“移动工具”，单击并拖动，将置入的图像移到左侧相框上，调整其大小。

图2-8

04 在“图层”面板上选择刚才置入的图层，右击，在弹出的快捷菜单中选择“栅格化图层”命令。

“栅格化”是指将智能矢量图形转换为位图。对智能矢量图进行缩放和变形，图像的质量和原图保持一致，而栅格化的位图在进行缩放和变形过程中容易出现图像模糊的现象。智能矢量图与位图的处理方法不同，为了在Photoshop中使用位图的处理方法，就需要对图层进行栅格化。

05 选择工具箱中的“矩形选框工具”，单击并拖动，创建矩形选区，如图2-9所示。

图2-9

06 选择工具箱中的“移动工具”，按住Alt键的同时，单击并拖动到右侧相框处，移动并复制选区中的图像，如图2-10所示，按快捷键Ctrl+D取消选区。

07 选择工具箱中的“矩形选框工具”，在工具选项栏中单击“从选区减去”按钮，此时创建的选区将进行相减处理。

08 先绘制大选区将两个相框选出，再按照相框内需要保留的区域定义两个小选区，如

图2-11所示。此时选区相减，选中了大矩形选区内两个小矩形选区之外的区域。

图2-10

图2-11

09 按Delete键删除选区内图像，再按快捷键Ctrl+D取消选区，图像制作完成，如图2-12所示。

图2-12

工具选项栏中除了可以进行“添加到选区”操作，还可以进行“从选区减去”和“与选区交叉”的处理，也可以设置数值创建固定比例或固定大小的选区。

2.3 椭圆选框工具——波点衣帽

和“矩形选框工具”类似，“椭圆选框工具”也能创建规则的选区。与“矩形选框工具”略有不同的是，因椭圆选区的边为弧形，因此比“矩形选框工具”多了“消除锯齿”功能。

01 启动Photoshop 2020，执行“文件”|“打开”命令，打开“背景.jpg”素材，如图2-13所示。

图2-13

02 单击“图层”面板中的“创建新图层”按钮，创建一个空白图层。

03 选择工具箱中的“椭圆选框工具”，按住Shift键的同时，单击并拖动，创建一个圆形选区，如图2-14所示。

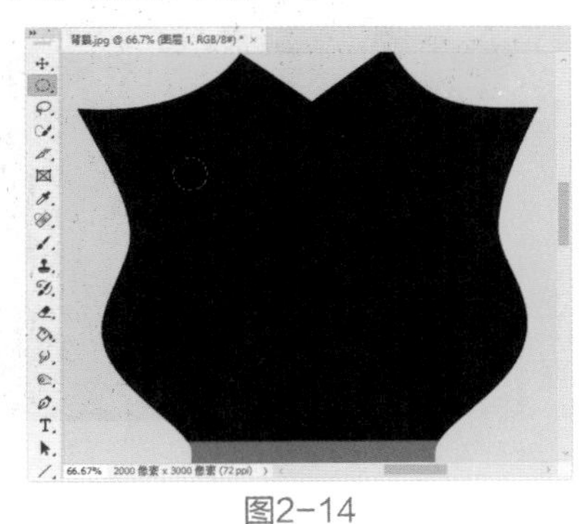

图2-14

注意与提示

创建椭圆选区时，按住Alt键将以单击点为中心向外创建椭圆选区；按Shift键将创建圆形选区；按Alt+Shift键将以单击点为圆心创建圆形选区。

04 执行“窗口”|“色板”命令，调出“色板”面板，在其中选择白色。

05 在编辑窗口右击，在弹出的快捷菜单中选择“填充”选项，弹出“填充”对话框，选择“前景色”选项，并单击“确定”按钮，或按快捷键Alt+Delete，给圆形选区填充白色，如图2-15所示。

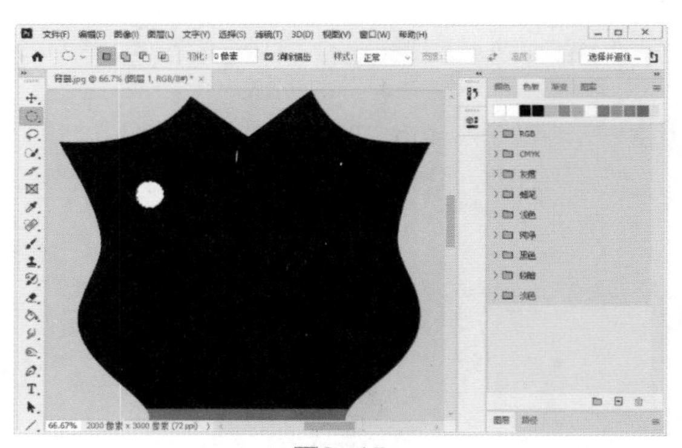

图2-15

前景色的设置方法，在3.1节中有相应的案例介绍。

06 按住快捷键Alt+Shift的同时，单击并拖曳选区后释放鼠标，即可沿水平或垂直方向移动并复制选区中的图像，如图2-16所示。

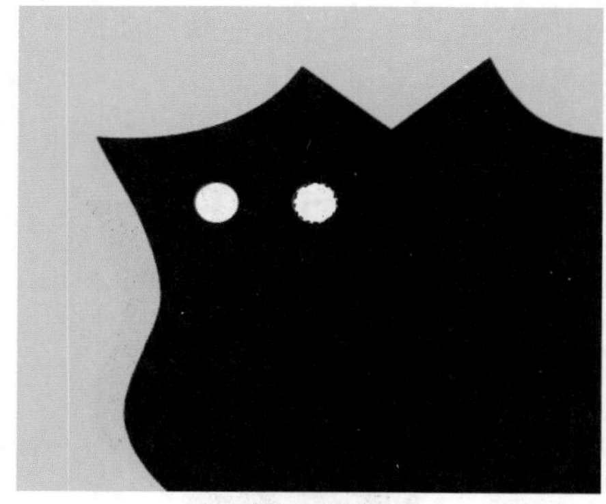

图2-16

07 重复上一步操作，复制一排白色圆形。

08 选择“图层”面板中的“创建新图层”按钮，新建图层，按住Ctrl键，当指针移动到图层缩略图位置时，指针变成，此时单击将该图层的所有图像区域变成选区，如图2-17所示。

09 选择工具箱中的“移动工具”，按住Alt键，单击并拖曳，复制足够多的白色圆形将裙子铺满，如图2-18所示，按快捷键Ctrl+D取消选区。

10 选择工具箱中的“套索工具”，选中裙子外的圆形区域，创建选区，按Delete键删除多余的圆形，如图2-19所示。

11 用同样的方法给帽子制作波点，图像制作完毕，如图2-20所示。

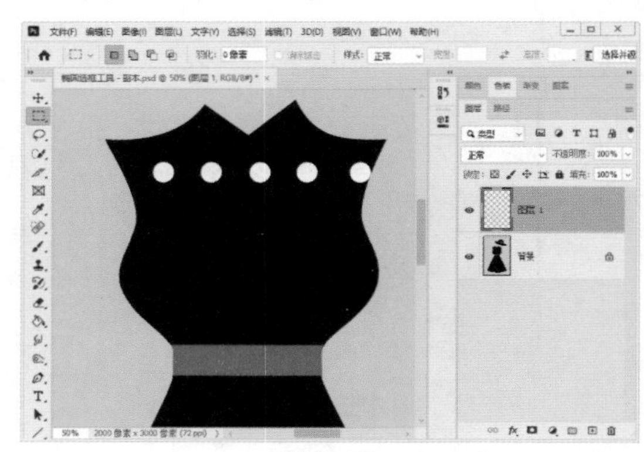

图2-17

图2-18

图2-19

图2-20

2.4 单行和单列选框工具——美丽格子布

“单行选框工具”和“单列选框工具”可以创建高度为1像素的行或宽度为1像素的列选区的工具。本节将结合网格，巧妙地利用这两个工具制作格子布效果。

01 启动Photoshop 2020，执行“文件”|“新建”命令，新建一个高为2000像素、宽为3000像素、分辨率为300像素/英寸的RGB文档。

02 执行“视图”|“显示”|“网格”命令，使网格可见。

03 按快捷键Ctrl+K调出“首选项”对话框，在其中设置“网格线间隔”为3厘米、“子网格”为3，如图2-21所示。

04 选择工具箱中的“单行选框工具”，单击工具选项栏中的“添加到选区”按钮，每间隔2条网格线单击一次鼠标，创建多条单行选区，如图2-22所示。

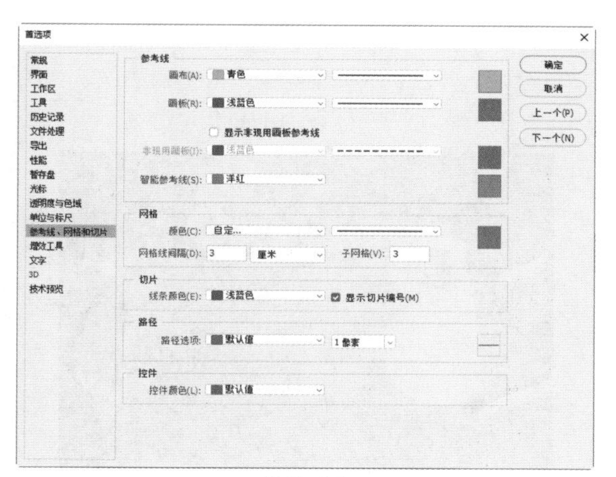

图2-21

图2-22

除了单击“添加到选区”按钮可以添加连续的选区，按住Shift键也可以实现相同的效果。

05 执行“选择”|“修改”|“扩展”命令，在弹出的对话框中输入80，将1像素的单行选区扩展成高为80的矩形选框，如图2-23所示。

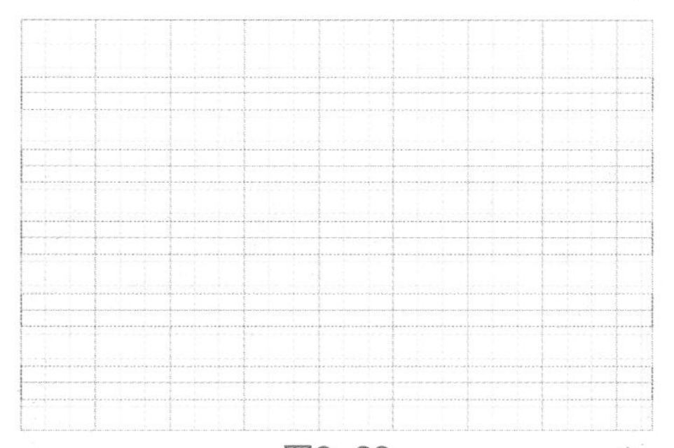

图2-23

06 单击“图层”面板中的“创建新图层”按钮 ，新建一个空白图层。设置前景色为#00479d，按快捷键Alt+Delete为选区填充颜色，并在“图层”面板中将该图层的“不透明度”设置为50%，如图2-24所示，按快捷键Ctrl+D取消选区。

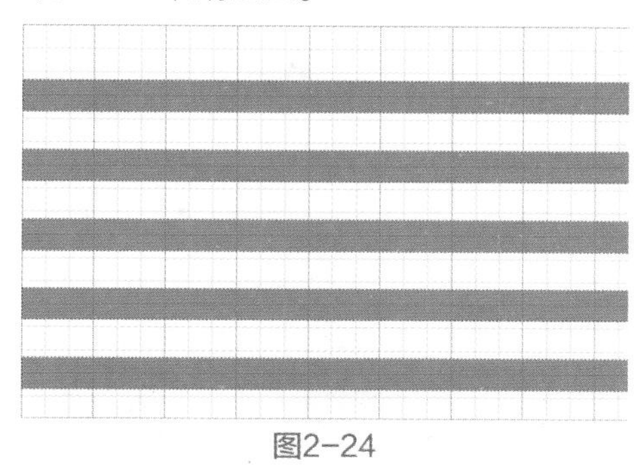

图2-24

颜色的选择，在3.1节有相应的案例介绍。

07 选择工具箱中的“单列选框工具” ，用同样的方法新建一个蓝色列条的图层，如图2-25所示。

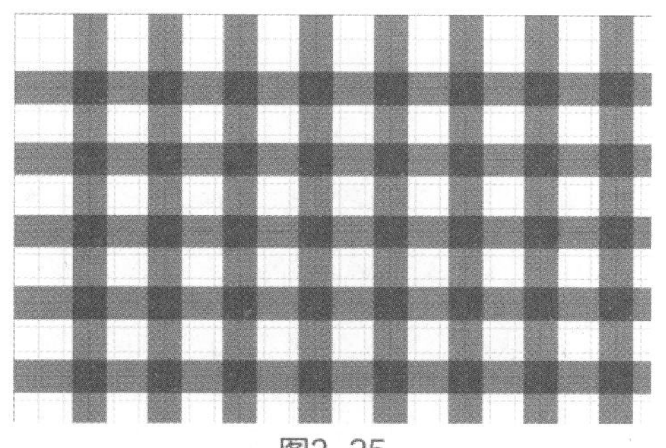

图2-25

08 单击“图层”面板中的“创建新图层”按钮 ，新建空白图层，设置前景色为#7ecef4，利用“单行选框工具” 和“单列选框工具” 为网格的每个参考线区域填充新的颜色，格子布效果制作完成。按快捷键Ctrl+H隐藏网格，完成效果如图2-26所示。

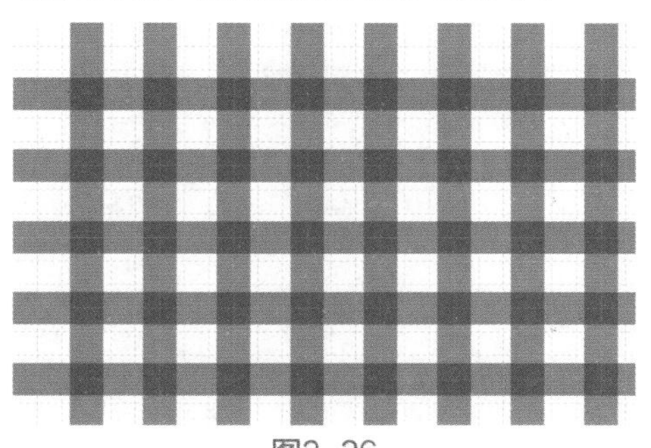

图2-26

2.5 套索工具——写意字体

“套索工具”组包括：“套索工具”“多边形套索工具”和“磁性套索工具”，使用它们能够创建不规则的选区，在抠图时使用较多。

01 启动Photoshop 2020，执行“文件”|“打开”命令，打开“背景.jpg”素材，如图2-27所示。

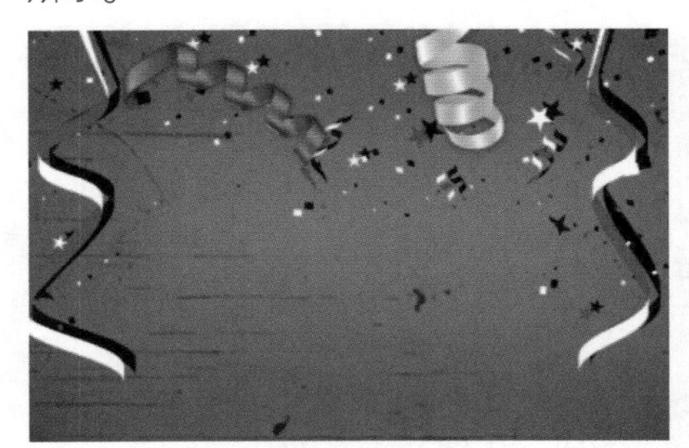

图2-27

02 单击“图层”面板中的“创建新图层”按钮，新建一个空白图层。

03 选择工具箱中的“套索工具”，单击并拖曳，创建一个不规则选区，如图2-28所示。

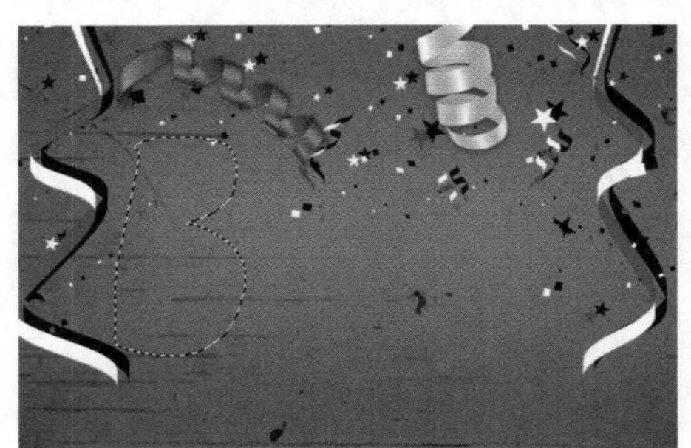

图2-28

04 选择“颜色”面板中的白色，按快捷键Alt+Delete为选区填充白色，如图2-29所示，按快捷键Ctrl+D取消选区。

图2-29

05 再次使用“套索工具”，创建新的不规则选区，并按Delete键删除选区中的图像，如图2-30所示，按快捷键Ctrl+D取消选区。

图2-30

06 用同样的方法制作其他字母，如图2-31所示。

图2-31

07 按快捷键Ctrl+J复制该图层，在“图层”面板中单击该图层的缩略图，将字母选区载入。将前景色设置为黑色，按快捷键Alt+Delete填充前景色，再按快捷键Ctrl+D取消选区。

08 将该图层移动到白色图层的下方，用键盘上的↑、↓、←、→键进行微调，并将图层的不透明度更改为60%，为字母加上阴影，如图2-32所示。

图2-32

2.6 多边形套索工具——恐龙来了

上一节中使用“套索工具”创建选区的形状比较随意，且边缘不规整，本节学习的“多边形套索工具”通过直线构建更容易控制其形状，可以使选区更规则。

01 启动Photoshop 2020，执行“文件”|“打开”命令，打开“背景.jpg”素材，如图2-33所示。

图2-33

02 打开“恐龙.jpg”素材，并拖入文档，按住快捷键Shift+Alt的同时拉大图像，如图2-34所示，按Enter键确认置入。

图2-34

03 双击“图层”面板中的背景图层，将背景转换成可编辑图层，并将此图层拖曳到“恐龙”图层上方，如图2-35所示。

图2-35

04 选择工具箱中的“多边形套索工具”，在工具选项栏中单击“添加到选区”按钮。此时单击并拖曳，将拖出一条线，再次单击即可固定一条选区线，如图2-36所示。

图2-36

05 再次拖曳后单击，固定另一条选区线。当选区线闭合时，将变成“蚂蚁线”，如图2-37所示。

图2-37

06 使用“多边形套索工具”画出其他选区，如图2-38所示。

图2-38

07 按Delete键删除选区内的图像，“恐龙”图像就出现了，如图2-39所示。

图2-39

08 用同样的方法选择“恐龙”下颌处的窗户区域并删除图像，露出恐龙的下颌。按快捷键Ctrl+D取消选区，完成图像的制作，如图2-40所示。

图2-40

注意与提示 选区与非选区的分界处闪动的虚线即为“蚂蚁线”。

2.7 磁性套索工具——女巫的城堡

“磁性套索工具”可以自动识别边缘较清晰的图像，和“多边形套索工具”相比，其更智能。

01 启动Photoshop 2020，执行“文件”|“打开”命令，打开“女巫.jpg”素材，如图2-41所示。

02 选择工具箱中的“磁性套索工具”，在“女巫”的边缘处单击，如图2-42所示。

图2-41 图2-42

03 鼠标沿女巫边缘拖动，出现一系列锚点和线，并吸附在图像边缘处，如图2-43所示。

注意与提示 在拖动鼠标的过程中，单击即可放置一个锚点；按Delete键可删除当前不准确的锚点，连续按Delete键可依次删除之前的锚点；按Esc键可清除所有锚点。

04 指针移到初始锚点处，单击封闭选区后，选区变成“蚂蚁线”，如图2-44所示。若在绘制选区的过程中双击，将直接把选区变成“蚂蚁线”（双击处和初始锚点将以直线连接）。

图2-43 图2-44

05 双击“图层”面板中的“背景”图层，将其变成可编辑图层。

06 按快捷键Shift+Ctrl+I反选选区，按Delete键删除白色底图，如图2-45所示。按快捷键Ctrl+D取消选区，“女巫”便从图像中抠出来了。

图2-45

07 执行“文件”|“打开”命令，打开“背景.jpg”素材。

08 切换到“女巫”文档，选择工具箱中的“移动工具”，将“女巫”拖到“背景”文档中，按快捷键Ctrl+T，调整图像大小和位置，完成图像的制作，如图2-46所示。

图2-46

在使用“磁性套索工具”时，按住Alt键单击，可以将“磁性套索工具”临时切换为“多边形套索工具”。

2.8 对象选择工具——饭后甜品

“对象选择工具”可以在定义的区域内查找并自动选择一个对象。使用该工具，只需要绘制出一个大致的区域，Photoshop会自动根据区域内的物体创建选区。

01 启动Photoshop 2020，执行“文件”|“打开”命令，打开“甜品.jpg”素材，如图2-47所示。

图2-47

02 选择工具箱中的“对象选择工具” ，在工具选项栏设置“模式”为“矩形”，如图2-48所示。

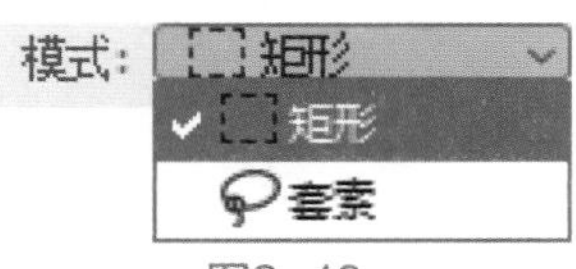

图2-48

03 在图像中的物体区域单击并拖动，框选一个矩形选框，如图2-49所示，释放鼠标，创建物体选区，如图2-50所示。

图2-49

图2-50

04 执行“文件”|“打开”命令，打开“背景.jpg”素材。

05 选择工具箱中的“移动工具” ，将“甜品”文档抠出的图像拖到“背景”文档中，按快捷键Ctrl+T，调整图像的大小和位置，完成图像的制作，如图2-51所示。

图2-51

2.9 快速选择工具——空中的单车

“快速选择工具”的使用方法和“画笔工具”类似，通过涂抹的方式，选区自动扩展到图像中的明显边缘。

01 启动Photoshop 2020，执行“文件”|“打开”命令，打开“单车.jpg”素材，如图2-52所示。

图2-52

02 选择工具箱中的“快速选择工具”，在工具选项栏中设置笔尖的“大小”，如图2-53所示。

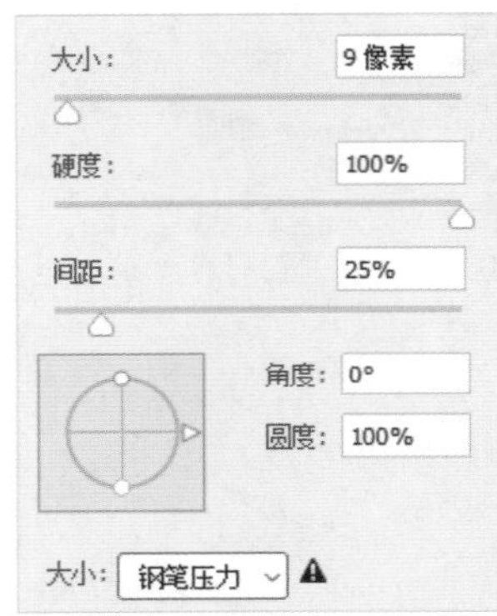

图2-53

03 在蓝色区域单击并拖动，选区自动扩展，如图2-54所示。

图2-54

在工具选项栏中单击“添加到选区”按钮，涂抹区域将添加到原选区；也可以单击“从选区减去”按钮将多余的选区从原选区中排除。

04 选好所有蓝色的图像后，双击“图层”面板中的“背景”图层，将其转换为可编辑图层，按Delete键删除选区内的图像，如图2-55所示，按快捷键Ctrl+D取消选区。

图2-55

05 执行“文件”|“打开”命令，打开“背景.jpg”素材。

06 切换到“单车”文档。选择工具箱中的“移动工具”，将抠出的图像拖到“背景”文档中，按快捷键Ctrl+T，调整图像大小和位置，完成图像的制作，如图2-56所示。

图2-56

2.10 魔棒工具——鼓上美女

“魔棒工具”和“快速选择工具”类似，都可以快速选择色调相近的区域。不同于“快速选择工具”通过涂抹方式来确定选区，“魔棒工具”通过单击即可创建选区。

01 启动Photoshop 2020，执行“文件”|“打开”命令，打开“舞女.jpg”素材，如图2-57所示。

02 选择工具箱中的“魔棒工具”，在工具选项栏中设置“容差值”为20。

图2-57

容差值即颜色取样时的宽容度，容差值越大，选择的图像范围越大；反之，选择的范围越小。

03 在白色背景处单击，将背景区域选中，如图2-58所示。

图2-58

04 双击“图层”面板中“背景”图层，将其转为可编辑图层，按Delete键删除选区内的图像，如图2-59所示，按快捷键Ctrl+D取消选区。

图2-59

05 执行“文件”|“打开”命令，打开“背景.jpg”素材。

06 切换到“舞女”文档。选择工具箱中的“移动工具”，将抠出的图像拖到“背景”文档中，按快捷键Ctrl+T，调整其大小和位置，完成图像的制作，如图2-60所示。

图2-60

2.11　色彩范围——换颜色的裙子

“色彩范围”命令和“魔棒工具”类似，都是通过识别颜色范围来确定选区的。与“魔棒工具”不同的是，“色彩范围”命令的选择精度更高。

01 启动Photoshop 2020，执行“文件”|“打开”命令，打开“背景.jpg”素材，如图2-61所示。

图2-61

02 执行“选择”|“色彩范围”命令，打开“色彩范围”对话框。

03 在“选择”下拉列表中，选择“取样颜色”选项（取样颜色），在选区预览图中选中“图像(M)”选项，如图2-62所示。移动指针到选区，当指针变成吸管时，单击美女的裙子。

图2-62

04 选中选区预览图中 选择范围(E) 选项，预览区域变成黑白图像，如图2-63所示。白色代表被选中的区域；黑色代表未被选中区域；不同程度的灰色代表图像被选中的程度，即“羽化”的选区。

图2-63

05 通过调节“颜色容差” 颜色容差(F): 的值，来确定选取颜色区域的程度；单击“添加到取样”按钮 可添加颜色，单击“从取样中减去”按钮 可减去颜色；在“选区预览” 选区预览: 下拉列表中可选择其他选区预览方式，如图2-64所示。

06 单击“确定”按钮关闭对话框，即可创建选区。单击“图层”面板中的“创建新图层”按钮 ，创建一个新图层。

07 设置前景色为#00a1e9，按快捷键Alt+Delete为选区填充颜色，如图2-65所示，按快捷键Ctrl+D取消选区。

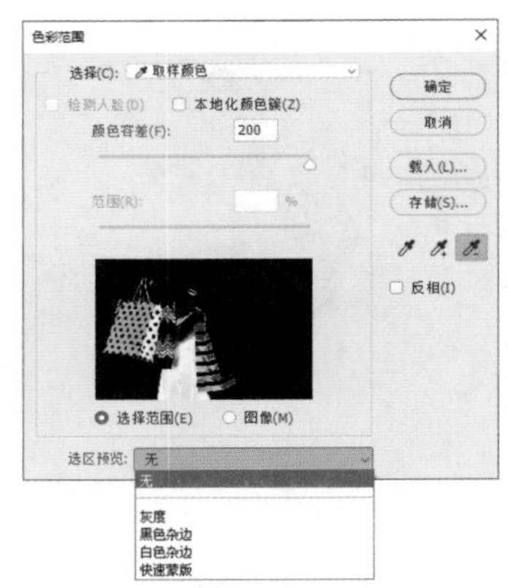

图2-64

图2-65

08 选择工具箱中的“多边形套索工具” ，将多余的蓝色选中并删除，如图2-66所示。

图2-66

09 将混合模式设置为“颜色”，如图2-67所示，这样会使衣裳的纹理更清晰，图像制作完成，如图2-68所示。

图2-67

图2-68

单击“色彩范围”对话框的“存储”按钮，可以将当前设置保存为选区预设；“载入”按钮可以载入选区预设文件；选中“反相”复选框可以反选选区；选中“本地化颜色簇”复选框可调节选区范围与取样点的距离。

2.12 肤色识别选择——变白的美女

编辑图片时经常需要选择人物的皮肤区域，从而进行后续的美化处理，但是使用大多数选区工具选择皮肤区域都不是一件容易的事。Photoshop 2020的“色彩范围”命令中，有专门针对人物肤色进行识别的功能，大大简化了抠图的过程。

01 启动Photoshop 2020，执行“文件”|“打开”命令，打开“美女.jpg”素材，如图2-69所示。

02 执行“选择”|“色彩范围”命令，弹出“色彩范围”对话框。

03 在“选择”下拉列表中，选择“肤色”选项，如图2-70所示。

图2-69

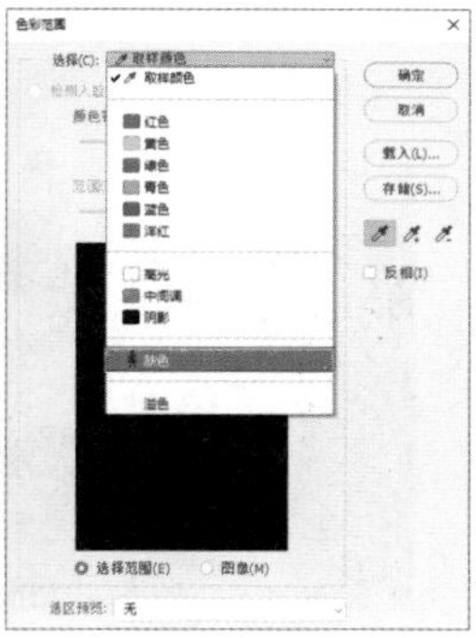

图2-70

04 调整“颜色容差”值为94，确定选择皮肤的范围，如图2-71所示。

图2-71

在“肤色”模式下，选中“检测人脸”选项，能够帮助更好地选择区域。

05 单击“确定”按钮关闭对话框，人物的皮肤便选好了。

06 执行“图层”|“新建调整图层”|“亮度/对比度”命令新建调整图层，在“属性”面板中设置选区中图像的“亮度”和“对比度”，如图2-72所示。

07 调整后的图像如图2-73所示。

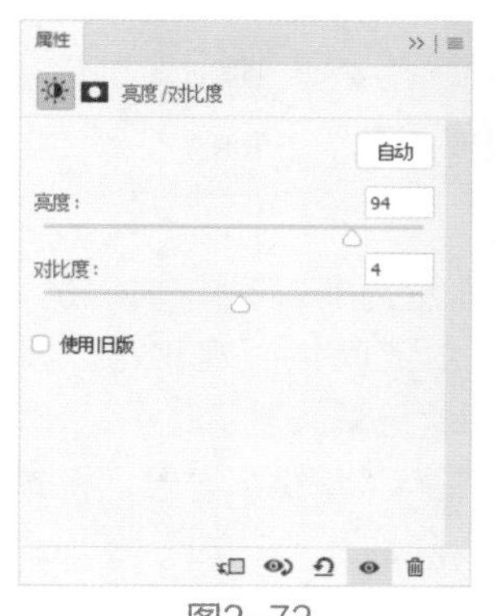

图2-72

图2-73

2.13 羽化选区——江南水乡

羽化选区主要是使选区的边缘变得柔和，实现选区内与选区外图像的自然过渡。

01 启动Photoshop 2020，执行“文件”|“打开”命令，打开“渔夫.jpg”素材，如图2-74所示。

02 选择工具箱中的“套索工具”，单击并拖曳，围绕渔船创建选区，如图2-75所示。

图2-74

图2-75

03 执行“选择”|“修改”|“羽化”命令，或按快捷键Shift+F6，打开“羽化选区”对话框，如图2-76所示。

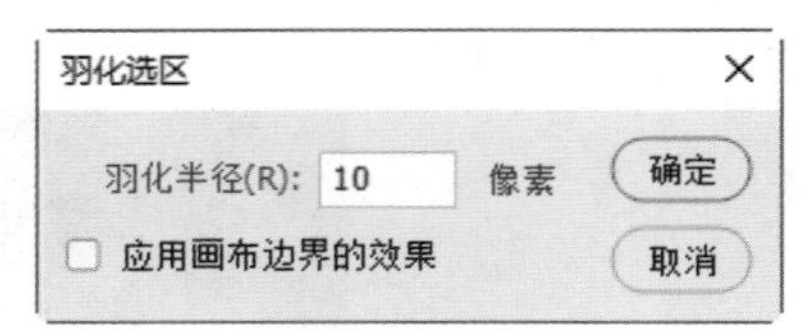

图2-76

04 在“羽化半径”文本框内输入羽化值为10，单击“确定”按钮。此时细心观察可以发现，选区略有缩小且边缘更圆滑了。

05 双击“图层”面板中的“背景”图层，将其转为可编辑图层。

06 按快捷键Shift+Ctrl+I反选选区，按Delete键删除选区中的图像，如图2-77所示，按快捷键Ctrl+D取消选区。

07 执行“文件”|“打开”命令，打开“背景.jpg”素材。切换到“渔夫”文档，选择工具箱中“移动工具”，将抠出的“渔船”拖入“背景”文档，如图2-78所示。

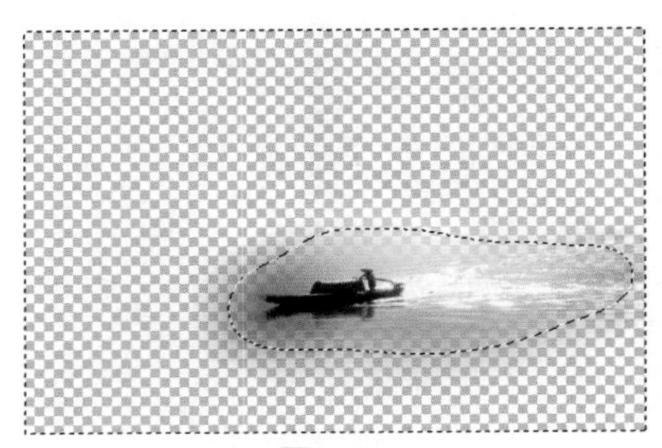

图2-77

图2-78

08 按快捷键Ctrl+T调整“渔船”的大小和位置。

09 执行“文件”|“打开”命令，打开“桥.jpg”素材，用同样的方法，为桥创建选区并进行羽化，如图2-79所示。

图2-79

10 将抠出的桥拖入“背景”文档，按快捷键Ctrl+T调整其大小和位置，完成图像的制作，如图2-80所示。

图2-80

2.14 变换选区——质感阴影

变换选区是对选区进行一系列的变换操作，例如缩放、旋转、斜切、扭曲、透视和变形。

01 启动Photoshop 2020，执行“文件”|“打开”命令，打开“背景.jpg”素材，如图2-81所示。

02 打开“雪人.png”素材，并拖入“背景”文档中，按Enter键确认，如图2-82所示。

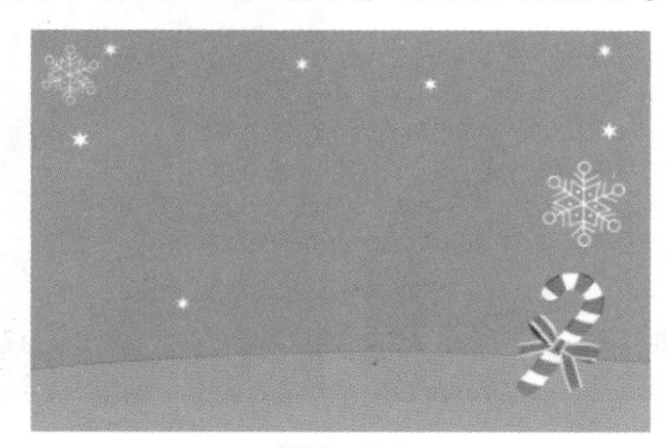

图2-81

图2-82

03 选择“图层”面板中“雪人”图层，按住Ctrl键，单击图层缩略图，为“雪人”图层创建选区，如图2-83所示。

图2-83

04 执行“选择”|“变换选区”命令，将选区变成可变换选区，如图2-84所示。

05 在选区上右击，可以执行弹出的快捷菜单中的各个变换命令。按下Ctrl键后松开，当指针变成▷时，可以移动变换控制点，如图2-85所示。调整好选区后，按Enter键确认。

图2-84

图2-85

变换选区时对选区内的图像没有任何影响，这与使用“移动工具”拖曳选区不同。

06 单击“图层”面板中的“创建新图层”按钮，设置前景色为#434343，按快捷键Alt+Delete为选区填充颜色，如图2-86所示。按快捷键Ctrl+D取消选区。

图2-86

07 在“图层”面板中将“影子”图层拖到“雪人”图层下面，雪人的影子便做好了，如图2-87所示。

图2-87

08 用同样的方法添加“字母1.png”“字母2.png”和“字母3.png”素材，并给字母做好影子，完成后的图像如图2-88所示。

图2-88

2.15 反选选区——驶向外星球

在前面的实例操作中，常用快捷键Shift+Ctrl+I反选选区，本节将进一步介绍反选选区的特别作用。

01 启动Photoshop 2020，执行“文件”|“打开”命令，打开“船.jpg”素材，如图2-89所示。

02 选择工具箱中的“矩形选框工具”，创建海水选区，如图2-90所示。

图2-89

图2-90

03 选择工具箱中的“椭圆选框工具”，在工具选项栏中单击“添加到选区”按钮，选择“星球”区域，实现“星球”选区与“海水”选区相加，如图2-91所示。

04 执行“选择”|“反选”命令，或按快捷键Shift+Ctrl+I将选区反向，如图2-92所示。

05 双击“图层”面板中的“背景”图层，将其转为可编辑图层，按Delete键删除选区内的图像，如图2-93所示。按快捷键Ctrl+D取消选区。

06 打开“星球.jpg”素材，并拖入到背景中，按住Shift键拉大素材，并移动到合适的位置，按Enter键确认。

07 在“图层”面板中将星球素材拖到船素材的下方，图像制作完成，如图2-94所示。

图2-91

图2-92

图2-93

图2-94

2.16 运用快速蒙版编辑选区——马桶上的青蛙

快速蒙版能将选区转换成临时蒙版图像，通过画笔等工具编辑蒙版之后，便能将蒙版图像转换为选区。

01 启动Photoshop 2020，执行“文件”|“打开”命令，打开“青蛙.jpg”素材，如图2-95所示。

02 选择工具箱中的“快速选择工具”，创建“青蛙”选区，如图2-96所示。

03 执行“选择”|“在快速蒙版模式下编辑”命令，或单击“以快速蒙版模式编辑”按钮，

进入快速蒙版编辑模式，此时，选区外的颜色变成半透明的红色，如图2-97所示。

图2-95

图2-96

图2-97

04 此时工具箱中的前景色和背景色分别变成白色或黑色。（若前景色不是白色，单击工具箱中的“切换前景色和背景色”按钮，将白色切换到前景色）。

05 选择工具箱中的“画笔工具”，在工具选项栏中设置“画笔大小”为50，“不透明度”为20%，在马桶后面涂抹出阴影区域，涂抹处将被添加到选区，如图2-98所示。若用黑色涂抹选区，则可将涂抹处排除到选区之外。

图2-98

06 单击工具箱中“以快速蒙版模式编辑”按钮，回到正常模式，新的选区便出现了，如图2-99所示。

图2-99

07 双击“图层”面板中的“背景”图层，将其转为可编辑图层。

08 按快捷键Shift+Ctrl+I反选选区，按Delete键删除反选区域，青蛙和阴影便一起抠出来了，如图2-100所示。按快捷键Ctrl+D取消选区。

图2-100

09 执行“文件”|“打开”命令，打开“背景.jpg”素材。切换到“青蛙”文档，选择工具箱中的“移动工具”，将抠出的图像拖入“背景”文档，按快捷键Ctrl+T，调整图像的大小和位置后，按Enter键确认，完成图像的制作，如图2-101所示。

图2-101

2.17 扩展选区——街舞人生

在调整选区边缘时，经常要对选区进行扩展

或者收缩操作，本节将用一个实例来介绍如何进行选区扩展。

01 启动Photoshop 2020，执行“文件”|“打开”命令，打开“街舞.png”素材，如图2-102所示。

图2-102

02 按住Ctrl键，单击图层缩略图，对人物创建选区，如图2-103所示。

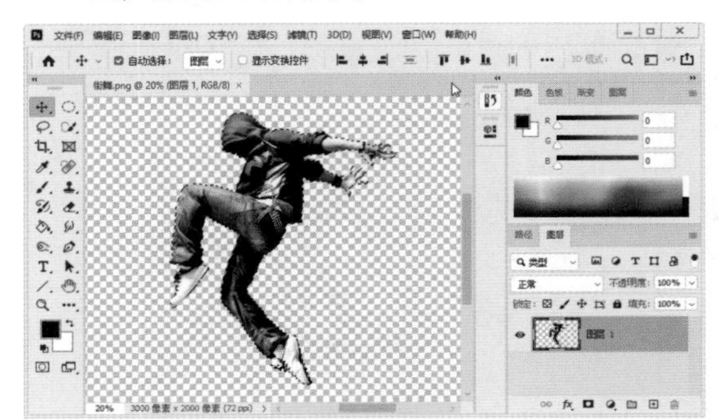

图2-103

03 执行“选择”|“修改”|“扩展”命令，弹出“扩展选区”对话框，输入“扩展量”为50像素，如图2-104所示。

图2-104

04 扩展后的效果如图2-105所示。

图2-105

05 单击“图层”面板中“创建新图层”按钮，创建新图层，并移到“街舞”图层下方。

06 在工具箱中的前景色上双击，在弹出的“拾色器（前景色）”对话框的#文本框处输入颜色值#c8e0ff，如图2-106所示，单击“确定”按钮关闭对话框。

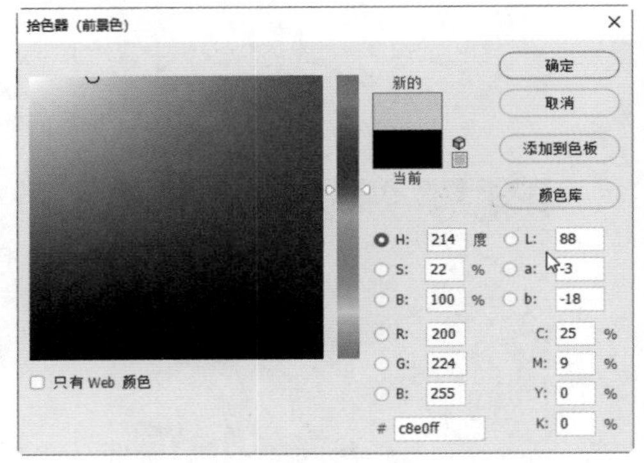

图2-106

07 按快捷键Alt+Delete为选区填充颜色，如图2-107所示。

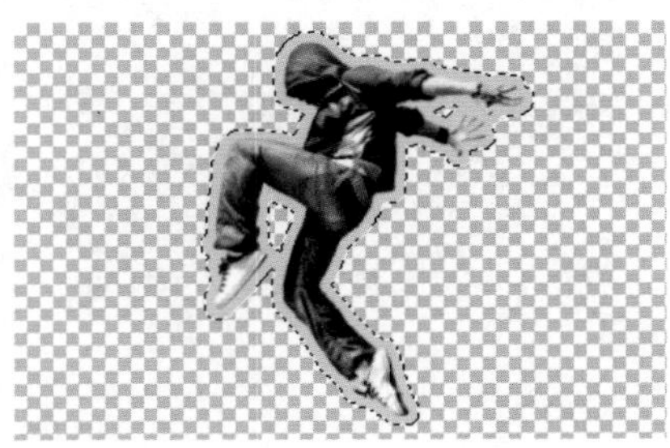

图2-107

08 执行“选择”|“修改”|“扩展”命令，在弹出的“扩展选区”对话框中输入“扩展量”为60，创建新图层并拖到所有图层的底部，填充新的颜色，如图2-108所示。

图2-108

09 重复上一步，扩展选区，并用不同的颜色进行填充，直到颜色铺满背景，完成图像的效果如图2-109所示。

图2-109

2.18 描边选区——生日快乐

描边选区就是为选区边缘描绘线条，即给边缘加上边框。本节将学习如何给选区描边。

01 启动Photoshop 2020，执行“文件”|“打开”命令，打开“背景.jpg”素材，如图2-110所示。

图2-110

02 选择“字母.png”素材，并拖入到“背景”文档中，调整大小和位置，按Enter键确认置入，如图2-111所示。

图2-111

03 按住Ctrl键，单击“字母”图层缩略图，将沿字母创建选区，如图2-112所示。

04 单击“图层”面板“创建新图层”按钮，创建新图层。执行“编辑”|“描边”命令，在弹出的“描边”对话框中设置“宽度”为30像素，“颜色”为白色，“位置”为“居外”，如图2-113所示。

图2-112

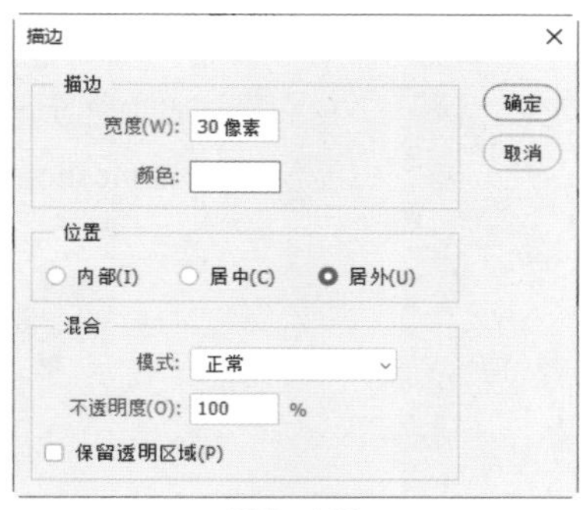

图2-113

05 单击“确定”按钮，完成描边操作，描边后的效果如图2-114所示，按快捷键Ctrl+D取消选区。

图2-114

06 重复第4步，通过调整描边选区的大小、颜色及位置，分别给字母和描边图层制作宽度分别为10像素、颜色为#d57404、位置为居中的描边，和宽度为18像素、颜色为#ac5c00、位置为居外的描边。完成图像后的效果如图2-115所示。

图2-115

第3章 绘画和修复工具的运用

Photoshop 2020提供了丰富多样的绘图工具和修复工具，具有强大的绘图和修复功能。使用这些绘图工具，再配合画笔面板、混合模式、图层等功能，可以创作出运用传统绘画技巧难以企及的作品。本章通过24个实例，详细讲解了Photoshop绘图和修复工具的使用方法和应用技巧。

3.1 设置颜色——前景色和背景色

前景色主要是绘制图形、线条和文字时指定的颜色，背景色一般指图层的底色，如新增画布大小时以背景色填充。

01 启动Photoshop 2020，执行“文件”|“打开”命令，打开“人物.jpg”素材，如图3-1所示。

图3-1

02 在工具箱中找到前景色和背景色设置图标，上方色块为前景色，下方色块为背景色，如图3-2所示。

注意与提示 默认情况下，前景色为黑色，背景色为白色。按X键或单击“切换前景色和背景色”图标，可以切换前景色和背景色。单击“默认前景色和背景色”小图标，可恢复到默认颜色。

03 单击前景色，在弹出的“拾色器（前景色）”对话框中选取颜色，在#文本框中输入颜色值550bd2，如图3-3所示，单击“确定”按钮。

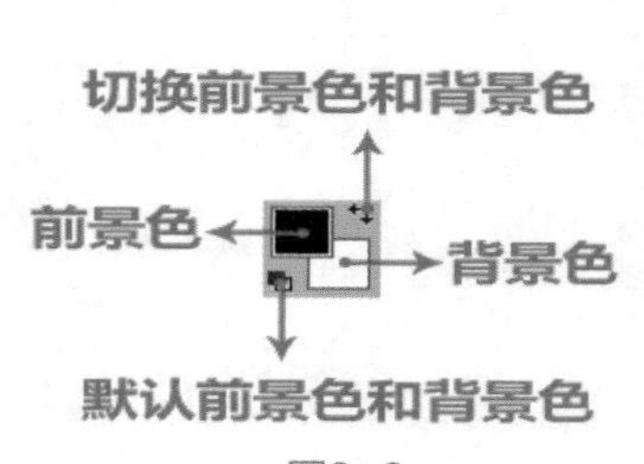

图3-2

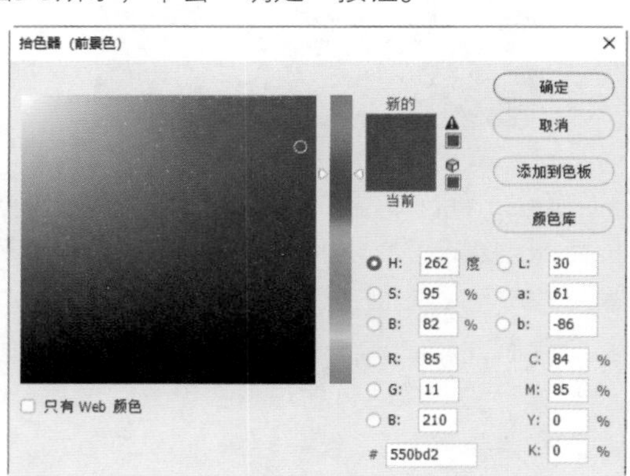

图3-3

04 除了使用“拾色器”面板，也可以在“颜色”面板和“色板”面板中选择颜色。

- “颜色”面板通过混合颜色来调色。要编辑前景色，则单击前景色块；要编辑背景色，则单击背景色块。如选择R、G、B选项，则可通过在R、G、B文本框中输入数值、拖动滑块，或单击调色色条的颜色3种方式来调整颜色，如图3-4所示。

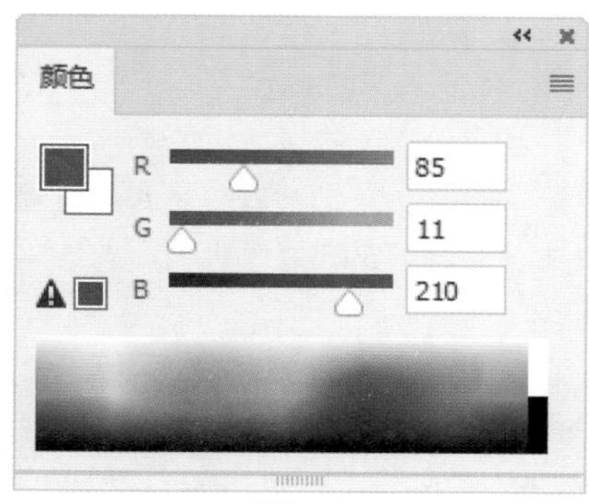

图3-4

- “色板”面板中的颜色是预先设置好的，如图3-5所示。将指针移动到“色板”面板的色块上，指针变成吸管形状，单击颜色色块即可。单击“创建新色板”按钮，可添加前景色到预设色块中。

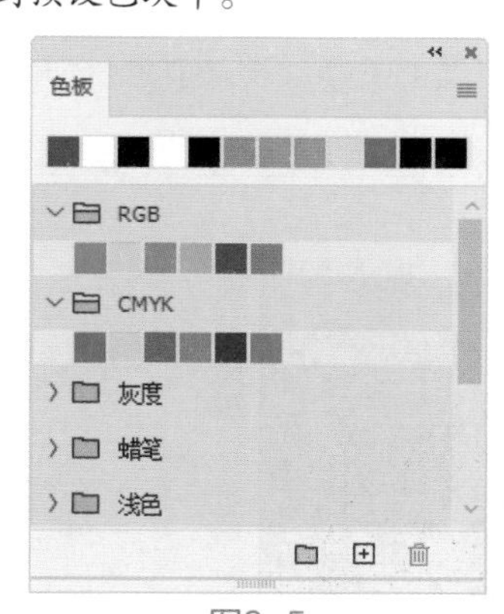

图3-5

单击“颜色”面板或“色板”面板右上角的菜单图标，可以选择更多的模式。

05 选择工具箱中的“多边形套索工具”创建三角形选区，在“图层”面板上单击“创建新图层”按钮，新建一个图层，按快捷键Alt+Delete为选区填充前景色，如图3-6所示。

图3-6

06 在“图层”面板中将新建图层的“不透明度”设置为60%，如图3-7所示。

图3-7

07 单击背景色，在弹出的“拾色器（背景色）”对话框中选取颜色，在#文本框输入颜色值8049de，单击“确定”按钮。

08 在“图层”面板上单击“创建新图层”按钮，新建“图层2”，按快捷键Ctrl+Delete给选区填充背景色，设置图层的“不透明度”为50%，并移动到合适位置，如图3-8所示，按快捷键Ctrl+D取消选区。

图3-8

09 重复第5步，使用“多边形套索工具”创建多个三角形和斜切矩形，将前景色颜色设置为#cab2ef、#f29c9f、#ac7bf9、#7e2eff、#b88cfc，并分别填充三角形，用颜色#ad79fd

和#f29c9f填充斜切矩形，如图3-9所示。

图3-9

10 选择“英文.png”素材，并拖入文档，调整位置和大小后，按Enter键确认，完成图像的制作，如图3-10所示。

图3-10

3.2 画笔工具——为手填色

“画笔工具”是Photoshop中比较常用的工具之一，本节主要学习“画笔工具”的基本使用方法。

01 启动Photoshop 2020，执行“文件”|“打开”命令，打开“手.jpg”素材，如图3-11所示。

图3-11

02 选择工具箱中的“画笔工具”，笔尖选择“柔边圆”选项，如图3-12所示。

图3-12

降低画笔的硬度或选择柔边圆笔尖，可使绘制的画笔边缘虚化。

03 在工具选项栏中设置画笔属性，如图3-13所示。

图3-13

执行“窗口”|“画笔”命令，打开“画笔”面板，可以对画笔笔尖形状、大小和间距等属性进行设置。

04 单击前景色图标，设置前景色为#fad3af，如图3-14所示。

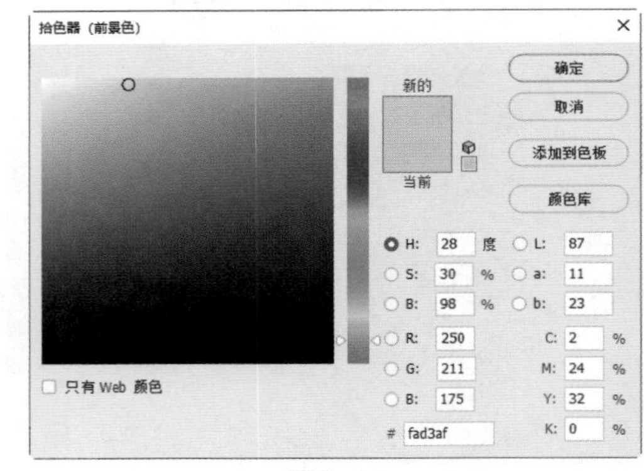

图3-14

05 使用“画笔工具”在手的部位涂抹，通过按“[”键缩小画笔笔尖，或按“]”键扩大画笔笔尖，填满细节，如图3-15所示。

06 重复第3步和第4步，将颜色设置成#ffe400，并涂抹笔身，完成图像的制作，如图3-16所示。

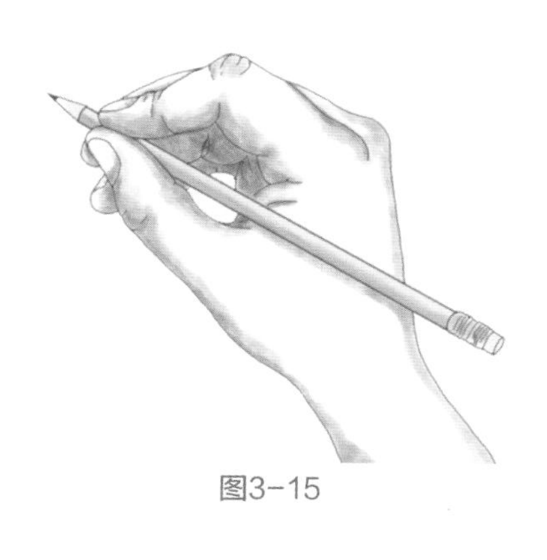

图3-15

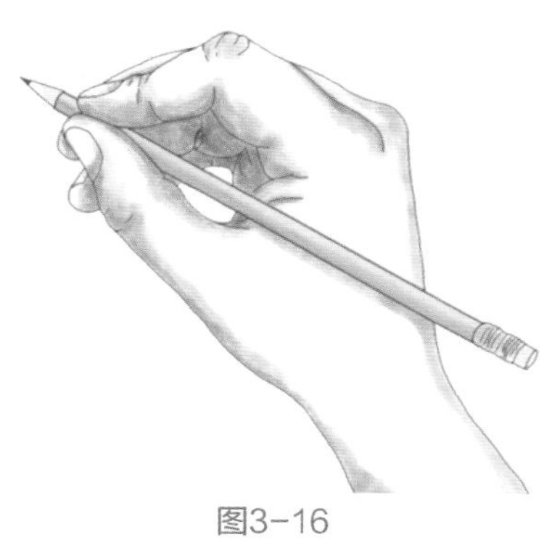

图3-16

3.3 铅笔工具——幸福一家人

“铅笔工具”和“画笔工具”类似，也能绘制线条。与“画笔工具”不同的是，“铅笔工具”只能创建硬边线条，且多了“自动抹除”功能。

01 启动Photoshop 2020，执行“文件”|“打开”命令，打开“石头.jpg”素材，如图3-17所示。

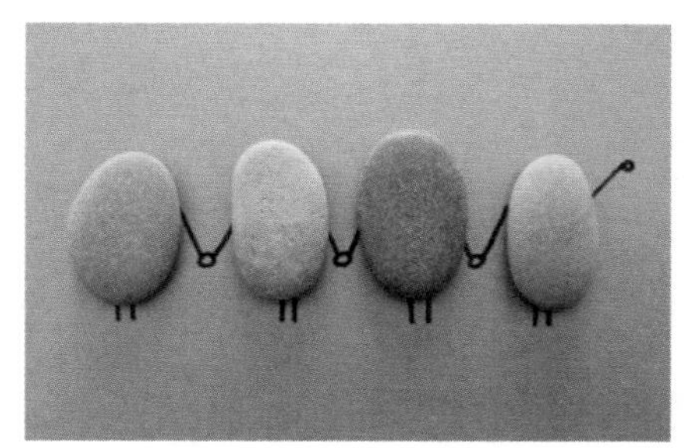

图3-17

02 单击“图层”面板中的“创建新图层”按钮 创建一个新图层。

03 选择工具箱中的“铅笔工具”，设置铅笔大小为10像素，并将前景色设置为黑色，如图3-18所示。

图3-18

注意与提示　设置铅笔属性时，调整硬度或笔尖选择柔边圆，线条仍是100%填充。

04 给左侧第一个石头画上眼睛、嘴巴、手和帽子，如图3-19所示。

图3-19

注意与提示　按住Shift键，单击并拖动鼠标，可绘制水平或垂直方向的直线。

05 将前景色设置为#d3e2f6，按“[”键将笔尖调小，或按“]”键将笔尖调大，为帽子涂上颜色，并将图层置于线条图层的下方，如图3-20所示。

图3-20

06 选择其他颜色进行涂抹，为帽子增加层次感，如图3-21所示。

图3-21

07 用同样的方法，涂抹其他人物的造型，完成图像的制作，如图3-22所示。

图3-22

3.4 颜色替换工具——鲜艳的郁金香

在2.11节中，通过“色彩范围”命令选择相应区域给美女的裙子换颜色。本节将要学习的“颜色替换工具”能更加精确地改变图片的颜色。

01 启动Photoshop 2020，执行“文件”|“打开”命令，打开“郁金香.jpg”素材，如图3-23所示。

图3-23

02 选择工具箱中的“颜色替换工具”，前景色设为#8049de。设置工具选项栏中的参数，选择“颜色”模式，单击“取样：连续”按钮，如图3-24所示。

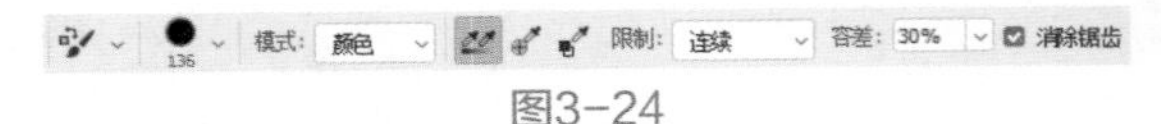

图3-24

03 在第一朵花上进行涂抹，按“[”键将笔尖调小，或按“]”键将笔尖调大，对花朵的颜色进行替换，如图3-25所示。

图3-25

04 除了更改颜色，“颜色替换工具”还能增加图像饱和度和降低图像明度。将工具选项栏中的“模式”更改为“饱和度”，在第二朵郁金香上涂抹，可以看到花的饱和度增加了，如图3-26所示。同样，将“模式”更改为“明度”，涂抹区域将变暗。

图3-26

饱和度是指色彩的鲜艳程度，也称色彩的纯度。纯度越高，饱和度越大，色彩越鲜艳；明度是指色彩的亮度，明度最高的色为白色，明度最低的色为黑色。

05 选择不同的颜色，重复第2步和第3步，为花朵换上不同的颜色，如图3-27所示。

图3-27

3.5 历史记录画笔工具——飞驰的高铁

使用“历史记录画笔工具”，可以将图像编辑过程中的某个状态还原回来。巧妙地利用“历史记录画笔工具”，还可以做出特别的效果。

01 启动Photoshop 2020，执行“文件”|“打开”命令，打开“高铁.jpg”素材，如图3-28所示。

图3-28

02 按快捷键Ctrl+J复制一个图层，执行“滤镜”|“模糊”|“动感模糊”命令，在弹出的“动感模糊”对话框中设置“角度”为-13度，“距离”为100像素，如图3-29所示。

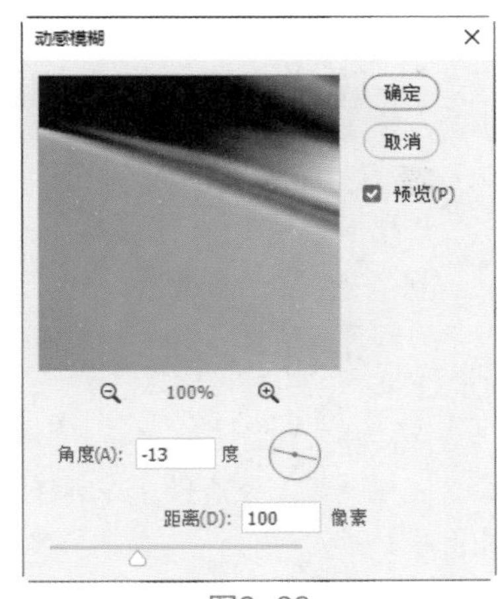

图3-29

03 选择工具箱中的“历史记录画笔工具”，单击浮动面板中的“历史记录”按钮，展开“历史记录”面板，可以看到“历史记录画笔”的图标出现在“高铁”素材缩略图的前面，意思是此处为“历史记录画笔工具”的源，如图3-30所示。

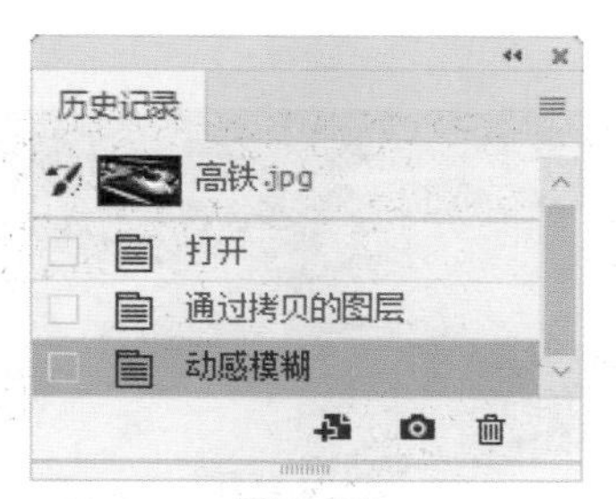

图3-30

注意与提示 执行“编辑”|“首选项”|“性能”命令，可以在“历史记录状态”文本框中 历史记录状态(H): 20 输入更大数值，使“历史记录”面板中显示最多的历史步骤。

04 通过“[”和“]”键控制“历史记录画笔工具”的笔尖大小，在高铁的头部涂抹，涂抹处即可恢复原图像，如图3-31所示。

图3-31

05 若涂抹后发现恢复原图的区域太多，想要“动感模糊”效果更明显，可单击“历史记录”面板中“动感模糊”步骤前的空白小方块，设置此步骤为“历史记录画笔工具”的源，如图3-32所示。

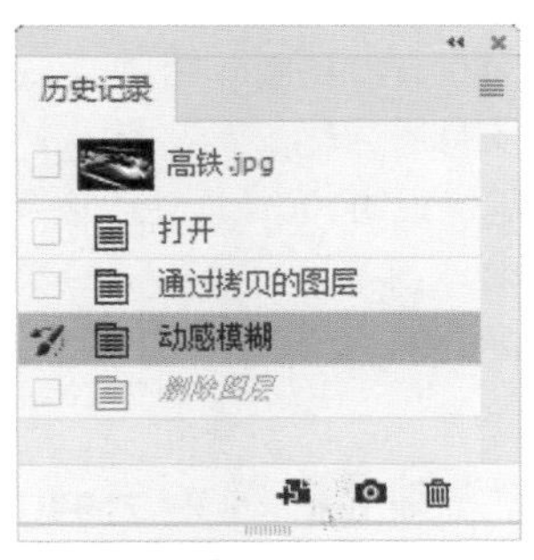

图3-32

06 在画面中想恢复“动感模糊”效果的位置，涂抹处便出现“动感模糊”效果，完成图像的制作，如图3-33所示。

图3-33

3.6 混合器画笔工具——复古油画女孩

“混合器画笔工具”的效果类似于绘制传统水彩或油画时通过改变颜料颜色、浓度和湿度等，将颜料混合在一起绘制到画板上。利用“混合器画笔工具”可以绘制出逼真的手绘效果，是较为专业的绘画工具。

01 启动Photoshop 2020，执行“文件”|“打开”命令，打开“唯美.jpg”素材，如图3-34所示。

图3-34

02 按快捷键Ctrl+J复制一个图层，选择工具箱中的“混合器画笔工具”，并分别设置参数。将笔尖设为100像素、柔边圆，当前画笔载入“清理画笔”，单击“每次描边后载入画笔”按钮，选择“有用的混合画笔组合”为“非常潮湿，深混合”，如图3-35所示。

图3-35

03 在女孩头发上涂抹后，画面出现颜色混合效果，如图3-36所示。

图3-36

04 更改画笔的大小、混合画笔组合等一系列的设置，用心感觉每种设置下画笔的效果，完成图像的制作，如图3-37所示。

图3-37

注意与提示

“混合器画笔工具”选项栏中各项参数详解如下。

100：可在该下拉列表中设置笔尖大小、硬度及画笔种类。

：可在该下拉列表中选择载入画笔、清理画笔、只载入纯色。

：每次描边后载入画笔，指鼠标指针下的颜色与前景色混合，如同将画笔重新沾上颜料。

：每次描边后清理画笔，指每次绘画后清理画笔上的油彩，如同将画笔用水洗干净。

自定：选择“自定”时，潮湿值不为0%时，可以自由设置潮湿、载入和混合值；选择其他混合组合时，潮湿、载入和混合值变为预先值。

潮湿：50%：指从画布拾取的油彩量。潮湿值越大，就像颜料中加了越多的水，画在画布上的色彩越淡。

载入：50%：指画笔上载入的油彩

量，载入值越低，画笔描边干燥的速度越快。

混合: 100% ：指控制载入颜色和画面颜色的混合程度。混合值为0%时，所有油彩都来自载入的颜色；混合值为100%时，所有油彩都来自画布；当潮湿值为0%时，该选项不能用。

混合: 100% ：指描边时流动的速率。当流量为0%时，油彩量流出速率为0；当流量为100%，油彩量流出速率为100%。

：启用喷枪模式后，当画笔在同一位置长按鼠标时，画笔会持续喷出颜色。若取消这个模式，则画笔在同一个位置不会持续喷出颜色。

对所有图层取样 ：对所有可见图层的颜色进行取样。

：始终对“大小”使用压力，使用手绘板等能感知笔触压力的工具时可用。

3.7 油漆桶工具——儿童涂鸦

“油漆桶工具”可以为选区或颜色相近区域填充前景色或图案。本节主要通过一个实例来说明“油漆桶工具”的使用方法。

01 启动Photoshop 2020，执行“文件”|“打开”命令，打开“简笔画.jpg”素材，如图3-38所示。

图3-38

02 选择工具箱中的“油漆桶工具”，设置填充区域的源为“前景”，“模式”为“正常”，“不透明度”为100%，“容差”为32，如图3-39所示。

图3-39

学习“魔棒”工具时，了解到“容差”的概念，即颜色取样时的范围。容差值越大，选择的像素范围越大；反之，选择的像素范围越小。因此，通过设置“油漆桶”工具的容差，可以确定填色区域的大小和范围。

03 设置前景色颜色为红色（#e60012），在蘑菇处单击，为蘑菇填上颜色，如图3-40所示。

04 修改前景色颜色为蓝色（#d3defd），单击图像中空白背景处，为简笔画填充背景颜色，如图3-41所示。

图3-40

图3-41

05 在工具选项栏中，设置填充区域的源为“图案”，单击图标右侧的小三角形，打开“图案”拾色器，在菜单中选择“草”，单击图像中部分树叶处，为树叶填充图案，如图3-42所示。

图3-42

06 用同样的方法，选择其他前景色和图案，为图像填充其他颜色，完成图像的制作，如图3-43所示。

图3-43

3.8 渐变工具——时尚煎锅

“渐变工具”可以创建多种颜色之间的渐变混合，不仅可以填充选区、图层和背景，还可以用来填充图层蒙版和通道等。

01 启动Photoshop 2020，执行“文件”|“打开”命令，打开“美味.jpg”素材，如图3-44所示。

02 选择工具箱中的“渐变工具”，在工具选项栏中单击“线性渐变”按钮，再单击渐变色条，弹出“渐变编辑器”对话框，如图3-45所示。

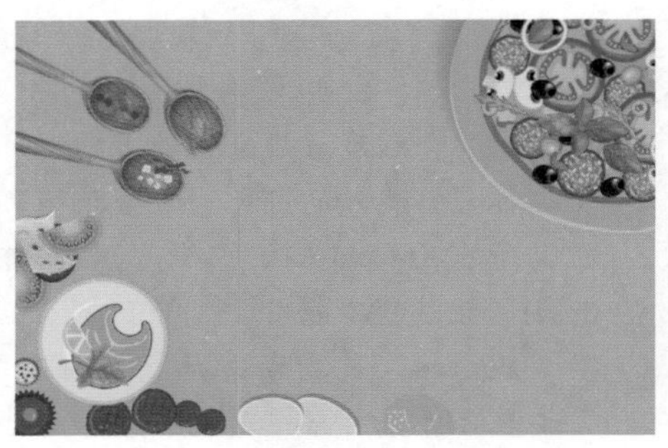

图3-44

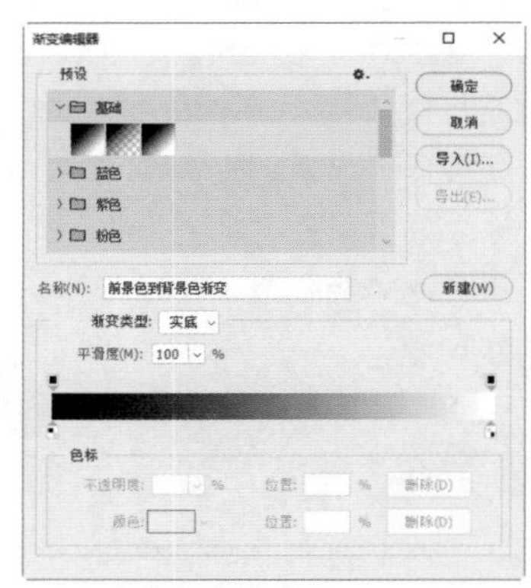

图3-45

03 预设区提供了多种渐变组合，单击任意一种渐变样式，即可出现在可编辑渐变色条区域。单击渐变色条上方的色标图标，可以在下面的色标栏中调整不透明度；单击下方色标图标，可以在下面的色标栏中定义颜色；拖动色标图标，可以改变不透明度或颜色的位置。这里为左下色标定义颜色为#8c8989，为右下色标定义颜色为#ffffff，如图3-46所示。

图3-46

04 单击“图层”面板中的“创建新图层”按钮，创建新图层。选择工具箱中的“椭圆选框工具”，在新图层上创建圆形选区，如图3-47所示。

图3-47

渐变条中最左侧色标指渐变的起点颜色，最右侧色标代表渐变的终点颜色。

05 选择工具箱中的“渐变工具”，在画面中单击并向右上方拖动，松开鼠标后，选区内填充好定义的渐变，再按快捷键Ctrl+D取消选区，如图3-48所示。

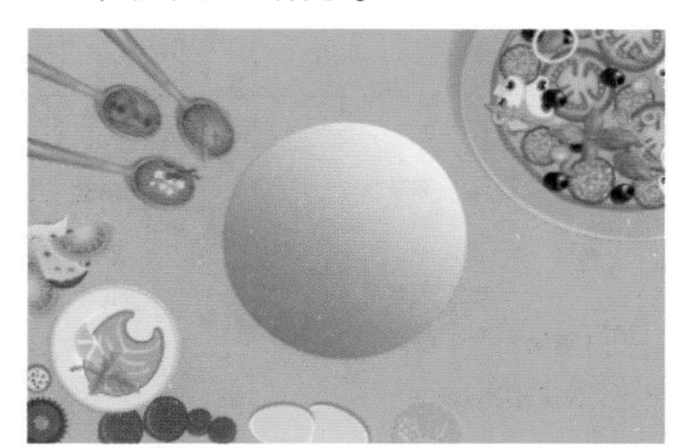

图3-48

鼠标的起点和终点决定渐变的方向和渐变的范围。渐变角度随着鼠标拖动的角度而变化，渐变的范围即渐变条起点处到终点处的渐变。按住Shift键拖动鼠标时，可创建水平、垂直和45°倍数的渐变。

06 在工具选项栏中单击“径向渐变”按钮，单击渐变色，弹出“渐变编辑器”对话框，单击色条下方，即可添加新色标。移动两个渐变色标中间的小菱形◇，可调整该点两侧颜色的混合位置，如图3-49所示。

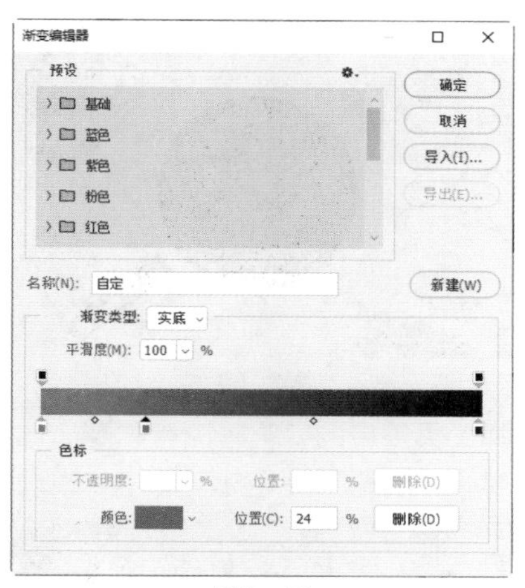

图3-49

“线性渐变”按钮，创建从起点到终点的直线渐变。

“径向渐变”按钮，创建从起点到终点的圆形渐变。

“角度渐变”按钮，创建从起点到终点的逆时针扫描渐变。

“对称渐变”按钮，创建从起点到终点再到起点的直线对称渐变。

“菱形渐变”按钮，创建从起点到终点再到起点的菱形渐变。

07 单击“图层”面板中的“创建新图层”按钮，创建新图层。选择工具箱中的“椭圆选框工具”，在新图层上创建稍小的圆形选区，单击圆心处，按住鼠标拖到边缘处松开，给选区填充编辑好的渐变，按快捷键Ctrl+D取消选区，如图3-50所示。

图3-50

08 用同样的方法结合“矩形选框工具”和“椭圆选框工具”创建选区，并填充合适的渐变，完成锅的制作，如图3-51所示。

图3-51

09 选择工具箱中的“钢笔工具” ，绘制心形图形，并填充径向渐变，如图3-52所示。

图3-52

10 设置合适的径向渐变，完成蛋黄和蛋黄处光影渐变，最终效果如图3-53所示。

图3-53

3.9 填充命令——小房子

使用“填充”命令和使用“油漆桶工具”填充效果类似，都能为当前图层或选区填充前景色或图案。不同的是，“填充”命令还可以利用“内容识别”功能进行填充。

01 启动Photoshop 2020，执行“文件”|“打开”命令，打开“房子.jpg”素材，如图3-54所示。

02 按快捷键Ctrl+J复制一个图层，选择工具箱中的“快速选择工具” ，单击屋顶处，将屋顶选出，如图3-55所示。

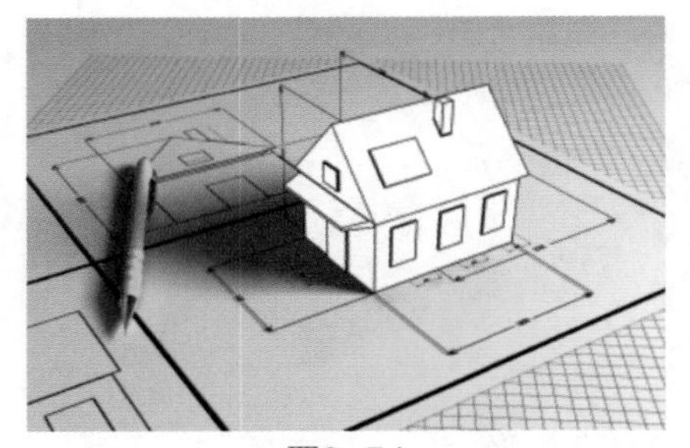

图3-54

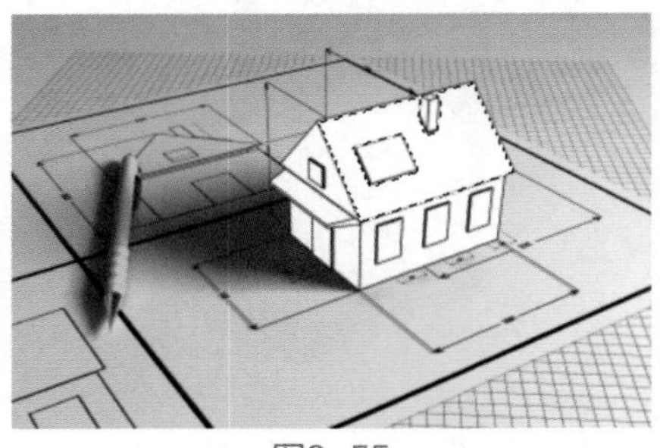

图3-55

03 设置前景色为红色（#e60012），执行“编辑”|“填充”命令，或按快捷键Shift+F5，弹出“填充”对话框，在“内容”下拉列表中选择“前景色”选项，如图3-56所示。

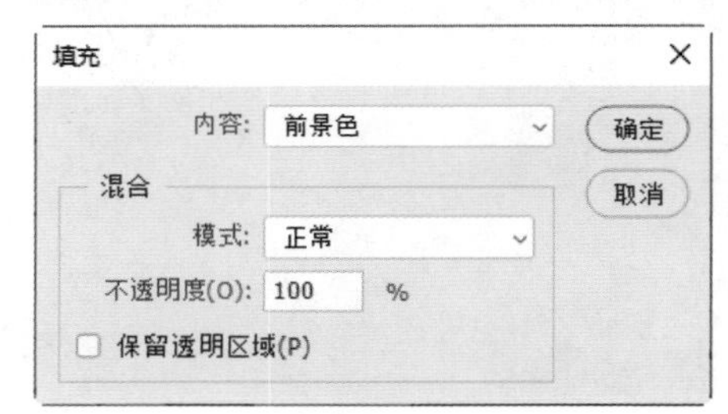

图3-56

04 单击“确定”按钮后，屋顶便填充了颜色，按快捷键Ctrl+D取消选区，如图3-57所示。

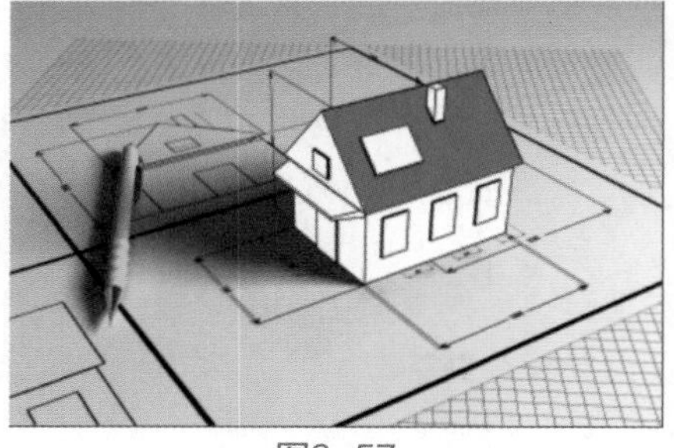

图3-57

05 选择工具箱中的“快速选择工具” ，将墙体选出。

06 执行“编辑”|“填充”命令或按快捷键Shift+F5，弹出“填充”对话框，在“内容”下拉列表中选择“图案”选项。

07 打开“自定图案”下拉面板，选择“草—游猎”图案，如图3-58所示。

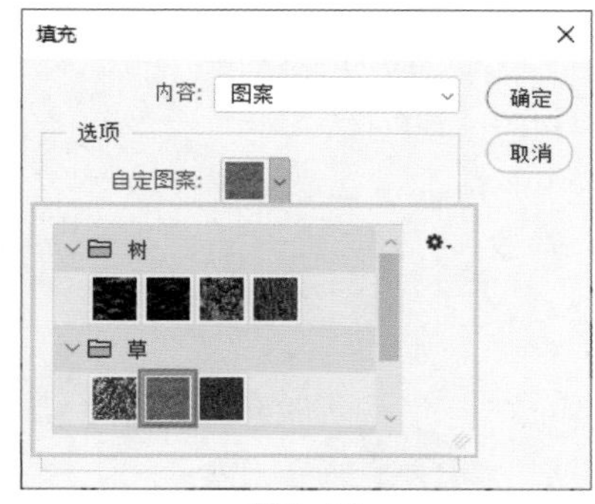

图3-58

08 单击“确定”按钮，选区便填充了图案，如图3-59所示，按快捷键Ctrl+D取消选区。

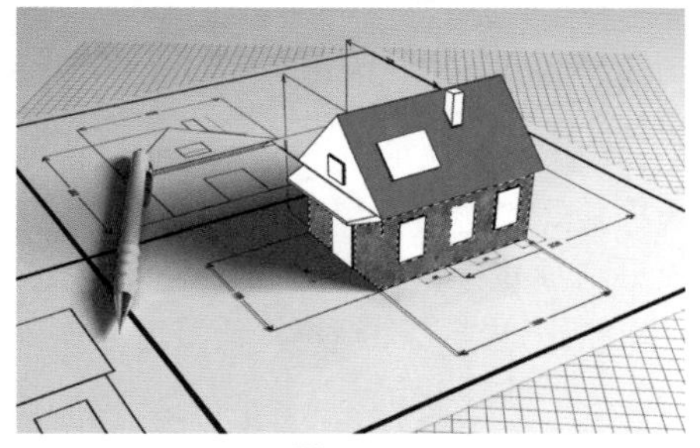

图3-59

若在“内容”下拉列表中选择“内容识别”选项进行填充，则选区内将会以选区附近的图像进行明度、色调等融合后进行填充。

09 用同样的方法，为房子的其他部分填充颜色，完成图像的制作，如图3-60所示。

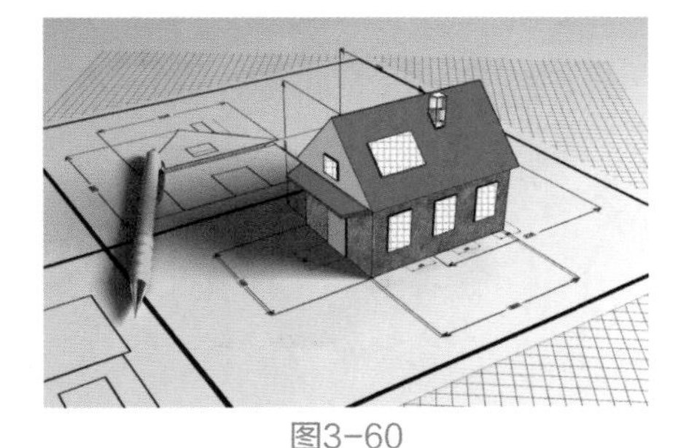

图3-60

3.10 橡皮擦工具——冰激凌花

“橡皮擦工具”，顾名思义与橡皮功能类似，可以用于擦除图像。

01 启动Photoshop 2020，执行“文件”|“打开”命令，打开“背景.jpg”素材，如图3-61所示。

02 将“冰激凌.jpg”素材拖入到文档中，调整位置和大小后，按Enter键确认，如图3-62所示。

图3-61　图3-62

03 选择“图层”面板中的“冰激凌”图层，右击，在弹出的快捷菜单中选择“栅格化图层”命令，将智能矢量图层转换为栅格化图层。

04 选择工具箱中的“橡皮擦工具”，在工具选项栏中设置合适的大小，并选择“柔边圆”笔触，“不透明度”设置为30%，在冰激凌的阴影处涂抹，留下部分未擦除阴影，如图3-63所示。

图3-63

单击“图层”面板中的“锁定透明像素”按钮⊠，涂抹区域将显示为背景色。

05 在工具选项栏中选择“硬边圆”笔触，将“不透明度”设置为100%，在冰激凌的其他处进行涂抹，只留下蛋筒外壳，如图3-64所示。

图3-64

06 将“绣球花.png”素材拖入到文档中，调整大小和位置后按Enter键置入，在“图层”面板中右击该图层，在弹出的快捷菜单中选择“转换为智能对象”命令，将智能矢量图层转换为可编辑图层，如图3-65所示。

07 在工具选项栏中选择“硬边圆”笔触，用同样的方法擦除多余的部分，完成图像的制作，如图3-66所示。

图3-65

图3-66

在“橡皮擦工具”选项栏中，“模式”除了可以选择“画笔”外，还能根据擦除的需要选择“铅笔”或“块”，来进行擦除操作。

3.11 背景橡皮擦工具——桃子店铺主图

“背景橡皮擦工具”和“魔术橡皮擦工具”主要用来抠图，适合边缘清晰的图像。“背景橡皮擦工具”能智能采集画笔中心的颜色，并删除画笔内出现的该颜色像素。

01 启动Photoshop 2020，执行“文件”|“打开”命令，打开“桃子.jpg”素材，如图3-67所示。

图3-67

02 选择工具箱中的“背景橡皮擦工具”，在工具选项栏中将“大小”设置为300，单击“取样：连续”图标，设置“容差”值为15%，如图3-68所示。

图3-68

容差值越低，擦除的颜色越相近；反之，擦除的颜色范围越广。

03 在桃子边缘和背景处涂抹，将背景擦除，如图3-69所示。

图3-69

04 选择工具箱中的“移动工具”，打开“背景.jpg”素材，将抠好的桃子拖入背景中，完成图像的制作，如图3-70所示。

图3-70

取样方式包括“取样：连续”“取样：一次”和“取样：背景色板”。

“取样：连续”：在拖动鼠标过程中对颜色进行连续取样，凡在鼠标指针中心的颜色像素都将被擦除。

“取样：一次”：擦除第一次单击取样的颜色像素，适合擦除纯色背景。

“取样：背景色板”：擦除包含背景色的图像。

3.12 魔术橡皮擦工具——水果笑脸

“魔术橡皮擦工具”的效果相当于用“魔棒工具”创建选区后删除选区内的像素。锁定图层透明区域后，该图层被擦除的区域将为背景色。

01 启动Photoshop 2020，执行“文件”|“新建”命令，新建一个高为3000像素、宽为2000像素、分辨率为300的RGB图像，并填充渐变，如图3-71所示。

02 选择“橙子.jpg”素材，并拖入背景中，调整大小后按Enter键确认。右击该图层，在弹出的快捷菜单中选择“栅格化图层”命令，如图3-72所示。

图3-71

图3-72

03 选择工具箱中的“魔术橡皮擦工具”，在工具选项栏中将“容差”设置为20，“不透明度”设置为100%，如图3-73所示。

容差：20　消除锯齿　连续　对所有图层取样　不透明度：100%

图3-73

“魔术橡皮擦工具”的选项栏中，各项参数详解如下。

容差：设置可擦除的颜色范围。容差值越小，擦除的颜色范围与单击处的像素越相似；反之，则可擦除的颜色范围越广。

消除锯齿：选中后擦除区域的边缘将更平滑。

连续：未选中时，只擦除单击处相邻的区域；选中后，将擦除图像中所有相似的区域。

对所有图层取样：未选中时，只擦除当前图层相似的颜色；选中后，将擦除对所有可见图层取样后的相似的颜色。

不透明度：控制擦除的强度。不透明度越高，擦除的强度越大，当不透明度为100%时，将完全擦除。

04 在白色背景处单击，即可删除多余背景，如图3-74所示。

05 按快捷键Ctrl+J复制“橙子”图层，选择工具箱中的“移动工具”，按住Shift键，将之水平拖动到合适位置，如图3-75所示。

06 用同样的方法将“香蕉.jpg”素材删除背景，并在调整大小后拖移到合适的位置，完成图像的制作，如图3-76所示。

图3-74

图3-75

图3-76

3.13 模糊工具——静物

“模糊工具”主要用来对图像进行修饰，通过柔化图像减少图像的细节，达到突出主体的目的。

01 启动Photoshop 2020，执行“文件”|“打开”命令，打开“静物.jpg”素材，如图3-77所示。

图3-77

02 选择工具箱中的“模糊工具”，设置合适的笔触大小，设置“模式”为“正常”，“强度”为100%，如图3-78所示。

500 模式：正常 强度：100%

图3-78

强度值越大，图像模糊的效果越明显。

03 在左侧的花上反复涂抹，涂抹处即出现模糊效果，如图3-79所示。

图3-79

3.14 减淡工具——眼神提亮

“减淡工具”主要用来增加图像的曝光度，通过涂抹，可以提亮照片的部分区域，从而为其增加质感。

01 启动Photoshop 2020，执行“文件”|“打开”命令，打开“眼妆.jpg”素材，如图3-80所示。

图3-80

02 按快捷键Ctrl+J复制图层，选择工具箱中的“减淡工具”，设置“范围”为“阴影”，“曝光度”为50%，如图3-81所示。

范围：阴影　曝光度：50%　0°　保护色调

图3-81

注意与提示

“减淡工具”工具选项栏中各项参数详解如下。

范围：阴影可以处理图像中明度低的色调；中间调可以处理图像中的灰度中间调；高光可以处理图像中的高亮色调。

曝光度：数值越高，效果越明显。

喷枪：单击后启用“画笔喷枪”功能。

保护色调：选中后可以防止图像颜色发生色相偏移。

03 按“[”键和“]”键调整笔尖大小，在画面中反复涂抹，涂抹后阴影处的曝光增加了，如图3-82所示。

图3-82

04 执行“文件”|“恢复”命令，将文件恢复到初始状态。按快捷键Ctrl+J复制图层，设置“范围”为“中间调”。

05 按“[”键和“]”键调整笔尖大小，在画面中反复涂抹，涂抹后中间调减淡，如图3-83所示。

图3-83

06 执行“文件”|“恢复”命令，将文件恢复到初始状态。按快捷键Ctrl+J复制一个图层，设置“范围”为“高光”。

07 按“[”键和“]”键调整笔尖大小，在画面中反复涂抹，涂抹后高光减淡，图像变亮，如图3-84所示。

图3-84

3.15 加深工具——古朴门房

“加深工具”主要用来降低图像的曝光度，使图像中的局部亮度变得更暗。

01 启动Photoshop 2020，执行“文件”|“打开”命令，打开“门.jpg”素材，如图3-85所示。

图3-85

02 按快捷键Ctrl+J复制图层，选择工具箱中的“加深工具”，设置“范围”为“阴影”，如图3-86所示。

范围：阴影　曝光度：50%　0°　保护色调

图3-86

“加深工具”选项栏和“减淡工具”的类似。

03 按“[”键和“]”键调整笔尖大小，在画面中反复涂抹，涂抹后阴影加深，如图3-87所示。

04 执行“文件”|“恢复”命令，将文件恢复到初始状态。按快捷键Ctrl+J复制一个图层，设置“范围”为“中间调”。

05 按“[”键和“]”键调整笔尖大小，在画面中反复涂抹，涂抹后中间调曝光度降低，如图3-88所示。

图3-87

图3-88

06 执行“文件”|“恢复”命令，将文件恢复到初始状态。按快捷键Ctrl+J复制一个图层，设置“范围”为“高光”。

07 按“[”键和“]”键调整笔尖大小，在画面中反复涂抹，涂抹后高光部分的曝光度降低，如图3-89所示。

图3-89

3.16 涂抹工具——森林小熊

“涂抹工具”的效果类似于在未干的油画上涂抹，可以出现色彩混合扩展的效果。

01 启动Photoshop 2020，执行“文件”|“打开”命令，打开“背景.jpg”素材，如图3-90所示。

图3-90

02 选择“小熊.png”素材，并拖入文档，按Enter键确认。右击该图层，在弹出的快捷菜单中选择“栅格化图层”命令，将拖入的图层栅格化，如图3-91所示。

图3-91

03 选择工具箱中的“涂抹工具”，在工具选项栏中选择一个柔边笔触，设置笔触大小为6像素，取消选中“对所有图层取样”选项，在小熊的边缘处进行涂抹，如图3-92所示。

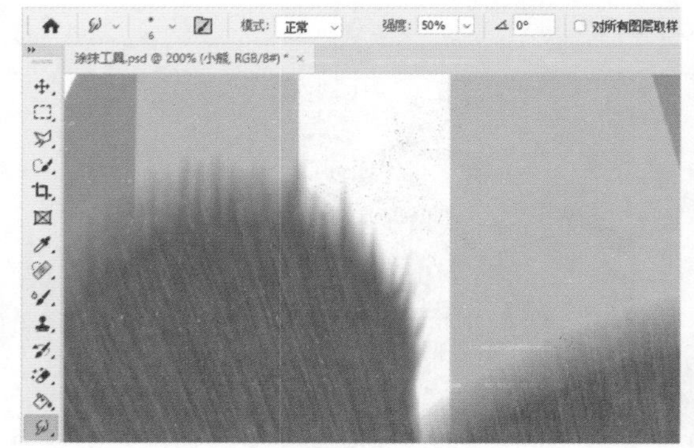

图3-92

04 耐心涂抹完全部连续边缘，小熊便成了毛茸茸的样子了，如图3-93所示。

图3-93

注意与提示

“涂抹工具”适合扭曲小范围的区域，主要针对细节处的调整，处理的速度较慢。若需要处理大面积的图像，结合使用滤镜效果会更明显。

3.17 海绵工具——山

“海绵工具”主要用来改变局部图像的色彩饱和度，但无法为灰度模式的图像增加色彩。

01 启动Photoshop 2020，执行“文件”|“打开”命令，打开“山.jpg”素材，如图3-94所示。

图3-94

02 选择工具箱中的“海绵工具”，设置工具选项栏中的“模式”为“去色”，如图3-95所示。

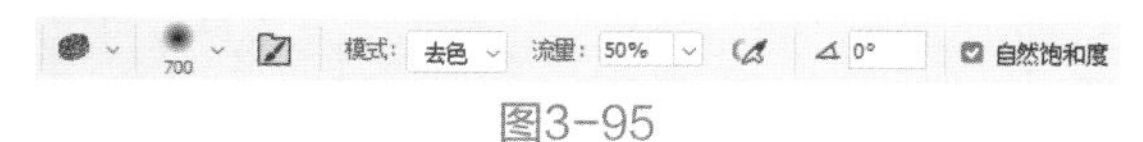

图3-95

注意与提示

“海绵工具”的工具选项栏中各项参数的详解如下。

模式：选择“去色”模式，涂抹图像后将降低图像的饱和度；选择“加色”模式，涂抹图像后将增加图像的饱和度。

流量：数值越高，修改的强度越大。

喷枪：单击后启用“画笔喷枪”功能。

自然饱和度：选中后可避免因饱和度过高而出现溢色现象。

03 按“[”键和“]”键调整笔尖大小，在图像中反复涂抹，即可降低图像饱和度，如图3-96所示。

图3-96

04 执行“文件”|“恢复”命令，将文件恢复到初始状态。设置工具选项栏中的“模式”为“加色”，即可增加图像饱和度，如图3-97所示。

图3-97

3.18 仿制图章工具——海滩

“仿制图章工具”从源图像复制取样，通过

涂抹的方式，将仿制的源复制到新的区域，以达到修补、仿制的目的。

01 启动Photoshop 2020，执行“文件”|“打开”命令，打开“背景.jpg”素材，如图3-98所示。

图3-98

02 按快捷键Ctrl+J复制图层，选择工具箱中的“仿制图章工具”，选择一个柔边圆笔触，如图3-99所示。

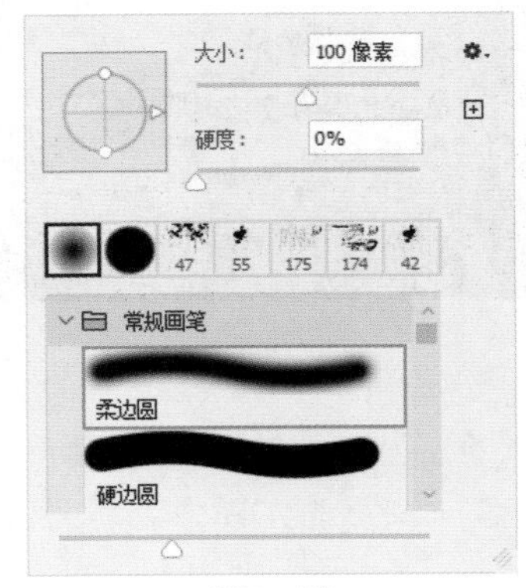

图3-99

03 将指针放在取样处，按Alt键并单击进行取样，如图3-100所示。

图3-100

04 松开Alt键，接下来的涂抹笔触内便会出现取样图案，如图3-101所示。

图3-101

取样后涂抹时，会出现一个十字状指针和一个圆圈。操作时，十字状指针和圆圈的距离保持不变。圆圈内的区域表示正在涂抹的区域，十字状指针表示此时涂抹区域正从十字状指针所在处进行取样。

05 在需要仿制的地方涂抹，去除多余的海鸥，如图3-102所示。

图3-102

06 仔细观察图像，寻找合适的取样点，用同样的方法将其他海鸥覆盖，如图3-103所示。

图3-103

3.19 图案图章工具——布艺麋鹿

“图案图章工具”和图案填充效果类似，都

可以使用Photoshop软件自带的图案或自定义图案对选区或者图层进行图案填充。

01 启动Photoshop 2020，执行“文件”|“新建”命令，新建一个高为3000像素、宽为2000像素、分辨率为300像素/英寸的RGB图像。

02 打开“花纹1.jpg”素材，如图3-104所示。

图3-104

03 执行“编辑”|“定义图案”命令，弹出“图案名称”对话框，如图3-105所示，单击“确定”按钮，便自定义了一个图案。

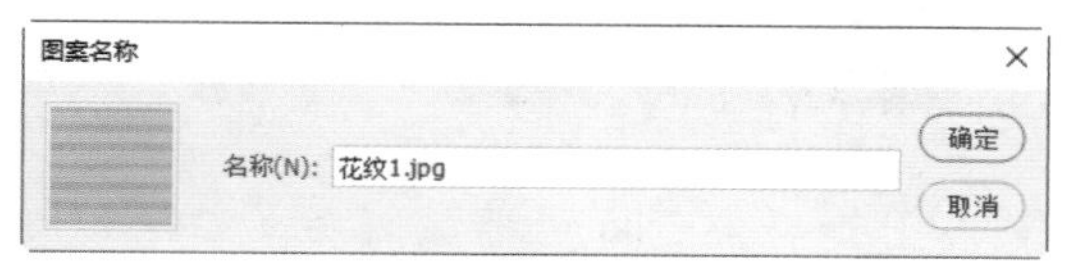

图3-105

04 用同样的方法，分别给素材“花纹2.jpg”“花纹3.jpg”“花纹4.jpg”和“花纹5.png”定义图案。

05 选择工具箱中的“图案图章工具”，在工具选项栏中选择一个柔边笔触，在“图案”拾色器的下拉列表中找到定义的“花纹1”，并选中“对齐”复选框。按“[”键和“]”键调整笔尖大小，在画面中涂满图案，如图3-106所示。

图3-106

“图案图章工具”的选项栏中除“对齐”与“印象派效果”功能外，其他功能基本与“画笔工具”的选项栏相同。

对齐：选中此项后，涂抹区域图像保持连续，多次单击也能实现图案间的无缝填充；若取消选中，则每次单击时都会重新应用定义的图案，两次单击之间涂抹的图案保持独立。

印象派效果：选中此项后，可模拟印象派效果的填充图案。

06 选择“卡通.png”素材，并拖入文档中，按Enter键确认。右击图层，在弹出的快捷菜单中选择“栅格化图层”命令，将置入的素材栅格化。

07 选择工具箱中的“魔棒工具”，单击滑板处，创建选区，如图3-107所示。

图3-107

08 选择工具箱中的“图案图章工具”，在工具选项栏中选择一个柔边笔触，在“图案”拾色器的下拉列表中找到定义的“花纹2”，按“[”键和“]”键调整笔尖大小，在选区内涂抹，如图3-108所示。

图3-108

09 用同样的方法，给其他区域创建选区，并选择合适的图案进行涂抹，一个布艺的小麋鹿图像就做好了，如图3-109所示。

图3-109

3.20 污点修复画笔工具——没有斑点的斑点狗

“污点修复画笔工具”可以快速除去图片中的污点和其他不理想的部分，并自动对修复区域与周围图像进行匹配与融合。

01 启动Photoshop 2020，执行“文件”|“打开”命令，打开“斑点狗.jpg”素材，如图3-110所示。

图3-110

02 按快捷键Ctrl+J复制图层，选择工具箱中的“污点修复画笔工具”，设置工具选项栏的参数，如图3-111所示。

图3-111

“污点修复画笔工具”选项栏中“类型”选项详解如下。

近似匹配：根据“污点修复画笔工具”单击处边缘的像素及颜色来修复瑕疵。

创建纹理：根据单击处内部的像素及颜色，生成一种纹理效果来修复瑕疵。

内容识别：根据单击处周围综合性的细节信息，创建一个填充区域来修复瑕疵。

03 将指针放在斑点处，单击并拖曳进行涂抹，如图3-112所示。

图3-112

04 松开鼠标后，即可清除斑点，如图3-113所示。

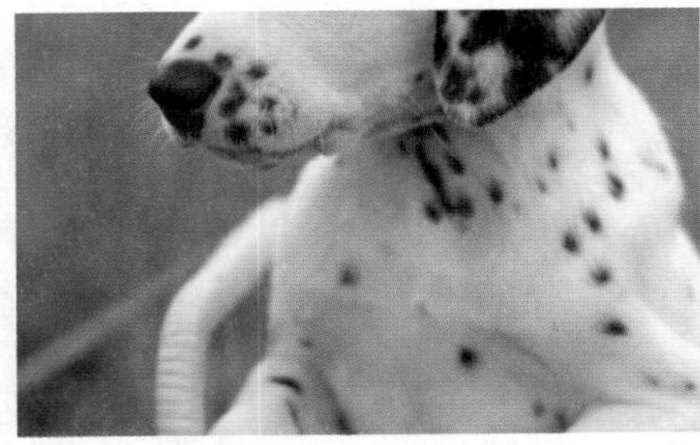

图3-113

05 采用同样的方法，清除其他斑点，完成图像的制作，如图3-114所示。

图3-114

3.21 修复画笔工具——无籽西瓜

“修复画笔工具”和“仿制图章工具”类似，都是通过取样将取样区域复制到目标区域。不同的是，“修复画笔工具”不是完全复制，而是经过自动计算使修复处的光影和周边图像保持一致，源图像的亮度等信息可能会被改变。

01 启动Photoshop 2020，执行“文件”|“打开”命令，打开“西瓜.jpg”素材，如图3-115所示。

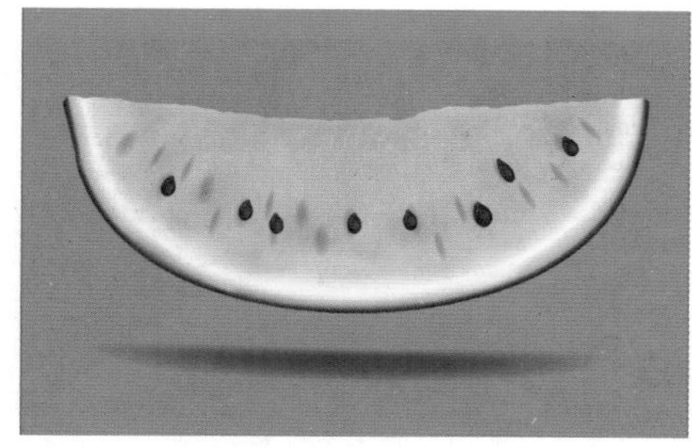

图3-115

02 按快捷键Ctrl+J复制图层，选择工具箱中的“修复画笔工具”，在工具选项栏中设置笔触的“大小”和“硬度”，将“源”设置为“取样”，如图3-116所示。

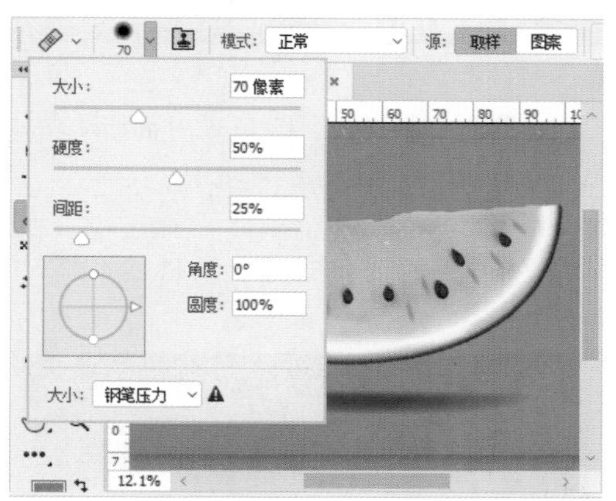

图3-116

“修复画笔工具”选项栏的“模式”和“源”选项详解如下。

模式 模式: 替换 ：“正常”模式下，取样点内，像素将与替换涂抹处的像素混合识别后进行修复；而“替换”模式下，取样点内的像素将直接替换涂抹处的像素。

源：用来设置修复处像素的来源，源可以选择“取样”或“图案”。“取样”是指直接从图像上进行取样，“图案”是指选择“图案”拾色器下拉列表中的图案进行取样。

03 将指针放在没有西瓜籽的区域，按住Alt键进行取样，如图3-117所示。

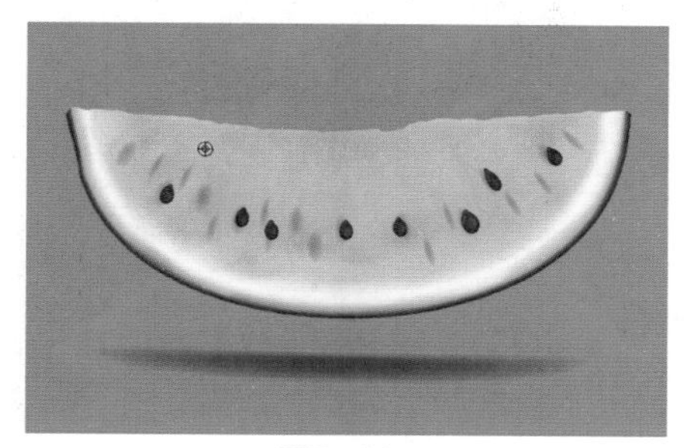

图3-117

04 松开Alt键，在西瓜籽处涂抹，即可将西瓜籽去除，如图3-118所示。

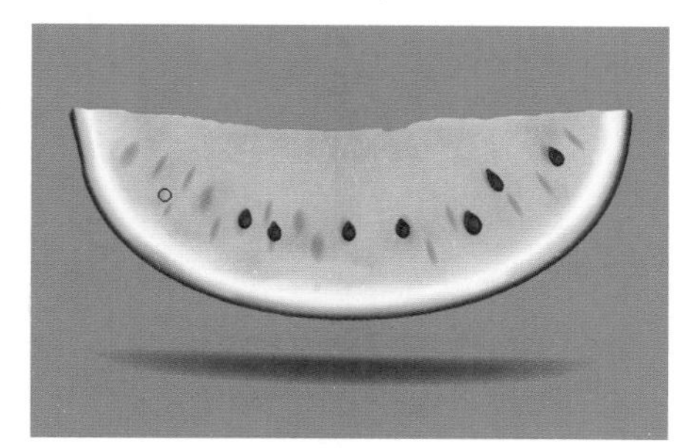

图3-118

05 重复第3步和第4步，可按“[”键或“]”键缩小或放大笔触，完成整个西瓜的修复，如图3-119所示。

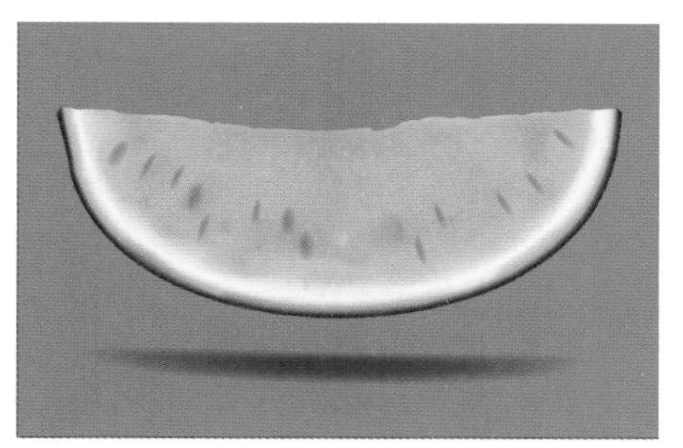

图3-119

3.22 修补工具——去除纹身

“修补工具”的原理和“修复画笔工具”类似，都是通过仿制源图像中的某一区域，去修补另外一个地方，并自动融入图像的周围环境中。与“修复画笔工具”不同，“修补工具”主要是通过创建选区对图像进行修补。

01 启动Photoshop 2020，执行“文件”|“打开”命令，打开“美背.jpg”素材，如图3-120所示。

图3-120

02 按快捷键Ctrl+J复制图层，选择工具箱中的“修补工具”，并选择工具选项栏中的源，如图3-121所示。

图3-121

注意与提示

“修补工具”选项栏中的修补模式包括正常模式和内容识别模式。

正常模式：该模式下，选择“源”时，是用后选择的区域覆盖先选择的区域。选择“目标”时与“源”相反，是用先选择的区域覆盖后来的区域。选择“透明”时，修复后的图像将与原选区的图像进行叠加。“修补”工具创建选区后，还可以使用图案进行修复。

内容识别模式：自动对修补选区周围的像素和颜色进行识别融合，并能选择适宜的强度从“非常严格”到“非常松散”来对选区进行修补。

03 单击画面并拖动鼠标，为玫瑰花创建选区，如图3-122所示。

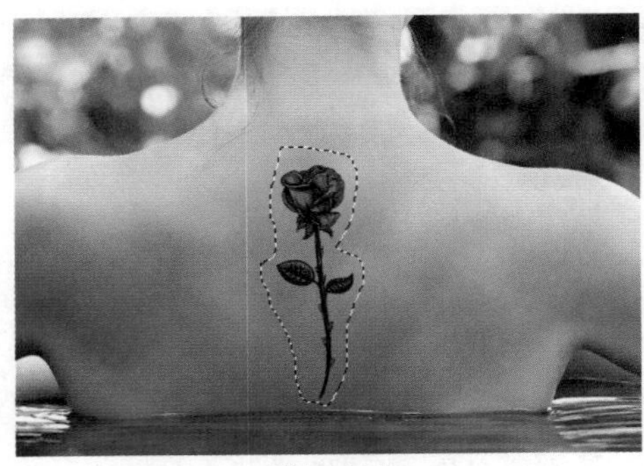

图3-122

04 将指针放在选区内，拖动选区到光洁的皮肤处，按快捷键Ctrl+D取消选区，即可去除纹身，如图3-123所示。

图3-123

3.23 内容感知移动工具——往前走

“内容感知移动工具”可以用来移动和扩展对象，并自然地融入原来的环境中。

01 启动Photoshop 2020，执行“文件”|“打开”命令，打开“小孩.jpg”素材，如图3-124所示。

图3-124

02 按快捷键Ctrl+J复制背景图层后，选择工具箱中的“内容感知移动工具”，在工具选项栏中设置“模式”为“移动”，如图3-125所示。

图3-125

“结构”是指调整原结构保留的严格程度；“颜色”可修改原颜色的程度。数值设置越大，图像与周围融合度越好。

03 在画面上单击并拖动，将小孩和影子选出，如图3-126所示。

图3-126

04 将指针放在选区内，往右拖动，即可将图像移动到新的位置，并自动对原位置的图像进行融合补充，如图3-127所示。

图3-127

05 在工具选项栏中将“模式”设置为“扩展”，将指针放在选区内，并往左拖动，即可复制并移动到新位置，并自动对原位置的图像进行融合补充，如图3-128所示，再按快捷键Ctrl+D取消选区。

06 选择工具箱中的“仿制图章工具”，对复制后的图像进行处理，效果将更加完美，如图3-129所示。

图3-128

图3-129

“移动”模式即剪切并粘贴选区图像后融合图像，扩展模式即复制并粘贴选区图像后融合图像。

3.24 红眼工具——变成凡人

“红眼工具”能很方便地去除拍摄时，因相机使用闪光灯或者其他原因出现的红眼问题。

01 启动Photoshop 2020，执行“文件”|“打开”命令，打开“魔女.jpg”素材，如图3-130所示。

图3-130

02 选择工具箱中的“红眼工具”，设置工具选项栏中的“瞳孔大小”为50%，“变暗量”为50%，如图3-131所示。

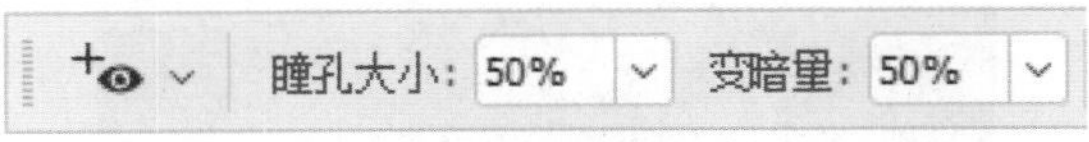

瞳孔大小：50%　变暗量：50%

图3-131

“瞳孔大小”和“变暗量”可根据实际图像情况来设置。“瞳孔大小”用来设置瞳孔的大小，百分比越大，瞳孔越大；“变暗量”用来设置瞳孔的暗度，百分比越大，变暗效果越明显。

03 将指针放在左眼处并单击，即可去除红眼现象，如图3-132所示。

图3-132

若一次没有处理好，可多次单击，直到去除红眼现象为止。

04 也可以选择“红眼工具”后，在红眼处拖出一个虚线框，即可去除框内红眼，如图3-133所示。

图3-133

05 去除“红眼”后的效果如图3-134所示。

图3-134

图层是Photoshop的核心功能之一。图层的引入，为图像的编辑带来了极大的便利。本章将通过16个实例，详细讲解图层的创建、图层样式、混合模式、图层蒙版等功能在平面广告设计中的具体应用方法。

4.1 编辑图层——浪漫樱花

图层是编辑图像的基本元素之一，增减图层可能会影响整个图像的呈现。如果图像相当于一摞透明纸叠加后的效果，图层则代表每一张透明纸，每张纸上有着不同的内容并可独立编辑，叠加组合形成整体图像。

01 启动Photoshop 2020，执行“文件”|“打开”命令，打开“风景.jpg”素材，如图4-1所示。

02 在“图层”面板中，单击“创建新图层”按钮，可直接在“背景”图层的上方新建一个透明图层。也可执行“图层”|“新建”|“图层”命令，或按住Alt键并单击“创建新图层”按钮，对新建的图层进行设置，单击“确定”按钮后即新建了一个图层，如图4-2所示。

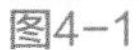

图4-1

图4-2

注意与提示：对新建图层进行设置时，在“颜色”菜单中选择一种颜色，表示用该颜色对图层进行标记，便于有效地区分不同用途的图层。

03 选择“樱花1.png”和“樱花2.png”素材，并拖入文档中，按Enter键确认。由于之前新建图层为空白图层，所以“樱花1”图层直接覆盖了“图层1”成为一个新图层。此时的“图层”面板如图4-3所示。

04 选择“图层”面板中的“樱花2”图层，将该图层拖到“创建新图层”按钮上，或执行“图层”|“复制图层”命令，输入图层名称为“樱花2拷贝”后，单击“确定”按钮，即可复制一个相同的图层，如图4-4所示。

05 调整“樱花2拷贝”图层的位置，并将其水平翻转。

06 按住Ctrl键并单击不同图层，可选中任意多个图层，如图4-5所示。

07 选择图层后，单击“链接图层”按钮，或将图层拖到“链接图层”按钮上，即可链接图层，如图4-6所示。此时，选择任意一个链接图层并移动，链接的所有图层将同时移动。若要取消某个图层的链接关系，单击该图层上的“链接图层”图标即可。

图4-3

图4-4

图4-5

图4-6

08 双击图层名称，即可对图层名称进行修改，如图4-7所示。

09 选择“樱花1”“樱花2”和“樱花3”图层，并拖到“创建新组”按钮上，将选择的图层结组，如图4-8所示。

图4-7

图4-8

10 选择“图层”面板中的“组1”，右击，在弹出的快捷菜单中选择“合并组”命令，即可对组内图层进行合并，如图4-9所示。

合并组后，所有图层将合并成一个栅格化的图层。

11 选择“文字.png”素材，并拖入文档中，调整位置和大小后，按Enter键确认，完成图像的制作，如图4-10所示。

图4-9

图4-10

“图层”面板中各项功能详解如下。

类型：用于选择图层类型，当图层较多时，可在该图层的下拉列表中选择图层类型，其中包括名称、效果、模式、属性、颜色、智能对象、选定和画板等类型。选择其中任意一类型图层，将隐藏其他类型的图层。

用于图层过滤，可组合使用，当单击“全部”按钮时显示所有图层。单击“像素图层过滤器”按钮时，将隐藏栅格化图层以外的图层；单击“调整图层过滤器”按钮时，将隐藏调整图层以外的图层；单击“文字图层过滤器”按钮时，将隐藏文字图层以外的图层；单击“形状图层过滤器”按钮时，将隐藏形状图层以外的图层；单击“智能对象过滤器”按钮时，将隐藏智能矢量图层以外的图层。单击“打开或关闭图层过滤”按钮，可打开或关闭图层过滤功能。

正常：用于设置图层的混合模式，在下拉列表中共有27种图层混合模式，包括正常、溶解、变暗等。

不透明度：100%：用于设置图层的不透明度。

锁定：用于锁定当前图层的属性。单击“锁定透明像素”按钮后，图层的透明像素区域不能再进行操作；单击“锁定图像像素”按钮后，可防止绘画工具修改图层的像素；单击“锁定位置”按钮后，图层位置将被固定；单击“防止在画板内外自动嵌套”按钮后，可防止图层或图层组在移出画板边缘时发生嵌套，该功能主要针对画板设置。单击“锁定全部”按钮后，当前图层的透明像素、图像像素和位置将全被锁定。

填充：100%：用于设置填充的不透明度。

：隐藏当前图层。

：显示当前图层。

：链接选中的多个图层。

fx：给当前图层添加图层样式，在其下拉列表中可选择混合选项中的10种效果，包括斜面与浮雕、描边等。

：给当前图层添加蒙版。

：创建新的填充图层或调整图层。

：创建图层组。

：创建新图层。

：删除图层或图层组。

4.2 投影——海中小船

添加投影可为图层内容增加立体感。

01 启动Photoshop 2020，执行“文件”|“新建”命令，新建一个宽为3000像素、高为2000像素、分辨率为300的RGB文档。

02 选择工具箱中的“渐变工具”，设置渐变起点颜色为#4768ae、终点颜色为#22458f的径向渐变，从画面中心向外水平拖曳填充渐变，如图4-11所示。

图4-11

03 选择“波浪1.png”素材，并拖入文档中，按Enter键确认置入，如图4-12所示。

图4-12

04 单击“图层”面板中的“添加图层样式”按钮fx，在弹出的列表中选择“投影”选项。在弹出的“图层样式”对话框中，设置投影的“不透明度”为50%，颜色为黑色，“角度”为-60°，“距离”为20像素，“扩展”为20%，“大小”为30像素，如图4-13所示。

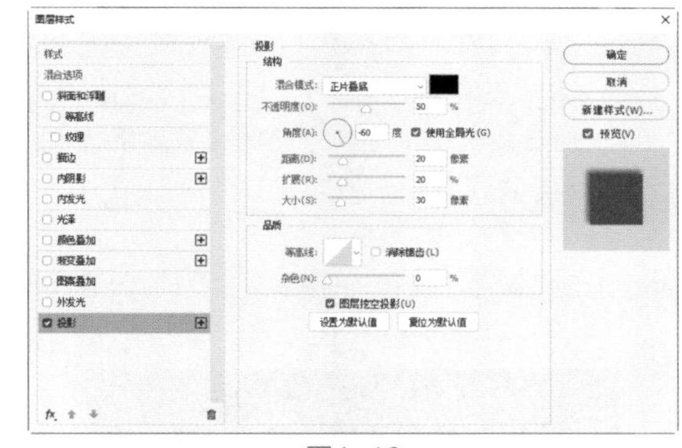

图4-13

“投影”的属性详解如下。

混合模式：用来设置投影与下面图层的混合方式，默认为“正片叠底”模式。

投影颜色：默认为黑色，单击该色块可在“拾色器”对话框中选择其他颜色。

不透明度：用来设置投影的不透明度，默认值为75%。不透明度数值越大，投影越明显。

角度：可通过拖动圆形内的指针或在文本框内输入数值来设置投影的角度，指针的指示方向即光源方向，投影在光源的相反方向。

使用全局光：选中后所有图层的投影角度保持一致。取消选中，则可单独为图层设置不同的投影角度。

距离：可通过拖动滑块或在文本框内输入数值来设置投影与图层的偏移距离，距离值越大，则投影与图层的距离越远。

扩展：可通过拖动滑块或在文本框内输入数值来设置阴影的大小。扩展的百分比越大，阴影面积越广，具体效果与“大小”的值相关。当“大小”值为0时，调整扩展值无效。

大小：可通过拖动滑块或在文本框内输入数值来设置投影的模糊范围，其值越大，模糊的范围越广。

等高线：用来对阴影部分进行进一步的设置，从而控制阴影的形状。

消除锯齿：选中后可使投影更平滑。

杂色：为投影添加随机透明点。杂色值较大时阴影呈点状。

图层挖空投影：此项默认为选中，此时若图层的“填充”小于100%，半透明区域投影不可见；反之，若取消选中此项，半透明区域投影将可见。

05 单击“确定”按钮，即给“波浪1”图层添加了投影，如图4-14所示。

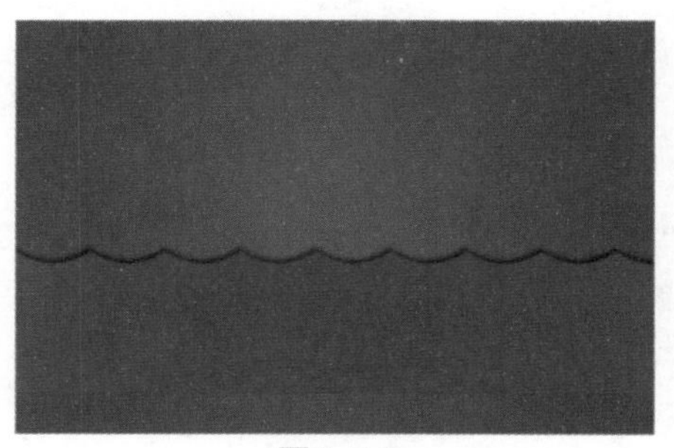

图4-14

06 用同样的方法，分别将“小船.png”“波浪2.png”“波浪3.png”和“天空.png”素材拖入文档中，并添加同样参数的“投影”，图像制作完成，如图4-15所示。

图4-15

4.3 斜面和浮雕——棉花糖海报

“斜面和浮雕”效果主要是通过对图层添加阴影和高光等，使图层立体感增强。

01 启动Photoshop 2020，执行“文件”|“打开”命令，打开“背景.jpg”素材，如图4-16所示。

图4-16

02 选择工具箱中的“矩形选框工具”，并拖出矩形选区，如图4-17所示，按快捷键Ctrl+J将选区内容复制为新的图层。

图4-17

03 单击“图层”面板中的“添加图层样式”按钮 fx，在弹出的列表中选择“斜面和浮雕”选项。在弹出的“图层样式”对话框中，设置样式为“枕状浮雕”，“大小”为20像素，修改“阴影模式”右侧的颜色为#d94986，如图4-18所示。

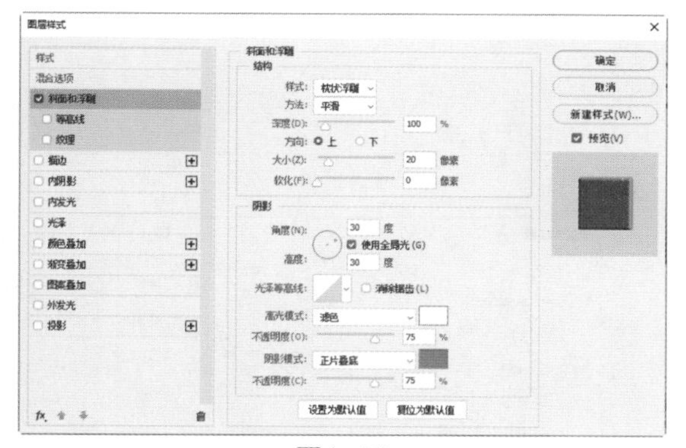

图4-18

04 单击“确定”按钮，图层边缘出现“枕状浮雕”效果，如图4-19所示。

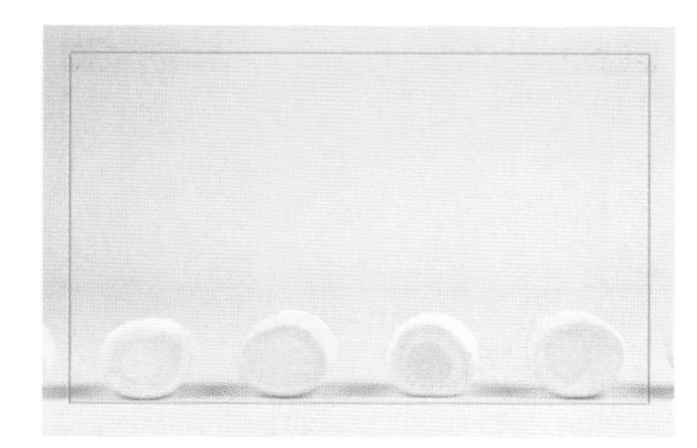

图4-19

“斜面和浮雕”的效果包括外斜面、内斜面、浮雕效果、枕状浮雕和描边浮雕。

外斜面：可在图层的边缘外侧呈现雕刻效果。

内斜面：可在图层的边缘内侧呈现雕刻效果。

浮雕效果：可在图层的边缘内部和外部均呈现浮雕效果。

枕状浮雕：可在图层的边缘内部呈现浮雕效果，边缘外部产生压入下层图层的效果。

描边浮雕：针对描边效果且只在描边区域才有效果。

05 选择工具箱中的“横排文字工具” T，设置“字体”为“华文琥珀”，字号为300点，文字颜色为#dd6d98，在文档中输入文字，如图4-20所示。

图4-20

06 单击“图层”面板中的“添加图层样式”按钮 fx，在弹出的列表中选择“斜面和浮雕”选项。在弹出的“图层样式”对话框中，设置“斜面和浮雕”的样式为“内斜面”，“方法”为“雕刻清晰”，“深度”为400%，“大小”为20像素，如图4-21所示。

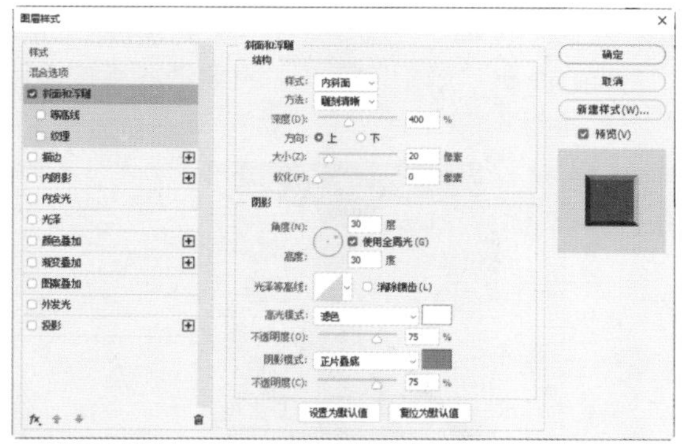

图4-21

在“方法”的下拉列表中有平滑、雕刻清晰和雕刻柔和3种。

平滑：浮雕效果比较平滑，雕刻边缘处柔和。

雕刻清晰：雕刻面转折处硬，雕刻面对比较强。

雕刻柔和：雕刻面转折处相对柔和，雕刻面对比较弱。

07 单击“确定”按钮，图层边缘即出现“内斜面”效果，如图4-22所示。

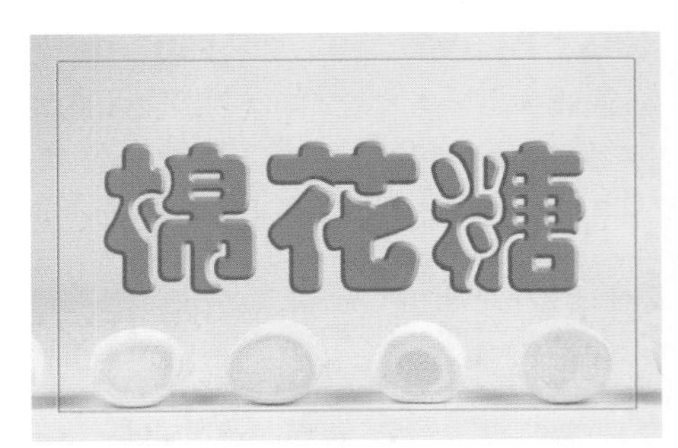

图4-22

4.4 渐变叠加——阳光下的舞蹈

“渐变叠加”主要是指通过渐变叠加图层样式，使图层产生渐变叠加的效果，渐变的位置和区域为当前图层。

01 启动Photoshop 2020，执行“文件”|“打开”命令，打开“桥.jpg”素材，如图4-23所示。

02 双击“背景”图层，弹出“新建图层”对话框，单击“确定”按钮，将背景图层转换为普通图层。

图4-23

03 单击“图层”面板中的“添加图层样式”图标fx，在弹出的列表中选择“渐变叠加”选项。在弹出的“图层样式”对话框中，出现“渐变叠加”属性设置，如图4-24所示。

04 单击渐变条，设置渐变位置为0%时的颜色为#251816、位置为35%时的颜色为#dc8867，位置为48%时的颜色为#fadd9f，位置为64%时的颜色为#e0e2de，位置为100%时的颜色为#031c34，如图4-25所示，单击“确定”按钮。

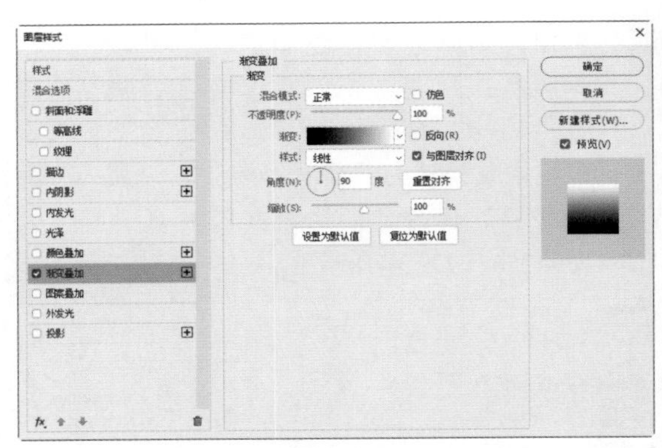

图4-24

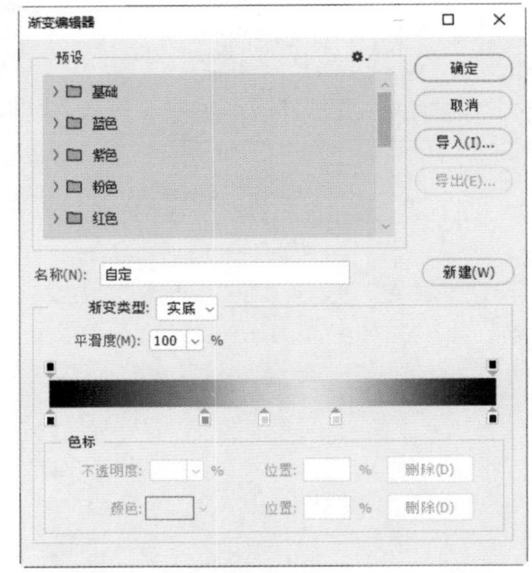

图4-25

05 设置渐变的混合模式为“滤色”，“不透明度”为85%，样式为“线性”，“角度”为90度，如图4-26所示。

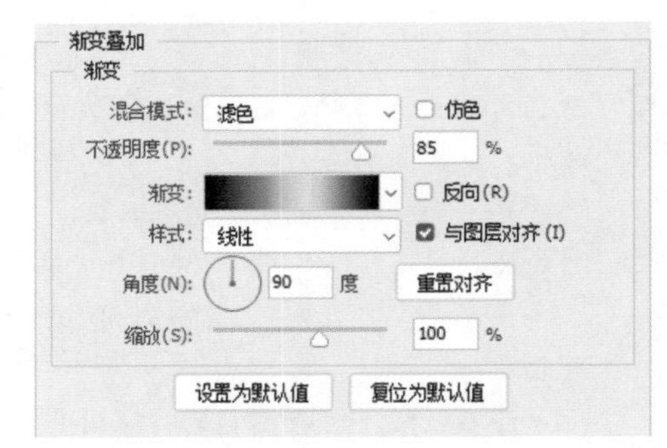

图4-26

06 单击“确定”按钮，图层便添加好了渐变，如图4-27所示。

07 选择“舞蹈.png”素材，并拖入文档中，用同样的方法设置渐变的混合模式为“正常”，“不透明度”为100%，样式为“线性”，“角度”为-90度。单击渐变条，设置该渐变位置为0%时的颜色为#150916、位置为50%时的颜色为#301158、位置为100%时的颜色为#7a4942，如图4-28所示。

图4-27

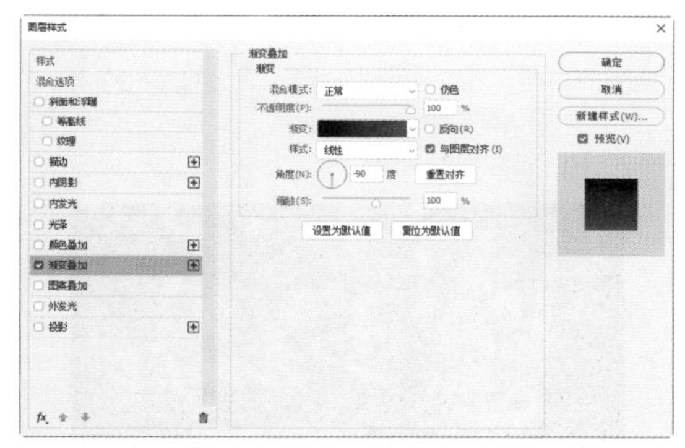

图4-28

08 单击“确定”按钮，阳光下的舞女效果便做好了，如图4-29所示。

09 用同样的方法，选择“阳光.png”和“影子.png”素材，分别添加合适的渐变，并设置各项属性参数，图像即制作完成，如图4-30所示。

图4-29

图4-30

图层样式里的渐变叠加与“渐变”工具相比，前者更方便调整，且不损失图层原本的颜色，并可通过打开或关闭叠加效果前的“眼睛”图标 渐变叠加，查看原图层和添加渐变效果后的情况。

4.5 外发光——炫彩霓虹灯

Photoshop 2020中的“发光”效果，有外发光和内发光两种，“外发光”是指在图像边缘的外部制作发光效果；内发光效果和外发光效果类似，只是产生发光处为图像边缘的内部。本节主要学习外发光效果的制作方法。

01 启动Photoshop 2020，执行“文件”|“打开”命令，打开“背景.jpg”素材，如图4-31所示。

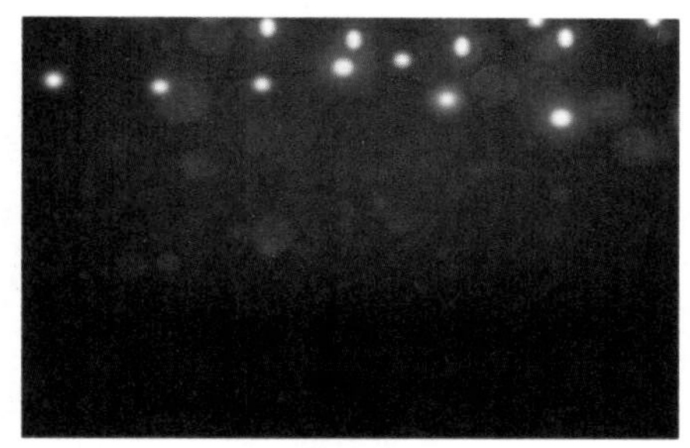

图4-31

02 选择“舞女.png”素材，并拖入文档中，调整大小和位置后，按Enter键确定置入，如图4-32所示。

图4-32

03 选择“图层”面板中的“舞女”图层，右击，在弹出的快捷菜单中选择“栅格化图层”命令，将智能矢量图层转换为栅格化的图层。

04 选择工具箱中的“套索工具”，将需要添加外发光的区域选出，如图4-33所示，按快捷键Ctrl+J将选区内容复制为新图层。

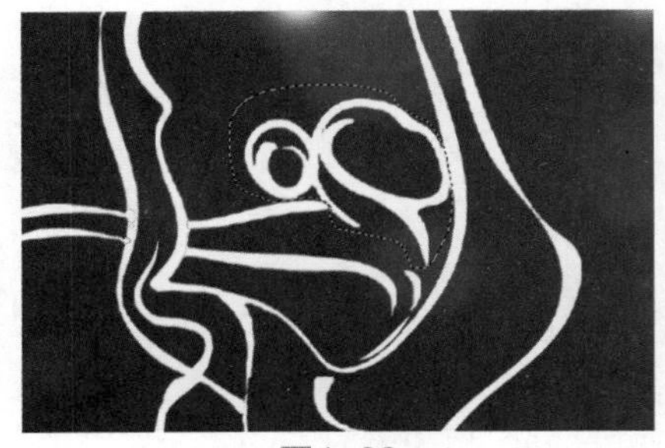

图4-33

05 单击“图层”面板中的“添加图层样式”按钮fx，在弹出的列表中选择“外发光”选项，打开“图层样式”对话框，设置“混合模式”为“滤色”，“不透明度”为75%，发光颜色为#01a9d4，“方法”为“柔和”，“扩展”为18%，“大小”为38像素，“范围”为50%，“抖动”为0%，如图4-34所示。

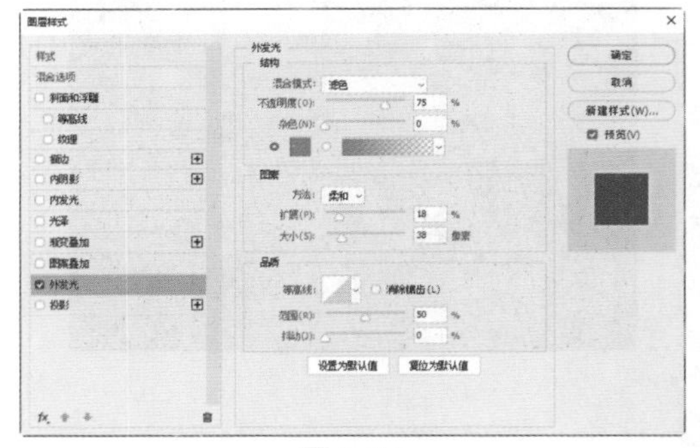

图4-34

> **注意与提示**
>
> 外发光的混合模式默认为“滤色”。

06 单击“确定”按钮后，图层便出现了蓝色的外发光效果，如图4-35所示。

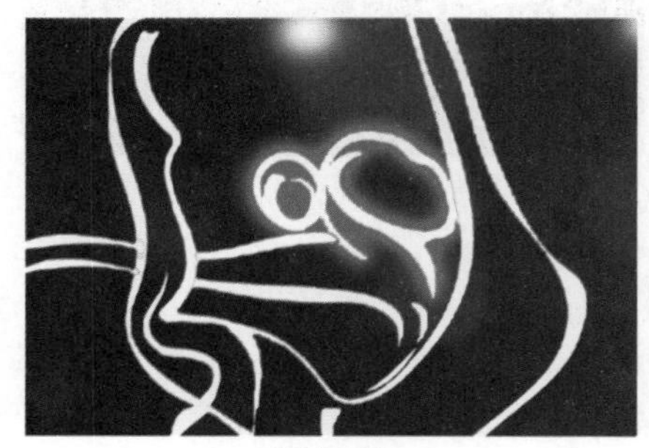

图4-35

07 用同样的方法为“舞女”的其他部分添加不同颜色的外发光效果，如图4-36所示。

图4-36

08 选择工具箱中的“圆角矩形工具”▢，在工具选项栏中设置填充颜色为#e7afff，描边颜色为无，单击并拖曳，绘制圆角矩形，为圆角矩形添加“外发光”图层样式，设置外发光的“不透明度”为84%，颜色为#b41ff9，“方法”为“柔和”，“扩展”为0，“大小”为27像素、“范围”为29%，“抖动”为0，如图4-37所示。

图4-37

09 按快捷键Ctrl+J复制“圆角矩形”图层并移动到合适的位置，双击图层右侧的“图层样式”图标fx，更改外发光的颜色。用同样的方法制作其他外发光的矩形效果，完成图像的制作，如图4-38所示。

图4-38

4.6 描边——可爱卡通

Photoshop中有3种描边方式，在2.18节中讲解了“编辑”菜单中的“描边”命令，除此之外，还有图层样式描边和形状工具描边，本节主要讲解图层样式中的描边。

01 启动Photoshop 2020，执行“文件”|“打开”命令，打开“背景.jpg”素材，如图4-39所示。

图4-39

02 选择“卡通.png”素材，并拖入文档中，调整大小和位置后，按Enter键确定置入，如图4-40所示。

图4-40

03 单击“图层”面板中的“添加图层样式”按钮fx，在弹出的列表中选择“描边”选项，打开“图层样式”对话框，设置描边“大小”为18像素，“位置”为“外部”，“混合模式”为“正常”，“填充类型”为“颜色”，“颜色”为黑色，如图4-41所示。

注意与提示

利用图层样式进行描边和执行“编辑”|“描边”命令不同，“编辑”菜单下的“描边”命令只能针对位图，“图层样式”中的描边则可以针对文字、形状、智能矢量图层和位图等。

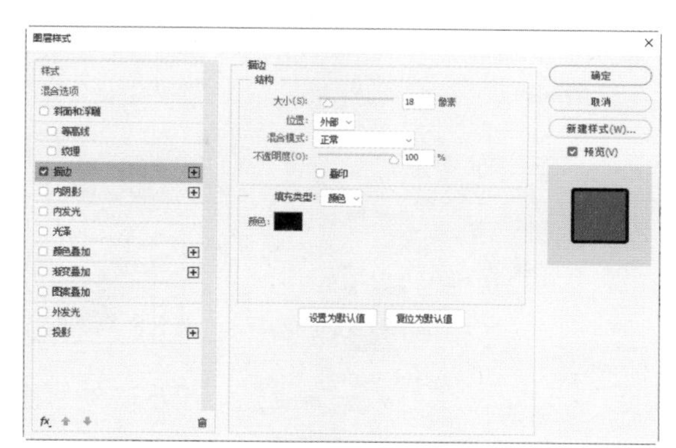

图4-41

04 单击“确定”按钮，卡通人物边缘外侧出现了纯色的黑色描边，如图4-42所示。

图4-42

注意与提示

图层样式下，可使用颜色、渐变或图案对图像的轮廓进行描边。

05 选择“对话框.png”素材，并拖入文档中，调整大小和位置后，按Enter键确定置入，如图4-43所示。

图4-43

06 单击“图层”面板中的“添加图层样式”按钮fx，在弹出的列表中选择“描边”选项，打开“图层样式”对话框，设置描边“大小”为20像素，“位置”为“外部”，“混合模式”为“正常”，“填充类型”为“图案”，选择“草—游猎”图案■，如图4-44所示。

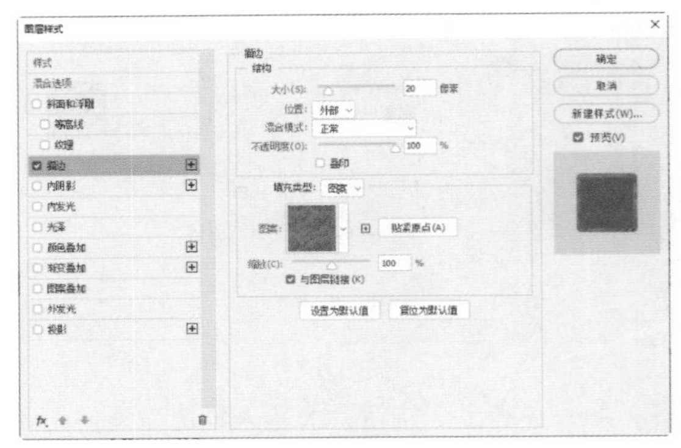

图4-44

07 单击“确定”按钮，对话框边缘外侧出现了图案描边，如图4-45所示。

图4-45

08 用同样的方法，将“文字.png”素材拖入文档中，给文字添加渐变描边，完成图像的制作，如图4-46所示。

图4-46

4.7 图层混合模式1——林中仙女

图层混合模式主要用于设置图层与图层的混合方式，创建各种特殊的混合效果。本节主要运用“正片叠底”图层混合模式来制作图像效果。

01 启动Photoshop 2020，执行“文件”|“打开”命令，打开“背景.jpg”素材，如图4-47所示。

图4-47

02 选择“树林.jpg”素材，并拖入文档中，按Enter键确认，如图4-48所示。

图4-48

03 将图层的混合模式更改为“正片叠底”，此时的“图层”面板如图4-49所示。

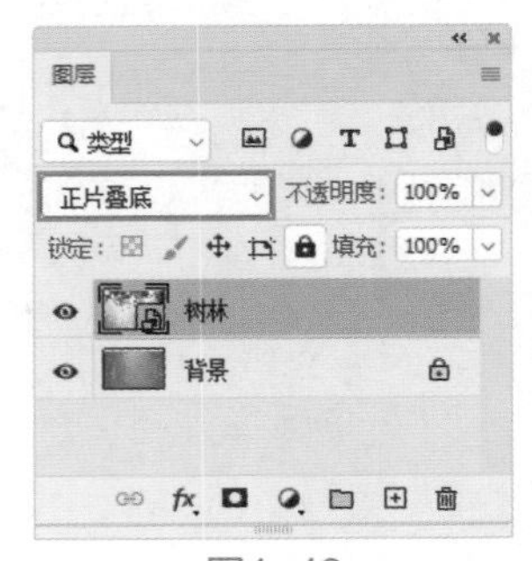

图4-49

04 此时，图像呈现“正片叠底”效果，如图4-50所示。

图4-50

图层混合模式分为6组，分别是正常模式组、变暗模式组、变亮模式组、叠加模式组、差值模式组和色相模式组。

正常模式组包括：正常、溶解。

变暗模式组包括：变暗、正片叠底、颜色加深、线性加深和深色。

变亮模式组包括：变亮、滤色、颜色减淡、线性减淡（添加）和浅色。

叠加模式组包括：叠加、柔光、强光、亮光、线性光、点光和实色混合。

差值模式组包括：差值、排除、减去和划分。

色相组包括：色相、饱和度、颜色和明度。

05 单击“图层”面板中的“创建新图层”按钮，新建一个图层。选择工具箱中的“渐变工具”，在工具选项栏中设置渐变类型为“线性渐变”，“模式”为“正常”，“不透明度”为100%，编辑渐变位置为0%时的颜色为#23b1de，位置为50%时的颜色为#f09a4c，位置为100%时的颜色为#ead84b，如图4-51所示。

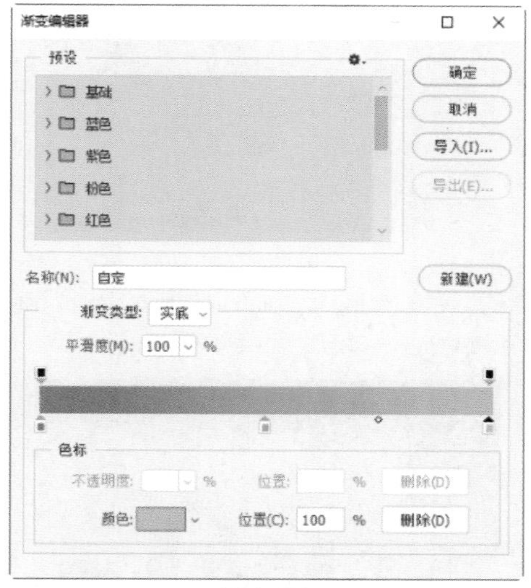

图4-51

06 在新图层中从上至下单击并拖曳出渐变图层，如图4-52所示。

07 同样将图层的混合模式设置为“正片叠底”，如图4-53所示。

图4-52

图4-53

08 选择“仙女.png”素材，并拖入文档中，调整位置和大小后，完成图像的制作，如图4-54所示。

图4-54

正片叠底模式：查看对应像素的颜色信息，并将基色（图像中的原稿颜色）与混合色（通过绘画或编辑工具添加的颜色）混合，结果色（混合后得到的颜色）总是较暗的颜色。任何颜色与黑色混合产生黑色，任何颜色与白色混合保持不变。

4.8　图层混合模式2——多重曝光

本节主要运用图层混合模式中的“滤色”来

制作图像效果。

01 启动Photoshop 2020，执行“文件”|“打开”命令，打开“背影.jpg”素材，如图4-55所示。

图4-55

02 选择工具箱中的“渐变工具”，在工具选项栏中单击“线性渐变”按钮，单击渐变色条，弹出“渐变编辑器”对话框，在起点位置定义颜色为#2fa3f3，在终点位置定义颜色为#c30de9，如图4-56所示。

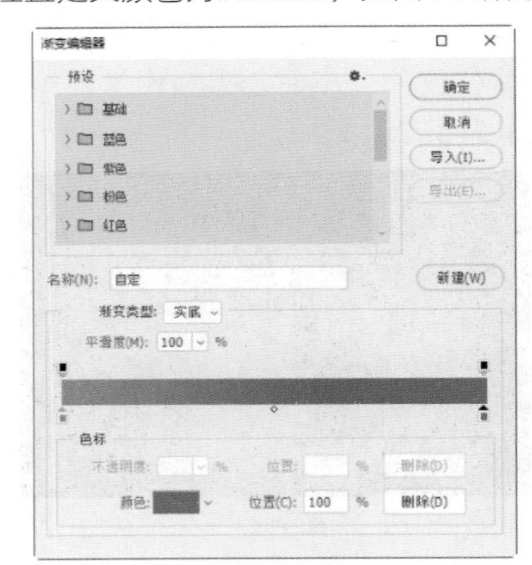

图4-56

03 单击“图层”面板中的“创建新图层”按钮，新建一个图层，从上至下单击并拖曳出渐变色，如图4-57所示。

图4-57

04 在“图层”面板中设置图层混合模式为“滤色”，并设置“不透明度”为50%，如图4-58所示。

图4-58

滤色模式：查看每个通道中的颜色信息，并将混合色的互补色与基色混合，结果色总是较亮的颜色。任何颜色与白色混合产生白色，任何颜色与黑色混合保持不变。

05 此时，设置为“滤色”图层混合模式后的图像效果如图4-59所示。

图4-59

06 选择“城市.jpg”素材，并拖入文档调整大小后按Enter键确认，如图4-60所示。

图4-60

07 在“图层”面板中，设置“城市”图层的混合模式为“滤色”，如图4-61所示。

08 此时，多重曝光效果制作完毕，如图4-62所示。

图4-61

图4-62

4.9 图层混合模式3——老照片

本节主要学习利用图层混合模式中的“柔光”来制作老照片效果的方法。

01 启动Photoshop 2020，执行“文件”|“打开”命令，打开“照片.jpg”素材，如图4-63所示。

图4-63

02 单击“图层”面板中的“创建新图层”按钮 ，新建一个图层，为新图层填充颜色#91753a，如图4-64所示。

图4-64

03 在“图层”面板中，设置图层混合模式为“柔光”，并设置“不透明度”为60%，如图4-65所示。

图4-65

04 此时，图像出现复古效果，如图4-66所示。

图4-66

“柔光”混合模式可以使颜色变亮或者变暗，具体取决于混合色。

05 选择“裂痕.jpg”素材，并拖入文档中，调整大小后按Enter键确认，如图4-67所示。

06 将“裂痕”图层的图层混合模式设置为“柔光”，并设置“不透明度”为80%，如图4-68所示。

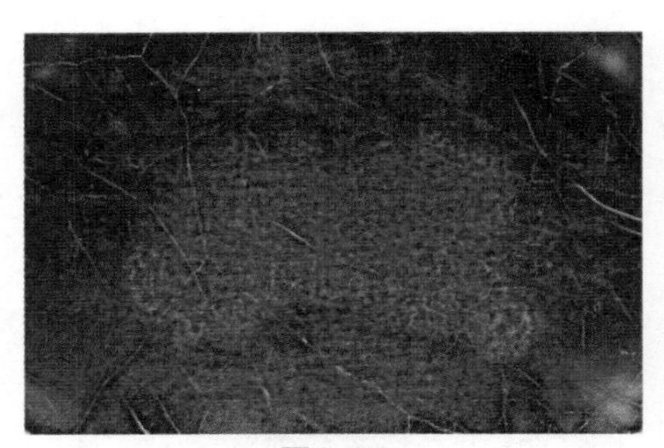

图4-67

图4-68

07 此时，裂痕效果出现在图像中，如图4-69所示，一张老照片制作完毕。

图4-69

4.10 图层混合模式4——豪车换装

本节主要利用图层混合模式中的“明度”和“饱和度”，将一辆银色的车换成金色。

01 启动Photoshop 2020，执行“文件”|“打开”命令，打开“背景.jpg”素材，如图4-70所示。

图4-70

02 选择“豪车.png”素材，并拖入文档中，调整大小后按Enter键确认置入，如图4-71所示。

图4-71

03 选择“图层”面板中的“豪车”图层，在图层混合模式中选择“明度”，如图4-72所示。

图4-72

“明度”图层混合模式是指利用混合色（这里即豪车本身）的明度及基色（这里即背景图层）的色相与饱和度创建结果色。

04 此时，车的原来颜色被去除，如图4-73所示。

图4-73

05 选择“豪车”图层，在按住Ctrl键的同时，单击“图层”面板中该图层的缩略图，为整辆车载入选区。选择工具箱中的“快速选择工具”，并单击工具选项栏中的“从选区减去”按钮，将车的车灯、车轮、挡风窗和门把手处的选区减去，如图4-74所示。

图4-74

06 单击“图层”面板中的“创建新图层”按钮，新建一个图层，在新图层中为选区填充颜色#cc8620，如图4-75所示。

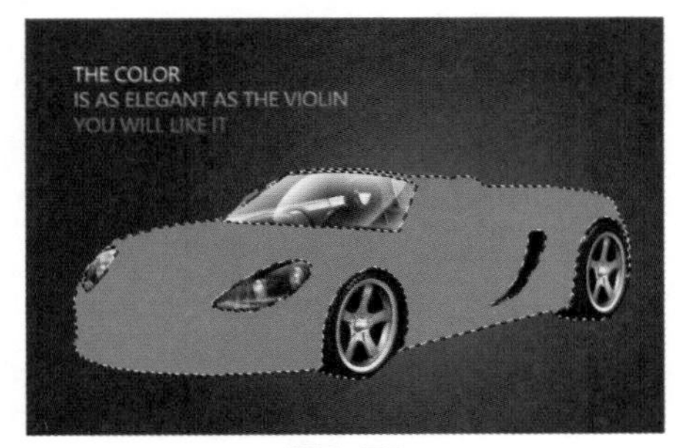

图4-75

07 设置“图层1”的混合模式为“饱和度”，如图4-76所示。

“饱和度”图层混合模式是指用混合色（这里即豪车本身）的饱和度及基色（这里即背景图层）的色相和明度创建结果色。

08 此时，图像效果制作完成，如图4-77所示。

图4-76

图4-77

4.11　调整图层1——多彩风景

调整图层主要用于调整图像的颜色和色调，但不会改变原图像的像素。本节主要利用“调整”面板中的“亮度/对比度”“自然饱和度”和“曲线”调整图层来丰富风景图像的色彩。

01 启动Photoshop 2020，执行“文件”|“打开”命令，打开“风景.jpg”素材，如图4-78所示。

图4-78

02 在浮动面板中找到“调整”面板，单击该面板中的“亮度/对比度”按钮新建一个调整图层，设置“亮度”为43，“对比度”为

49，如图4-79所示。

图4-79

亮度：指图像的明亮程度。

对比度：图像的最亮区域和最暗区域中，不同亮度层级的测量，差异范围越大代表对比越大，差异范围越小代表对比越小。

03 调整亮度/对比度的效果，如图4-80所示。

图4-80

04 单击“调整”面板中的“自然饱和度”按钮▽，创建一个调整图层，设置“自然饱和度”为+100，“饱和度”为+41，如图4-81所示。

图4-81

自然饱和度与饱和度效果相同，均用来增加图像的饱和度。自然饱和度主要调整饱和度过低的像素，不容易出现失真现象；而饱和度数值较高时，图像色彩可能产生过饱和现象。

05 调整“自然饱和度”参数后，效果如图4-82所示。

图4-82

06 此时，海水部分有些偏绿，可利用“曲线”调整图层调整海水部分使之变得更蓝。单击“调整”面板的“曲线”按钮，创建一个调整图层，在RGB下拉列表中选择“蓝”选项，调整蓝色曲线，如图4-83所示。

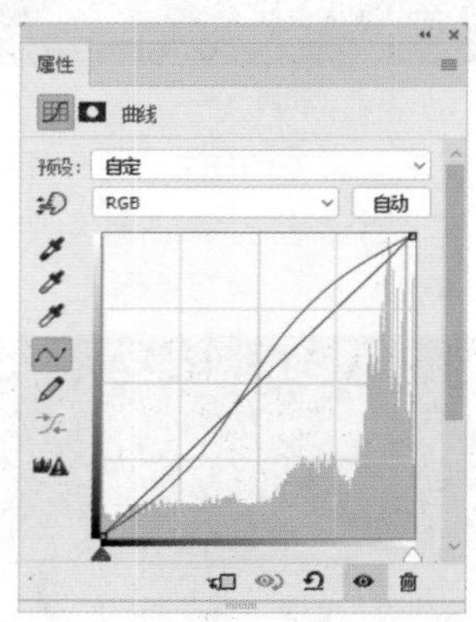

图4-83

曲线线段左下角的端点代表暗调，右上角的端点代表高光，中间的过渡代表中间调。在RGB图像中，利用曲线可以单独调整图像的RGB、红、绿和蓝通道的暗调、中间调和高光；在CMYK图像，利用曲线可以单独调整图像的CMYK、青色、洋红、黄色和黑色通道的暗调、中间调和高光。

07 调整后的效果如图4-84所示。

图4-84

4.12 调整图层2——梦幻蓝调

本节主要利用“调整”面板中的“可选颜色”和“曲线”，将图像调出梦幻色调。

01 启动Photoshop 2020，执行“文件”|“打开”命令，打开“捧花.jpg”素材，如图4-85所示。

图4-85

02 在调整颜色前，先认识一下六色轮盘，如图4-86所示。了解基本的调色原理后，才能更好地利用“可选颜色”对图像进行调整。

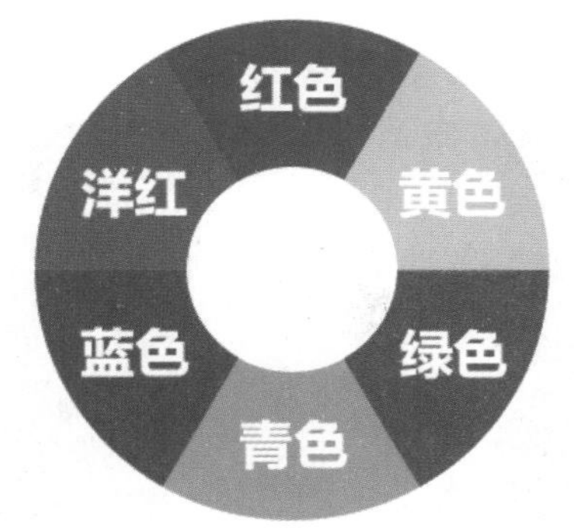

图4-86

在“可选颜色”中，白色、中性色和黑色分别调整图像中的高光、中间色和阴影。而红色、黄色、绿色、青色、蓝色、洋红的调整需要了解调色原理。我们通过六色轮盘来了解调色原理，将便于更好地理解“可选颜色”和“曲线”原理。

a）相反关系：红色和青色、绿色和洋红色、蓝色和黄色是相反色。一种颜色的增多将引起其相反色的减少；反之，一种颜色减少，其相反色将增多。例如，一幅偏绿色的图像，我们可以添加洋红色，从而减少绿色。

b）相邻关系：红色=洋红色+黄色，绿色=青色+黄色，蓝色=青色+洋红色，依此类推。若要增加一种颜色，可通过增加本身颜色或增加其相邻颜色，也可减少相反色或减少相反色的相邻色。例如，要增加红色，既可以直接增加红色或增加洋红色和黄色，也可以减少青色或减少绿色和蓝色。

03 单击“调整”面板中的“可选颜色”按钮，创建一个调整图层。

“可选颜色”可单独调整每种颜色，而不影响其他颜色，调整的主色分为以下3组。

光的三原色RGB：红色、绿色和蓝色。

色的三原色CMY：青色、洋红和黄色。

黑白灰明度：白色、中性色和黑色。

04 此时，“属性”面板将显示“可选颜色”的相关属性。在“颜色”的下拉列表中选择“红色”选项，设置“青色”为+100%，选择“相对”选项，如图4-87所示。

相对和绝对选项：同样的条件下，通常“相对”对颜色的改变幅度小于“绝对”。选择“相对”时，调整图像中没有

的颜色，图像的颜色不会发生改变；选择“绝对”时，可以在图像中某一种原色内添加图像中原本没有的颜色。油墨的最高值是100%，最低值是0%，相对于绝对的计算值只能在这个范围内变化。

05 在“颜色”的下拉列表中选择“黄色”选项，设置“青色”和“洋红”均为+100%，“黄色”为-100%，“黑色”为+60%，如图4-88所示。

图4-87

图4-88

06 在“颜色”的下拉列表中选择“绿色”选项，设置“青色”和“洋红”均为+100%，“黄色”为-100%，“黑色”为+50%，如图4-89所示。

07 在“颜色”下拉列表中选择“白色”，设置青色的数值为-20%，黄色的数值为+40%，如图4-90所示。

图4-89

图4-90

08 在“颜色”下拉列表中选择“黑色”选项，设置“黑色”为+30%，如图4-91所示。

09 完成“可选颜色”的调整后，图像整体呈现蓝色，但蓝色有些灰暗，如图4-92所示。

图4-91

图4-92

10 单击“调整”面板中的“曲线”按钮，创建一个调整图层，在RGB下拉列表中选择“蓝”选项，调整蓝色曲线，如图4-93所示。

11 在RGB下拉列表中选择RGB选项，调整RGB曲线，如图4-94所示。

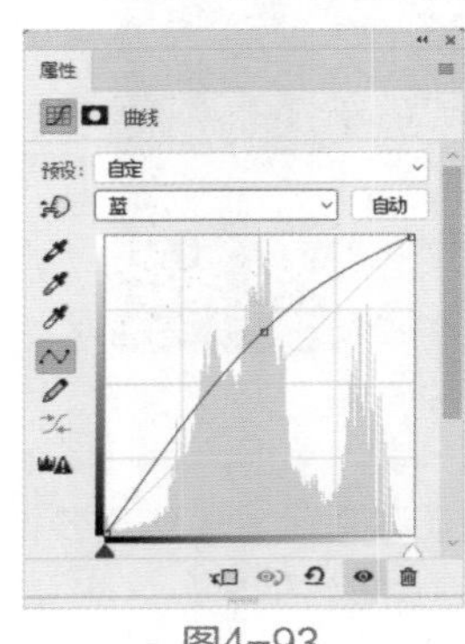

图4-93

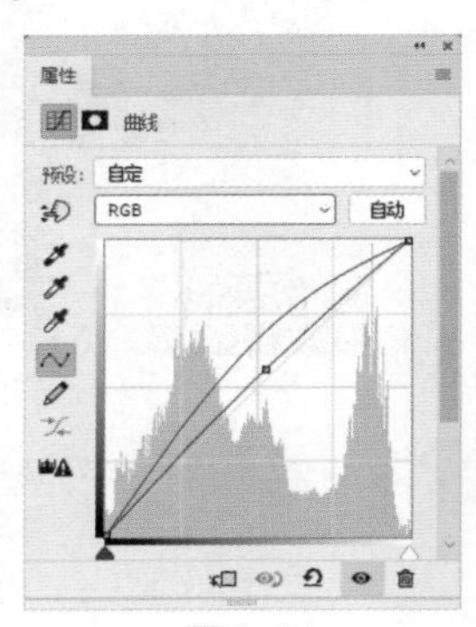

图4-94

12 调整后的效果如图4-95所示。

图4-95

4.13 调整图层3——逆光新娘

本节主要通过“亮度/对比度”“照片滤镜”和“色彩平衡”3种图层调整方法来制作逆光效果。

01 启动Photoshop 2020，执行“文件”|“打开”命令，打开“新娘.jpg”素材，如图4-96所示。

图4-96

02 单击“调整”面板中的“亮度/对比度”按钮，新建一个调整图层，设置“亮度”为30，如图4-97所示。

图4-97

03 亮度增加后的效果如图4-98所示。

图4-98

04 单击“调整”面板中的“照片滤镜”按钮，在“滤镜”下拉列表中选择“深褐”滤镜，调整“浓度”为71%，如图4-99所示。

图4-99

在使用“照片滤镜”时，需要了解冷暖色。色彩学上根据人的心理感受，把颜色分为暖色调、冷色调和中性色调。暖色调包括红、黄、橙及由它们构成的色系；冷色调包括青、蓝，以及由它们构成的色系；中性色调包括紫、绿、黑、灰、白。

05 此时，图像效果变成暖色，如图4-100所示。

图4-100

06 单击“调整”面板中的“色彩平衡”按钮，新建一个“色彩平衡”调整图层。在“色调”中选择“阴影”，并输入“洋红-绿色”的数值为-60，如图4-101所示。

07 继续选择色调中的“高光”，并输入“青色-红色”的数值为+10，如图4-102所示。

“色彩平衡”可以用来调整图像的阴影、中间调和高光的颜色分布，使图像达到色彩平衡的效果。颜色控制由“青色-红色”“洋红-绿色”和“黄色-蓝色”3组互补色渐变条组成，要减少某个颜色，就增加这种颜色的补色；反之，要增加某个颜色，就减少这种颜色的补色。

08 调整“色彩平衡”后的效果如图4-103所示。

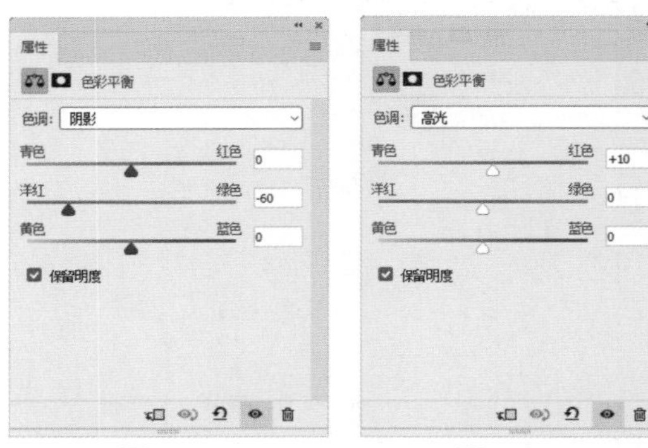

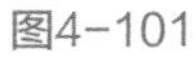
图4-101　　图4-102

图4-103

09 选择工具箱中的“渐变工具”，设置渐变条，位置为0%时的颜色为#fcff84，位置为50%时的颜色为#fb5a29，位置为100%时的颜色为#823424，如图4-104所示。

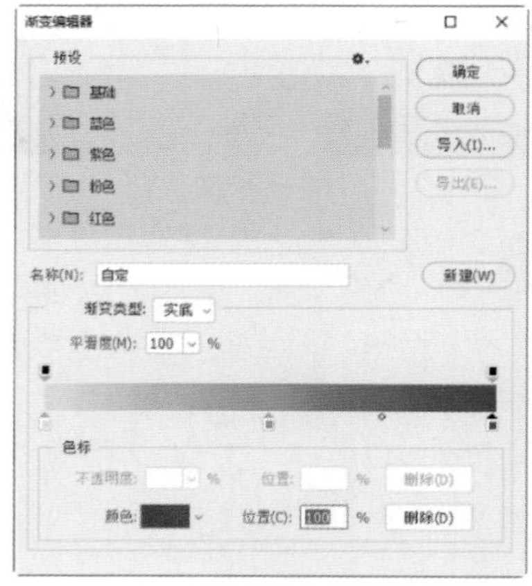

图4-104

10 在工具选项栏中单击“径向渐变”按钮，从右上角顶点处向左下方单击并拖曳填充渐变，如图4-105所示。

11 在“图层”面板中，设置该图层的混合模式为“滤色”，“不透明度”为40%，如图4-106所示。

图4-105

图4-106

12 添加“滤色”图层后，阳光效果更明显了，完成后的图像效果如图4-107所示。

图4-107

注意与提示

调整图层只能针对整个图层进行调整，此处添加“径向渐变”滤色图层，为图像进行局部调整，以模拟自然光源，使光线更加自然。

4.14 图层蒙版——海上帆船

蒙版可对图像进行非破坏性编辑。图层蒙版通过蒙版中的黑色、白色和灰色来控制图像的显示与隐藏，起到遮盖图层的作用。

01 启动Photoshop 2020，执行“文件”|“打开”命令，打开“大海.jpg”素材，如图4-108所示。

图4-108

02 选择“帆船.jpg”素材，并拖入文档中，调整大小后按Enter键确认置入，如图4-109所示。

图4-109

03 单击“图层”面板中的“添加图层蒙版”按钮，或执行“图层”|“图层蒙版”|“显示全部”命令，为图层添加蒙版。此时蒙版颜色为白色，如图4-110所示。

图4-110

按住Alt键单击“添加图层蒙版”按钮，或执行“图层”|“图层蒙版”|“隐藏全部”命令，添加的蒙版将为黑色。

04 将前景色设置为黑色，选择蒙版，按快捷键Alt+Delete将蒙版填充为黑色。此时帆船被完全隐藏，图像窗口显示的内容为“大海”，如图4-111所示。

图4-111

图层蒙版只能用黑色、白色及其中间的过渡色——灰色来填充。在蒙版中，填充黑色即蒙住当前图层，显示当前图层以下的可见图层；填充白色则是显示当前层的内容；填充灰色则当前图层呈半透明状，且黑色值越大，图层越透明。

05 选择工具箱中的“渐变工具”，在工具选项栏中编辑渐变为黑白渐变，选择渐变模式为“线性渐变”，“不透明度”为100%，如图4-112所示。

图4-112

06 在蒙版处，在垂直方向由下至上单击并拖曳填充黑白渐变，大海中的帆船便出现了，如图4-113所示。

图4-113

4.15 剪贴蒙版——太空遨游

剪贴蒙版是利用图层中的一个像素区域来

控制该图层上方图层的显示范围。与图层蒙版不同，剪贴蒙版可以控制多个图层的可见内容。

01 启动Photoshop 2020，执行“文件”|“打开”命令，打开“背景.jpg”素材，如图4-114所示。

图4-114

02 选择工具箱中的“矩形工具”，在工具选项栏中设置“工具模式”为“形状”，填充颜色为黑色，描边颜色为无，如图4-115所示。

图4-115

03 在背景中的白色框内绘制矩形，如图4-116所示。

04 选择“火箭.jpg”素材，并拖入文档，调整大小和位置后，按Enter键确认，如图4-117所示。

图4-116

图4-117

05 执行“图层”|“创建剪贴蒙版”命令，或按住Alt键，当指针移到“火箭”和“矩形1”两图层之间，图标变成时，单击即可为“火箭”图层创建剪贴蒙版。此时该图层前有剪贴蒙版标识，如图4-118所示。

06 创建剪贴蒙版后，图像的效果制作完成，如图4-119所示。

图4-118

图4-119

在剪贴蒙版的编辑中，带有下画线的图层叫作“基底图层”，即用来控制其上方图层的显示区域；位于该图层上方的图层叫作“内容图层”。基底图层的透明区域可将内容图层中同一区域的图像隐藏，移动基底图层即改变内容图层的显示区域。

4.16 矢量蒙版——浪漫七夕

图层蒙版和剪贴蒙版都是基于像素区域的蒙版，而矢量蒙版则是由“钢笔工具”或其他形状工具等矢量工具创建的蒙版，无论图层是缩小还是放大，均能保持蒙版边缘光滑、无锯齿。

01 启动Photoshop 2020，执行“文件”|“打开”命令，打开“背景.jpg”素材，如图4-120所示。

图4-120

02 选择工具箱中的“横排文字工具”，当指针移动到图像窗口变成文字图标时，单击并输入文字“2020”。在工具选项栏中设置字体为“华文琥珀”，字号为900点，文字颜色为黑色，如图4-121所示。

图4-121

03 选择“图层”面板中的文字图层，右击，在弹出的快捷菜单中选择“创建工作路径”命令，将文字转换成路径，如图4-122所示。

图4-122

04 选择“花瓣.jpg”素材，并拖入文档，调整大小后按Enter键确认置入，如图4-123所示。

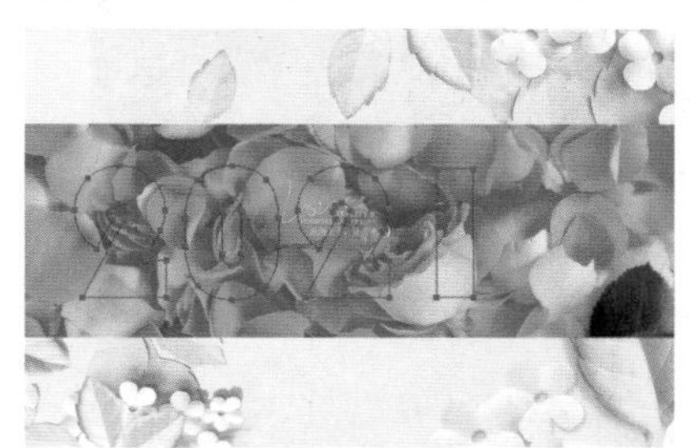

图4-123

05 执行“图层”|“矢量蒙版”|“当前路径”命令，或按住Ctrl键并单击“图层”面板中的“添加图层蒙版”按钮，为“花瓣”图层创建矢量蒙版，如图4-124所示。

图4-124

06 双击添加了矢量蒙版的图层空白处，打开“图层样式”对话框，选中“内阴影”效果，设置“阴影”距离为30像素，“大小”为10像素，如图4-125所示。

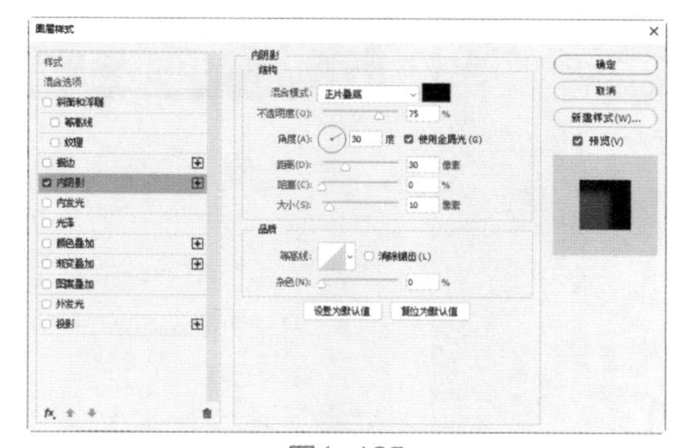

图4-125

注意与提示　矢量蒙版的灰色区域表示被遮住的区域，白色区域表示显示的区域。

07 单击“确定”按钮，为矢量蒙版添加内阴影效果，如图4-126所示。

图4-126

08 选择“鲜花.png”素材，并拖入文档，调整大小后移动到合适的位置，按Enter键确认置入，完成图像的制作，如图4-127所示。

图4-127

注意与提示　形状中被选中的点为实心点，未被选中的点为空心点。按住Shift键可按水平、垂直或45°倍数拖移实心点。

第5章 路径和形状的应用

路径是以矢量形式存在、不受分辨率影响，且能够被调整和编辑的线条。路径是形状的轮廓，独立于所在图层，而形状是一个具体图层。本章主要学习运用“钢笔工具”和形状工具创建路径或形状的方法。

5.1 钢笔工具——美味食物

“钢笔工具”是最基本的路径绘制工具，可以用来绘制矢量图形和抠图。“钢笔工具”组中包括“钢笔工具”“自由钢笔工具”“添加锚点工具”“删除锚点工具”和“转换点工具”。

01 启动Photoshop 2020，执行“文件”|“打开”命令，打开“食物.jpg”素材，如图5-1所示。

02 选择工具箱中的“钢笔工具” ，在工具选项栏中选择“路径”选项 ，再将指针移到画面上，当指针变成 时，单击即可创建一个锚点，如图5-2所示。

图5-1

图5-2

注意与提示　锚点是连接路径的点，锚点两端有用于调整路径形状的方法线。锚点分为平滑点和角点两种，平滑点的连接可形成平滑的曲线，而角点的连接可成为直线或转角曲线。

03 将指针移动到下一处并单击，创建另一个锚点，两个锚点将连接成一条直线，即创建好了一条直线路径，如图5-3所示。

04 将指针移动到下一处，单击并拖动，在拖动过程中观察方向线的方向和长度，当路径与边缘重合时放开鼠标，则该锚点与上一个锚点形成了一个平滑的曲线路径，如图5-4所示。

图5-3

图5-4

05 按住Alt键并单击该锚点，将该平滑点转换为角点，如图5-5所示。

图5-5

06 将指针移动到下一处，单击并拖动，在拖动过程中观察方向线的方向和长度，当路径与边缘重合时放开鼠标，则该锚点与上一个锚点形成了一个平滑的曲线路径，如图5-6所示。

图5-6

07 用同样的方法，沿整个物体边缘创建路径，当起始锚点和结束锚点重合时，路径将闭合，如图5-7所示。

图5-7

在路径的绘制过程中或结束后，可以利用“添加锚点工具” 添加锚点、“删除锚点工具” 删除锚点，“转换点工具” 调整方向线。

08 在路径上右击，在弹出的快捷菜单中选择“建立选区”命令，在弹出的“建立选区”对话框中，设置羽化半径为0，如图5-8所示，单击“确定”按钮即可将路径转换为选区。

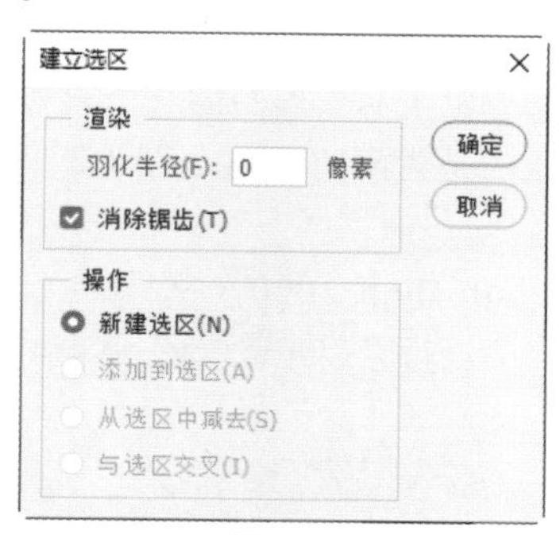

图5-8

按快捷键Ctrl+Enter，可直接将路径转换为选区。

09 打开“背景.jpg”素材，如图5-9所示。切换到“荷花”文档，选择工具箱中的“移动工具”，将荷花选区内容拖入到“背景”文档中，调整大小后，按Enter键确认，完成图像制作，如图5-10所示。

图5-9

图5-10

5.2 自由钢笔工具——雪山雄鹰

"自由钢笔工具" 和"套索工具" 类似，都可以用来绘制比较随意的图形。不同的是，"自由钢笔工具"绘制的起始点和结束点重合后，产生的是封闭的路径，而"套索工具"产生的是选区。

01 启动Photoshop 2020，执行"文件"|"打开"命令，打开"背景.jpg"素材，如图5-11所示。

图5-11

02 选择工具箱中的"自由钢笔工具" ，在工具选项栏中选择"路径"选项 路径 ，在画面中单击并拖动，绘制较随意的山峰路径，如图5-12所示。

图5-12

注意与提示 单击即可添加一个锚点，双击可结束编辑。

03 单击"图层"面板中的"创建新图层"按钮 ，新建一个空白图层。按快捷键Ctrl+Enter，将路径转换为选区，如图5-13所示。

04 设置前景色为#f2efed，按快捷键Alt+Delete，为选区填充颜色，按快捷键Ctrl+D取消选区，如图5-14所示。

图5-13

图5-14

05 重复第2步和第3步，绘制山峰阴影，并填充颜色#060606，如图5-15所示。

图5-15

06 打开"雄鹰.jpg"素材，如图5-16所示。

图5-16

07 选择工具箱中的"自由钢笔工具" ，在工具选项栏中选择"路径"选项 路径 ，选中

“磁性的”复选框☑磁性的，并单击设置图标⚙，在下拉列表中设置“曲线拟合”为2像素，“宽度”为10像素，“对比”为10%，“频率”为57，如图5-17所示。

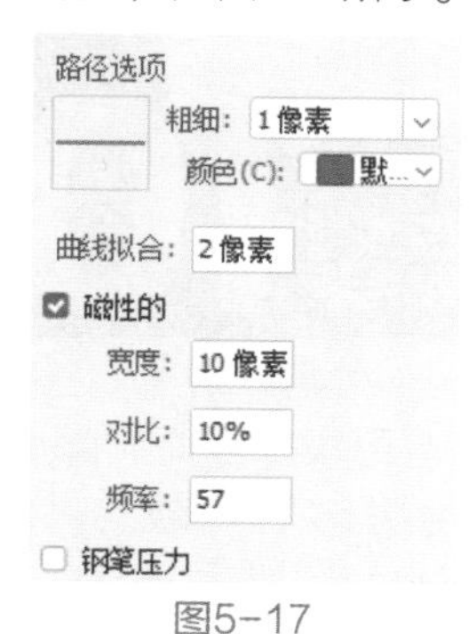

图5-17

注意与提示

曲线拟合：该值越高，生成的锚点越少，路径越简单。

磁性的：选中“磁性的”选项后出现宽度、对比和频率设置。“宽度”用于定义磁性钢笔的检测范围。宽度值越大，磁性钢笔寻找的范围越大，但边缘准确性可能降低；“对比”用来控制对图像边缘识别的灵敏度，图像边缘与背景色对比越接近，对比值越高；“频率”用来确定锚点的密度，频率值越高，锚点越多。

钢笔压力：需要与数位板等工具配合使用。

08 此时移动指针到画面中，指针形状变成，单击创建第一个锚点，如图5-18所示。

图5-18

09 沿雄鹰的边缘拖动，锚点将自动吸附在边缘处。此时每次单击，将在单击处创建一个新的锚点，移动指针直到与起始锚点重合处单击，路径闭合，如图5-19所示。

图5-19

10 按快捷键Ctrl+Enter将路径转换为选区，并选择工具箱中的“移动工具”，将雄鹰选区内容拖入“背景”文档中，调整大小后，按Enter键确认，图像制作完成，如图5-20所示。

图5-20

5.3 矩形工具——优惠券

“矩形工具”主要用来绘制矩形形状，也可以为“矩形工具”绘制的矩形设置圆角。

01 启动Photoshop 2020，执行“文件”|“打开”命令，打开“背景.jpg”素材，如图5-21所示。

图5-21

02 选择工具箱中的“矩形工具”▭，在工具选项栏中设置填充颜色为白色，描边颜色为无，在画面下方单击并拖动，创建矩形，如图5-22所示。

图5-22

03 按快捷键Ctrl+J复制得到“矩形1 拷贝”图层，将复制的图层移至“矩形1”图层下方，移动位置并设置图层的“不透明度”为50%，如图5-23所示。

图5-23

04 继续绘制白色矩形，选择工具箱中的“直接选择工具”↖，将矩形的左上和左下两个锚点框选。选中的锚点变为实心点，未被选中的锚点为空心点，如图5-24所示。

图5-24

05 移动被选中的锚点，此时弹出对话框提示“此操作会将实时形状变为常规路径。是否继续？”单击“是”按钮确认。移动后的锚点位置如图5-25所示。

图5-25

06 分别选中右上和右下的锚点，移动它们的位置，如图5-26所示。

图5-26

07 选择工具箱中的“横排文字工具”T，设置字体为“黑体”，字号为50点，文字颜色为黑色，在下方的白色矩形输入文字“满120可使用”；修改字号为25点，文字颜色为红色（#bf0000），输入文字“每日10点发售”，旋转文字并移动到左上角，如图5-27所示。

图5-27

08 单击工具箱中的“矩形工具”，修改填充颜色为黑色，在“满120可使用”右边绘制黑色矩形，再使用“直接选择工具”选中右上角的锚点，按Delete键删除锚点，调整其他锚点的位置，图像制作完成，如图5-28所示。

图5-28

用“矩形工具”“圆角矩形工具”或“椭圆工具”绘制的形状或路径为实时形状，用“钢笔工具”和其他形状工具绘制的形状或路径为常规路径。移动实时形状的锚点，可将实时形状转换为常规路径。实时形状可在属性面板中设置其描边的对齐类型、描边的线段端点、描边的线段合并类型，以及形状的圆角半径。

5.4 圆角矩形工具1——涂鸦笔记本

“圆角矩形工具”主要用来绘制圆角矩形，使用方法和“矩形工具”类似，工具选项栏与“矩形工具”相比，多了一个“半径”选项。

01 启动Photoshop 2020，将背景色设置为#7eaeb6，执行“文件”|“新建”命令，新建一个宽为3000像素、高为2000像素、分辨率为300像素/英寸和背景内容为背景色的RGB文档，如图5-29所示。

图5-29

02 选择工具箱中的“圆角矩形工具”，在工具选项栏中选择“形状”选项 形状 。单击“填充”色条 填充：，在弹出的面板中单击彩色图标，设置填充为纯色填充，颜色为#2c7682；描边颜色为无颜色，“半径”值为80，单击并拖动，创建一个圆角矩形，如图5-30所示。

图5-30

“圆角半径”值越大，圆角越明显。

03 单击并拖动鼠标，创建一个略小的圆角矩形，在弹出的“属性”面板中更改填充颜色为无颜色，描边颜色为“纯色填充”，颜色选择白色，描边大小为3点，描边样式为“虚线”，如图5-31所示。

04 将“半径”设置为50像素，单击并拖动鼠标，创建新的圆角矩形，更改填充颜色为“纯色填充”，颜色设为#e5dfc4，更改描边颜色为无颜色，如图5-32所示。

图5-31

图5-32

05 单击“图层”面板中的“添加图层样式”按钮，在快捷菜单中选择“投影”命令，设置投影“角度”为120°，投影“距离”为5像素，“扩展”为0%，“大小”为20像素，单击“确定”按钮，为圆角矩形添加投影，如图5-33所示。

图5-33

06 复制该圆角矩形并移动到合适位置，并用同样的方法绘制两个填充色为纯色、颜色为#f4f3ee的圆角矩形，并移动到合适位置，如图5-34所示。

图5-34

07 在“半径”文本框中输入100，单击并拖动，绘制好两个小圆角矩形，设置填充颜色为黑色，描边颜色为无，如图5-35所示。

图5-35

08 在“半径”文本框中输入100，单击并拖动鼠标，创建圆角矩形，设置填充为渐变填充，分别双击渐变条下端前、后两个色块，设置渐变起点颜色为#c6c6c4，终点颜色为#ffffff，渐变角度为90°，并设置描边颜色为无颜色，如图5-36所示。

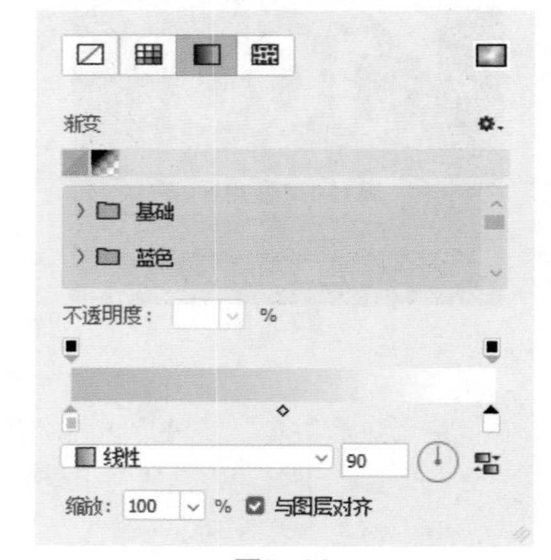

图5-36

09 填充好渐变的圆角矩形，如图5-37所示。

10 复制多组第7步和第8步制作的圆角矩形，整体效果制作完成，如图5-38所示。

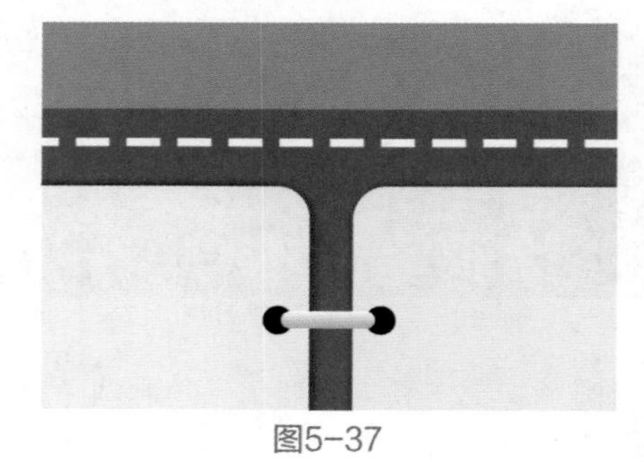

图5-37

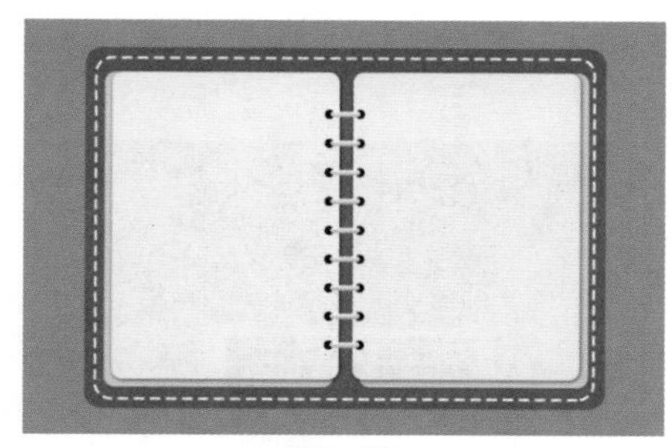
图5-38

11 找到“涂鸦.png”素材、“文字.png”素材和“笔.png”素材，拖入到文档中，调整大小后按Enter键确认，图像制作完成，如图5-39所示。

图5-39

注意与提示　未经变形的圆角矩形为实时形状，在“属性”面板中可对圆角矩形的填充颜色、描边类型和圆角半径等参数进行调整。

5.5 圆角矩形工具2——笔记本电脑

本节主要利用“圆角矩形工具”结合叠加渐变，绘制逼真的笔记本电脑。

01 启动Photoshop 2020，执行“文件”|“打开”命令，打开“背景.jpg”素材，如图5-40所示。

02 选择工具箱中“圆角矩形工具”，在工具选项栏中选择“形状”选项，“半径”为30，单击并拖动，创建圆角矩形。在弹出的属性面板中设置填充为渐变填充，分别双击渐变条下端前、后两个色块，设置渐变起点颜色为#e8e9e9，终点颜色为#fefefe，渐变角度为125°，并设置描边颜色为无颜色，如图5-41所示。

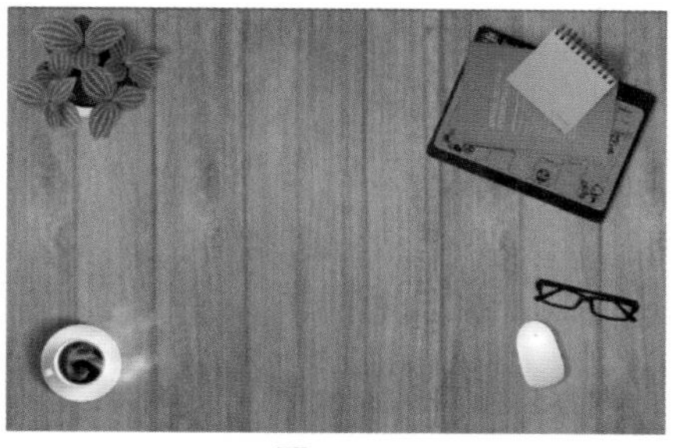
图5-40

图5-41

注意与提示　利用形状工具绘制的形状，在工具选项栏中均可对填充和描边设置透明、纯色、渐变和图案填充类型。

03 单击并拖动创建略小的圆角矩形，修改描边颜色为#959595，描边大小为0.5点，如图5-42所示。

图5-42

04 用同样的方法绘制一个带描边的渐变圆角矩形，颜色为#d1d1d1的纯色圆角矩形，如图5-43所示。

05 在“图层”面板中选择带描边的渐变圆角矩形图层，右击，在弹出的快捷菜单中选择“创建剪贴蒙版”命令，将纯色圆角矩形拖到合适的位置，如图5-44所示。

图5-43

图5-44

06 在工具选项栏中设置“半径”为10，单击并拖动鼠标，创建圆角矩形，设置填充颜色为#3c3c3b，描边颜色为无，创建多个圆角矩形，如图5-45所示。

图5-45

07 单击并拖动鼠标，创建新的圆角矩形，并更改填充颜色为#706f6f，如图5-46所示。

图5-46

08 设置“半径”为50，单击并拖动鼠标，创建圆角矩形，设置填充颜色为#575756。按快捷键Ctrl+T并右击鼠标，在弹出的快捷菜单中选择“透视”命令，按住Shift键向左水平移动右下角的锚点，将圆角矩形变形，如图5-47所示。

图5-47

09 复制该圆角矩形，并向下移动，更改填充颜色为渐变填充，渐变起点颜色为#c6c6c6，终点颜色为#f1efef，渐变角度为125°，并设置描边颜色为无，如图5-48所示。

图5-48

10 设置“半径”为10，单击并拖动鼠标，创建圆角矩形，设置填充颜色为白色，描边颜色为黑色，描边宽度为1点。按快捷键Ctrl+T并右击鼠标，在弹出的快捷菜单中选择“透视”命令，按住Shift键向左水平移动右下角的锚点，将圆角矩形变形，如图5-49所示。

图5-49

11 选择“屏幕.png”素材，并拖入文件，调整大小并进行透视变形后，按Enter键确认。按住Alt键，在屏幕圆角矩形图层和屏幕素材的图层中间单击，创建剪贴蒙版，图像制作完毕，如图5-50所示。

图5-50

5.6 椭圆工具——一树繁花

“椭圆工具”主要用来绘制椭圆和圆形形状或路径。

01 启动Photoshop 2020，执行“文件”|“打开”命令，打开“背景.jpg”素材，如图5-51所示。

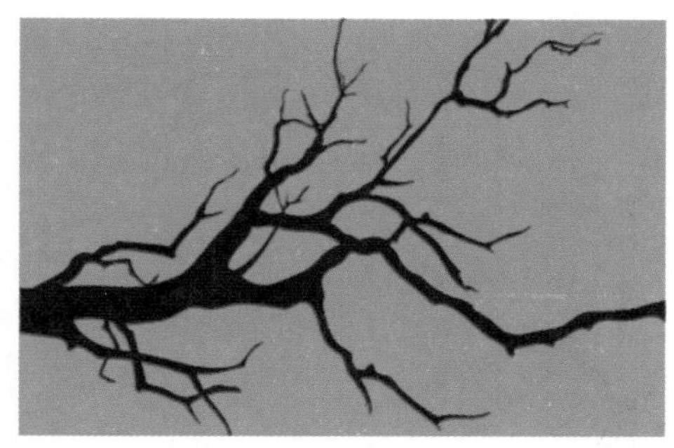

图5-51

02 先来绘制一只小鸟，选择工具箱中“椭圆工具” ，在工具选项栏中选择 形状 选项。设置填充颜色为#f8366a，描边颜色为无。单击并拖动鼠标，绘制椭圆作为小鸟的身子，如图5-52所示。

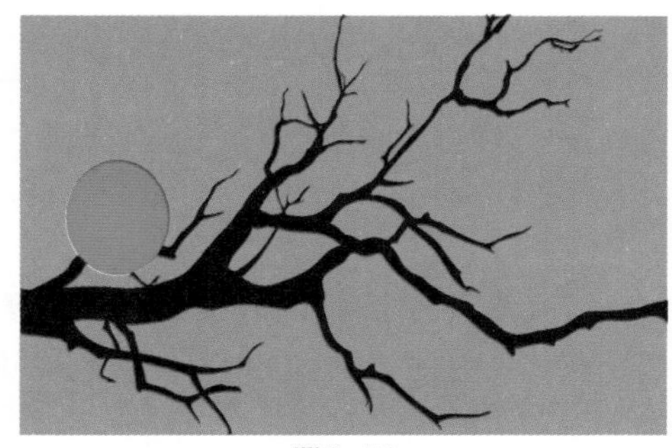

图5-52

“椭圆工具”和“矩形工具”基本相同，可以在工具选项栏的“设置” 中进行更改，创建不受约束的椭圆；按住Shift键单击并拖动鼠标，可以创建不受约束的圆形；也可以创建固定大小或比例的椭圆或圆形。

03 单击并拖动鼠标绘制其他椭圆，按快捷键Ctrl+T旋转椭圆角度，按Enter键确认，分别将填充颜色更改为#ba2751、#e3c00e和#eb7b09作为小鸟的翅膀、头顶羽毛和爪子，如图5-53所示。

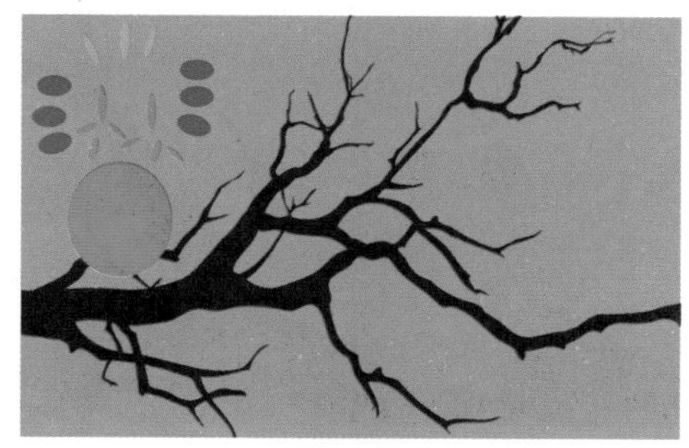

图5-53

04 选择工具箱中的“移动工具” ，将椭圆移到合适位置，并在“图层”面板中，将翅膀和爪子的椭圆图层拖移到小鸟身子图层的下方，如图5-54所示。

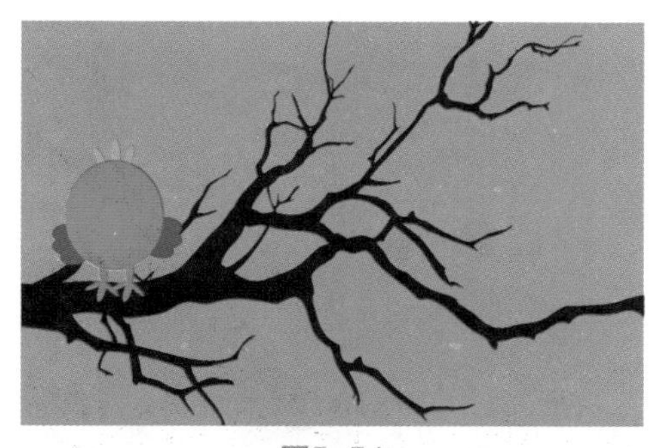

图5-54

05 选择工具箱中“椭圆工具” ，设置填充颜色为白色，描边颜色为无。按住Shift键，单击并拖动，绘制白色圆形作为小鸟的眼睛。在未放开Shift键和鼠标左键的同时按住空格键，拖动鼠标可以移动该圆到合适的位置，如图5-55所示。

06 用同样的方法，绘制一个白色的圆形作为另一只眼睛，绘制两个略小的黑色圆形作为瞳孔，如图5-56所示。

图5-55

图5-56

07 单击并拖动鼠标，分别绘制颜色为#f6d322和#e3c00e的两个椭圆，作为小鸟的上喙和下喙。按住Alt键，在“图层”面板中单击上喙和下喙图层中间的位置，创建剪贴蒙版，小鸟图像制作完成，如图5-57所示。

图5-57

08 接下来绘制花朵。按住Shift键，单击并拖动绘制白色圆形，并调整图层的“不透明度”为50%，如图5-58所示。

09 按快捷键Ctrl+T，调出自由变换控制框，将指针移动到中心点，指针将变成▸。单击并拖动中心点到下边的中心位置，如图5-59所示。

图5-58

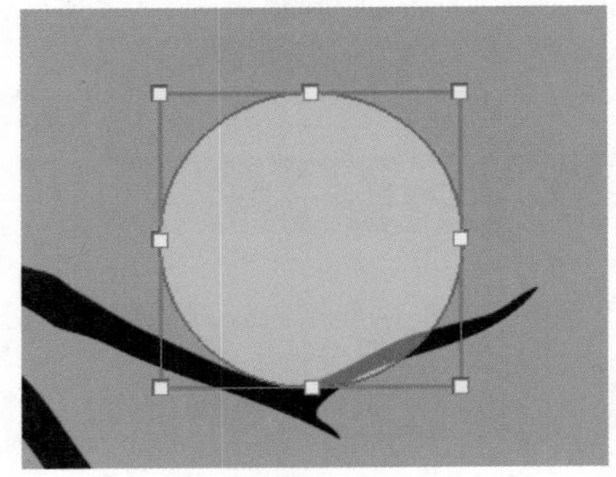

图5-59

10 在工具选项栏的“旋转”文本框中输入旋转角度为72° ，按两次Enter键确认旋转。按快捷键Ctrl+Alt+Shift+T重复上一步操作，并执行4次，如图5-60所示。

图5-60

快捷键Ctrl+Alt+Shift+T用来重复上一次的操作，并可对操作进行积累，同时重复结果将复制在新图层上；快捷键Ctrl+Shift+T用来重复上一次的操作，但只重复不复制。

11 选择工具箱中的“椭圆工具” ，设置填充颜色为#e60012，描边颜色为无。按住Shift键，单击并拖动鼠标，绘制红色圆形作为花心，并将花心图形移动到花瓣图层下面，花朵图像便制作完成，如图5-61所示。

图5-61

12 将花朵编组，复制多个花朵并调整大小和位置，图像制作完成，如图5-62所示。

图5-62

5.7 直线工具——城市建筑

“直线工具”主要用来绘制直线和斜线。

01 启动Photoshop 2020，执行“文件”|“打开”命令，打开“背影.jpg”素材，如图5-63所示。

图5-63

02 选择工具箱中的“直线工具”，在工具选项栏中选择形状选项，设置填充颜色为#454c53，描边颜色为无，“粗细”为350像素。按住Shift键，绘制一条直线，如图5-64所示。

图5-64

03 同样，分别将“粗细”设置为280像素、160像素和120像素，按住Shift键，绘制3条颜色分别为#5e5a60、#8d8b81和#454c53的直线，并叠加到一起。

04 选中“图层”面板中第3步绘制的3条直线的图层，选择工具箱中的“移动工具”，在工具选项栏中单击“垂直居中对齐”按钮，将直线居中对齐，如图5-65所示。

图5-65

05 将“粗细”设置为800像素，按住Shift键，单击并拖动绘制直线。在未放开Shift键和鼠标左键的同时按住空格键，拖动鼠标调整该直线的上边线与此前的直线居中对齐，更改填充颜色为无，描边颜色为白色，描边大小为3点，描边类型为虚线，描边的对齐类型为居中，如图5-66所示。

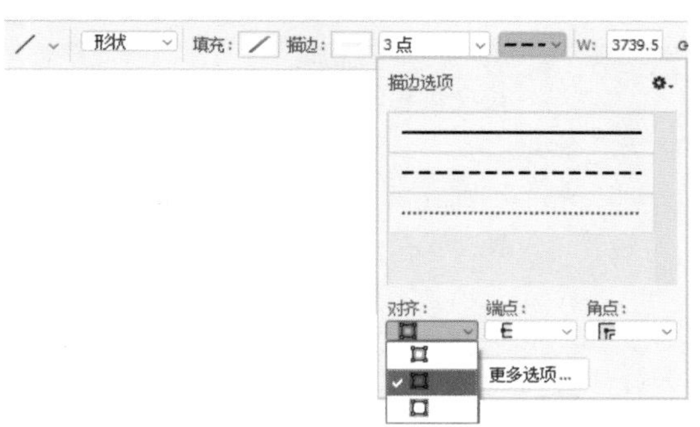

图5-66

直线有粗细，针对直线的描边和矩形的描边类似，都是在边缘处进行描边。

06 单击并拖曳鼠标，绘制直线，此时，道路图像制作完成，如图5-67所示。

图5-67

07 设置填充颜色为纯色填充，并设置颜色为#5f52a0，描边颜色为无颜色。将“粗细”设置为360像素，在工具选项栏中单击“设置”图标，在下拉列表中选中“起点”选项，并设置“宽度”为10%、“长度”为10%，“凹度”为50%，如图5-68所示。

路径选项
粗细：1像素
颜色(C)：默...
箭头
起点 终点
宽度：10%
长度：10%
凹度：50%

图5-68

选中起点：选中该选项，可在直线的起点处添加箭头。

选中终点：选中该选项，可在直线的终点处添加箭头。

宽度：用来设置箭头宽度与直线宽度的百分比，范围为10%~1000%；范围值越大，箭头越宽（箭头由窄变宽：）。

长度：用来设置箭头长度与直线宽度的百分比，范围为10%~5000%；范围值越大，箭头越长（箭头由短变长：）。

凹度：用来设置箭头的凹陷程度，范围为-50%~50%；当凹度值为0时，箭头尾部平齐；范围值大于0%时，向内凹陷；范围值小于0%时，向外凸起。

08 按住Shift键，单击并从上至下拖动鼠标，绘制城市图像，如图5-69所示。

图5-69

09 用同样的方法，设置不同的粗细和颜色，绘制多条直线，绘制城市的其他建筑，图像制作完成，如图5-70所示。

图5-70

5.8 多边形工具——制作奖牌

“多边形工具”主要用来绘制多边形。

01 启动Photoshop 2020，执行“文件”|“打开”命令，打开“背景.jpg”素材，如图5-71所示。

02 选择工具箱中“多边形工具”，设置填充颜色为白色，描边颜色为无，“边”为9，单击并拖动鼠标，绘制一个九边形，如图5-72所示。

图5-71

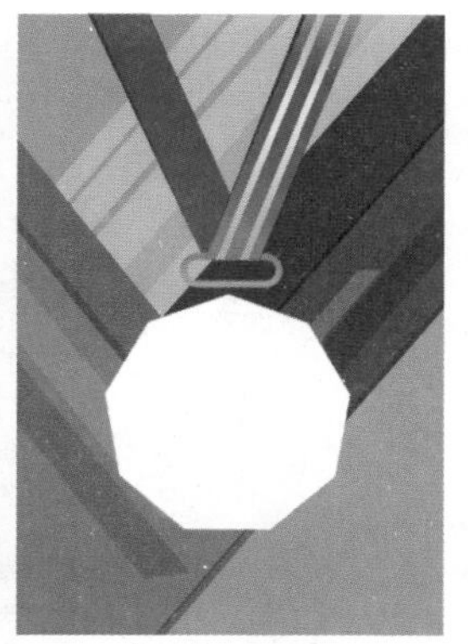
图5-72

03 单击“添加图层样式”按钮fx，给九边形添加“描边”图层样式，并设置描边大小为16像素，位置为“外部”；填充类型为“渐变”，并设置渐变起点颜色为#cf9d4d、57%位置的颜色为#eaeec0、终点位置的颜色为#8a502f，样式为“线性渐变”，“角度”为-90°。

04 选中“图层样式”对话框左侧的“渐变叠加”选项，设置渐变叠加起点颜色为#d4c182、49%位置的颜色为#f4f2c4、52%位置的颜色为#5e3923、终点位置的颜色为#e4d08b，样式为“线性渐变”，“角度”为-90°，单击“确定”按钮后，效果如图5-73所示。

图5-73

05 单击并拖动鼠标，绘制一个略小的九边形，添加“描边”和“渐变叠加”图层样式。设置填充类型为纯色，大小为10像素；渐变叠加的样式为“角度”，设置渐变叠加起点颜色为#e1d678、25%位置的颜色为#b58c4c、45%位置的颜色为#d9cc74、75%位置的颜色为#b58c4c、88%位置的颜色为#d2c06d、终点位置为颜色为#e4d08b，如图5-74所示。

图5-74

06 在工具选项栏中设置“边”为5，单击⚙图标，选中“星形”选项，设置“缩进边依据”为50%，如图5-75所示。

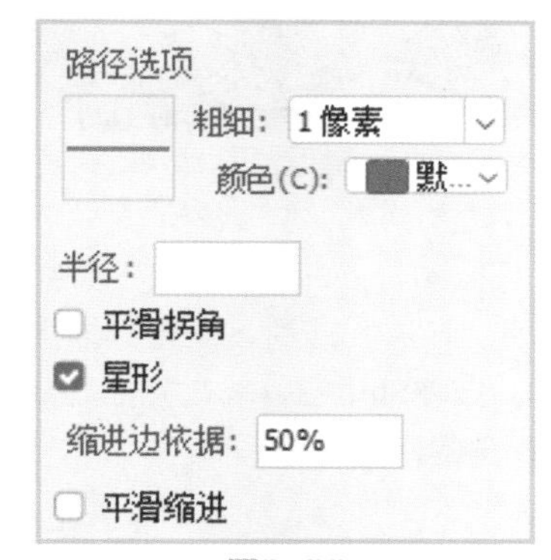

图5-75

选中“星形”选项后，可以创建星形。在“缩进边依据”文本框中可设置星形边缘向中心缩进的程度。缩进值越大，星形越“瘦”。若选中“星形”选项的同时，选中“平滑缩进”选项，可使星形的边平滑地向中心缩进，星形的直线将变成弧线。

07 单击并拖动鼠标，绘制一个五边形星形，更改填充颜色为#5c3821，描边颜色为无，绘制完成后按快捷键Ctrl+T进行旋转，如图5-76所示。

08 用同样的方法，绘制其他五角星，并将“文字.png”素材拖入文档，调整大小后按Enter键确认，如图5-77所示。

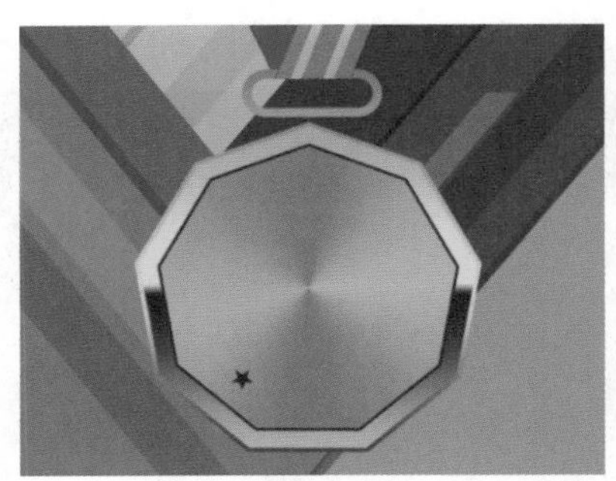

图5-76

图5-77

09 设置“边”为4，在工具选项栏中单击“设置”图标，在下拉列表中选中“平滑拐角”和“星形”选项，设置“缩进边依据”为5%。按住Shift键，单击并拖动鼠标，绘制平滑拐角的四边形。

选中“平滑拐角”选项后，可以创建有平滑拐角的多边形和星形，即多边形和星形的角为圆角。

10 在工具选项栏中更改填充为渐变填充，设置渐变起点颜色为#ede5ad、终点颜色为#b8914f、渐变角度为-90°的线性渐变，并设置描边颜色为无，如图5-78所示。

图5-78

11 按快捷键Ctrl+J复制该图层，将前景色设置为黑色，按快捷键Alt+Delete填充颜色，设置图层的“不透明度”为60%，并将图层下移一层作为阴影，如图5-79所示。

图5-79

12 将奖牌的部分移动到图层的上方，如图5-80所示。

图5-80

13 在工具选项栏中设置“边”为5，单击图标，选中“星形”复选框，设置“缩进边依据”为50%，将颜色设置成白色，绘制五角星，并按快捷键Ctrl+T进行旋转，如图5-81所示。

图5-81

14 用同样的方法制作其他星星和颜色为#6cbee4的星星，完成图像制作，如图5-82所示。

图5-82

若要创建指定半径的多边形或星形，可以在工具选项栏的“半径”文本框中输入数值，即可创建指定半径的多边形或星形。

5.9 自定形状工具1——湖边场景

“自定形状工具”主要使用Photoshop 2020中自带的形状绘制形状。

01 启动Photoshop 2020，执行“文件”|“打开”命令，打开“背景.jpg”素材，如图5-83所示。

图5-83

02 选择工具箱中的“自定形状工具” ，在工具选项栏中设置填充颜色为深绿色（#425914），描边颜色为无，“形状”为“雪松”，如图5-84所示。

图5-84

03 在画面中单击并拖动鼠标绘制图形，如图5-85所示。

图5-85

04 新建图层，修改填充颜色为棕色（#b48114），描边颜色为深绿色（#425914），描边宽度为“3像素”，修改“形状”为“牡鹿”，如图5-86所示。

图5-86

05 在画面中单击并拖动鼠标，绘制图形，如图5-87所示。

图5-87

06 在画面中继续绘制“独木舟”图形，修改填充颜色为深棕色（#7b5607），场景绘制完成，如图5-88所示。

图5-88

5.10 自定形状工具2——丘比特之箭

除了软件自带的形状，还可以绘制新形状，并添加到自定义形状中。

01 启动Photoshop 2020，执行“文件”|“打开”命令，打开“丘比特.jpg”素材，如图5-89所示。

图5-89

02 选择工具箱中的“魔棒工具”，将“丘比特”载入选区，如图5-90所示。

图5-90

03 在选区边缘右击，在弹出的快捷菜单中选择“建立工作路径”命令，弹出“建立工作路径”对话框，如图5-91所示。

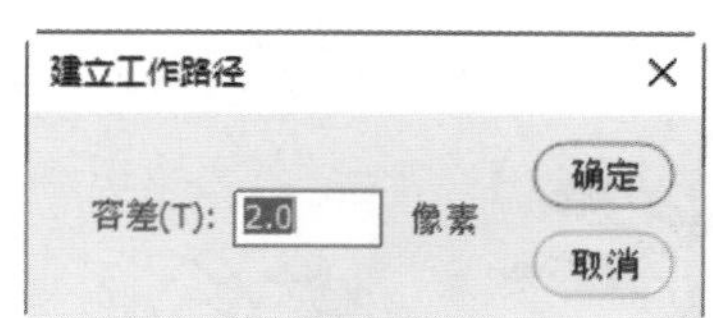

图5-91

04 设置“容差”为2像素，单击“确定”按钮，选区即转换为路径，如图5-92所示。

图5-92

05 选择工具箱中的“路径选择工具”，将指针移到路径边缘，右击，在弹出的快捷菜单中选择“定义自定形状”命令，弹出“形状名称”对话框。

06 设置形状名称为“丘比特”，按Enter键确定，便自定义好了一个形状。

07 执行“文件”|“打开”命令，打开“背景.jpg”素材，如图5-93所示。

图5-93

08 选择工具箱中的“自定形状工具”，在工具选项栏中选择“形状”选项 形状 。单击填充颜色为#eb505e，描边颜色为无。在“自定形状”拾色器快捷菜单中，选择刚刚定义的形状，如图5-94所示。

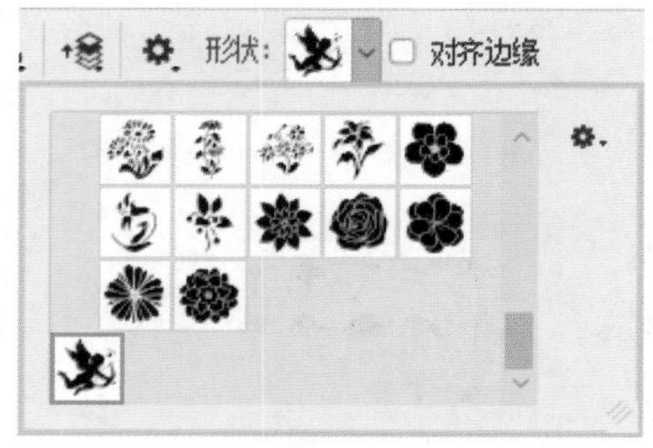

图5-94

09 按住Shift键，单击并拖动鼠标绘制图形，然后同时按住空格键，拖动鼠标移动形状的位置，调整后的效果如图5-95所示。

图5-95

10 按住Alt键拖动鼠标，复制该形状。按快捷键Ctrl+T调出自由变换框，右击，在弹出的快捷菜单中选择“水平翻转”命令，按Enter键确认，如图5-96所示。

图5-96

11 打开“爱心.jpg”素材文件，选择工具箱中的“魔棒工具”，将“爱心”载入选区，如图5-97所示。

图5-97

12 用同样的方法将“爱心”定义为形状，如图5-98所示。

13 选择工具箱中的“自定形状工具”，设置填充颜色为# eb505e，绘制爱心图形，并更改部分形状的颜色为#ef8591，如图5-99所示。

14 在“自定形状”拾色器选择其他形状进行绘制，如图5-100所示。

图5-98

图5-99

图5-100

15 在工具箱中选择“椭圆工具”，在工具选项栏中选择“形状”选项，设置填充颜色为#f3e9d3，描边颜色为无。单击并拖动鼠标绘制椭圆，并将椭圆图层移动到其他形状图层下面，如图5-101所示。

图5-101

16 将所有形状图层拖到“图层”面板中的“创建新组”按钮上，将所有形状图层编组。

17 单击“添加图层样式”按钮，给形状组增加“描边”和“投影”图层样式，并设置描边“大小”为35像素，“位置”为“外部”，颜色为#f3e9d3；设置“不透明度”为45%，“角度”为120°，“距离”为73像素，“扩展”为0%，“大小”为1像素。

18 选择“文字”素材，并拖入文档，调整大小后按Enter键确认，图像制作完成，如图5-102所示。

图5-102

在绘制矩形、圆形、多边形、直线和自定义形状时，创建形状的过程中均可按下空格键，并拖动鼠标来移动该形状。

5.11 路径的运算——一只大公鸡

路径运算是指将两条路径组合在一起，包括合并形状、减去顶层形状、与形状区域相交和排除重叠形状，操作完成后还能选择合并形状组件，将经过运算的路径合并为形状组件。

01 启动Photoshop 2020，执行“文件”|“打开”命令，打开“背景.jpg”素材，如图5-103所示。

图5-103

02 选择工具箱中“椭圆工具”，在工具选项栏中选择“形状”选项，在画面中单击，弹出“创建椭圆”对话框，在“宽度”和“高度”文本框中均输入258像素，如图5-104所示。

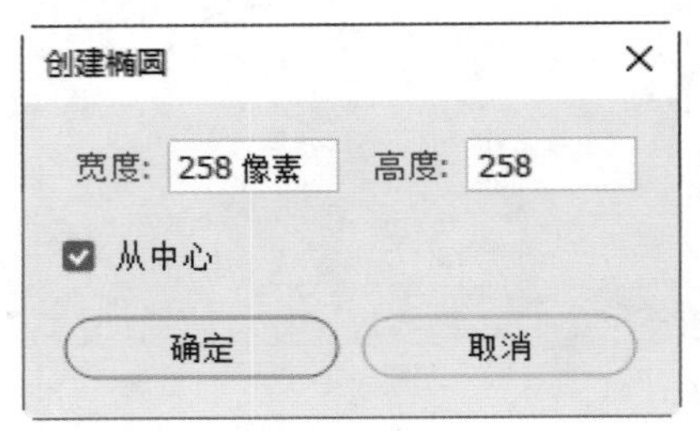

图5-104

03 单击“确定”按钮，便绘制好了一个固定大小的圆。设置填充颜色为#ed6941，描边颜色为无，并在圆心处拉出参考线，如图5-105所示。

图5-105

04 在工具选项栏中单击“路径操作”按钮，在弹出的快捷菜单中选择“合并形状”命令，如图5-106所示。

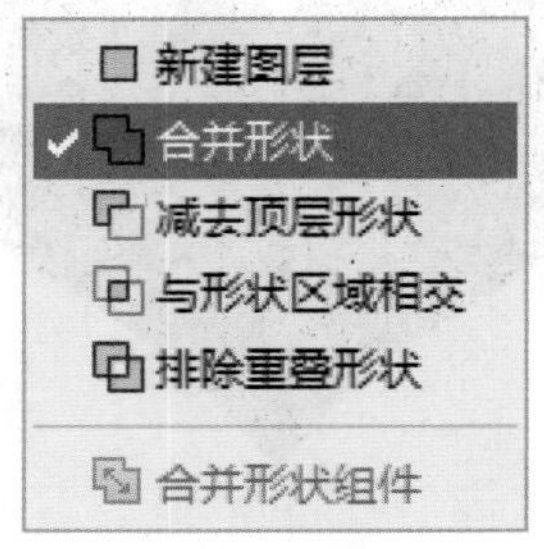

图5-106

05 选择工具箱中的“矩形工具”，在工具选项栏中选择“形状”选项，按住Shift键，从圆心处单击并拖动，绘制一个正方形。正圆和正方形合并成一个形状，如图5-107所示。

合并形状：选择该项后，新绘制的形状或路径将与原来的形状或路径合并。

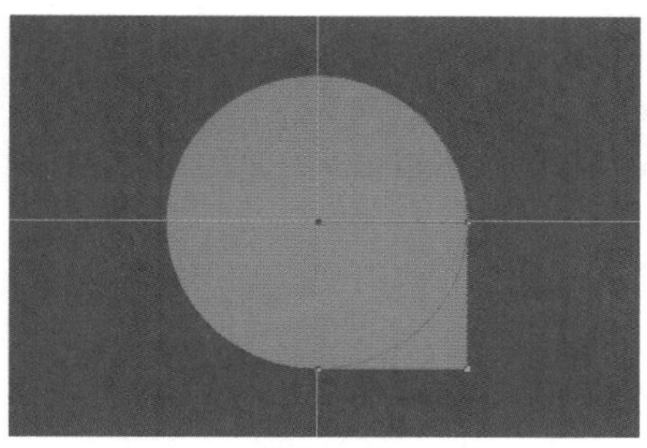

图5-107

06 清除参考线。新建一个图层，选择“椭圆工具”，在画面中单击，弹出“创建椭圆”对话框，在“宽度”和“高度”文本框中均输入1064像素，绘制一个圆形，并设置填充颜色为#fac33e，描边颜色为无，并在圆心处拉出参考线，如图5-108所示。

图5-108

07 在工具选项栏中单击“路径操作”按钮，在弹出的快捷菜单中选择“减去顶层形状”命令。

08 选择工具箱中的“矩形工具”，单击并拖动，沿参考线处圆的直径向左绘制一个正方形，正圆减去矩形后成为半圆，如图5-109所示。

图5-109

减去顶层形状：选择该选项后，从现有形状中减去新绘制的形状或路径。

09 新建一个图层，选择工具箱中的“矩形工具”，按住Shift键，从圆心处单击并向左拖动鼠标，绘制一个正方形，设置填充颜色为#f5ae25，描边颜色为无，如图5-110所示。

图5-110

10 在工具选项栏中单击“路径操作”按钮，在弹出的快捷菜单中选择“与形状区域相交”命令。

11 选择工具箱中的“椭圆工具”，在画面中单击，弹出“创建椭圆”对话框，在“宽度”和“高度”文本框中均输入1064像素，绘制一个圆形。正圆与正方形相交后的效果如图5-111所示。

图5-111

与形状区域相交：选择该选项后，新绘制的形状或路径与原来的形状或路径相交的区域为新形状或路径。

12 新建一个图层，选择工具箱中的“椭圆工具”，在画面中单击，弹出“创建椭圆”对话框，在“宽度”和“高度”文本框中均输入230像素，绘制一个圆形，设置填充颜色为#fac33e，描边颜色为无，如图5-112所示。

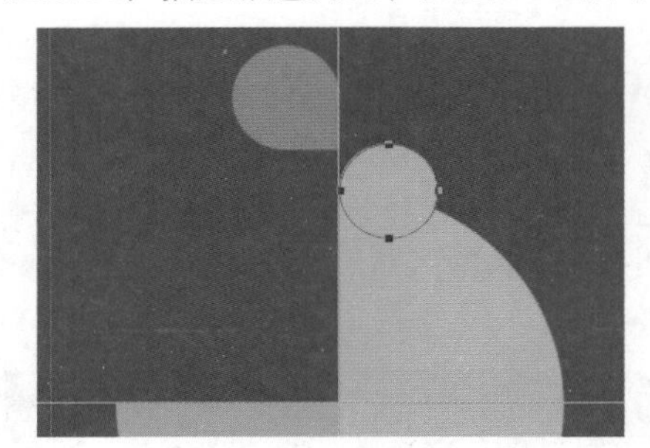
图5-112

13 在工具选项栏中单击“路径操作”图标，在弹出的快捷菜单中选择“排除重叠形状”命令。

14 选择工具箱中的“椭圆工具”，在画面中单击，弹出“创建椭圆”对话框，在“宽度”和“高度”文本框中均输入47像素，绘制一个圆形。圆形与小圆形排除重叠形状后的效果，如图5-113所示。

图5-113

排除重叠形状：选择该选项后，新绘制的形状或路径与原来的形状或路径排除重叠的区域为新形状或路径。

15 用同样的方法，绘制公鸡的其他部分，完成图像的制作，如图5-114所示。

图5-114

合并形状组件可以合并重叠形状或路径，使形状或路径可整体移动或复制。

5.12 描边路径——光斑圣诞树

在4.6节中，我们学习了图层样式“描边”的使用方法。用图层样式进行的描边是封闭的。而采用路径描边，则支持开放或间断路径描边。

01 启动Photoshop 2020，执行“文件”|“打开”命令，打开“背景.jpg”素材，如图5-115所示。

02 选择工具箱中的“自由钢笔工具”，在工具选项栏中选择“路径”选项 路径 ，并在图像中绘制路径，如图5-116所示。

图5-115

图5-116

03 选择工具箱中的“画笔工具”，单击“切换画笔面板”按钮，打开“画笔”面板，如图5-117所示。

执行“窗口”|“画笔”命令或按F5键，也可打开“画笔”面板。

04 选择一个硬边圆，设置“画笔笔尖形状”的属性，其“大小”为30像素，“硬度”为100%，选中“间距”选项，并设置“间距”为50%，如图5-118所示。

05 双击“画笔”面板左侧的“形状动态”，设置“大小抖动”为100%，在“控制”下拉列表中选择“钢笔压力”选项，如图5-119所示。

选择“钢笔压力”选项后，即使没有使用数位板等有压感的绘图工具，也能模拟压力效果。

06 双击“画笔”面板左侧的“散布”选项，设置“散布”为400%，并选中“两轴”选项，在“数量”文本框中输入2，设置“数量抖动”为0%，如图5-120所示。

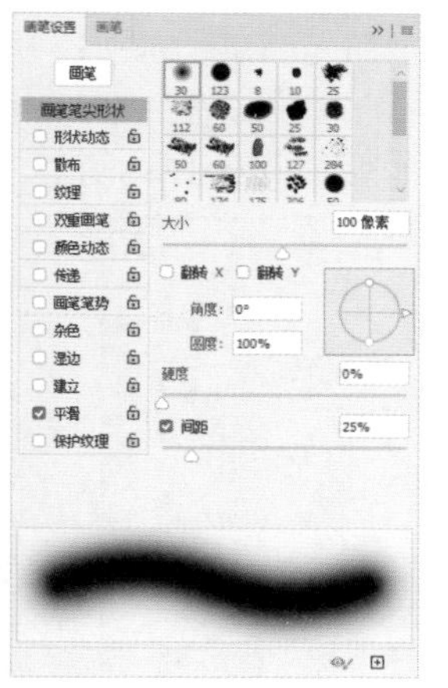

图5-117

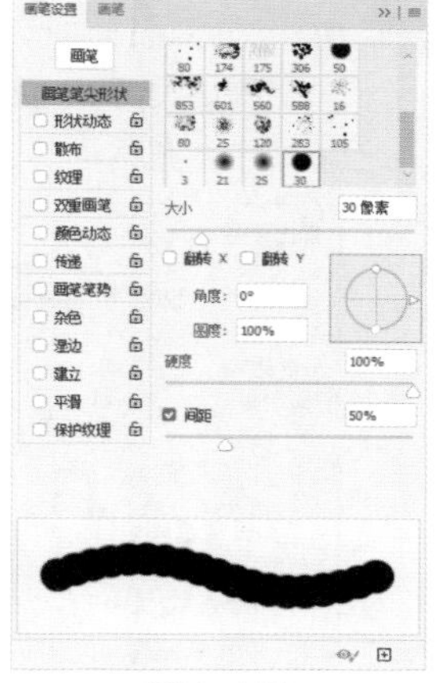

图5-118

图5-119

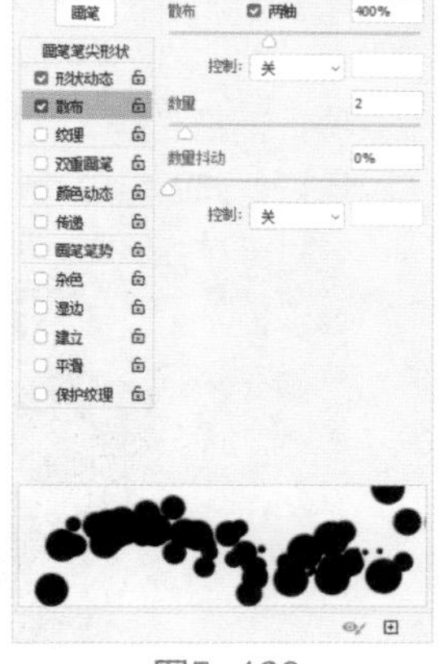

图5-120

07 双击“画笔”面板左侧的“传递”选项，设置“不透明度抖动”值为0%，“流量抖动”值为100%，如图5-121所示。

08 单击“图层”面板中的“创建新图层”按钮 ⊞，新建一个空白图层，并设置前景色为白色。

09 在“路径”面板中右击，在弹出的快捷菜单中选择“描边路径”命令，如图5-122所示。

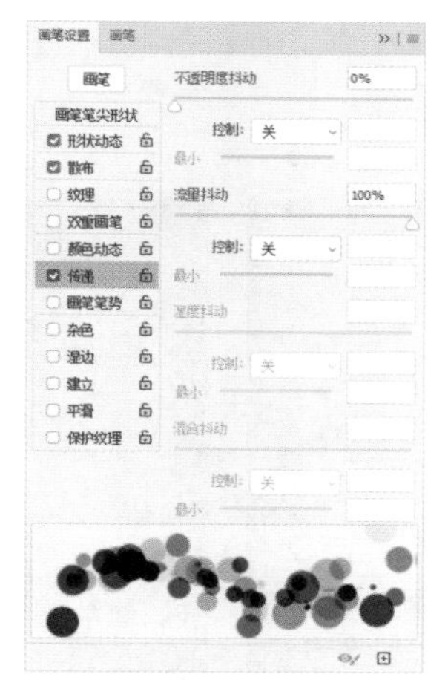

图5-121

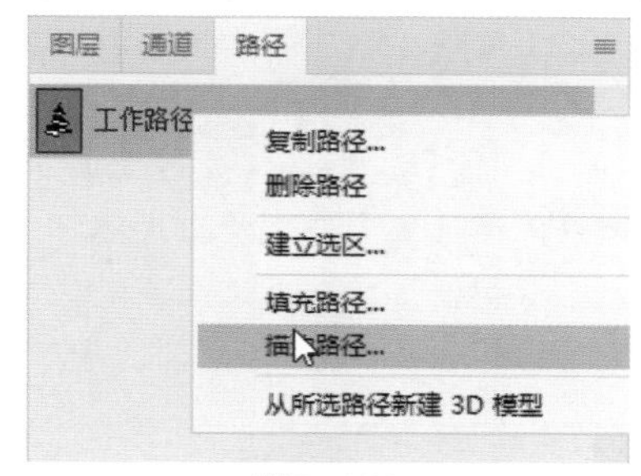

图5-122

10 在弹出的“描边路径”对话框中选中“模拟压力”选项，并在“工具”下拉列表中选择“画笔”选项，如图5-123所示。

图5-123

模拟压力可以使描边产生粗细变化。

11 单击“确定”按钮后，路径将按画笔预设值进行描边。在“路径”面板中单击，隐藏路径，效果如图5-124所示。

12 用同样的方法，利用“自由钢笔工具”绘制其他路径，并进行路径描边，完成图像的制作，如图5-125所示。

图5-124

图5-125

描边路径需要预设好工具的参数，可以选择画笔、铅笔、橡皮擦、背景橡皮擦、仿制图章、历史记录画笔、加深和减淡等工具进行描边。

5.13 填充路径——经典时尚

填充路径即为绘制的路径填充不同的颜色或图案。

01 启动Photoshop 2020，执行“文件”|“打开”命令，打开“背景.jpg”素材，如图5-126所示。

图5-126

02 选择工具箱中的“钢笔工具”，并绘制路径，如图5-127所示。

03 单击“图层”面板中的“创建新图层”按钮，新建一个空白图层，并设置前景色为#414143，背景色为白色。

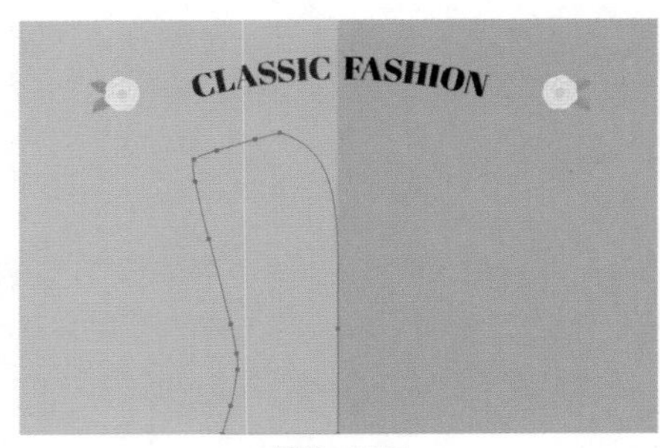

图5-127

04 单击“路径”面板中的路径图层，右击，在弹出的快捷菜单中选择“填充路径”命令，弹出“填充路径”对话框，如图5-128所示。

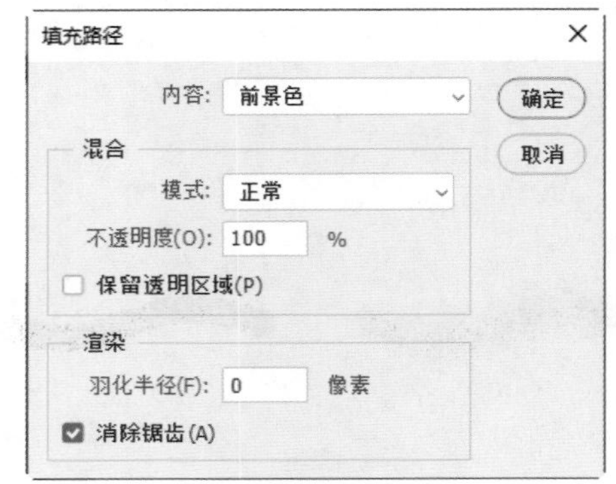

图5-128

05 在“内容”下拉列表中选择“前景色”选项，单击“确定”按钮后，路径将被填充前景色，如图5-129所示。

图5-129

06 单击“路径”面板中的“创建新路径”按钮，利用“钢笔工具”绘制新路径，如图5-130所示。

07 切换到“图层”面板，单击“创建新图层”按钮，新建一个空白图层。

08 单击“路径”面板中的路径图层，右击，在弹出的快捷菜单中选择“填充路径”命令，在弹出“填充路径”对话框中选择“背景色”选项，如图5-131所示。

图5-130

图5-131

09 用同样的方法，绘制其他路径，并对路径进行填充。在“填充路径”对话框中选择“颜色”选项，在“拾色器（颜色）”对话框中为衣领、口袋、扣子分别填充黑色，为左侧衣袖填充颜色为#414143、为右侧衣身和衣袖填充颜色为#282828，为右侧衬衣填充颜色为#dedede，如图5-132所示。

图5-132

10 执行“文件”|“打开”命令，打开“格子.jpg”素材，如图5-133所示。

11 执行“编辑”|“定义图案”命令，将“格子”定义为新图案。

12 选择工具箱中的“钢笔工具”，并绘制领带，如图5-134所示。

13 切换到“图层”面板，单击“创建新图层”按钮，新建一个空白图层。

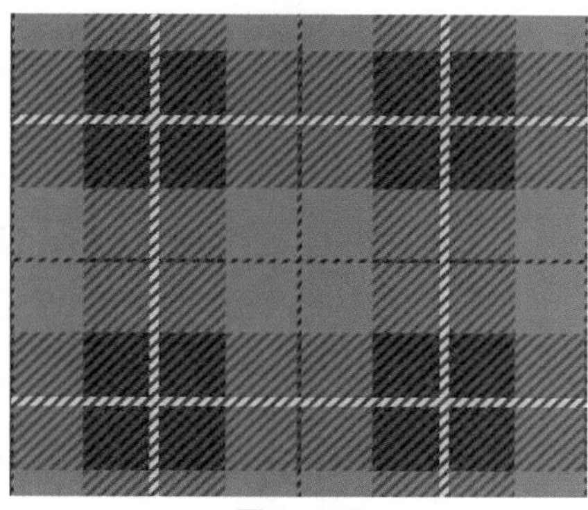
图5-133

图5-134

14 单击“路径”面板中的路径图层，右击，在弹出的快捷菜单中选择“填充路径”命令，在弹出“填充路径”对话框中选择“图案”选项，选择“格子”图案进行填充。

15 在“图层”面板中，将“领带”图层移动到衬衣与领子图层之间，西装图像制作完成，如图5-135所示。

图5-135

“填充路径”对话框中的参数详解如下所述。

内容：可以选择前景色、背景色、颜色、图案、黑色、50%灰色和白色来填充路径。

模式：设置填充效果的图层模式。

不透明度：设置填充效果的不透明度。

保留透明区域：选中后仅能填充包含像素的区域。

羽化半径：设置填充路径的羽化值。

消除锯尺：选中后可减少填充区域边缘的锯尺状像素，使填充区域与周围像素的过渡更平滑。

5.14 调整形状图层——过马路的小蘑菇

在曲线路径中，每个锚点都有一条或两条方向线。通过对方向线和锚点的调整，可以改变曲线的形状。

01 启动Photoshop 2020，执行“文件”|“打开”命令，打开“背景.jpg”素材，如图5-136所示。

图5-136

02 选择工具箱中的“椭圆工具”，在工具选项栏中选择“形状”选项。设置填充颜色为#730000，描边颜色为无。单击并拖动鼠标绘制椭圆，并按快捷键Ctrl+T将椭圆旋转，如图5-137所示。

图5-137

“椭圆工具”绘制的椭圆进行旋转操作时，会将实时形状转变为常规路径。

03 选择工具箱中的“直接选择工具”，框选一个锚点，选中的锚点为实心点，如图5-138所示。

图5-138

04 单击并拖动锚点，如图5-139所示。

图5-139

使用“直接选择工具”拖动平滑点上的方向线时，方向线始终保持为一条直线。

05 选择工具箱中的“转换点工具”，选择一侧方向线并拖移，从而调整形状，如图5-140所示。

使用“转换点工具”拖动方向线时，可以单独调整平滑点一侧的方向线，而不影响另一侧的方向线；若使用“直接选择工具”拖动方向线，按住Alt键并拖动，也可单独调整平滑点一侧的方向线，而不影响另一侧的方向线。

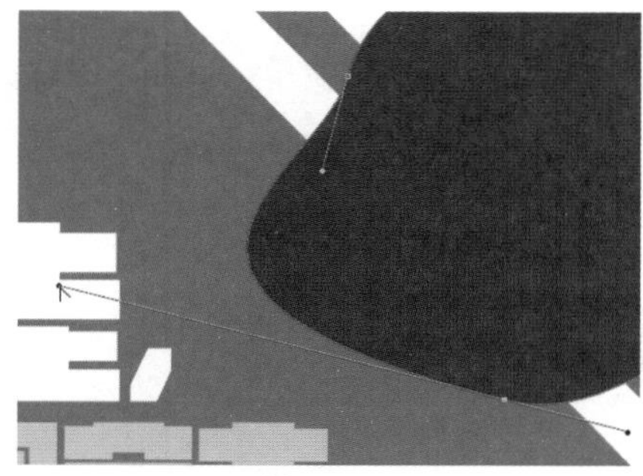
图5-140

06 选择工具箱中的“添加锚点工具”，在形状边缘单击，可给形状添加一个锚点，如图5-141所示。

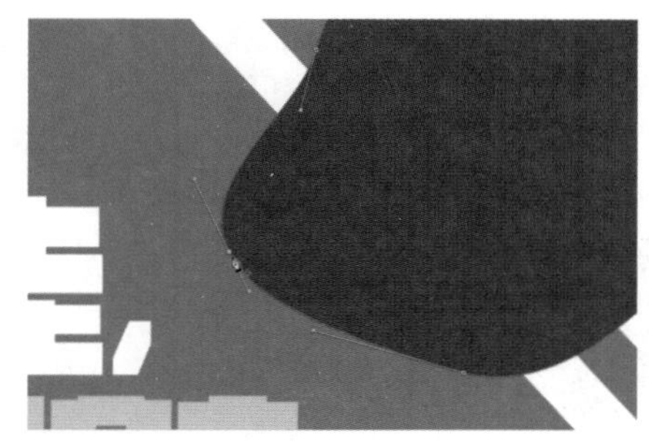
图5-141

07 选择工具箱中的“删除锚点工具”，在锚点上单击，如图5-142所示，单击后的锚点将被删除。

图5-142

08 利用工具箱中的“直接选择工具”和“转换点工具”，结合“添加锚点工具”和“减少锚点工具”，将图形调整成合适的形状，如图5-143所示。

09 选择“路径选择工具”，形状图层路径的所有锚点将变成实心点，如图5-144所示。

10 按快捷键Ctrl+J复制该形状图层，并将前景色设置为#f5b18a，按快捷键Alt+Delete为形状填充新的颜色，并按快捷键Ctrl+T将形状缩小，如图5-145所示。

图5-143

图5-144

图5-145

11 利用“直接选择工具”和“转换点工具”，结合“添加锚点工具”和“减少锚点工具”，将图层形状进行调整，使两图层叠放后露出的边缘宽度大小不一。

12 利用同样的方法，结合形状工具，绘制其他形状并进行调整，填充合适的颜色后，图像制作完成，如图5-146所示。

图5-146

第6章

通道与滤镜的运用

Photoshop文档通常使用RGB或CMYK模式。通道包含图像的颜色信息，通过编辑颜色通道，可以对图像进行调色、抠图等操作。滤镜主要用来实现图像的各种特殊效果。它在Photoshop中具有非常神奇的作用。本章通过案例讲解通道和滤镜在具体操作中的使用方法。

6.1 通道调色——唯美蓝色

在第4章，我们学习了运用曲线、可选颜色、色彩平衡和照片滤镜等调整工具对图像进行调色的方法，本节主要学习利用通道进行调色的方法。

01 启动Photoshop 2020，执行“文件”|“打开”命令，打开“人像.jpg”素材，如图6-1所示。

02 执行“图像”|“模式”|“Lab颜色”命令，将图像由RGB模式转为Lab模式，在“通道”面板中，通道变为Lab、明度、a和b，如图6-2所示。

图6-1

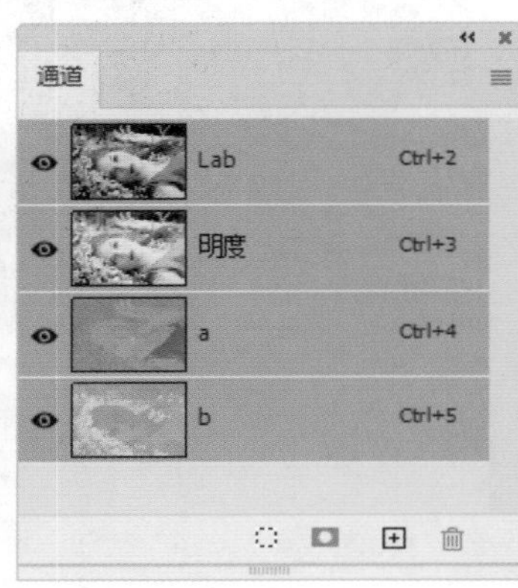

图6-2

注意与提示：Lab模式与RGB模式和CMYK模式不同，Lab模式将明度信息与颜色信息分开，能在不改变颜色明度的情况下调整色相。

03 选择a通道，按快捷键Ctrl+A，将a通道的灰度信息全选，如图6-3所示。

图6-3

Lab模式中通道的意义如下。

明度通道：表示图像的明暗程度，范围是0~100，0代表纯黑、100代表纯白。

a通道：代表从绿色到洋红的光谱变化。通道越亮颜色越暖，即增加洋红色；反之，通道越暗，颜色越冷，即增加绿色。

b通道：代表从蓝色到黄色的光谱变化。通道越亮颜色越暖，即增加黄色；反之，通道越暗，颜色越冷，即增加蓝色。

04 按快捷键Ctrl+C复制选中的颜色信息，选择b通道，再按快捷键Ctrl+V将复制的颜色信息粘贴到b通道中，如图6-4所示。

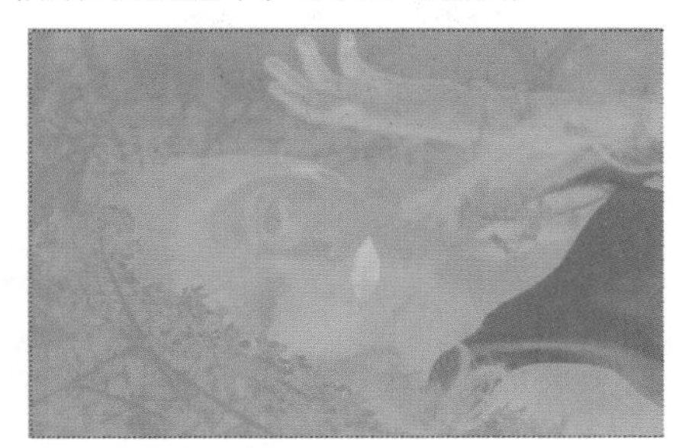

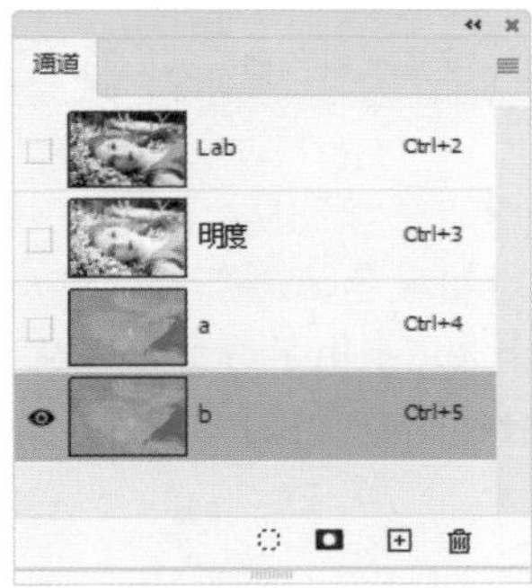

图6-4

05 按快捷键Ctrl+D取消选区，单击“通道”面板中的Lab通道，可以看到图像变成蓝色调，如图6-5所示。

图6-5

此处将a通道明暗信息复制到b通道，即改变了b通道的明暗信息，图像将根据a、b通道新的明暗信息呈现相应的变化；同样的原理，要调整相应通道的明暗信息，可以根据情况用曲线、色阶、画笔工具等方法改变通道的明暗信息，从而实现不同的调色效果。

06 选择b通道，按快捷键Ctrl+M打开“曲线”对话框，调整曲线弧度略往右下，如图6-6所示，此时b通道将变暗。

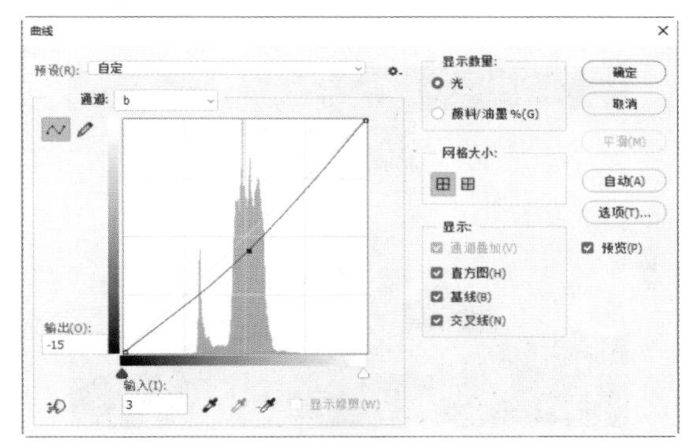

图6-6

07 单击“曲线”对话框中的“确定”按钮，选择Lab通道并返回“图层”面板，可以看到图像中的蓝色增加了，如图6-7所示。

图6-7

6.2 通道美白——美白肌肤

通道美白是利用通道给皮肤区域快速建立选区，并进行调整。

01 启动Photoshop 2020，执行“文件”|“打开”命令，打开“背景.jpg”素材，如图6-8所示。

02 选择“通道”面板中的红通道，并拖到“创建新通道”按钮上，复制该通道，如图6-9所示。

图6-8

图6-9

人物皮肤偏红色，一般选取人物肤色时，可复制红色通道。

03 按住Ctrl键并单击，将图像部分内容载入选区，如图6-10所示。

图6-10

04 选择“通道”面板中的RGB通道，回到“图层”面板，单击“创建新图层”按钮，将前景色设置成白色，按快捷键Alt+Delete将选区填充白色，如图6-11所示。

05 将填充的白色图层的“不透明度”设置为80%，完成图像的制作，如图6-12所示。

图6-11

图6-12

适当降低填充图像的不透明度可以保留人物的更多细节，使肤色更加自然。

6.3 通道抠图1——完美新娘

通道抠图能在背景复杂的图片中抠出想要的图像，如半透明颜色、透明颜色和人物头发等。本节主要利用通道抠出半透明的婚纱。

01 启动Photoshop 2020，执行“文件”|“打开”命令，打开“新娘.jpg”素材，如图6-13所示。

02 选择“通道”面板中的绿通道，并拖到“创建新通道”按钮上，复制该通道，如图6-14所示。

图6-13

图6-14

平常操作时，复制的通道根据具体图像不同而不同，选择想要保留的部分和背景有鲜明的颜色对比的通道即可。

03 按快捷键Ctrl+L调出“色阶”对话框，设置从左到右的色阶数值分别为89、0.67和255，如图6-15所示。

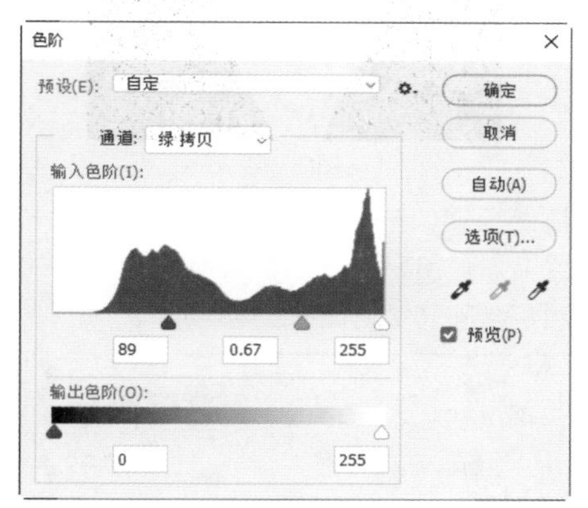

图6-15

色阶可以增加背景与想保留部分的对比度。

04 单击“确定”按钮，复制的绿通道对比度改变明显，如图6-16所示。

05 选择工具箱中的“画笔工具”，将人物用白色涂抹，背景处用“魔棒工具”选中并填充黑色，如图6-17所示。

图6-16

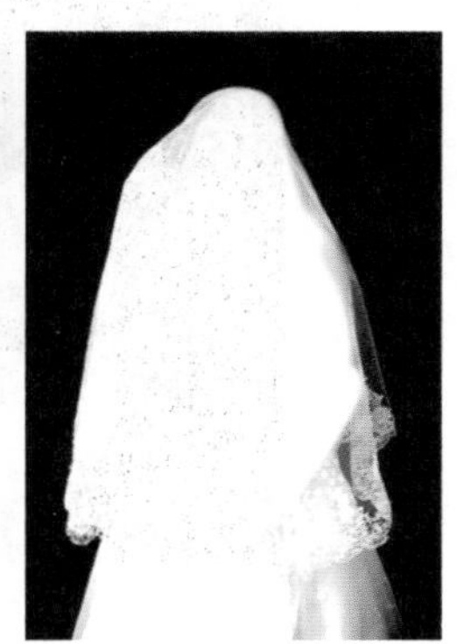

图6-17

填充颜色时，人物填充成白色，背景填充黑色。而需要保留透明色部分无须涂抹，维持原来的渐变灰度即可。

06 按住Ctrl键并单击该通道，创建选区。单击RGB通道并回到“图层”面板，选择“新娘”图层，按快捷键Ctrl+J将选区内容复制，并单击“新娘”图层前的“小眼睛”图标将背景隐藏，如图6-18所示。

07 打开“背景”素材，选择“移动工具”，将抠出的新娘拖动到背景文档中，调整大小后按Enter键确认，如图6-19所示。

图6-18

图6-19

08 单击“图层”面板中的“创建新的填充或调整图层”按钮，在弹出的菜单中选择“曲线”命令，建立曲线调整图层。按住Alt键，在新娘图层与曲线图层中间单击，建立剪贴蒙版。单击曲线图层，调整曲线弧度，使新娘与背景融合得更好，如图6-20和图6-21所示。

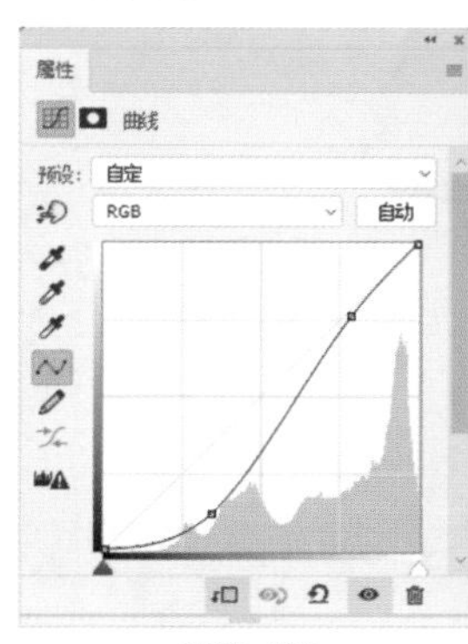

图6-20

图6-21

用通道抠图的过程中，若有明显的边，可执行“图层”|“修边”|“去边”命令去边；若边缘有明显锯齿，可根据图像使用羽化、高斯模糊等方法使边缘变得柔和。

6.4 通道抠图2——玫瑰花香水

本节主要利用通道抠出透明且边缘规则的物体。

01 启动Photoshop 2020，执行“文件”|“打开”命令，打开“瓶子.jpg”素材，如图6-22所示。

图6-22

02 在“通道”面板中选择红通道，并拖到“创建新通道”按钮上，复制一个红通道。选择工具箱中“钢笔工具”，沿瓶子边缘建立路径，如图6-23所示。

图6-23

03 在“路径”面板中双击创建的路径，将路径保存。

存储的路径可多次使用，从而避免重复工作。

04 按快捷键Ctrl+Enter将路径变成选区，按快捷键Ctrl+Shift+I反选选区。将前景色设置为黑色，按快捷键Alt+Delete为选区填充黑色，如图6-24所示。

图6-24

05 按快捷键Ctrl+L，弹出“色阶”对话框，设置输入色阶从左往右的值分别为171、0.43和241，如图6-25所示。

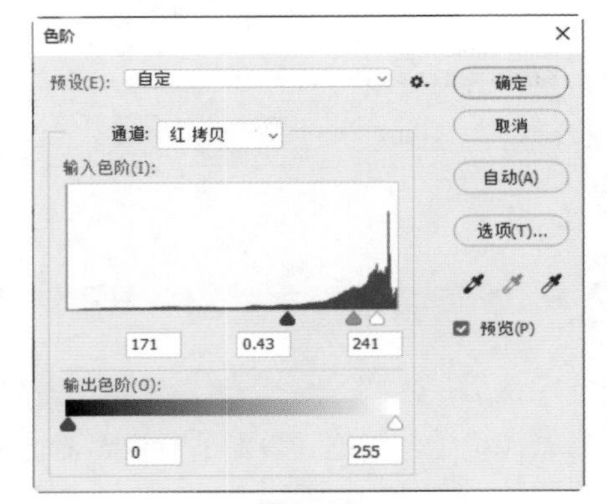

图6-25

06 单击“确定”按钮，瓶子的红通道对比度增加，如图6-26所示。

图6-26

07 按住Ctrl键，单击复制的红通道缩略图，将瓶子高光载入选区。回到“图层”面板，选择瓶子图层，按快捷键Ctrl+J从瓶子图层复制高光，单击瓶子图层前的“小眼睛”图标，隐藏瓶子图层，并查看效果，如

图6-27所示。

图6-27

08 显示瓶子图层，在“通道”面板中选择蓝通道，并拖到“创建新通道”按钮上，复制一个蓝通道，如图6-28所示。

图6-28

09 按快捷键Ctrl+L，弹出“色阶”对话框，设置输入色阶从左往右的值分别为106、1.97和202，如图6-29所示。

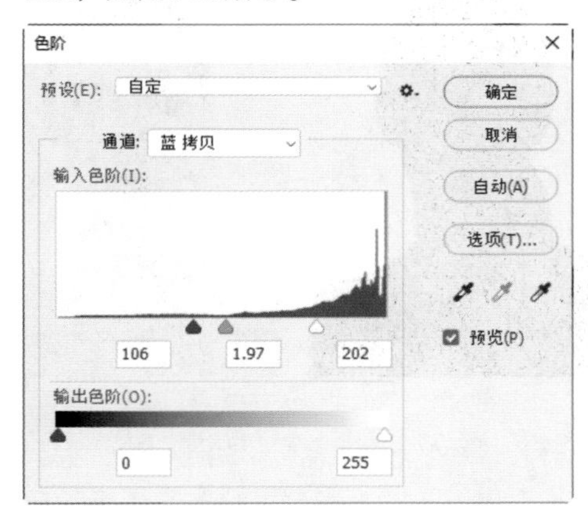

图6-29

10 单击“确定”按钮，瓶子复制的蓝通道对比度增加，如图6-30所示。

图6-30

11 按住Ctrl键，单击调整后的蓝通道缩略图，再按快捷键Ctrl+Shift+I反选选区，将瓶子阴影载入选区。单击RGB通道并回到“图层”面板，选择瓶子图层，按快捷键Ctrl+J从瓶子图层中复制阴影，瓶子便抠好了，如图6-31所示。

图6-31

12 打开“背景.jpg”素材，将抠出的瓶子拖到背景文档中，按快捷键Ctrl+T调整大小后，按Enter键确认，图像制作完成，如图6-32所示。

图6-32

抠形状规则的透明物体，可以结合“钢笔工具”将高光和阴影分别抠出。

6.5 通道抠图3——美容广告

本节主要利用通道抠出人物。

01 启动Photoshop 2020，执行“文件”|“打开”命令，打开“人物.jpg”素材，如图6-33所示。

02 在“通道”面板中选择蓝通道，并拖到“创建新通道”按钮 ⊞ 上，复制一个蓝通道，如图6-34所示。

图6-33

图6-34

03 按快捷键Ctrl+L，弹出“色阶”对话框，设置输入色阶从左往右的值分别为44、0.58和113，如图6-35所示。

图6-35

色阶的具体设置根据图像不同而不同，标准为发丝与背景出现清晰的对比即可。

04 单击“确定”按钮，人物的蓝通道对比度增加，如图6-36所示。

05 单击RGB通道并回到“图层”面板，选择工具箱中的“钢笔工具”，沿人物边缘建立路径，如图6-37所示。

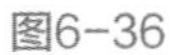

图6-36

图6-37

06 按快捷键Ctrl+Enter将路径变换成选区，单击“通道”面板回到复制的蓝色通道。将前景色设置为黑色，按快捷键Alt+Delete为选区填充黑色，如图6-38所示。

07 按住Ctrl键，单击复制的蓝通道缩略图，将人物载入选区。回到“图层”面板，选择人物图层，按快捷键Ctrl+J从人物图层复制人像，人物便抠好了。单击人物图层前的“小眼睛”图标，隐藏人物图层，如图6-39所示。

图6-38

图6-39

08 打开“素材.psd”素材，如图6-40所示。

09 将抠出的人物拖到“素材”文档中，按快捷键Ctrl+T调整大小后，按Enter键确认，将人物图层放置在背景图层的上方，图像制作完成，如图6-41所示。

图6-40

图6-41

6.6 智能滤镜——木刻照片

使用智能滤镜的优势是可无损地编辑图片，还能修改和调整滤镜效果。

01 启动Photoshop 2020，执行“文件”|“打开”命令，打开“背景.jpg”素材，如图6-42所示。

02 选择“背景”图层，按快捷键Ctrl+J复制一个图层。执行“滤镜”|“转换为智能滤镜”命令，将图层转换为智能对象，如图6-43所示。

图6-42

图6-43

右击图层，在弹出的快捷菜单中选择“转换为智能对象”命令，也能将图层转换为智能对象。

03 执行“滤镜”|“滤镜库”命令，弹出“滤镜库”对话框。单击“艺术效果”组前的小三角图标▶，展开该组，选择“木刻”滤镜，并设置“色阶”值为6、“边缘简化度”为0、“边缘逼真度”为1，如图6-44所示。

图6-44

04 单击“确定”按钮，图像便呈现木刻效果，如图6-45所示。

图6-45

05 执行“滤镜”|“滤镜库”命令，可对设置的木刻效果进行修改，如将“色阶数”改为5，如图6-46所示。

06 单击“确定”按钮，图像便呈现修改后的木刻效果，如图6-47所示。

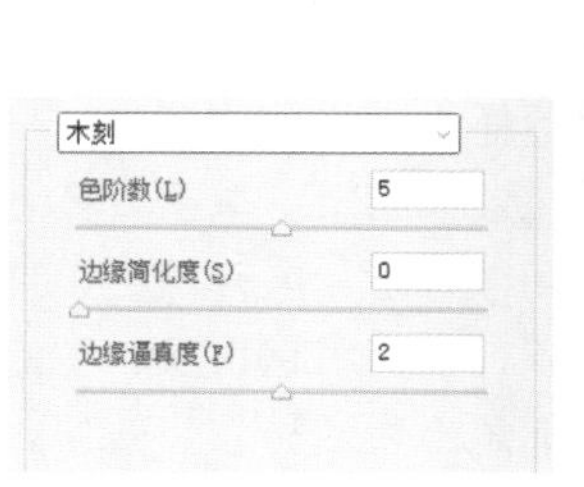

图6-46

图6-47

6.7 滤镜库——威尼斯小镇

滤镜库像一个大工具箱，整合了风格化、画笔描边、扭曲、素描、纹理和艺术效果等多个滤镜组，而且滤镜组中还包含了多个滤镜。多个滤镜效果可以同时应用于同一幅图像，也能对同一幅图像多次运用同一滤镜。

01 启动Photoshop 2020，执行“文件”|“打开”命令，打开“背景.jpg”素材，如图6-48所示。

图6-48

02 执行“滤镜”|“滤镜库”命令，弹出“滤镜库”对话框。

03 单击“艺术效果”组前的小三角图标▶，展开该组，选择“调色刀”滤镜，设置调色刀“描边大小”为10、“描边细节”为3、“软化度”为5，如图6-49所示。

图6-49

04 单击“滤镜库”对话框右下角的“新建效果图层”按钮⊞，新建效果图层。单击“艺术效果”组前的小三角图标▶，展开该组，选择“绘画涂抹”滤镜，使用默认设置，“滤镜库”对话框的右下角出现两种滤镜效果，如图6-50所示。

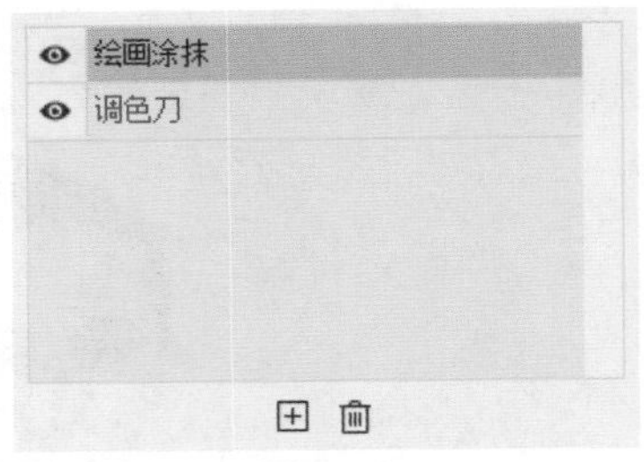

图6-50

05 单击“确定”按钮，图像便呈现调色刀和绘画涂抹的双重效果，如图6-51所示。

图6-51

6.8 自适应广角——“掰直”的大楼

用广角镜头拍摄照片会有镜头畸变的情况出现，即照片图像出现弯曲变形，“自适应广角”滤镜可对镜头产生的变形进行处理，纠正变形的照片。

01 启动Photoshop 2020，执行“文件”|“打开”命令，打开“背景.jpg”素材，如图6-52所示。

图6-52

02 按快捷键Ctrl+J复制一个图层，执行“滤镜”|“自适应广角”命令，弹出“自适应广角”对话框，如图6-53所示。

图6-53

03 选择该对话框中的“约束工具”，在楼顶处单击，然后在楼底地面处单击，弧线变为直线，此时弯曲的大楼一侧被拉直，如图6-54所示。

图6-54

约束工具：单击图像或拖动端点可添加或编辑约束。按住Shift键单击可添加水平/垂直约束。按住Alt键单击可删除约束。

多边形约束工具：单击图像或拖动端点可添加或编辑多边形约束。单击初始起点可结束约束。按住Alt键可删除约束。

移动工具：拖移以在画面中移动内容。

抓手工具：拖移以在窗口中移动图像。

缩放工具：单击或拖动要放大的区域，或按Alt键缩小。

04 用同样的方法，在大楼的另一侧单击并拖动，另一侧也被拉直，且没有影响之前拉直的一侧，如图6-55所示。

图6-55

05 在“自适应广角”对话框的右侧，将“缩放”设置为134%，如图6-56所示。

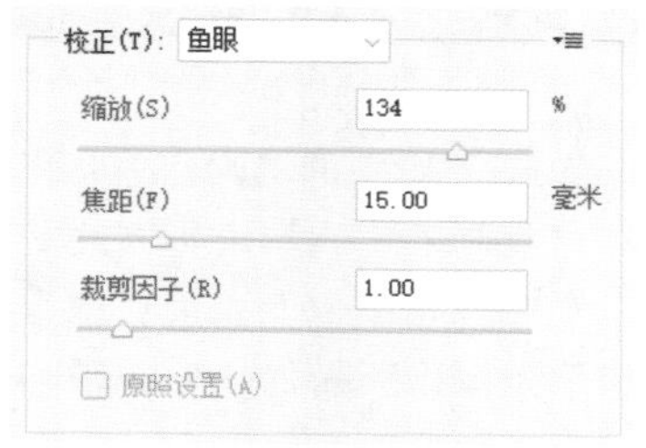

图6-56

注意与提示

鱼眼：校正由鱼眼镜头所引起的极度弯曲。

透视：校正由视角和相机倾斜角所引起的会聚线。

自动：默认情况下为自动模式。

完整球面：校正360°全景图。全景图的长宽比必须为2:1。

缩放：对图像进行缩放，范围为50%~150%，低于100%时，图像缩小；高于100%时，图像放大。

焦距：指定镜头的焦距。如果在照片中检测到镜头信息，则会自动填写此值。

裁剪因子：指定值以确定如何裁剪最终图像。将此值与“缩放”配合使用，以补偿应用滤镜时引入的任何空白区域。

06 选择“移动工具”将大楼向下拖移，露出完整的大楼。单击“确定”按钮后，扭曲的大楼变“直”了，如图6-57所示。

图6-57

6.9 Camera Raw滤镜1——完美女孩

Camera Raw滤镜中的“污点去除工具”效果类似“污点修复画笔工具”，不同的是，“污点去除工具”是在原始图像上直接处理原始图像数据，对相机原始图像所做的任何编辑和修改都存储在 sidecar 文件中，因此这个过程不具有破坏性，而“污点修复画笔工具”直接在原图像上进行修改，对原图有破坏性。本节主要运用Camera Raw滤镜中的“污点去除工具”来去除斑点。

01 启动Photoshop 2020，执行“文件”|“打开”命令，打开“女孩.jpg”素材，如图6-58所示。

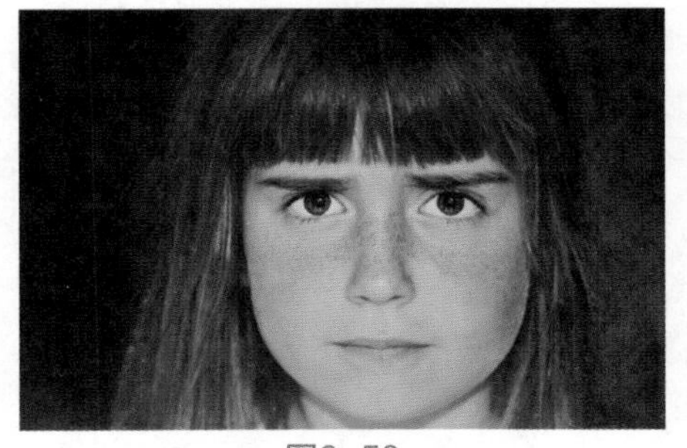

图6-58

02 执行“滤镜”|“Camera Raw滤镜”命令，弹出“Camera Raw滤镜”对话框，如图6-59所示。

03 单击“污点去除”按钮，设置“类型”为“修复”，“大小”为5，“羽化”为100，“不透明度”为100，如图6-60所示。

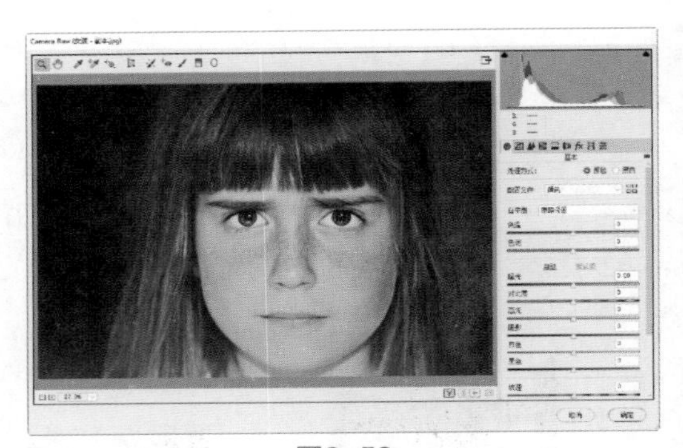

图6-59

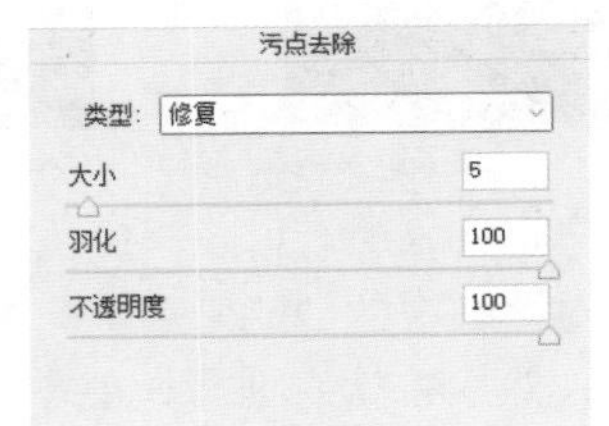

图6-60

修复：将取样区域的纹理、光线、阴影匹配到选定区域。

仿制：将图像的取样区域应用到选定区域。

大小：用来设置修复画笔的大小。

羽化：用来设置画笔边缘的羽化值。

不透明度：用来设置画笔的不透明度。

使位置可见：选中后图像会变成黑白，图像元素的轮廓将清晰可见，以便进一步清理图像，可通过调整滑块来调整阈值。

显示叠加：选中后修复步骤显示的手柄，将与图像本身叠加在一起。

清除全部：删除所有使用“污点去除工具”所做的调整。

04 在雀斑处单击并拖动鼠标，雀斑消失了，如图6-61所示。

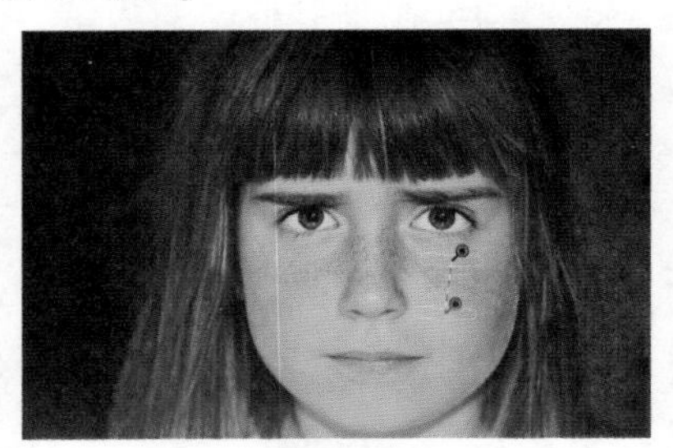

图6-61

05 重复第4步，在所有的雀斑处单击并拖动鼠标，如图6-62所示。

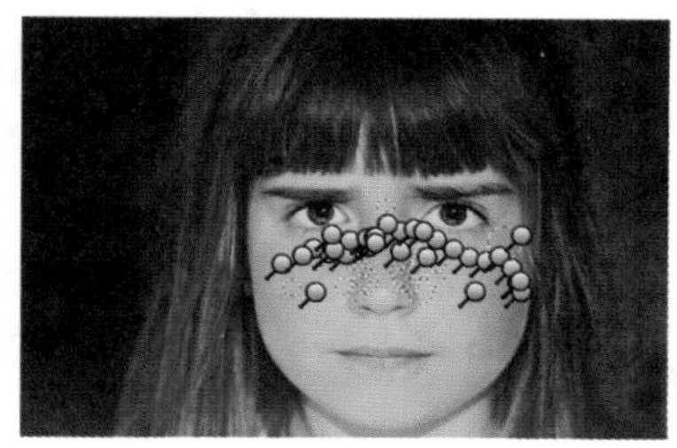

图6-62

红白色的选框区域（红色手柄）表示选定的区域；绿白色的选框区域（绿色手柄）表示取样区域。

若要更改默认选定的取样区域，有手动或自动两种方式。自动方式即单击所选区域的手柄，然后按下键盘上正斜线键“/”，当使用连续涂抹的笔画选择图像的更大部分时，并不能立即找到与之匹配的合适取样区域，因此可多次按正斜线键“/”，以便取样更多的区域；手动方式即拖动绿色手柄，来重新定位取样区域。

06 单击“确定”按钮，污点修复完成，如图6-63所示。

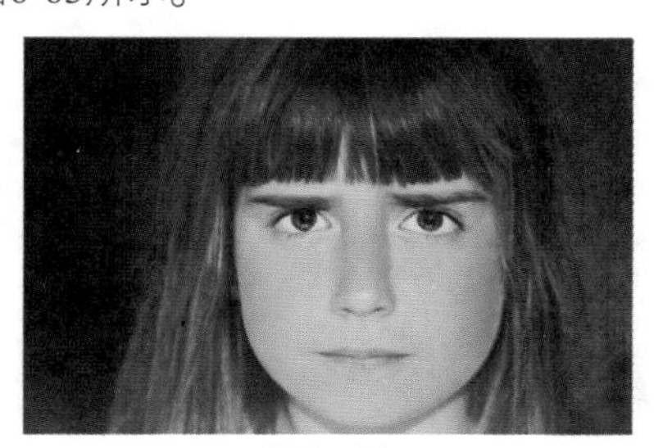

图6-63

键盘快捷键

圆形点：按住 Ctrl键并单击创建圆形点，当指针在圆形边缘处变成↔时，拖动可设置圆形点大小。

同时按住 Ctrl和Alt 键，并单击创建圆形点，拖动可设置圆形点的大小。

删除调整：选定红色的或绿色的手柄，按 Delete 键以删除选定的手柄，或按住Alt 键并单击一个手柄将其删除。

6.10 Camera Raw滤镜2——晨曦中的湖

本节主要运用Camera Raw中的“渐变滤镜”和“径向渐变滤镜”来调整照片。

01 启动Photoshop 2020，执行“文件”|“打开”命令，打开“风景.jpg”素材，如图6-64所示。

图6-64

02 执行“滤镜”|“Camera Raw滤镜”命令，单击“渐变滤镜”按钮，在预览区单击并拖动，拉出渐变滤镜，如图6-65所示。

图6-65

红白色的线条一侧表示无渐变区域；绿白色的线条一侧表示渐变区域；红白色的线条与绿白色的线条中间为渐变过渡到无渐变的区域。

03 设置“色温”为+88、“色调”为+100，如图6-66所示。

04 此时，画面色温和色调发生变化，如图6-67所示。

05 单击并拖动红点，可调整渐变区域，如图6-68所示。

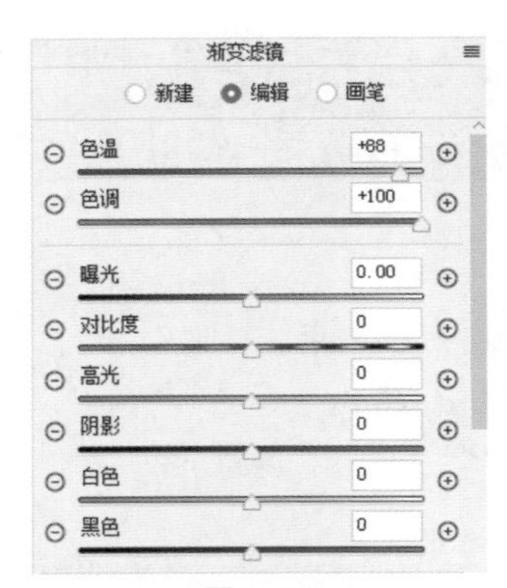

渐变滤镜
新建
编辑
画笔
色温
+88
色调
+100
曝光
0.00
对比度
0
高光
0
阴影
0
白色
0
黑色
0

图6-66

图6-67

图6-68

注意与提示 选择渐变滤镜后，若要对渐变滤镜进行更细微的调整，可单选 画笔，结合 工具使用画笔添加到选定调整，或 工具使用画笔擦除选定调整。

06 在预览区单击并拖动鼠标，创建新的渐变，如图6-69所示。

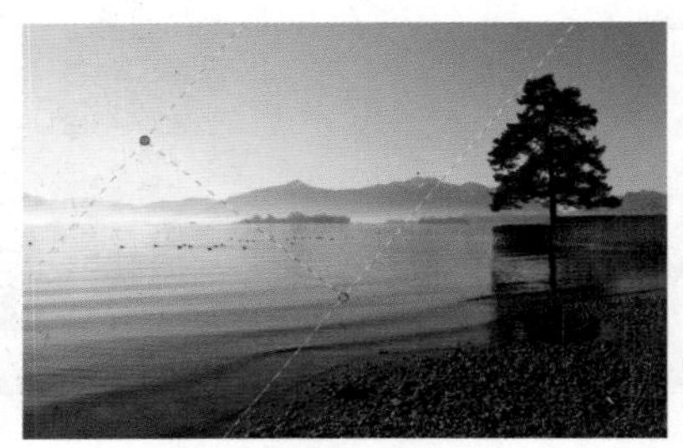

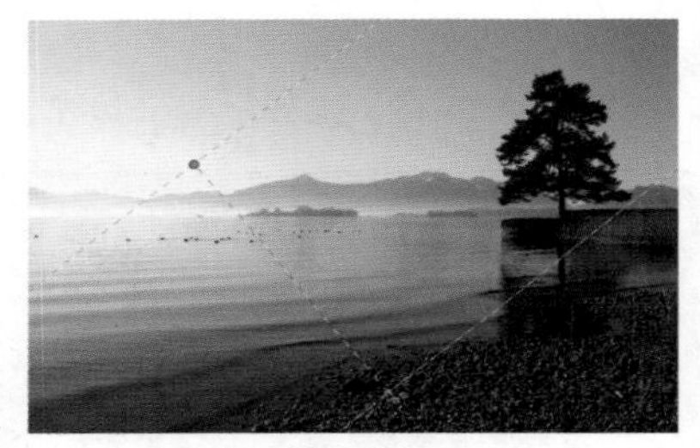

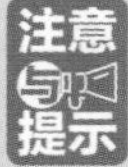

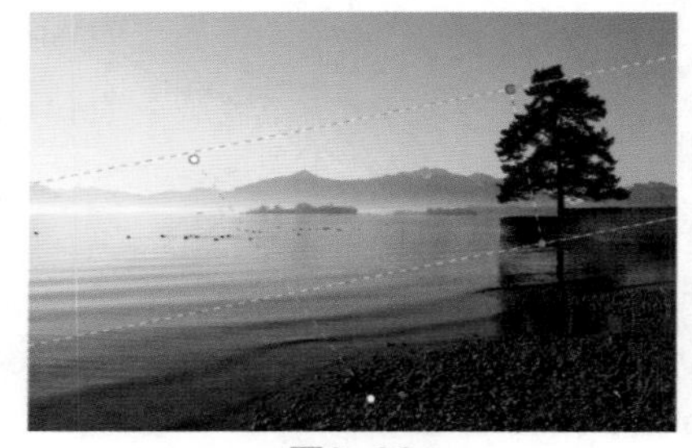

图6-69

07 设置“色温”为+88、“色调”为-41，如图6-70所示。

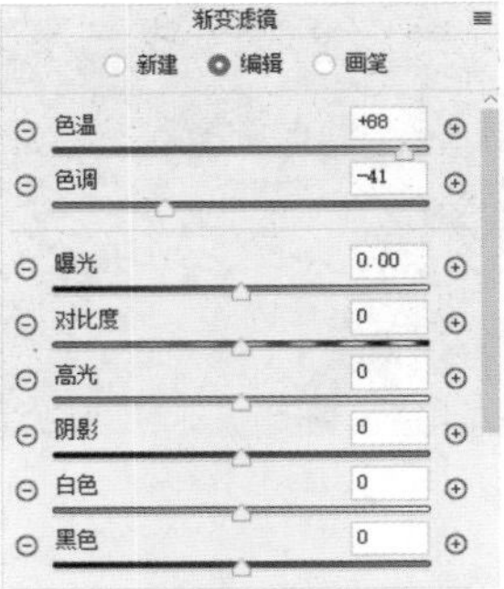

渐变滤镜
新建
编辑
画笔
色温
+88
色调
-41
曝光
0.00
对比度
0
高光
0
阴影
0
白色
0
黑色
0

图6-70

08 单击“径向滤镜”按钮，在预览区单击并拖动鼠标，在效果处选择 内部选项，拉出径向滤镜，如图6-71所示。

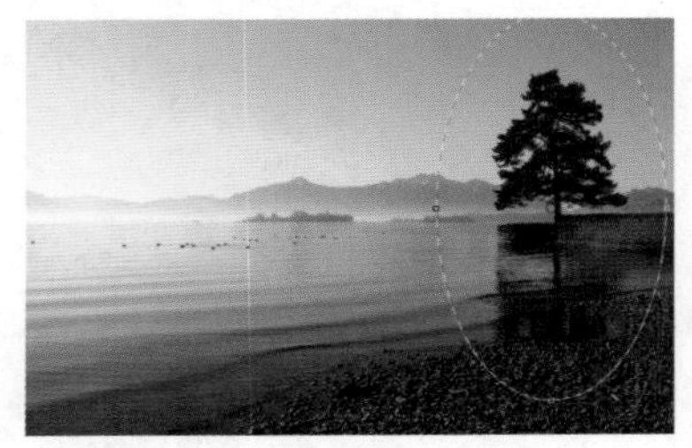

图6-71

09 用同样的方法，单击并拖动鼠标，创建多个径向渐变，如图6-72所示。

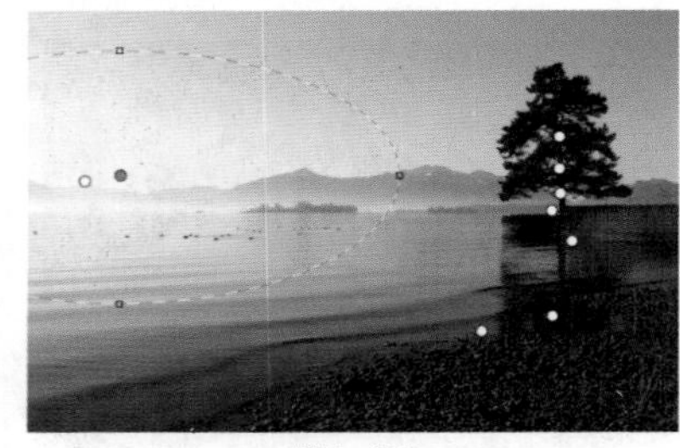

图6-72

10 单击“确定”按钮，图像制作完成，如图6-73所示。

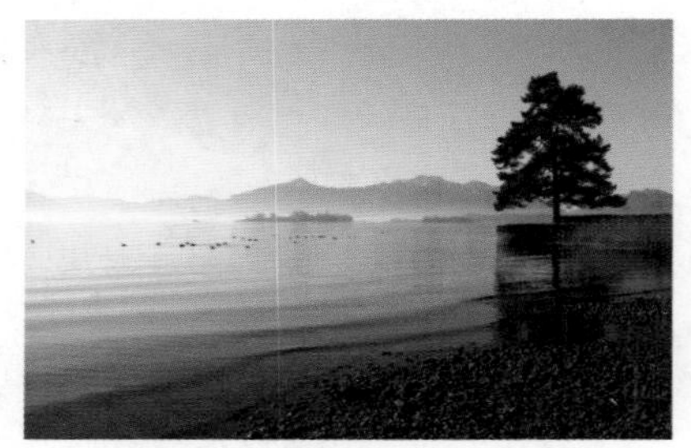

图6-73

6.11　Camera Raw滤镜3——漫画里的学校

本节主要运用Camera Raw滤镜中的基础调整来打造动漫画风的学校照片。

01 启动Photoshop 2020，执行“文件”|“打开”命令，打开“房屋.jpg”素材，如图6-74所示。

图6-74

02 在“基本”选项卡中，设置“色调”为-21、“曝光”为+0.55、“对比度”为+44、“高光”为100、“阴影”为+60、“白色”为-11、“黑色”为-21、“清晰度”为+10、“自然饱和度”为+55，“饱和度”为+32，如图6-75所示。

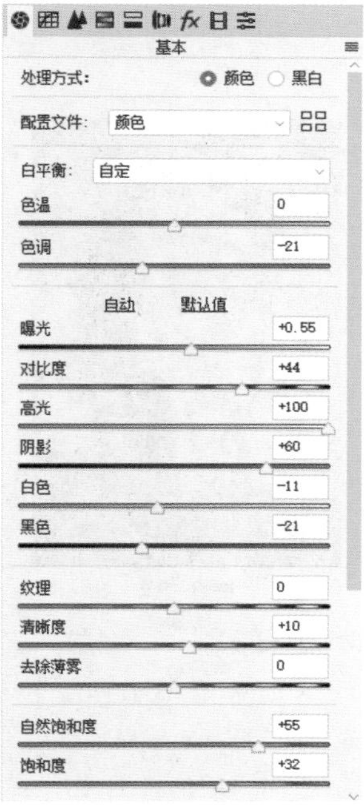

图6-75

调整画面颜色，使之呈现更加明亮、鲜艳的色彩。

03 在“细节”选项卡中，设置“半径”为1.0，“细节”为25，如图6-76所示。

此参数一般为默认参数。

04 在“HSL调整”选项卡中，设置“绿色”为+28，如图6-77所示。

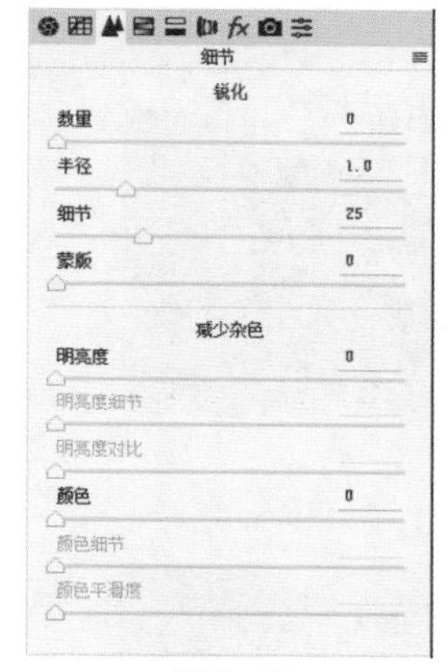

图6-76

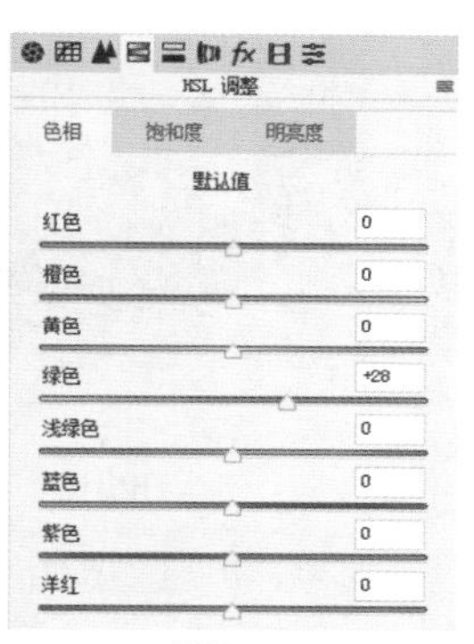

图6-77

增加图像的绿色，更符合动漫场景。

05 单击“确定”按钮后，图像呈现漫画风格，如图6-78所示。

图6-78

06 选择工具箱中的“魔棒工具”，为天空创建选区，如图6-79所示。

图6-79

07 将选区内的图像删除，并按快捷键Ctrl+D取消选区，如图6-80所示。

图6-80

08 打开“天空.jpg”素材，如图6-81所示。

图6-81

09 将处理好的图像拖入“天空”素材中，如图6-82所示。

图6-82

10 将前景色设置为黑色，选择工具箱中的“矩形工具” ，创建两个黑色的矩形，图像制作完成，如图6-83所示。

图6-83

注意与提示

Camera Raw滤镜能对RAW文件进行编辑调整，也可作为插件单独安装。RAW是一种专业摄影师常用的格式，即原始图像存储格式，能原始地保存信息，让用户对照片进行大幅度后期调整，如调整色温、色调、曝光、颜色对比等。无论后期如何调整，图像均能无损地恢复到最初的状态。

6.12 液化——夸张表情

“液化”滤镜可以对图像进行收缩、推拉、扭曲、旋转等变形处理。

01 启动Photoshop 2020，执行“文件”|“打开”命令，打开“背景.jpg”素材，如图6-84所示。

图6-84

02 按快捷键Ctrl+J复制一个图层，右击该图层，在弹出的快捷菜单中选择“转换为智能对象”命令，将复制的图层转换为智能对象。

03 执行“滤镜”|“液化”命令，弹出“液化”对话框，如图6-85所示。

图6-85

04 选择“液化”对话框中的“向前变形工具”，设置画笔“大小”为300、“压力”为100。在图像人物的鼻尖处单击并拖动，鼻尖产生液化效果，如图6-86所示。

图6-86

向前变形工具：移动图像中的像素，得到变形的效果。

重建工具：在变形的区域单击或拖动鼠标进行涂抹，可以使变形区域的图像恢复到原始状态。

平滑工具：对变形区域进行平滑处理。

顺时针旋转扭曲工具：在图像中单击或移动鼠标时，图像会被顺时针旋转扭曲；当按住Alt键单击时，图像则会被逆时针旋转扭曲。

褶皱工具：在图像中单击或拖动鼠标时，可以使像素向画笔中心区域的中心移动，使图像产生收缩的效果。

膨胀工具：在图像中单击或拖动鼠标时，可以使像素向画笔中心区域以外的方向移动，使图像产生膨胀的效果。

左推工具：可以使图像产生挤压变形的效果。垂直向上拖动时，像素向左移动；向下拖动时，像素向右移动。当按住Alt键垂直向上拖动时，像素向右移动；向下拖动时，像素向左移动。若使用该工具围绕对象顺时针拖动，可增加其大小；若逆时针拖动，则减小其大小。

冻结蒙版工具：可在预览窗口绘制出冻结区域，调整时冻结区域内的图像不会受到变形工具的影响。

解冻蒙版工具：涂抹冻结区域能够解除该区域的冻结。

脸部工具：自动检测人脸，以便单独针对脸部进行调整。

抓手工具：用来平移图像，从而方便观察。

缩放工具：对预览区图像进行放大或缩小。

05 利用“向前变形工具”，重复涂抹，将鼻子变长、耳朵变尖，如图6-87所示。

图6-87

06 选择“膨胀工具”，在人物眼睛处重复单击，眼睛出现膨胀效果，如图6-88所示。

图6-88

07 单击“确定”按钮，完成图像的制作，如图6-89所示。

图6-89

6.13 油画滤镜——湖边小船

“油画”滤镜可以快速地为图像添加油画效果。

01 启动Photoshop 2020，执行“文件”|“打开”命令，打开“小船.jpg”素材，如图6-90所示。

图6-90

02 执行“滤镜”|“风格化”|“油画”命令，弹出“油画”对话框，如图6-91所示。

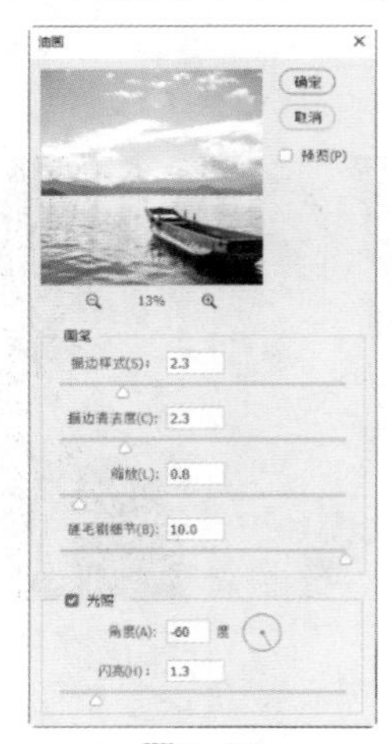

图6-91

03 设置油画滤镜的各项参数，其中“描边样式”为10、“描边清洁度”为10、“缩放”为5.7、“硬毛刷细节”为3.5，“角度”为151，“闪亮”为4.9，如图6-92所示。

图6-92

“油画”滤镜的参数详解如下。

描边样式：用来设置笔触样式，范围值从0.1~10，值越大，褶皱越少，也越平滑。

描边清洁度：用来设置纹理的柔化程度，范围值从0~10，值越大，清洁度越好，即纹理和细节越少，柔化效果越好。

缩放：用来控制纹理大小，范围值从0.1~10，值较小时，笔刷纹理小而浅；值越大，纹理越大越厚。

硬笔刷细节：用来控制画笔笔毛的软硬程度，范围值从0~10，值越小，笔触越轻软；值越大，笔触越重硬。

角度：用来控制光源的角度。

闪亮：用来控制油画效果的光照强度，范围值从0~10，值越大，纹理越清晰，对比度越强，锐化效果越明显。

04 单击“确定”按钮后，图像呈现油画效果，如图6-93所示。

图6-93

6.14 消失点——礼盒包装

“消失点”滤镜主要用于透视平面，可以对图像的透视进行校正。

01 启动Photoshop 2020，执行“文件”|“打开”命令，打开“背景.jpg”素材，如图6-94所示。

图6-94

02 按快捷键Ctrl+J复制该图层，执行“滤镜”|“消失点”命令，打开“消失点”对话框，如图6-95所示。

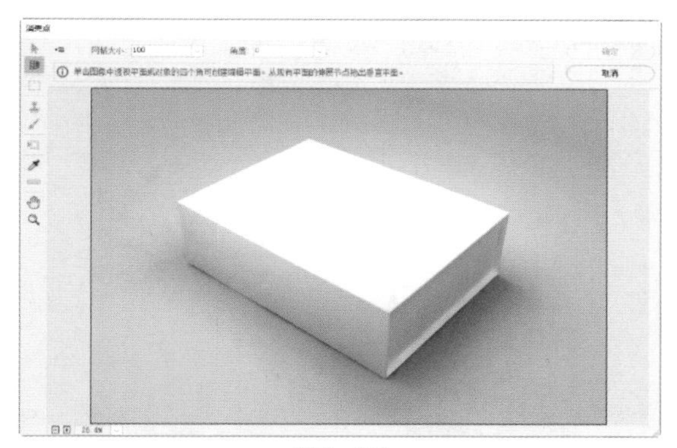

图6-95

03 选中对话框中的“创建平面工具”，当视图区指针变成时，在盒子的4个角点处单击，即可创建一个透视平面，透视面将自动铺满蓝色格子，如图6-96所示。

注意与提示

在未创建透视平面时，只有“创建平面工具”可用。创建好平面后，若为蓝色格子，代表透视角度正确；若出现红色，则代表透视角度错误。

若要删除创建的透视平面或点，按Backspace键即可。

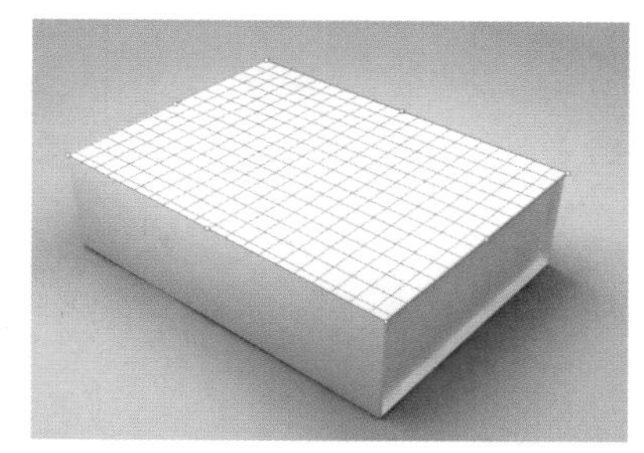

图6-96

04 继续创建其他的透视平面。重新单击“创建平面工具”，将指针移到已创建的透视平面与需要创建透视平面的重合边的中点处，此时指针变成，单击并拖动，即可创建另一个透视平面，如图6-97所示，按Enter键确认。

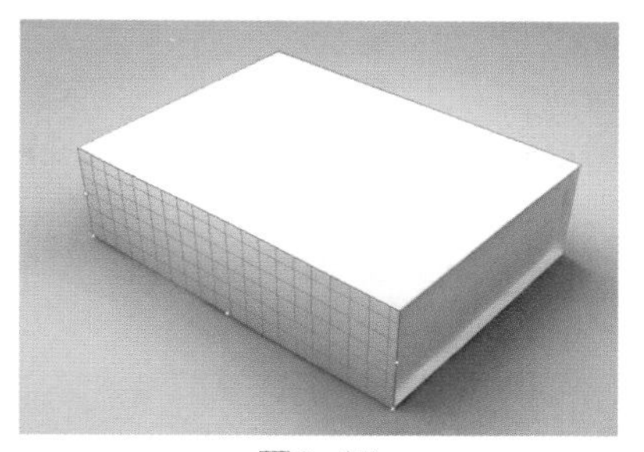

图6-97

05 执行“文件”|“打开”命令，打开“包装.jpg”素材，如图6-98所示。

图6-98

06 按快捷键Ctrl+A全选，并按快捷键Ctrl+C进行复制。回到“背景”文档，执行“滤镜”|“消失点”命令，打开“消失点”对话框，按快捷键Ctrl+V将复制的内容粘贴，如图6-99所示，此时，粘贴的内容为选中状态。

07 选择“变换工具”，按住Shift键，沿图像的角点等比例缩小包装图像，如图6-100所示。

图6-99

图6-100

08 鼠标移动到包装画面上，指针变成▶，单击并拖动包装画到构建的透视平面上，包装画将自动沿透视平面进行视觉变换，如图6-101所示。

图6-101

09 指针移到包装画的角点变成，按住Shift键，将包装旋转90°，并拖移画面至铺满透视平面的状态，按Enter键，如图6-102所示。

图6-102

10 在“图层”面板中将图层混合模式改为“正片叠底”，完成图像的制作，如图6-103所示。

图6-103

6.15 风格化滤镜——画里人家

“风格化”滤镜组通过置换像素，并且通过查找增加图像的对比度，在选区中生成绘画或印象派的效果，完全模拟真实艺术手法进行创作，其中包含9种滤镜，分别是查找边缘、等高线、风、浮雕效果、扩散、拼贴、曝光过度、凸出和油画。

01 启动Photoshop 2020，执行“文件”|“打开”命令，打开“背景.jpg”素材，如图6-104所示。

图6-104

02 按快捷键Ctrl+J复制一个图层，执行“滤镜”|“风格化”|“查找边缘”命令，图像自动生成一个清晰的轮廓，如图6-105所示。

图6-105

查找边缘滤镜能自动搜索图像像素对比明显的边界，用相对于白色背景的深色线条来勾画图像的边缘，得到图像清晰的轮廓。

03 执行“图像”|“调整”|“去色”命令，或按快捷键Shift+Ctrl+U，该图层变成黑白，如图6-106所示。

图6-106

04 选择“纸纹.jpg”素材，并拖入文档，按Enter键确认，如图6-107所示。

图6-107

05 将“纸纹”图层的混合模式改为“正片叠底”，完成图像的制作，如图6-108所示。

图6-108

除“查找边缘”滤镜外，“风格化”滤镜组中其他滤镜的用途如下。

等高线：类似于“查找边缘”滤镜的效果，为每个颜色的通道勾画图像的色阶范围。

风：在图像中增加细小的水平短细线来模拟风吹效果。

浮雕效果：生成凸出的浮雕效果，对比度越大的图像，浮雕的效果越明显。

扩散：使图像扩散，产生类似透过磨砂玻璃观看图像的效果。

拼贴：将图像分为块状，并随机偏离原来的位置，产生类似不同形状的瓷砖拼贴的图像效果。

曝光过度：产生原图像与原图像的反相进行混合后的效果，该滤镜不能应用在Lab模式下。

凸出：将图像分割为指定的三维立方体或棱锥体，产生特殊的3D效果，该滤镜不能应用在Lab模式下。

6.16 模糊滤镜——背景虚化

“模糊”滤镜组主要用来降低图像的对比度，使图像产生模糊效果。该滤镜组分成“模糊”和“模糊画廊”两部分，“模糊”部分分别是：表面模糊、动感模糊、方框模糊、高斯模糊、进一步模糊、径向模糊、镜头模糊、模糊、平均、特殊模糊和形状模糊；“模糊画廊”部分分别是：场景模糊、光圈模糊、移轴模糊、路径模糊和旋转模糊 。本节主要利用“高斯模糊”滤镜使图像背景虚化。

01 启动Photoshop 2020，执行“文件”|“打开”命令，打开“背景.jpg”素材，如图6-109所示。

图6-109

02 按快捷键Ctrl+J新建一个图层，右击该图层，在弹出的快捷菜单中选择“转换为智能对象”命令，将复制的图层转换为智能对象。

03 执行“滤镜”|“模糊”|“高斯模糊”命令，弹出“高斯模糊”对话框，设置“半径”为10像素，如图6-110所示。

图6-110

“半径”值可以设置模糊的程度，以“像素”为单位，范围是0.1~1000。数值越高，模糊越强烈。

04 单击“确定”按钮，图像便呈现高斯模糊效果，如图6-111所示。

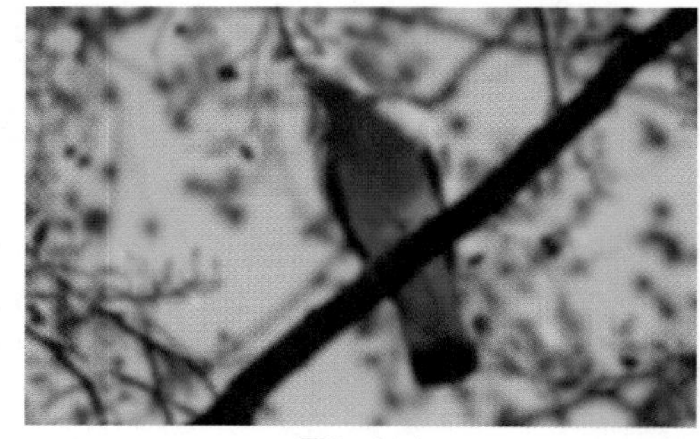

图6-111

05 在“图层”面板中选择复制的图层，单击“添加图层蒙版”按钮，为该图层创建图层蒙版，如图6-112所示。

06 将前景色设置为黑色，选择工具箱中的“画笔工具”，选择柔边角笔触，按“[”键和“]”键调整画笔大小，在图像中的目标物处涂抹，将目标物涂抹出来，完成图像的制作，如图6-113所示。

图6-112

图6-113

各模糊滤镜详解如下。

表面模糊：保留图像边缘的同时模糊图像，用来创建特殊效果或消除杂色及颗粒。

动感模糊：沿指定方向模糊，产生类似于对移动物体拍照时的模糊效果。

方框模糊：基于相邻像素的平均颜色值来模糊图像，产生类似于方块状的特殊模糊效果。

高斯模糊：使图像产生一种朦胧的效果，如需要模糊效果强烈，可以设置较大的数值。

进一步模糊：进一步模糊效果比模糊效果强烈几倍。

径向模糊：模拟缩放或旋转的相机所产生的模糊效果。

镜头模糊：模拟大光圈镜头拍摄的景深效果。

模糊：对边缘过于清晰、对比度过于强烈的区域进行光滑处理，产生轻微的模糊效果。

平均：通过查找图像的平均颜色，以该颜色填充图像，创建平滑的外观。

特殊模糊：提供了半径、阈值和模糊品质等设置选项，可以精确地模糊图像。

形状模糊：可以使用指定形状创建特殊的模糊效果。

场景模糊：可以对一幅图片全局或多个局部进行模糊处理，效果类似于相机对焦距的调整。

光圈模糊：通过控制点选择模糊位置，调整范围框控制模糊作用的范围，通过设置模糊的强度控制模拟景深的程度。

移轴模糊：模拟移轴镜头拍摄的模糊效果。

路径模糊：沿着路径创建运动模糊效果。

旋转模糊：用来创建圆形或椭圆形的模糊特效。

6.17 扭曲滤镜——水中涟漪

“扭曲”滤镜组中包含9种滤镜，分别是波浪、波纹、极坐标、挤压、切变、球面化、水波、旋转扭曲和置换。该组滤镜用来对图像创建扭曲效果。本节主要利用“水波”滤镜来制作水中的涟漪。

01 启动Photoshop 2020，执行“文件”|“打开”命令，打开“背景.jpg”素材，如图6-114所示。

图6-114

02 按快捷键Ctrl+J复制一个图层，右击该图层，在弹出的快捷菜单中选择“转换为智能对象”命令，将复制的图层转换为智能对象。

03 执行“滤镜”|“扭曲”|“水波”命令，弹出“水波”对话框，设置“数量”为74，“起伏”为20，样式选择“水池波纹”，如图6-115所示。

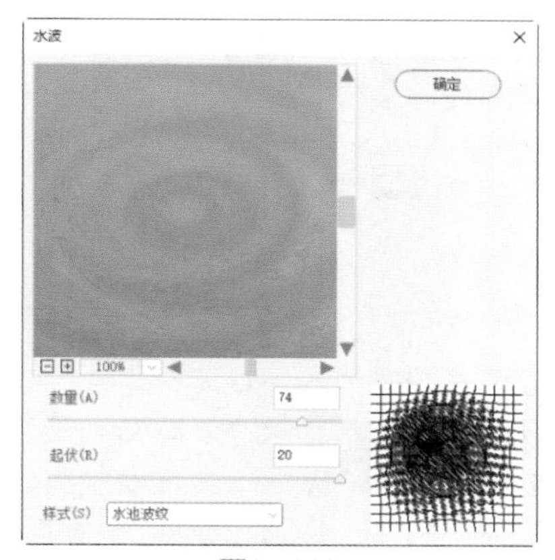

图6-115

“水波”滤镜的参数详解如下。

数量：用来设置波纹的密度，范围从-100~100，负值产生凹波纹，正值产生凸波纹，其绝对值越大，波纹越明显。

起伏：用来设置波纹的波长。范围从0~20，数值越大，波长越短，波纹则越多。

样式：用来设置水波的形成方式，包括围绕中心、从中心向外和水波波纹，可以从右侧的网格波纹预览处观察到不同波纹的形成方式。

04 单击“确定”按钮，图像便呈现水波效果，如图6-116所示。

图6-116

05 在“图层”面板中选择水波图层，单击“添加图层蒙版”按钮 ◘，为该图层创建图层蒙版，如图6-117所示。

图6-117

06 将前景色设置为黑色，选择工具箱中的“画笔工具”，选择柔边角笔触，按“[”键和“]”键调整画笔大小，在图像中的湖面周围进行涂抹，将湖面周围的涟漪隐去，如图6-118所示。

图6-118

07 选择“天鹅.png”素材，并拖入文档，调整大小和位置后，按Enter键确认，完成图像的制作，如图6-119所示。

图6-119

6.18 锐化滤镜——神秘美女

“锐化”滤镜组中的滤镜可以增加相邻像素之间的对比度，使模糊的图像变得清晰，“锐化”滤镜组中包括6种滤镜，分别是USM锐化、防抖、进一步锐化、锐化、锐化边缘和智能锐化。

01 启动Photoshop 2020，执行“文件”|“打开”命令，打开“背景.jpg”素材，如图6-120所示。

图6-120

02 执行“滤镜”|“锐化”|“智能锐化”命令，打开“智能锐化”对话框，设置相关参数，如图6-121所示。

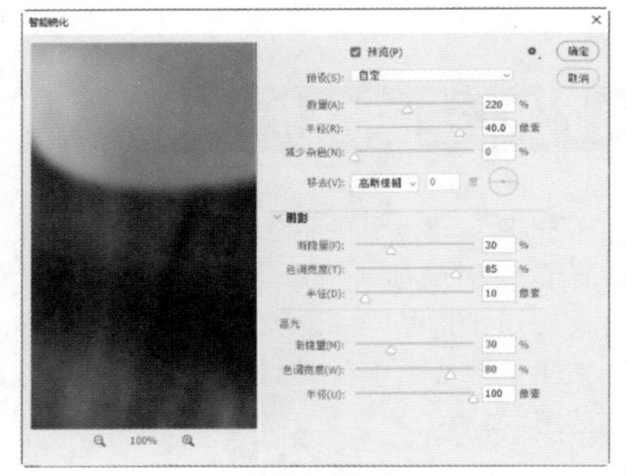

图6-121

“智能锐化”滤镜可以设置锐化算法，控制在阴影和高光区域中的锐化量，避免色晕等问题。

数量：用来设置锐化量，值越大，像素边缘的对比度越强烈，锐化效果越明显。

半径：决定边缘像素周围受锐化影响的锐化数量，值越大，受影响的边缘就越宽，锐化的效果也就越明显。

减少杂色：减少杂色，降低图像的噪点。值越大，杂色越柔和，图像越模糊。

移去：用来设置图像的锐化算法，“高斯模糊”是“USM锐化”滤镜使用的方法；“镜头模糊”将检测图像中的边缘和细节；“动感模糊”尝试减少由于相机或主体移动而导致的模糊效果。

渐隐量：调整高光或阴影的锐化量。

色调宽度：控制阴影或高光中间色调的修改范围，其值越大，控制的修改范围越大。

半径：用来控制每个像素周围的区域大小。其值越大，控制的区域越大。

03 单击“确定”按钮后，图像明显变清楚了，如图6-122所示。

图6-122

6.19 防抖滤镜——海边狂欢

“防抖”滤镜可以通过锐化边缘达到去模糊的目的。

01 启动Photoshop 2020，执行“文件”|“打开”命令，打开“背景.jpg”素材，如图6-123所示。

图6-123

02 执行“滤镜”|“锐化”|“防抖”命令，弹出“防抖”对话框。设置“模糊描摹边界”为10像素，“平滑”和“伪像抑制”均为50%，如图6-124所示。

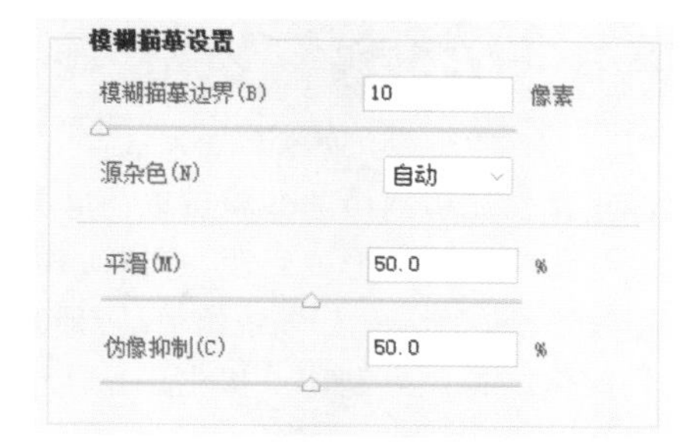

图6-124

“防抖”滤镜的参数详解如下。

模糊描摹边界：防抖处理最基础的锐化，数值越大锐化效果越明显。当该参数较大时，图像边缘的对比会明显加深，并会产生一定的晕影。

源杂色：对图像质量的界定，即图像杂色的值，分为自动、低、中、高。一般选中“自动”选项即可。

平滑：对锐化效果进行平滑处理，即通过柔化杂色来去除噪点。其取值范围在0%~100%，值越大去杂色效果越好，但细节损失也越大。

伪像抑制：用来处理锐化过度的问题，其取值范围在0%~100%，值越大，对锐化的抑制效果越明显。

03 单击“确定”按钮后，模糊的图像变清晰了，如图6-125所示。

图6-125

对于更多细节的调节，可选中“高级”选项。未选中时，防抖取样是针对整体照片情况的取样，选中后可手动指定特定的取样范围。

6.20 像素化滤镜——手捧烟花

“像素化”滤镜组中的滤镜可以使单元格内相似的颜色集结成块，形成彩块、点状、晶格和马赛克等效果。“像素化”滤镜组包括7种滤镜，分别是彩块化、彩色半调、点状化、晶格化、马赛克、碎片和铜版雕刻。

01 启动Photoshop 2020，执行“文件”|“打开”命令，打开“背景.jpg”素材，如图6-126所示。

图6-126

02 按快捷键Ctrl+J复制背景图层，执行“图像”|“调整”|“去色”命令，或按快捷键Shift+Ctrl+U，将图像去色，如图6-127所示。

图6-127

03 选择“通道”面板中的绿通道，按住Ctrl键并单击绿通道缩略图，将图像高光载入选区，如图6-128所示。

04 选中RGB通道，回到“图层”面板，将去色后的高光部分删除，并单击背景图层上的小眼睛图标，隐藏该图层，按快捷键Ctrl+D取消选区，如图6-129所示。

图6-128

图6-129

05 按快捷键Ctrl+L，弹出“色阶”对话框，设置输入色阶从左往右的值分别为59、1.00和142，如图6-130所示。

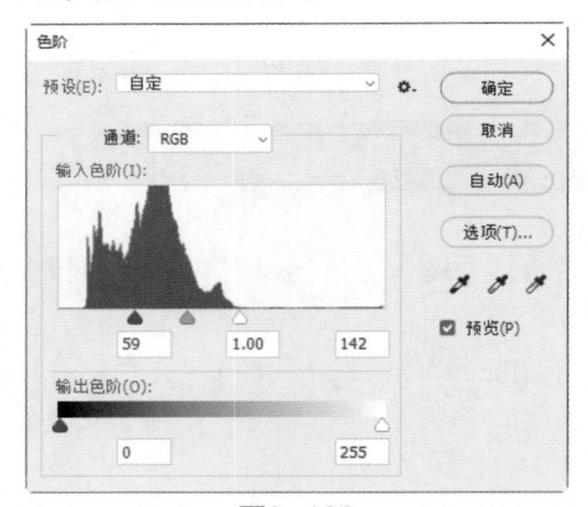

图6-130

06 单击“确定”按钮，图层的对比度增加，如图6-131所示。

图6-131

07 执行“滤镜”|“像素化”|“彩色半调”命令，输入“最大半径”值为20像素，如图6-132所示。

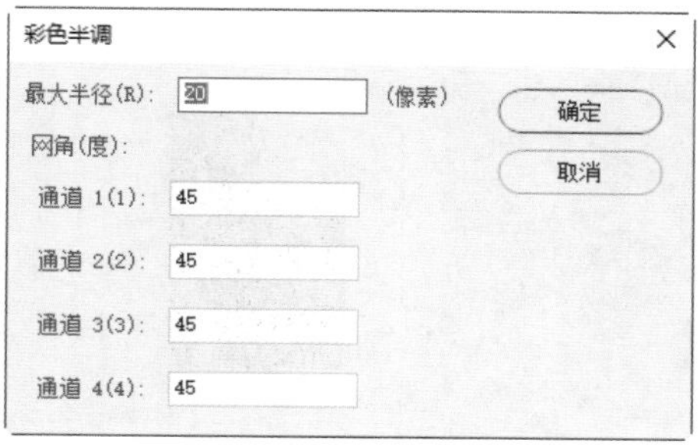

彩色半调
最大半径(R): 20 (像素)
网角(度):
通道 1(1): 45
通道 2(2): 45
通道 3(3): 45
通道 4(4): 45
确定
取消

图6-132

> **注意与提示**
>
> “彩色半调”滤镜可使图像变成网点状效果。其参数的意义分别如下所述。
>
> 最大半径：用来设置生成的最大网点的半径。
>
> 网角：用来设置各个通道的网点角度，当各个通道设置为相同的数值时，生成的网点将重叠显示。当图像模式为灰度模式时，只能设置通道1；当图像模式为RGB时，可使用3个通道的数值；当图像模式为CMYK时，可设置4个通道的数值。

08 单击“确定”按钮后，图像出现彩色半调效果，如图6-133所示。

图6-133

09 将前景色设置为白色，单击“图层”面板中的“创建新图层”按钮，创建一个空白图层，按快捷键Alt+Delete将图层填充为前景色，并置于彩色半调图层下方，如图6-134所示。

10 将前景色设置为#9c46ed，单击“图层”面板中的“创建新图层”按钮，创建一个空白图层，按快捷键Alt+Delete将图层填充为前景色，并设置图层混合模式为“颜色”，完成图像的制作，如图6-135所示。

图6-134

图6-135

> **注意与提示**
>
> “像素化”滤镜组中各滤镜的作用如下。
>
> 彩块化：使相近颜色的像素生成彩块，产生类似于油画的效果。
>
> 彩色半调：使图像呈现网点状效果。
>
> 点状化：使图像中的颜色分散为随机分布的点状，背景色将作为点之间画布的颜色出现。
>
> 晶格化：使图像中相近颜色的像素形成类似结晶块状的效果。
>
> 马赛克：使图像中相近颜色的像素形成方形色块，并平均其颜色，创建出马赛克效果。
>
> 碎片：将图像中的像素复制多次后，将其相互偏移，产生类似于相机没成功对焦的模糊效果。
>
> 铜版雕刻：使图像随机生成不规则的直线、曲线和点，颜色类似于金属版雕刻的效果。

6.21 渲染滤镜——浪漫爱情

“渲染”滤镜组是非常重要的特效制作滤镜，渲染滤镜组中包括8种滤镜，分别是有火焰、图片框、树、分层云彩、光照效果、镜头光晕、纤维和云彩。

01 启动Photoshop 2020，执行“文件”|“打开”命令，打开“背景.jpg”素材，如图6-136所示。

02 单击“图层”面板中的“创建新图层”按钮，新建一个空白图层。

03 将前景色和背景色分别设置为#40bbfc和#0254fc，执行“滤镜”|“渲染”|“云彩”命令，图层随机生成云彩图案，如图6-137所示。

图6-136

图6-137

“云彩”滤镜使用前景色和背景色随机生成柔和的云彩图案。

04 将云彩图层的混合模式改为“柔光”。按住Alt键，单击“图层”面板中的“添加矢量蒙版”按钮，为云彩图层创建蒙版。

05 将前景色设置为白色，选择工具箱中的“画笔工具”，选择一个柔边圆笔触，在云彩图层的蒙版上涂抹，将人物周围的云彩显现出来，如图6-138所示。

06 单击“图层”面板中的“创建新图层”按钮，创建一个新图层。将前景色设置为黑色，按快捷键Alt+Delete将图层填充为黑色。

07 执行“滤镜”|“渲染”|“镜头光晕”命令，弹出“镜头光晕”对话框。设置“亮度”为169，“镜头类型”选择“50-300毫米变焦”，单击并拖动光晕的位置，如图6-139所示。

图6-138

图6-139

“镜头光晕”滤镜用来模拟亮光照射到相机镜头时，产生折射的光晕效果。其中“亮度”用来控制光晕的强度；“镜头类型”用来模拟不同镜头产生的光晕效果。

08 将光晕图层的混合模式改为“滤色”，如图6-140所示。

09 选择“文字.png”素材，并拖入文档，调整大小后按Enter键确认，完成图像的制作，如图6-141所示。

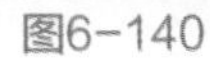
图6-140

图6-141

6.22 杂色滤镜——繁星满天

“杂色”滤镜组中的滤镜有添加或减少杂色等功能。“杂色”滤镜组包括5种滤镜，分别是减少杂色、蒙尘与划痕、去斑、添加杂色和中间值。

01 启动Photoshop 2020，执行“文件”|“打开”命令，打开“灯塔.jpg”素材，如图6-142所示。

图6-142

02 单击“图层”面板中的“创建新图层”按钮⊡，创建一个新图层。将前景色设置为黑色，按快捷键Alt+Delete将图层填充为黑色，如图6-143所示。

图6-143

03 执行“滤镜”|“杂色”|“添加杂色”命令，弹出“添加杂色”对话框，将“数量”设置为5，并选择“高斯分布”选项，选中“单色”复选框，如图6-144所示。

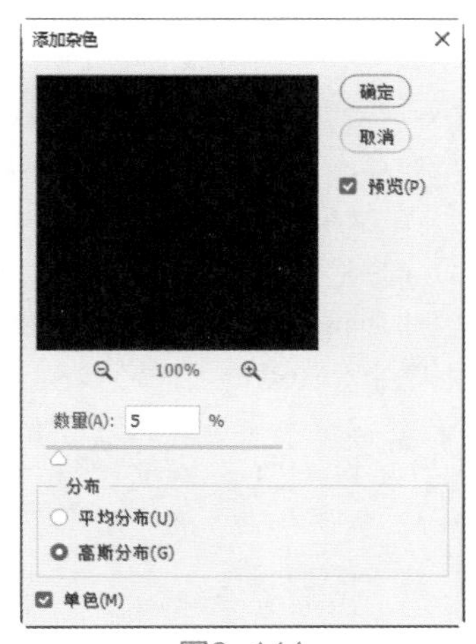

图6-144

注意与提示

“添加杂色”滤镜的参数设置详解如下。

数量：用来设置杂色的数量。

平均分布：杂点随机分布，杂点比较平均、柔和。

高斯分布：高斯分布即正态分布，杂点分布对比较强烈，原图的像素信息保留得更少。

单色：选中后杂点只影响原图像素的亮度，而不改变其颜色。

04 单击“确定”按钮，放大图像，可以看到黑色的背景上出现随机分布的单色杂色，如图6-145所示。

图6-145

05 按快捷键Ctrl+L，弹出“色阶”对话框，选择RGB通道，“输入色阶”从左往右的值分别为29、1.89和57，如图6-146所示。

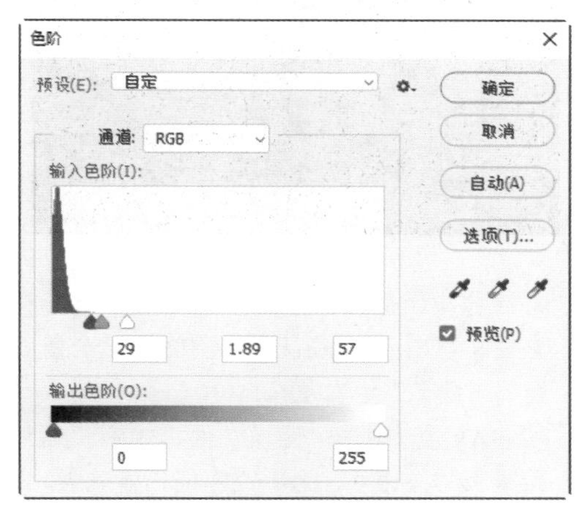

图6-146

06 单击“确定”按钮，放大图像，可以看到原来的杂色变得清晰了，如图6-147所示。

图6-147

07 选择工具箱中的“矩形选框工具”[icon]，框选出部分杂色，如图6-148所示。

图6-148

08 按快捷键Ctrl+J将框选出的杂色部分复制为新的图层，改名为“星空”，并删除下面的杂色图层，如图6-149所示。

图6-149

09 按快捷键Ctrl+T，拉大星空图层，铺满整个画面，按Enter键确认，并将图层混合模式设置为“排除”，如图6-150所示。

10 按住Alt键，单击“图层”面板中的“添加矢量蒙版”按钮[icon]，为星空图层创建蒙版。

11 将前景色设置为白色，选择工具箱中的“画笔工具”[icon]，选择一个柔边圆笔触，并将“不透明度”设置成80%，在星空图层的蒙版上涂抹，将灯塔外的星空显现出来，图像制作完成，如图6-151所示。

图6-150

图6-151

“杂色”滤镜组中各滤镜的作用如下。

减少杂色：减少杂色，降低图像的噪点。

蒙尘与划痕：通过更改差异大的像素来减少杂色，适合对图像中蒙尘、杂点、划痕和折痕等进行处理，得到除尘和涂抹的效果。

去斑：检测图像边缘颜色变化显著的区域，模糊除边缘外的其他选区来消除图像中的斑点，同时保留图像的细节。

添加杂色：添加随机的杂色应用于图像。

中间值：选取杂点和其周围像素的折中颜色来作为两者之间的颜色，缩小相邻像素之间的差异，如减少图像的动感效果等。

本章通过21个案例，对数码照片进行校正、修复和润饰等优化处理，调整图像色彩，制作写真相册，为数码艺术爱好者提供良好的示范和广阔的创作空间。

第7章

数码照片处理

7.1 赶走可恶的瑕疵——去除面部瑕疵

在第6章中，我们学习过用Camera Raw滤镜去除人物面部斑点的方法。本节主要是利用高反差保留计算磨皮的方法去除面部瑕疵，此方法的优势是能较好地保留人物面部的质感。

01 启动Photoshop 2020，执行“文件”|“打开”命令，打开“去斑.jpg”素材，如图7-1所示。

02 按快捷键Ctrl+J复制一个图层。进入“通道”面板，选择斑点对比较明显的绿通道，并拖到“创建新通道”按钮上，复制一个绿通道，如图7-2所示。

图7-1

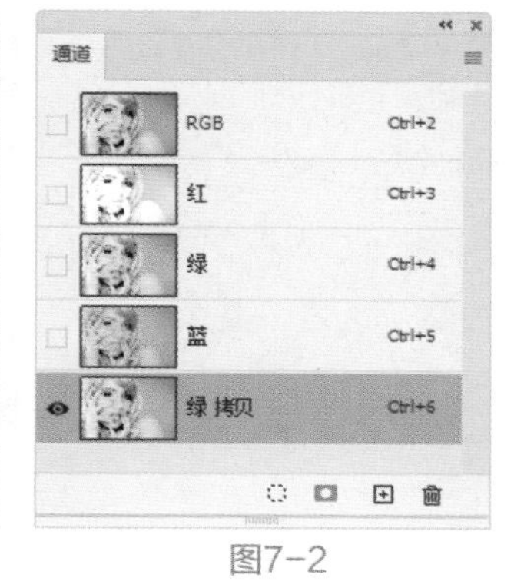

图7-2

03 执行“滤镜”|“其他”|“高反差保留”命令，弹出“高反差保留”对话框，设置“半径”为10像素，如图7-3所示，单击“确定”按钮，效果如图7-4所示。

注意与提示：“高反差保留”滤镜主要是将图像中颜色、明暗反差较大的两部分的交界处保留下来，反差大的地方提取出来的图案效果明显，反差小的地方则生成中灰色，可以用来移去图像中的低频细节。

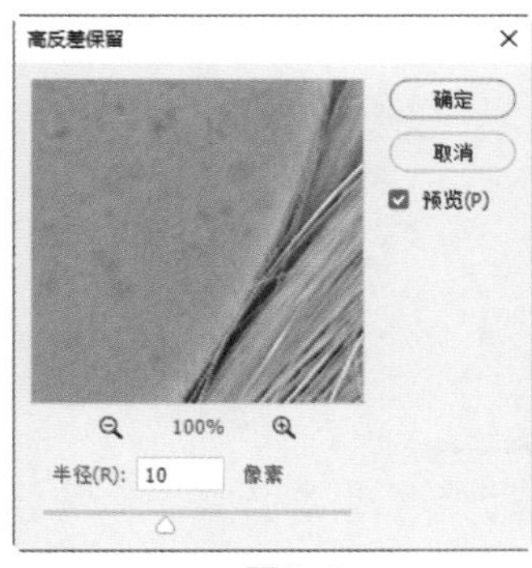

图7-3

图7-4

04 执行“图像”|“计算”命令，弹出“计算”对话框，通道选择复制的绿通道，设置混合模式为“亮光”，如图7-5所示。单击“确定”按钮后，通道的对比度增加，如图7-6所示。

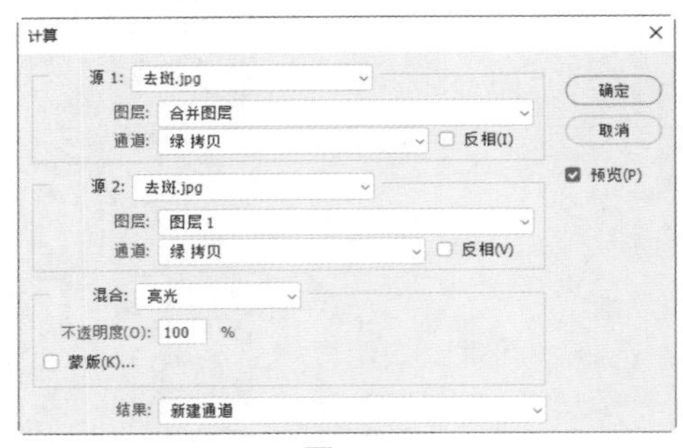

图7-5

图7-6

注意与提示 “计算”命令用于混合两个来自一个或多个源图像的单个通道，并将结果应用到新图像或新通道，或编辑的图像的选区。不能对复合通道如RGB通道应用“计算”命令。

05 用同样的参数重复执行“计算”命令3次，每次计算将生成一个新通道，第3次计算后通道的对比度明显增加，如图7-7所示。

图7-7

06 按住Ctrl键，单击计算后的通道缩略图，此时白色区域载入选区。按快捷键Ctrl+Shift+I反选选区，将包含斑点的黑色区域载入选区，如图7-8所示。

图7-8

07 单击RGB通道，回到“图层”面板，按快捷键Ctrl+J将选区复制为新图层。

08 单击“图层”面板中的“创建新的填充或调整图层”按钮，在菜单中选择“曲线”命令，并按住Alt键，在斑点图层与曲线图层中间单击，创建剪贴蒙版，如图7-9所示。

图7-9

09 调整曲线值，如图7-10所示，使斑点部分变亮。

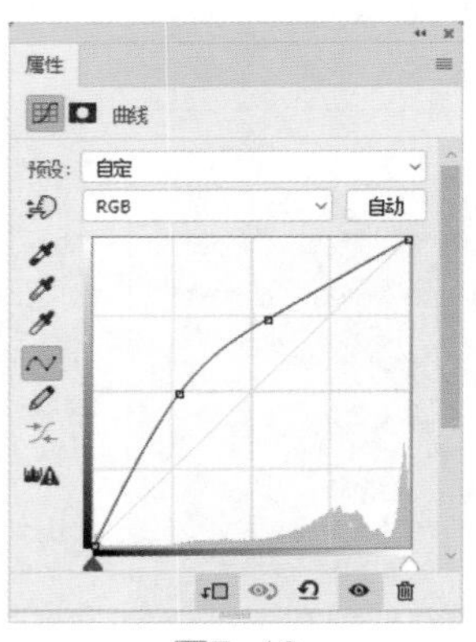

图7-10

10 将前景色设置成黑色，选择工具箱中的“画笔工具”，并选择一个柔边画笔，选择曲线的蒙版缩略图，在斑点区域之外涂抹，使斑点区域之外的部分保持原来的细节，如图7-11所示。

图7-11

11 按快捷键Ctrl+Alt+Shift+E盖印图层，所有效果合成为一个新图层。

12 选择“污点修复画笔工具”，进行细节的修饰，人物去斑完成，如图7-12所示。

图7-12

“盖印图层”与“合并可见图层”的区别是：“合并可见图层”是把所有可见图层合并到了一起变成新的图层，原图层被直接合并；“盖印图层”的效果与“合并可见图层”后的效果一样，但会新建图层而不影响原来的图层。

7.2 美白大法——美白肌肤

本节主要学习利用“通道”和“曲线”美白肌肤。

01 启动Photoshop 2020，执行“文件”|“打开”命令，打开“美白.jpg”素材，如图7-13所示。

图7-13

02 选择“通道”面板中的红通道，并拖到“创建新通道”按钮上，复制该通道，如图7-14所示。

图7-14

03 按快捷键Ctrl+M调出“曲线”对话框，并调整曲线，如图7-15所示，单击“确定”按钮，此时红通道的对比度增加。

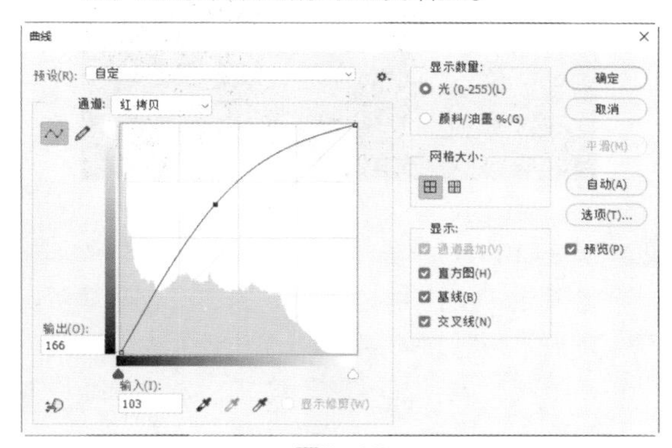

图7-15

04 选择工具箱中的“画笔工具”，将前景色设置为黑色，选择一个柔边画笔，并涂抹皮肤之外的区域，如图7-16所示。

05 按住Ctrl键，单击该通道缩略图，将白色皮肤区域载入选区，如图7-17所示。

06 单击RGB通道，回到“图层”面板。单击“创建新图层”按钮，创建一个新的图层。

图7-16

图7-17

07 将前景色设置为白色，按快捷键Alt+Delete将选区填充为白色，如图7-18所示。

图7-18

08 按住Ctrl键，单击“图层”面板中的“添加矢量蒙版”按钮，为填充的图层创建蒙版。将前景色设置为黑色，选择一个柔边画笔，在眼睛、眉毛和嘴唇上涂抹，将涂抹处原本的颜色显露出来，如图7-19所示。

图7-19

采用添加蒙版，而不是直接使用“橡皮擦工具”擦除要删除的像素，是为了保留图层的可编辑性。

09 单击“图层”面板中的“创建新的填充或调整图层”按钮，在菜单中选择“曲线”命令，并在曲线图层与下方图层中间单击，创建剪贴蒙版。

10 调整红通道的曲线，如图7-20所示，调整后画面中的红色增加。

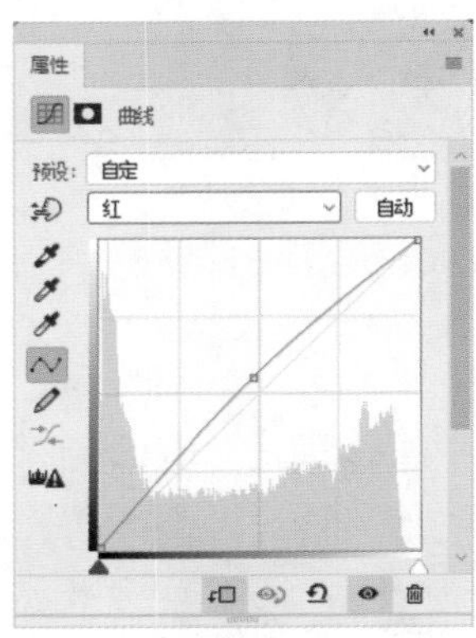

图7-20

11 选择工具箱中的“画笔工具”，将前景色设置为黑色，选择一个柔边画笔，单击曲线图层的蒙版缩略图，涂抹面部之外的区域，使脸部区域之外的部分保持原来的色调，人物美白完成，如图7-21所示。

图7-21

7.3 貌美牙为先，齿白七分俏——美白光洁牙齿

美白牙齿的思路是利用“可选颜色”命令对牙齿的颜色进行调整。

01 启动Photoshop 2020，执行“文件”|“打开”命令，打开“美牙.jpg”素材，如图7-22所示。

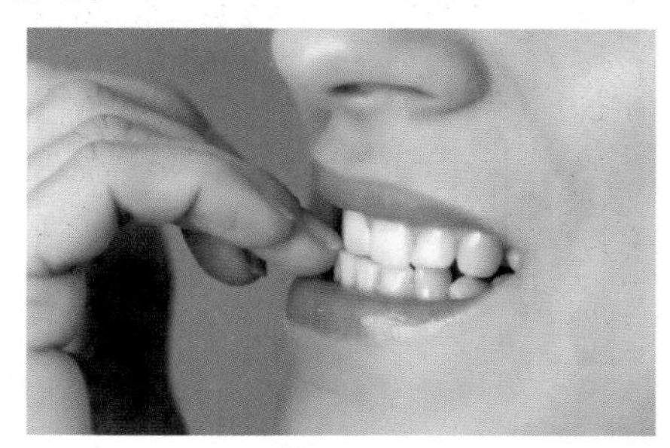

图7-22

02 按快捷键Ctrl+J复制背景图层，按住Alt键，单击“图层”面板中的“添加图层蒙版”按钮，为复制的图层创建蒙版。

按住Alt键的同时添加图层蒙版，可以添加黑色蒙版，即画面被全部隐藏；按住Ctrl键的同时添加图层蒙版，可以添加白色蒙版，即画面被全部显现。

03 选择工具箱中的“画笔工具”，将前景色设置为白色，选择一个柔边画笔，涂抹牙齿区域，单击背景图层前的“小眼睛”图标，将背景图层隐藏，如图7-23所示。

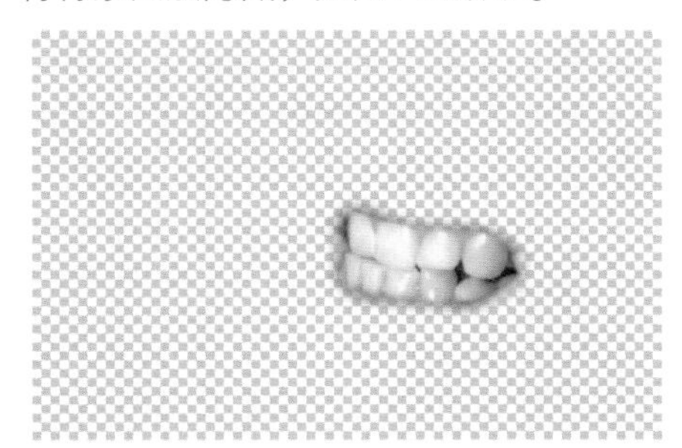

图7-23

将图层隐藏是为了观察牙齿区域是否完整地被涂抹出来。

04 单击背景图层前的“指示图层可见性”（小眼睛处）图标，背景图层重新显现。单击“图层”面板中的“创建新的填充或调整图层”按钮，在菜单中选择“可选颜色”命令，并按住Alt键在牙齿图层与调整图层中间单击，创建剪贴蒙版，如图7-24所示。

05 在“属性”面板中选择“红色”，设置“黑色”为-50，如图7-25所示。

图7-24

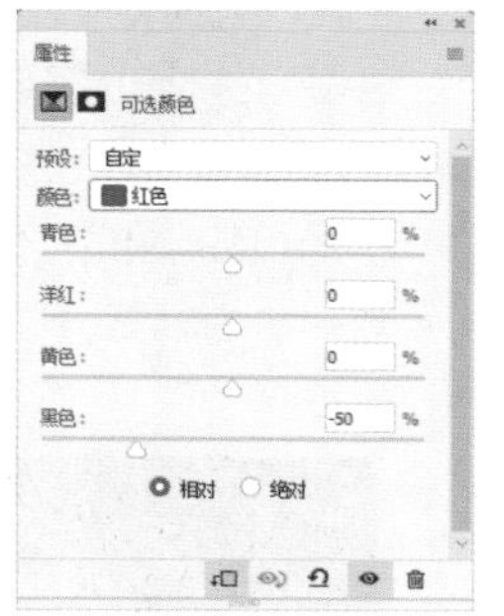

图7-25

利用可选颜色修改牙齿颜色的思路是：从红色（牙龈阴影处）、黄色（牙齿本身的颜色）、白色（高光的黄色）3个可选颜色入手，降低其黄色值。

06 选择“黄色”，设置“洋红”为+50，“黄色”为-100，如图7-26所示。

07 选择“白色”，设置“黄色”为-100，如图7-27所示。

图7-26

图7-27

08 调整可选颜色后，牙齿变白了，如图7-28所示。

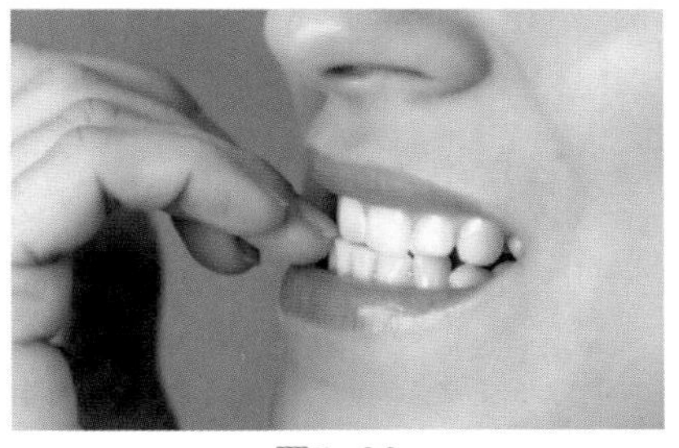

图7-28

7.4 不要衰老——去除面部皱纹

本节主要利用“蒙尘与划痕”滤镜结合蒙版去除面部皱纹。

01 启动Photoshop 2020，执行“文件”|“打开”命令，打开“去皱.jpg”素材，如图7-29所示。

图7-29

02 按快捷键Ctrl+J复制背景图层，右击该图层，在弹出的快捷菜单中选择“转换为智能对象”命令，将复制的图层转换为智能对象。

复制背景图层和将复制的图层转换为智能矢量对象均是为了不破坏原图像。

03 执行“滤镜”|“杂色”|“蒙尘与划痕”命令，弹出“蒙尘与划痕”对话框，设置“半径”为26像素，如图7-30所示。

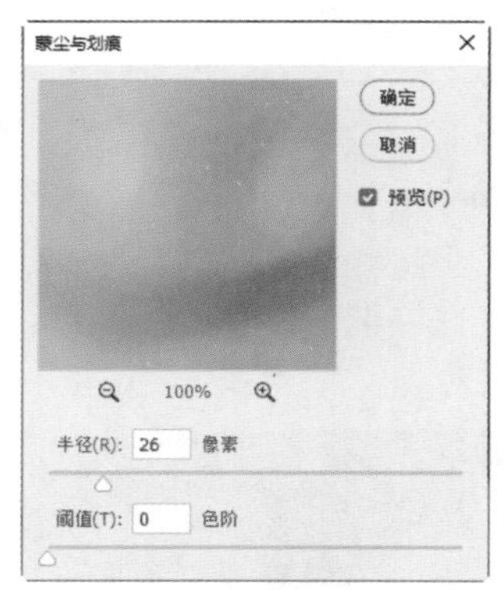

图7-30

“蒙尘与划痕”滤镜通过更改图像中相异的像素来减少杂色，能在一定程度上保留图像的层次。

04 单击“确定”按钮后，图层出现蒙尘与划痕效果，如图7-31所示。

图7-31

05 按住Alt键，单击“图层”面板中的“添加图层蒙版”按钮，为使用滤镜后的图层创建蒙版。选择工具箱中的“画笔工具”，将前景色设置为白色，选择一个柔边画笔，在皱纹处涂抹，人物去皱完成，如图7-32所示。

图7-32

7.5 让头发色彩飞扬——染出时尚发色

修改头发颜色的方法有很多，在第5章中我们学习了如何利用通道抠出头发，结合该方法，本节将学习将抠出的头发改变颜色的方法。

01 启动Photoshop 2020，执行“文件”|“打开”命令，打开“染发.jpg”素材，如图7-33所示。

图7-33

02 选择“通道”面板中的蓝通道，并拖到“创建新通道”按钮 上，复制该通道，如图7-34所示。

图7-34

03 按快捷键Ctrl+L，弹出“色阶”对话框，设置“输入色阶”从左往右的值分别为0、0.31和178，如图7-35所示。

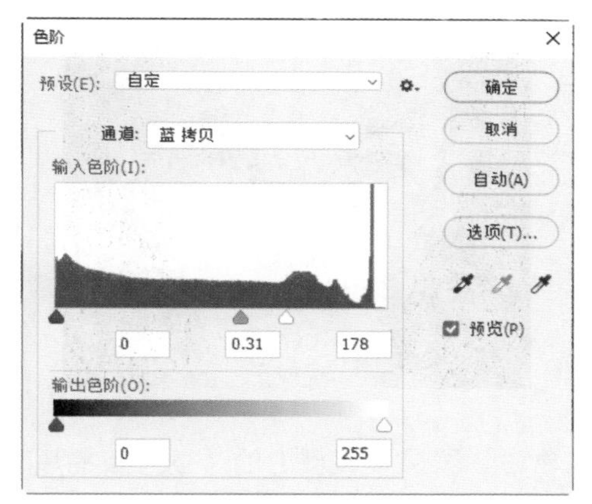

图7-35

04 单击“确定”按钮，人物的蓝通道对比度增加，如图7-36所示。

图7-36

05 选择工具箱中的“画笔工具” ，将前景色和背景色分别设置为黑色和白色，选择一个柔边画笔，将头发区域涂抹成黑色，其他部分涂抹成白色，如图7-37所示。

06 按住Ctrl键，单击涂抹后的蒙版缩略图，白色区域将载入选区，按快捷键Ctrl+Shift+I将选区反选，如图7-38所示。

图7-37

图7-38

07 单击RGB通道并回到“图层”面板，将前景色设置为#8957a1，单击“图层”面板中的“创建新图层”按钮 ，创建新的空白图层，按快捷键Alt+Delete将选区在空白图层上填充前景色，如图7-39所示。

图7-39

注意与提示

此处实例前面步骤也可省略，直接新建空白图层，然后用画笔涂抹头发也可，但考虑到大多数情况下发丝分散且细小，而前面的步骤适应大部分情况。

08 将填充图层的混合模式更改为“颜色”，人物头发染色完成，如图7-40所示。

图7-40

为头发更换颜色的思路是：先选择头发区域，可以利用钢笔、魔棒、通道抠图等方法；然后利用图层混合模式，如颜色、正片叠底等方法，使上色效果更加自然。

7.6 妆点你的眼色秘诀——给人物的眼睛变色

有时为了使数码照片中人物的眼睛与道具、服饰或者妆容颜色更匹配，需要改变眼睛的颜色。本节来学习利用图层混合模式和调整工具对人物的眼睛进行调色。

01 启动Photoshop 2020软件，执行“文件”|“打开”命令，打开“变色.jpg”素材，如图7-41所示。

02 将前景色设置为#00a0e9，单击“图层”面板中的“创建新图层”按钮，创建新的空白图层。选择工具箱中“画笔工具”，选择一个柔边画笔，并涂抹人物的眼球，如图7-42所示。

图7-41

图7-42

03 将涂抹的图层混合模式设置为“颜色”，并将“不透明度”调整为70%，如图7-43所示。

图7-43

04 此时，人物眼睛变色处理完成，如图7-44所示。

图7-44

05 单击“图层”面板中的“创建新的填充或调整图层”按钮，在快捷菜单中选择“色阶”命令，并按住Alt键在眼睛图层与调整图层中间单击，创建剪贴蒙版。随后对眼睛颜色的效果进行修改。如将色阶值分别设置为0、1.16和139，如图7-45所示。

06 此时，人物眼睛颜色发生了变化，如图7-46所示。

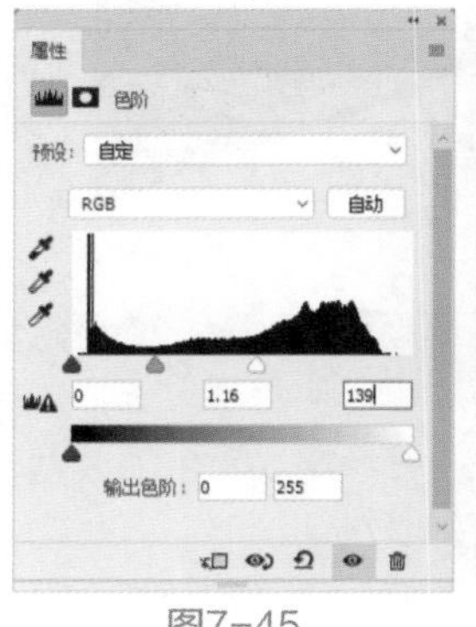

图7-45

图7-46

给眼睛改变颜色的操作思路是：先用“画笔工具”为眼睛上色，并调整图层的混合模式，再利用调整工具如色阶、可选颜色和色相/饱和度等，调整明暗和颜色。

7.7 对眼袋说不——去除人物眼袋

本节主要利用“仿制图章工具”和“修补工具”的一些小技巧，轻松去除这些讨厌且“深”的黑眼袋。

01 启动Photoshop 2020，执行“文件”|“打开”命令，打开“眼袋.jpg”素材，如图7-47所示。

图7-47

02 按快捷键Ctrl+J复制一个新图层，选择工具箱中的“修补工具”，将眼袋部分选出，如图7-48所示。

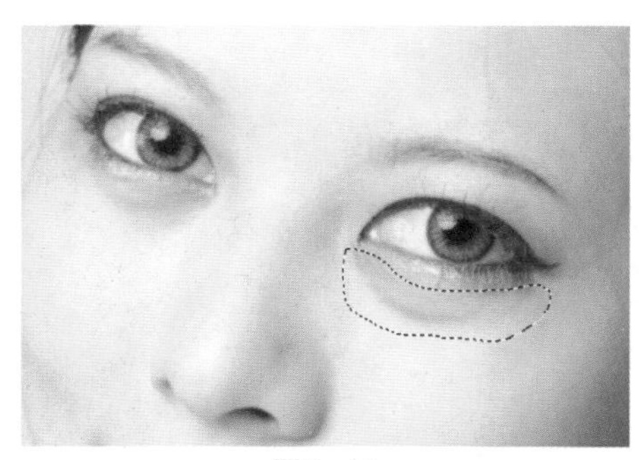

图7-48

“修补工具”是直接对画面的像素进行调整的，为了不破坏原图像，需要复制“背景”图层。

03 当指针移到选区内时变成，此时单击并向皮肤光洁处拖动，如图7-49所示。

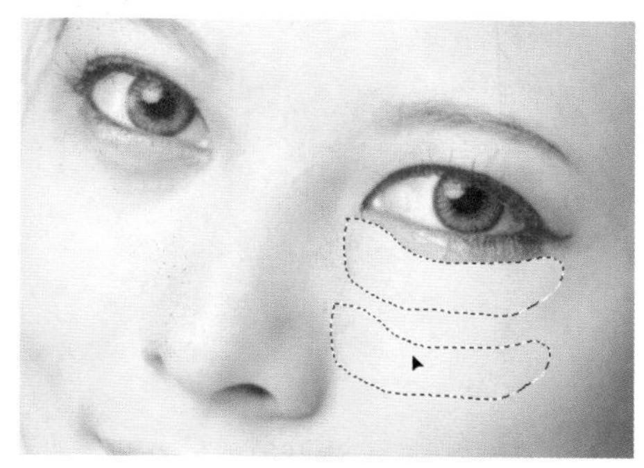

图7-49

04 松开鼠标后，眼袋便消失了，按快捷键Ctrl+D取消选区，如图7-50所示，此时人物还有一些黑眼圈。

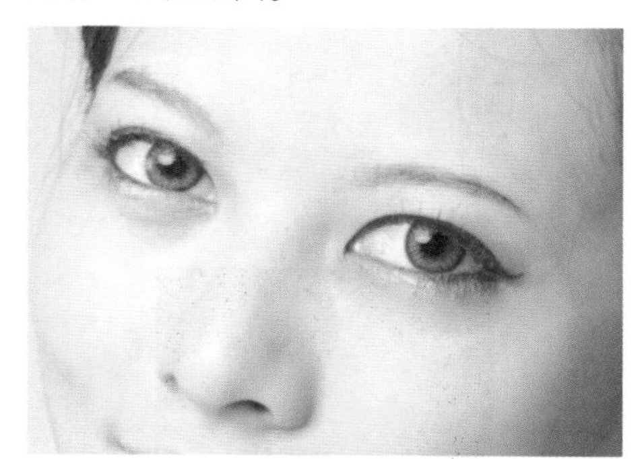

图7-50

05 选择工具箱中的“仿制图章工具”，按住Alt键，此时指针变成取样点⊕，在皮肤白皙处单击，即可确定取样点。

06 取样后在黑眼圈处涂抹，黑眼圈消失，如图7-51所示。

图7-51

07 用同样的方法为另一只眼睛去除眼袋和黑眼圈。

08 将去皱后的图层“不透明度”更改为80%，

使效果更自然，如图7-52所示。

图7-52

7.8 扫净油光烦恼——去除面部油光

本节主要利用“减少杂色”滤镜和“画笔工具”来去除人物面部的油光。

01 启动Photoshop 2020，执行“文件”|“打开”命令，打开“背景.jpg”素材，如图7-53所示。

图7-53

02 按快捷键Ctrl+J复制“背景”图层，右击该图层，在弹出的快捷菜单中选择“转换为智能对象”命令，将复制的图层转换为智能对象。

03 执行“滤镜”|“杂色”|“减少杂色”命令，弹出“减少杂色”对话框，设置“强度”为10、“减少杂色”为100，“锐化细节”为50%，如图7-54所示。

注意与提示

“减少杂色”滤镜可在保留整个图像边缘的同时减少杂色，但是效果有限。

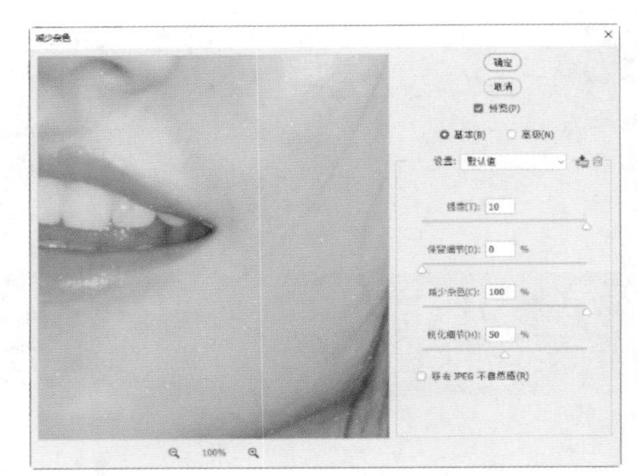

图7-54

04 单击“确定”按钮后，人物面部的油光细节减弱，如图7-55所示。

图7-55

05 单击“图层”面板中的“创建新图层”按钮 ，创建新的空白图层，选择工具箱中“画笔工具” ，选择一个柔边画笔，结合“吸管工具” ，吸取高光附近的皮肤颜色。在空白图层上涂抹，直到人物面部的油光全被覆盖，如图7-56所示。

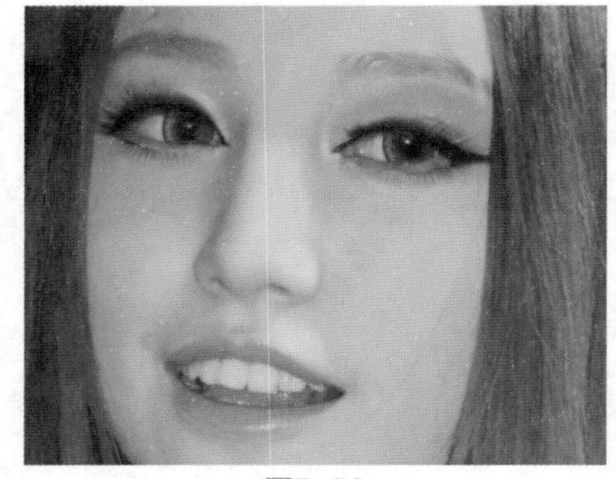

图7-56

06 将图层混合模式设置为“变暗”，“不透明度”设置为65%，使涂抹区域的肤色过渡更加自然，如图7-57所示。

07 此时，人物面部的油光不见了，如图7-58所示。

图7-57

图7-58

7.9 人人都可以拥有美丽大眼——打造明亮大眼

“液化”滤镜的人脸识别功能，可自动识别眼睛、鼻子、嘴唇和其他面部特征，还能轻松对其进行调整。

01 启动Photoshop 2020，执行“文件”|“打开”命令，打开“女孩.jpg”素材，如图7-59所示。

图7-59

02 按快捷键Ctrl+J复制“背景”图层，右击该图层，在弹出的快捷菜单中选择“转换为智能对象”命令，将复制的图层转换为智能对象。

03 执行“滤镜”|“液化”命令，弹出“液化”对话框，如图7-60所示。

04 单击“脸部”按钮，识别脸部，此时脸部旁边出现两条弧线，如图7-61所示。

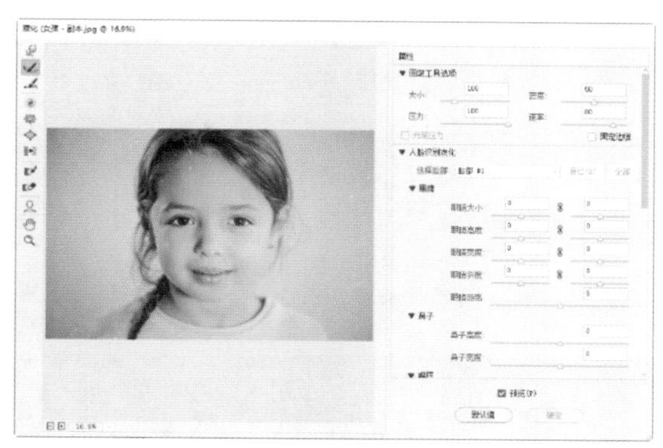

图7-60

图7-61

05 展开“眼睛”组，设置“眼睛大小”为50和50，“眼睛高度”为20和50，“眼睛斜度”为20和20，“眼睛距离”为-8，如图7-62所示。

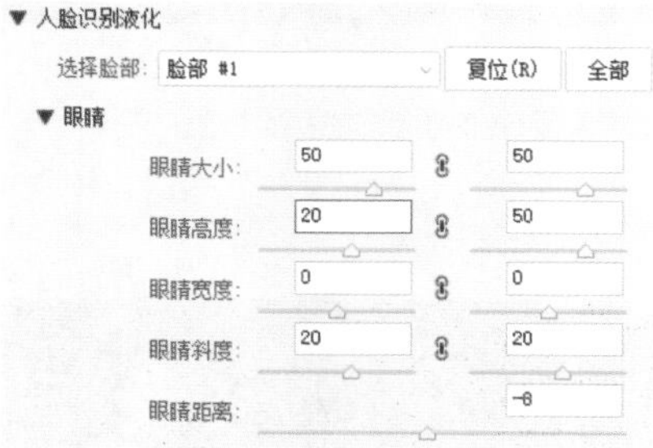

▼ 人脸识别液化
选择脸部: 脸部 #1　复位(R)　全部
▼ 眼睛
眼睛大小: 50　50
眼睛高度: 20　50
眼睛宽度: 0　0
眼睛斜度: 20　20
眼睛距离: -8

图7-62

06 单击“确定”按钮，女孩的眼睛变大了，如图7-63所示。

图7-63

使用“人脸识别液化”功能前，要确保已启用图形处理器。若未启动，执行“编辑”|“首选项”|“性能”命令，在“图形处理器设置”区域中，选中“使用图形处理器”选项。如果不能选中，则可能是计算机显卡配置过低。

7.10 对短腿说不——打造修长的美腿

本节主要运用“液化工具”和“内容识别变形”功能来打造修长的美腿。

01 启动Photoshop 2020，执行“文件”|“打开”命令，打开“模特.jpg”素材，如图7-64所示。

图7-64

02 按快捷键Ctrl+J复制“背景”图层，选择工具箱中的“矩形选框工具”，框选模特的腿，如图7-65所示。

图7-65

03 执行“编辑”|“内容识别缩放”命令，调出内容识别缩放框，如图7-66所示。

“内容识别缩放”功能可以在一定限度上变动、调整画面的结构或比例时，最大限度地保护画面的主体像素。

04 将鼠标移动到缩放框左边，当指针变成↔时，单击并向左侧拖曳，此时，脚被拉长了，如图7-67所示。

图7-66

图7-67

05 按Enter键确认变形，按快捷键Ctrl+D取消选区，并右击该图层，在弹出的快捷菜单中选择“转换为智能对象”命令，将复制的图层转换为智能对象。

06 执行“滤镜”|“液化”命令，弹出“液化”对话框，单击“向前变形工具”，设置画笔工具大小为240，在腿部较粗部位进行推拉，同时将变形的脚掌推拉成正常大小，如图7-68所示。

图7-68

07 选择“平滑工具”，在液化推拉处涂抹，使边缘平滑，一双修长美腿便制作完成了，如图7-69所示。

图7-69

7.11 更完美的彩妆——增添魅力妆容

本节主要运用“画笔工具”，同时结合图层混合模式来打造彩妆效果。

01 启动Photoshop 2020，执行“文件”|“打开”命令，打开“素颜.jpg”素材，如图7-70所示。

图7-70

02 单击“创建新图层”按钮，创建一个新的空白图层，设置图层混合模式为“正片叠底”。

图层混合模式的选择依据是图像的底色及添加的颜色，在操作过程中可以进行不同的尝试。

03 选择工具箱中的“画笔工具”，在工具选项栏中设置“不透明度”为10%，将前景色设置为#e4007f，选择一个柔边画笔，在眼影处涂抹。将前景色设置为#4c0216，“不透明度”设置为60%，在眼线处涂抹，如图7-71所示。

04 单击“创建新图层”按钮，创建新的空白图层，设置图层混合模式为“叠加”。将前景色更改为#e4007f，“不透明度”更改为60%，继续用柔边画笔在嘴唇上涂抹，如图7-72所示。

图7-71

图7-72

05 单击“创建新图层”按钮，创建新的空白图层，设置图层混合模式为“颜色”，将前景色更改为#a3002e，“不透明度”更改为5%，在腮红处涂抹。将前景色更改为#fff100，“不透明度”更改为50%，用柔边画笔在眼角处涂抹，如图7-73所示。

图7-73

06 单击“创建新图层”按钮，创建新的空白图层，设置图层混合模式为“颜色加深”，将前景色更改为#e4007f，“不透明度”更改为100%，用画笔在指甲处涂抹。更改前景色为#fff100，为指甲涂上不同的颜色，如图7-74所示。

07 选择“耳环.jpg”素材，并拖入文档，调整大小后按Enter键确认，如图7-75所示。

图7-74

图7-75

08 单击“图层”面板中的“添加图层蒙版”按钮，为耳环创建蒙版。

09 利用工具箱中的“魔棒工具”，按住Shift键，单击耳环的白色区域，将耳环的白色区域全部选中。将前景色设置为黑色，按快捷键Alt+Delete为蒙版选区填充黑色，如图7-76所示。

图7-76

10 选择工具箱中的“画笔工具”，在手指上进行涂抹，将手指从蒙版中露出来，人物化妆效果完成，如图7-77所示。

图7-77

7.12 调色技巧1——制作淡淡的紫色调

本节主要利用“曲线”和“可选颜色”功能来制作淡淡的紫色调。

01 启动Photoshop 2020，执行“文件”|“打开”命令，打开“背景.jpg”素材，如图7-78所示。

图7-78

02 单击“图层”面板中的“创建新的填充或调整图层”按钮，在菜单中选择“曲线”命令，并调整曲线红、绿和蓝通道，如图7-79所示。

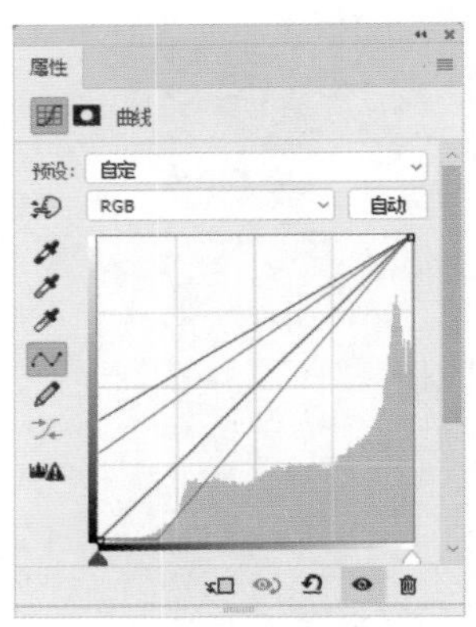

图7-79

拉出直线的方法是选择曲线两端的点，沿水平或竖直方向拖动，或通过键盘的方向键来调整点的位置。

03 此时，画面呈现淡紫色，如图7-80所示。

04 单击“图层”面板中的“创建新的填充或调整图层”按钮，在菜单中选择“可选颜色”命令，选择黄色，设置“洋红”为+100，“黄色”为-100，“黑色”为+100，如图7-81所示。

05 同理，选择白色，设置“黄色”为-40，如图7-82所示。

图7-80

图7-81

图7-82

进行了曲线调整后，图像的草地和高光处颜色偏黄，因此，利用“可选颜色”减少草地和高光处的黄色。

06 淡淡的紫色调调色完成，如图7-83所示。

图7-83

7.13 调色技巧2——制作甜美日系效果

本节主要利用Camera Raw滤镜制作甜美的日系效果。

01 启动Photoshop 2020，执行“文件”|“打开”命令，打开“街头.jpg”素材，如图7-84所示。

图7-84

02 按快捷键Ctrl+J复制“背景”图层，右击该图层，在弹出的快捷菜单中选择“转换为智能对象”命令，将复制的图层转换为智能对象。

03 执行“滤镜”|“Camera Raw滤镜”命令，弹出“Camera Raw”对话框，如图7-85所示。

图7-85

04 在“基本”选项卡下，设置“色温”为-21、“色调”为+4、“曝光”为+0.65、“对比度”为-35、“白色”为+50、“清晰度”为-33，“饱和度”为-13，如图7-86所示。

此处的处理是为了调整画面的整体色调，并降低图像的饱和度和清晰度。

05 在“色调曲线”选项卡下，设置“暗调”为28，如图7-87所示。

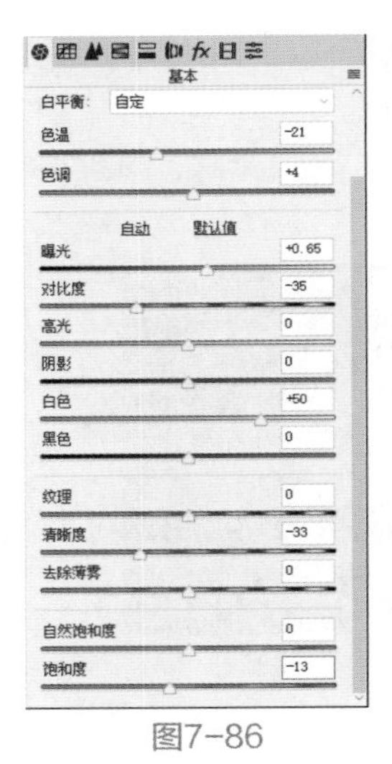

图7-86

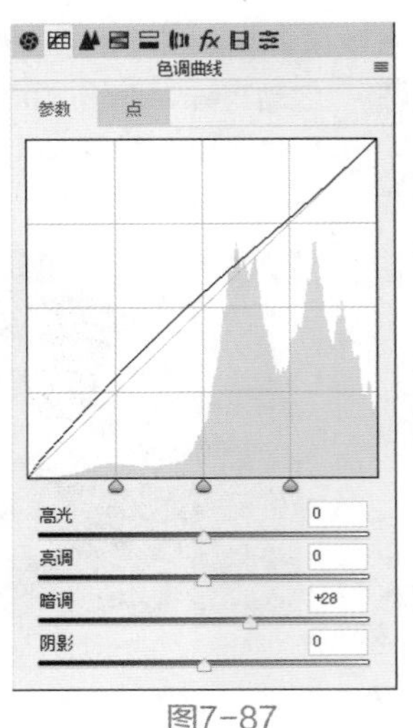

图7-87

注意与提示　提亮暗调可使图像呈现日系照片中特有的暗部发灰的效果。

06 甜美日系效果调色完成，如图7-88所示。

图7-88

7.14 调色技巧3——制作水嫩色彩

本节主要利用“曲线”和“可选颜色”来制作水嫩色彩。

01 启动Photoshop 2020，执行“文件”|“打开”命令，打开“桃林.jpg”素材，如图7-89所示。

02 单击“图层”面板中的“创建新的填充或调整图层”按钮，在菜单中选择“曲线”命令，并调整曲线中的绿通道，如图7-90所示。

图7-89

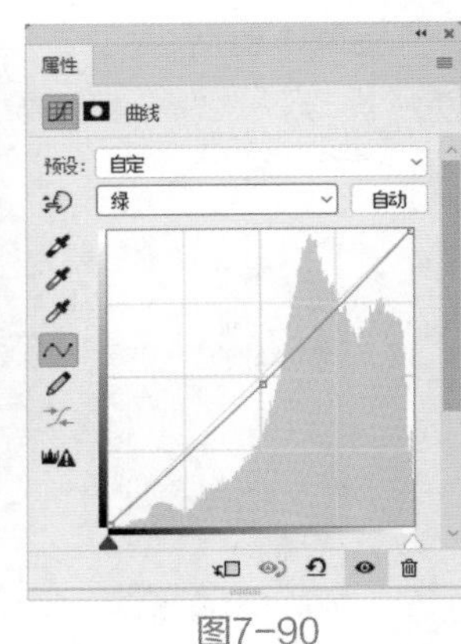

图7-90

03 选择曲线RGB通道并进行调整，如图7-91所示。

注意与提示　曲线调整是为了减少画面中的绿色，并将整体提亮，从而降低画面的对比度。

04 单击“图层”面板中的“创建新的填充或调整图层”按钮，在菜单中选择“可选颜色”命令，并选择“红色”，设置“青色”为-100，“黄色”为-93，如图7-92所示。

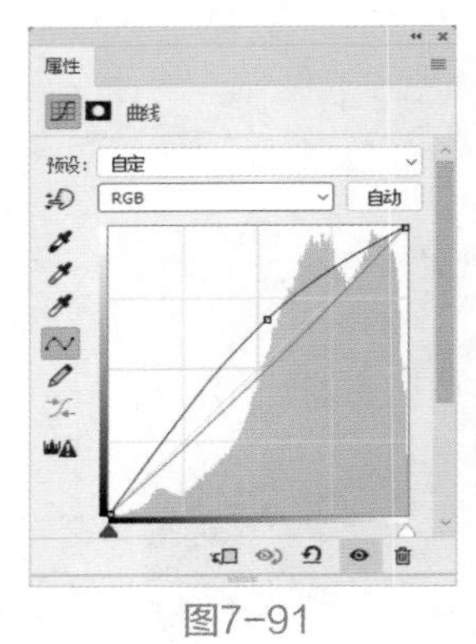

图7-91

图7-92

注意与提示　利用“可选颜色”增加暖色，并将画面中的黄色部分向粉嫩红色方向调，使画面整体呈现粉嫩色彩。

05 选择“黄色”，设置“洋红”为+20，“黄色”为-100，如图7-93所示。

06 选择“黑色”，设置“洋红”为+100，如图7-94所示。

图7-93

图7-94

07 照片色彩变水嫩了，调色完成，如图7-95所示。

图7-95

7.15 调色技巧4——制作安静的夜景

本节主要利用Camera Raw滤镜制作蓝色静谧的夜景效果。

01 启动Photoshop 2020，执行“文件”|“打开”命令，打开“烟火.jpg”素材，如图7-96所示。

图7-96

02 按快捷键Ctrl+J复制“背景”图层，右击该图层，在弹出的快捷菜单中选择“转换为智能对象”命令，将复制的图层转换为智能对象。

03 执行“滤镜”|“杂色”|“添加杂色”命令，在弹出的“添加杂色”对话框中设置“数量”为5，如图7-97所示。

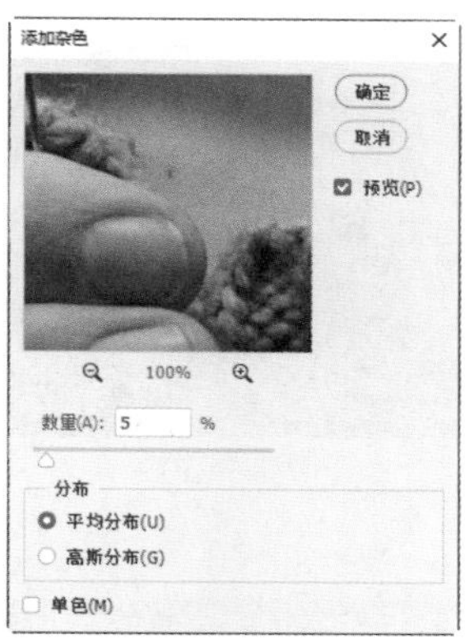

图7-97

拍摄夜景时，由于夜晚光线不足，进场会出现噪点较多的情况。此处添加杂色，即模拟照片的噪点。

04 执行“滤镜”|“Camera Raw滤镜”命令，在“基本”选项卡下，设置“色温”为-30、“色调”为+4、“曝光”为+0.40、“对比度”为+27、“清晰度”为+23，如图7-98所示。

05 在“校准”选项卡下，设置“色调”为+5，如图7-99所示。

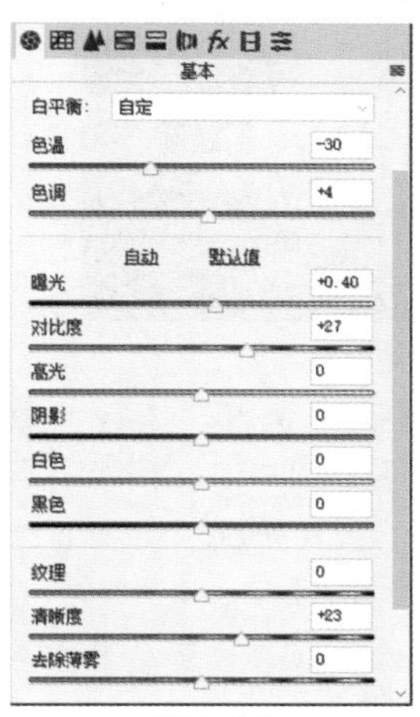

图7-98

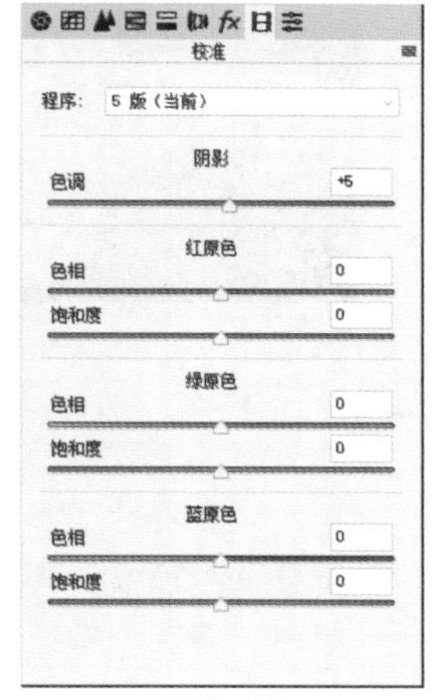

图7-99

调低色温可使画面呈现蓝色的冷色调。

06 静谧的蓝色夜晚效果制作完成，如图7-100所示。

图7-100

7.16 复古怀旧——制作反转负冲效果

反转负冲是在胶片拍摄中比较特殊的一种手法，也是指正片使用了负片的冲洗工艺得到的照片效果。本节主要学习利用通道模拟这种效果的方法。

01 启动Photoshop 2020，执行“文件”|“打开”命令，打开“气球.jpg”素材，如图7-101所示。

图7-101

02 在“通道”面板中选择蓝通道，执行“图像”|“应用图像”命令，选中“反相”复选框，设置混合模式为“正片叠底”，“不透明度”为50 %，如图7-102所示。

03 单击“确定”按钮，选择RGB通道，图像色彩如图7-103所示。

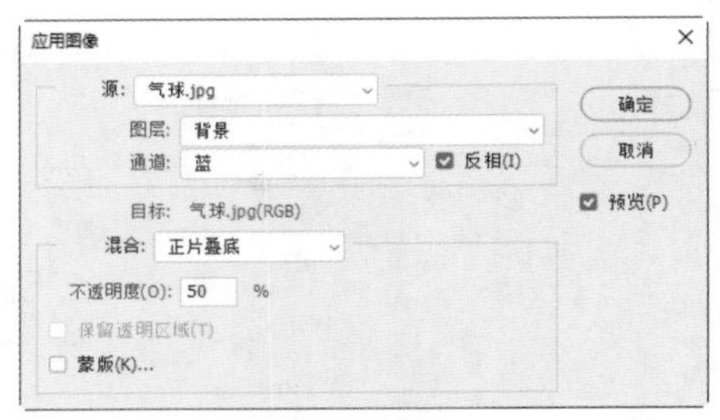

图7-102

图7-103

04 选择绿通道，执行“图像”|“应用图像”命令，选中“反相”复选框，设置混合模式为“正片叠底”，“不透明度”为10 %，如图7-104所示。

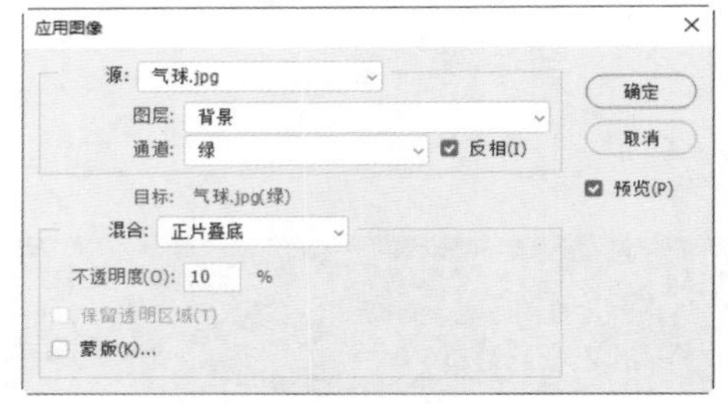

图7-104

05 单击“确定”按钮，选择RGB通道，图像色彩如图7-105所示。

06 选择红通道，执行“图像”|“应用图像”命令，设置混合模式为“颜色加深”，“不透明度”为60 %，如图7-106所示。

图7-105

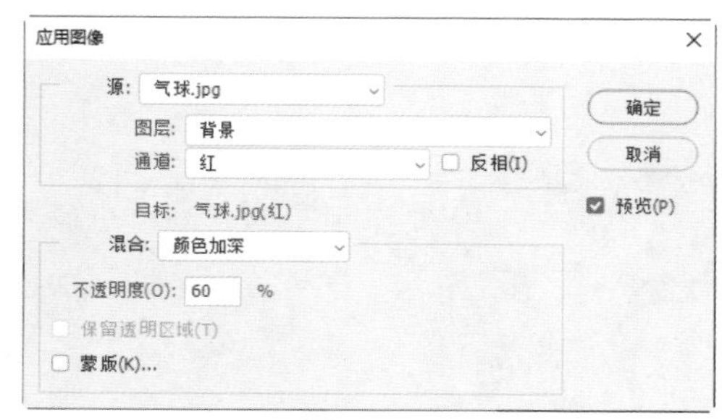

图7-106

07 单击“确定”按钮，选择RGB通道，图像色彩如图7-107所示，效果制作完成。

图7-107

反转负冲效果主要是在RGB模式下，通过改变红、绿、蓝3个通道的不同色阶、图层混合模式等属性，来改变整个图片的色彩。

7.17 昨日重现——制作照片的水彩效果

本节主要学习利用通道和色阶简化人物，并叠加水彩图像制作照片的水彩效果的方法。

01 启动Photoshop 2020，执行“文件”|“打开”命令，打开“背景.jpg”素材，如图7-108所示。

02 选择“通道”面板中的红通道，并拖入“创建新通道”图标，复制通道，如图7-109所示。

03 按快捷键Ctrl+L调出“色阶”对话框，设置“输入色阶”值分别为0、0.8和124，如图7-110所示。

图7-108

图7-109

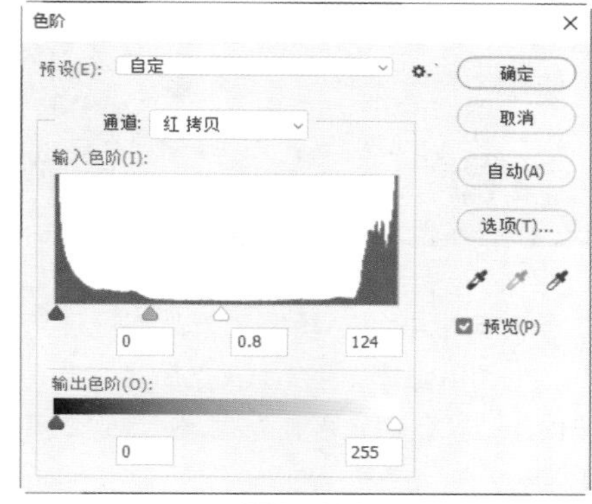

图7-110

利用色阶可以简化通道像素。

04 单击“确定”按钮后，红通道对比度变明显了，如图7-111所示。

05 按Ctrl键单击该通道，白色区域将载入选区，按快捷键Ctrl+Shift+I反选选区。

06 选择RGB通道，回到“图层”面板，按快捷键Ctrl+J复制选区为新的图层，并单击“背景”图层前的“小眼睛”图标，将“背景”图层隐藏，如图7-112所示。

图7-111

图7-112

07 选择“水彩.jpg”素材，并拖入文档，调整大小和位置后，按Enter键确认，如图7-113所示。

08 按住Alt键，在“图层”面板中复制的图层和水彩图层之间单击，创建剪贴蒙版，如图7-114所示。

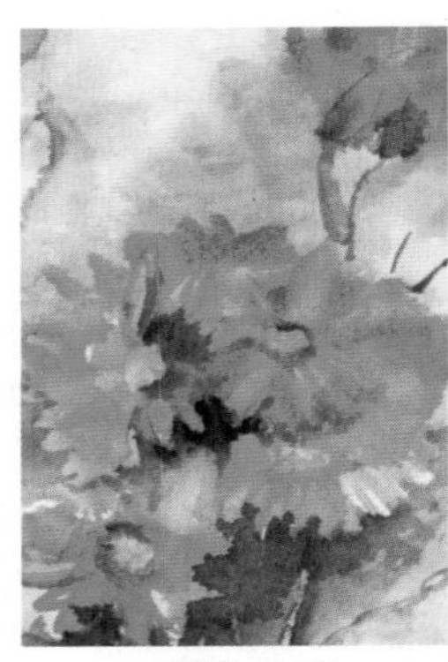

图7-113

图7-114

09 选择工具箱中的“画笔工具”，设置“大小”为500像素。在“干介质画笔”中选择“Kyle的终极粉彩派对”画笔，如图7-115所示。

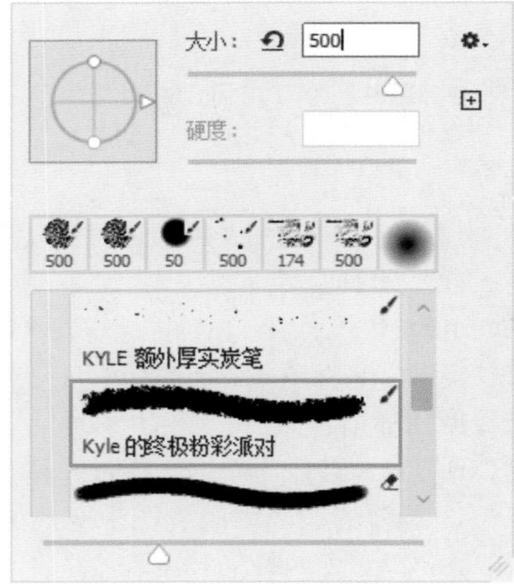

图7-115

10 选择复制的人像图层，在画面中单击或拖动鼠标，创建特殊的纹理，如图7-116所示。

11 单击“图层”面板中的“创建新图层”按钮，创建一个新的空白图层，按快捷键Ctrl+Shift+[，将该图层置于底层。

12 设置前景色的颜色为#efefef，按快捷键Alt+Delete填充前景色，图像效果制作完成，如图7-117所示。

图7-116 图7-117

7.18 精美相册1——可爱儿童日历

本节主要学习如何利用形状创建剪贴蒙版和滤镜，来制作可爱的儿童日历。

01 启动Photoshop 2020，将背景色设置白色，执行“文件”|“新建”命令，新建一个宽为3000像素、高为2000像素、分辨率为300、背景内容为背景色的RGB文档。

02 从标尺处拉出一条垂直居中的参考线。

创建参考线时，在水平或垂直居中位置及边缘位置，参考线会出现明显的停顿，此时松开鼠标左键，即可自动吸附在居中位置或边缘位置；也可执行“视图”|“新建参考线”命令，在弹出的对话框中精确设置参考线位置。

03 选择工具箱中的“矩形工具”，设置填充颜色为#8ed8ca，描边颜色为无，在参考线的左侧绘制一个大小为图像1/2的白色矩形，如图7-118所示。

04 选择“小孩1.jpg”素材，并拖入文档，调整大小后按Enter键确认，如图7-119所示。

05 单击“图层”面板中的“创建新的填充或调整图层”按钮，在菜单中选择“曲线”命令，调整RGB曲线，如图7-120所示。

06 此时，小孩的肤色变得白皙了，如图7-121所示。

图7-118

图7-119

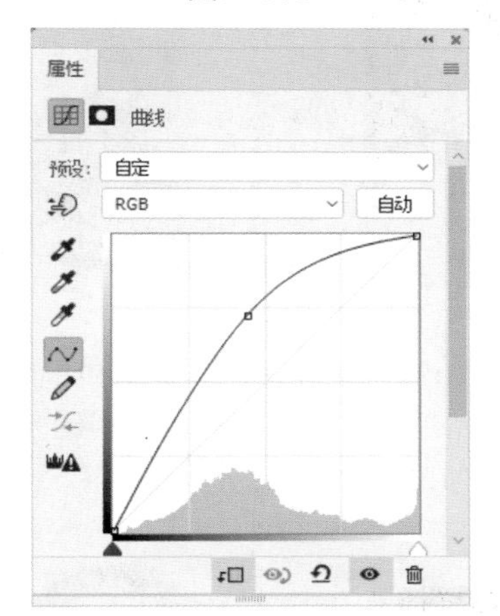

图7-120

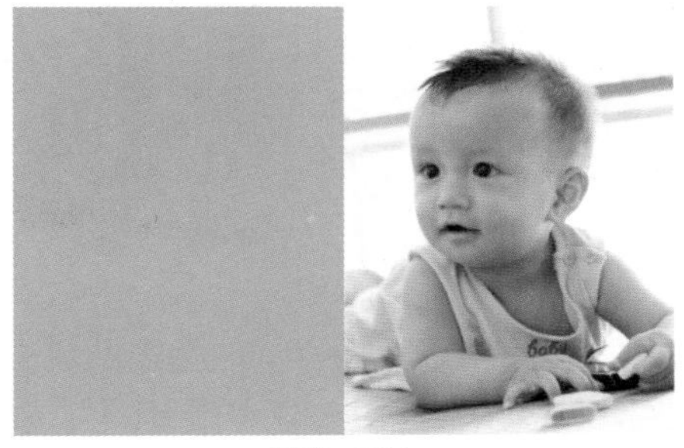
图7-121

07 选择工具箱中的“矩形工具”，设置填充颜色为白色，描边颜色为无，绘制一个矩形，如图7-122所示。

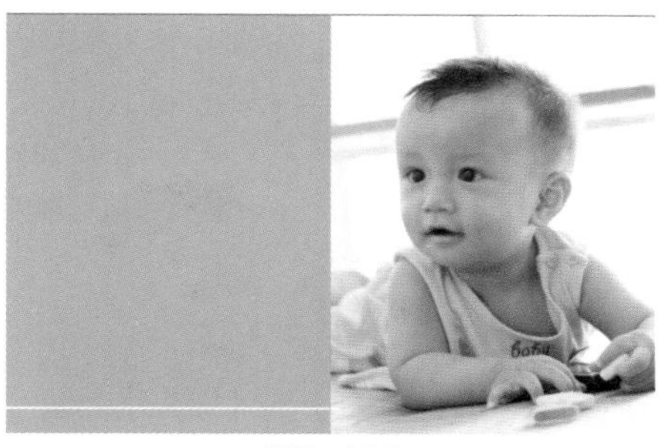
图7-122

08 选择白色矩形图层，右击，在弹出的快捷菜单中选择“栅格化图层”命令，将该图层栅格化。

09 执行“滤镜”|“扭曲”|“波浪”命令，在弹出的对话框中设置“生成器数”为20，波长“最小”为109，“最大”为110，波幅“最小”为1，“最大”为6，如图7-123所示。

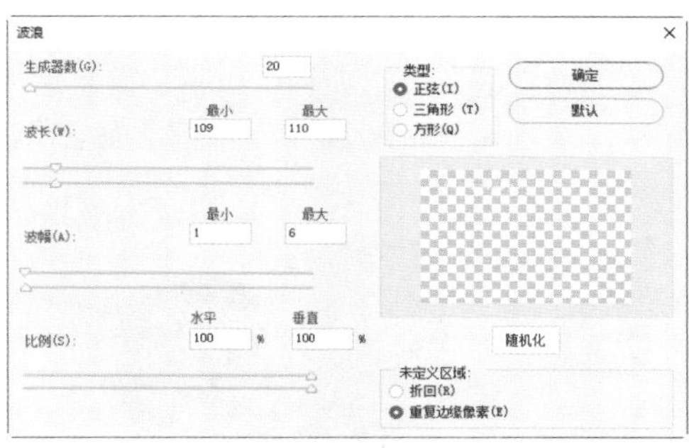

图7-123

注意与提示

“波浪”滤镜参数详解如下。

生成器数：设置波纹生成的数量，取值范围为1~999。值越大，波纹的数量越多。

波长：设置相邻两个波峰之间的距离，设置的最小波长不可以超过最大波长。

波幅：设置波浪的高度，同样最小的波幅不能超过最大的波幅。

比例：设置波纹在水平和垂直方向上的缩放比例。

类型：设置生成波纹的类型，包括正弦、三角形和方形。

随机化：单击此按钮，可以在不改变参数的情况下，改变波浪的效果。多次单击可以生成更多的波浪效果。

10 单击“确定”按钮，白色矩形变成波浪状，如图7-124所示。

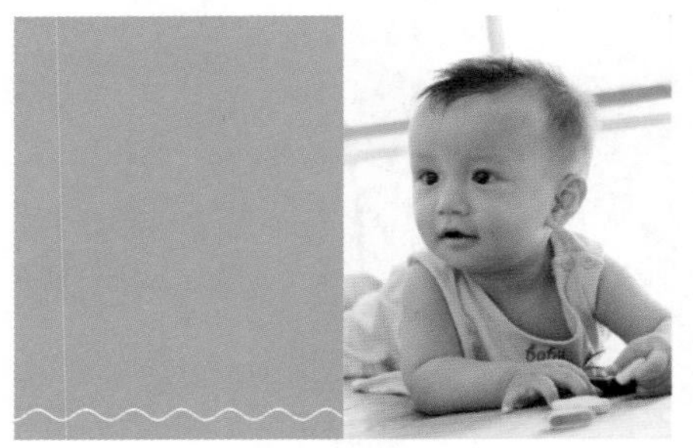

图7-124

11 选择“移动工具”，按住快捷键Alt+Shift，垂直拖移并复制多个左右对齐的波浪图形。

12 在“图层”面板中，按住Shift键，分别单击“图层”面板中顶部和底部两个白色矩形的图层，选中全部波浪图层。选择“移动工具”，在工具选项栏中单击“垂直居中对齐”按钮，将波浪等距排列，如图7-125所示。

图7-125

13 选择工具箱中的“矩形工具”，设置填充颜色为黑色，描边颜色为白色，设置描边大小为5点，绘制一个矩形，如图7-126所示。

图7-126

14 单击“图层”面板中的“添加图层样式”按钮，在菜单中选择“内阴影”命令，设置“角度”为120°，“距离”为17像素，“阻塞”为27%，“大小”为43像素，单击“确定”按钮，如图7-127所示。

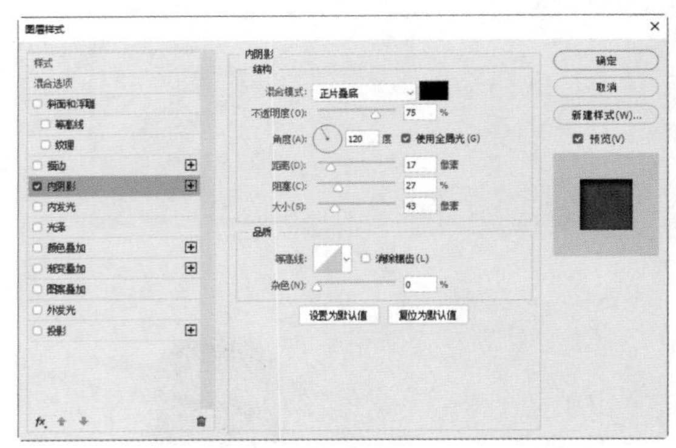

图7-127

15 选择“小孩2.jpg”素材，拖入文档，调整大小后按Enter键确认，如图7-128所示。

图7-128

16 按住Alt键，在“图层”面板中的“小孩2”图层和矩形图层之间单击，创建剪贴蒙版，如图7-129示。

图7-129

17 单击“图层”面板中的“创建新的填充或调整图层”按钮，在菜单中选择“曲线”命令，在“小孩2”图层和曲线图层之间单击，创建剪贴蒙版，并调整RGB曲线，如图7-130所示。

18 此时，小孩的肤色变得白皙，并与背景融合得更好，如图7-131所示。

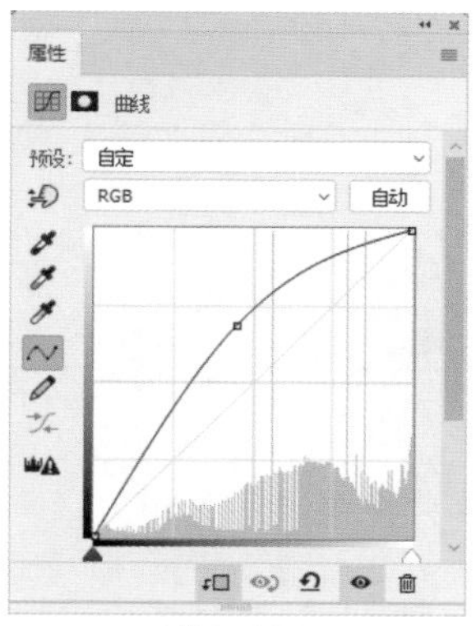

图7-130

图7-131

19 选择工具箱中的“矩形工具”，设置填充颜色为白色，描边颜色为无，绘制一个矩形，如图7-132所示。

图7-132

20 选择“日历.png”素材，并拖入文档，调整大小后按Enter键确认，如图7-133所示。

图7-133

21 选择工具箱中的“椭圆工具”，设置填充颜色为#fff100，描边颜色为无，绘制一个椭圆形，如图7-134所示。

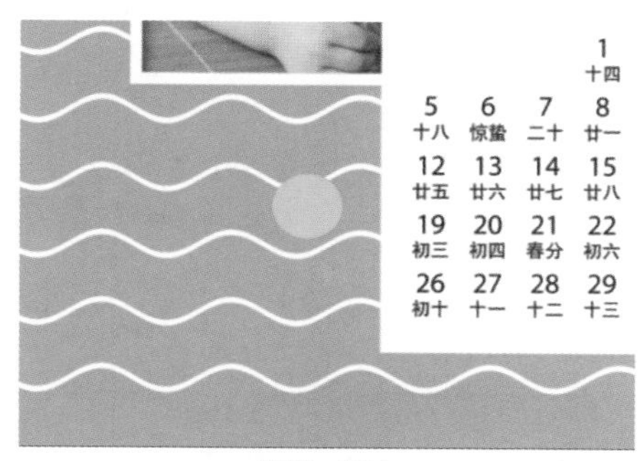

图7-134

22 用同样的方法，绘制其他椭圆形并填充合适的颜色，一只小鸭子出现了，如图7-135所示。

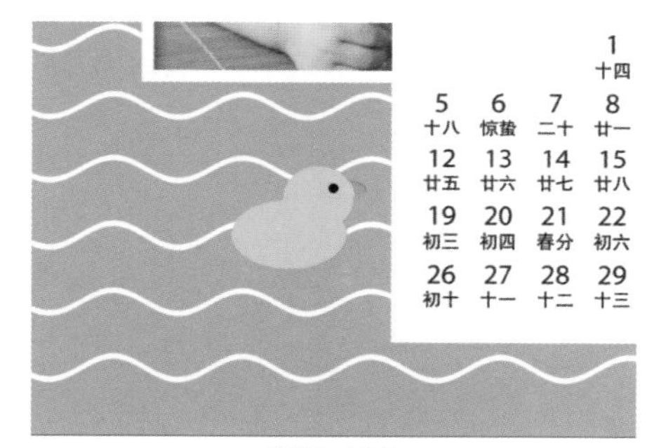

图7-135

23 选中小鸭子图形的所有图层，并拖入“图层”面板中的“创建新组”按钮。选择该组，按快捷键Ctrl+J复制该组。选择工具箱中的“移动工具”，将复制的小鸭子图像移动到合适的位置，如图7-136所示。

图7-136

24 选择工具箱中的“横排文字工具”，输入文字，在工具选项栏中设置字体为“幼圆”，设置字号为15点，选择文字并填充合适的颜色，图像制作完成，如图7-137所示。

图7-137

7.19 精美相册2——风景日历

本节主要利用合并形状创建剪贴蒙版来制作风景日历。

01 启动Photoshop 2020，将背景色颜色设置为#dfd9cd，执行“文件”|“新建”命令，新建一个宽为3000像素、高为2000像素、分辨率为300、背景内容为背景色的RGB文档，如图7-138所示。

图7-138

02 选择工具箱中的“矩形工具”，设置填充颜色为#8958a1，描边颜色为无。按住Shift键，绘制一个正方形，如图7-139所示。

图7-139

03 按住快捷键Alt+Shift，选择“移动工具”，水平拖移并复制该正方形。设置前景色为#f8b552，按快捷键Alt+Delete进行填充，如图7-140所示。

图7-140

04 选择工具箱中的“删除锚点工具”，在复制的正方形右下角单击该锚点，将其删除，正方形变成三角形，如图7-141所示。

图7-141

05 选择“移动工具”，按住Alt键拖动复制三角形，按快捷键Ctrl+T调出自由变换框，按住Shift键，将复制的三角形旋转45°，如图7-142所示。

图7-142

06 在“图层”面板中，按住Ctrl键，在3个形状图层上单击，将之选中。右击，在弹出的快捷菜单中选择“合并形状”命令，如图7-143所示。

注意与提示：合并形状后，生成的图层依然是可编辑的形状图层，且合并形状后的颜色保留最上层形状图层的颜色。

图7-143

07 选择“雏菊.jpg”素材，并拖入文档，按Enter键确认，如图7-144所示。

图7-144

08 按住Alt键，在“图层”面板中的雏菊图层和合并形状图层中间单击，创建剪贴蒙版，并按快捷键Ctrl+T调整雏菊图层的大小和位置，如图7-145所示。

图7-145

09 用同样的方法，创建其他三角形，并填充白色和#4a5e2d，如图7-146所示。

图7-146

10 选择“餐具.jpg”素材，并拖入文档，按Enter键确认，如图7-147所示。

图7-147

11 用同样的方法，分别为左上角和白色的三角形创建剪贴蒙版，如图7-148所示。

图7-148

12 选择工具箱中的“横排文字工具”T，输入文字并进行修饰，如图7-149所示。

图7-149

13 选择“日历.png”素材，并拖入文档，按Enter键确认，图像制作完成，如图7-150所示。

图7-150

7.20 婚纱相册——美好爱情

本节主要利用“钢笔工具”绘制形状，并利用形状创建剪贴蒙版来制作婚纱相册。

01 启动Photoshop 2020，将背景色颜色设置为#b8daef，执行“文件”|“新建”命令，新建一个宽为3000像素、高为2000像素、分辨率为300、背景内容为背景色的RGB文档，如图7-151所示。

图7-151

02 选择工具箱中的“钢笔工具”，在工具选项栏中设置“工具模式”为“形状”，设置填充颜色为白色，描边颜色为无，绘制形状，如图7-152所示。

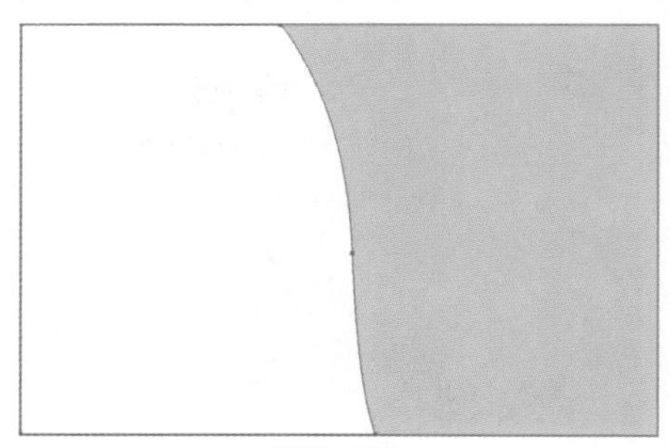

图7-152

钢笔形状闭合时，颜色将根据设置的颜色自动填充完整。

03 将前景色设置为#8a868c，按快捷键Ctrl+J复制该形状，并按快捷键Alt+Delete填充前景色。选择工具箱中的“移动工具”，将复制的形状向左移动，如图7-153所示。

04 选择“微笑.jpg”素材，并拖入文档，如图7-154所示。

图7-153

图7-154

05 按住Alt键，在“图层”面板的人物图层和灰色形状图层之间单击，创建剪贴蒙版，如图7-155所示。

图7-155

06 选择工具箱中的“矩形工具”，设置填充颜色为#cbe4f3，描边颜色为白色，描边大小为1点，绘制一个矩形，如图7-156所示。

图7-156

07 选择“背影.jpg”素材，并拖入文档，调整大小后按Enter键确认，如图7-157所示。

图7-157

08 选择工具箱中的“椭圆工具”◯，设置填充颜色为#8abfe2，描边颜色为白色，描边大小为4.5点，按住Shift键，绘制一个圆形，如图7-158所示。

图7-158

09 选择“海滩.jpg”素材，并拖入文档，如图7-159所示。

图7-159

10 按住Alt键，在“图层”面板中海滩图层和圆形图层之间单击，创建剪贴蒙版，并调整海滩图层的大小，如图7-160所示。

图7-160

11 单击“图层”面板中的“创建新图层”按钮⊞，将前景色设置为黑色，按快捷键Alt+Delete填充黑色。执行“滤镜”|“渲染”|“镜头光晕”命令，选择“50-100毫米变焦”选项，如图7-161所示，单击“确定”按钮。

图7-161

12 将光晕图层的混合模式改为“滤色”，并用“移动工具”✥调整光晕的位置，如图7-162所示。

图7-162

13 选择工具箱中的“横排文字工具”T，输入文字并进行修饰，图像制作完成，如图7-163所示。

图7-163

7.21 个人写真——青青校园

本节主要利用“矩形工具”并调整矩形的圆

角半径创建形状，并利用形状创建剪贴蒙版来制作个人写真。

01 启动Photoshop 2020，将背景色设置为#eeeeee，执行“文件”|“新建”命令，新建一个宽为3000像素、高为2000像素、分辨率为300、背景内容为背景色的RGB文档。

02 选择工具箱中的“矩形工具”，设置填充颜色为#cfc971，描边颜色为无，绘制一个矩形，如图7-164所示。

图7-164

03 选择工具箱中的“圆角矩形工具”，设置填充颜色为#ad6c00，描边颜色为无，半径为120像素，绘制一个圆角矩形，如图7-165所示。

图7-165

04 选择“人物2.jpg”素材，并拖入文档，如图7-166所示。

图7-166

05 按住Alt键，在“图层”面板中的秋千图层和圆角矩形图层之间单击，创建剪贴蒙版，如图7-167所示。

06 单击“图层”面板中的“创建新的填充或调整图层”按钮，在菜单中选择“曲线”命令，调整RGB曲线，如图7-168所示。

图7-167

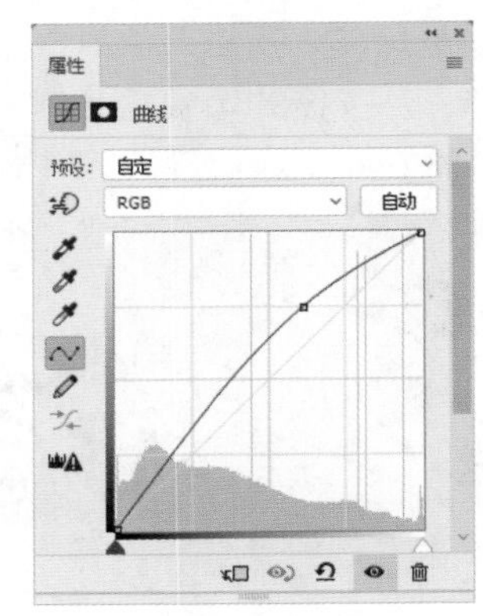

图7-168

07 此时，嵌入照片的肤色被提亮，如图7-169所示。

图7-169

08 选择工具箱中的“矩形工具”，设置填充颜色为#ad6c00，描边颜色为无，绘制一个矩形，如图7-170所示。

图7-170

09 选择“人物1.jpg”素材，并拖入文档，按住Alt键，在“图层”面板中的女孩图层和矩形图层之间单击，创建剪贴蒙版，如图7-171所示。

图7-171

10 选择工具箱中的“矩形工具”▭，设置填充颜色为#ad6c00，描边颜色为无，绘制一个矩形，如图7-172所示。

图7-172

11 在“属性”面板中单击下面的“链接”按钮⊝，解除链接。设置左上角▢的大小为200像素，如图7-173所示。

图7-173

若不解除链接，则矩形的每个角都将出现相同大小的圆角。

12 此时，矩形的左上角变成弧形，如图7-174所示。

13 选择“人物3.jpg”素材，并拖入文档，按住Alt键，创建剪贴蒙版，如图7-175所示。

14 选择工具箱中的“横排文字工具”T，输入文字并进行修饰，如图7-176所示。

图7-174

图7-175

图7-176

15 选择工具箱中的“自定形状工具”，打开“自定形状”拾色器，选择“潜水艇”图形，如图7-177所示。

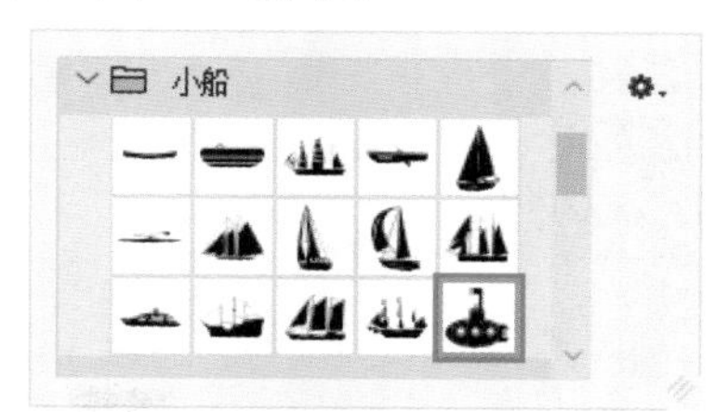

图7-177

16 将图形的填充颜色修改为#cfc971，描边颜色为无，该图形绘制两个，并调整方向和大小，个人写真制作完成，如图7-178所示。

图7-178

文字特效

特效文字的制作非常重要，文字与画面的设计需要相辅相成。本章提供11款特效文字制作的实例，主要运用图层样式，通过斜面和浮雕、渐变叠加、图案叠加、光泽和阴影，制作各类巧妙、逼真的文字特效。

8.1 描边字——放飞梦想

本节主要利用两种描边方式制作可爱的卡通字效。

01 启动Photoshop 2020，将背景色颜色设置为#d2f3ff，执行“文件”|“新建”命令，新建一个宽为3000像素、高为2000像素、分辨率为300、背景内容为背景色的RGB文档，如图8-1所示。

02 选择工具箱中的“横排文字工具” T，在工具选项栏中设置字体为Showcard Gothic，字号为126点，并设置文字填充颜色为#00e6f7，输入文字DREAM，如图8-2所示。

图8-1

图8-2

03 按住Ctrl键，单击文字图层缩略图，将文字载入选区。

04 单击“创建新图层”按钮 ，创建一个新的空白图层。

05 执行“编辑”|“描边”命令，弹出“描边”对话框，输入“宽度”为9像素，设置颜色为黑色，其他设置保持默认，如图8-3所示，单击“确定”按钮。

06 选择工具箱中的“移动工具” ，拖移描边图层，如图8-4所示。

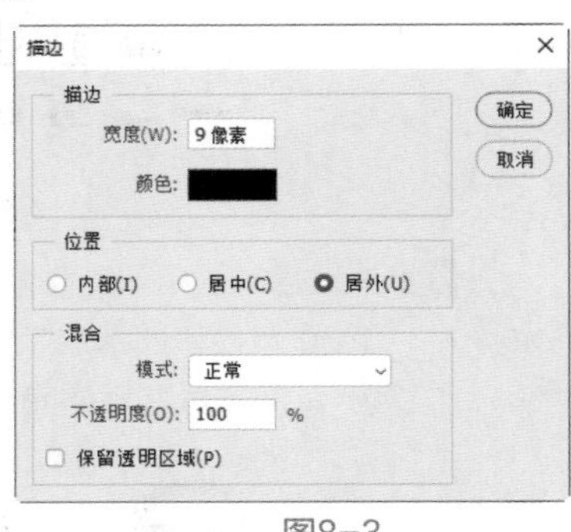

图8-3

图8-4

07 选择工具箱中的“横排文字工具” T，在工具选项栏中设置字体为Cooper Black，字号为188点，并设置文字填充颜色为#00e6f7，输入文字FLY。

08 选择FLY文字图层，并单击“图层”面板中的“添加图层样式”按钮 fx，在菜单中选择“描边”命令，设置描边大小为9像素，颜色为黑色，如图8-5所示。

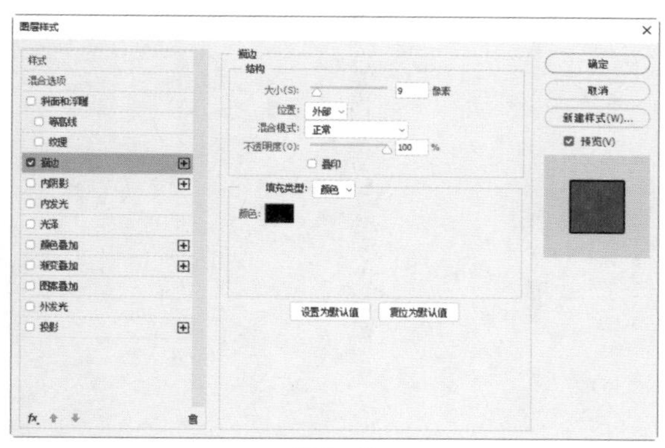

图8-5

09 单击“确定”按钮，文字出现描边效果，如图8-6所示。

图8-6

10 按快捷键Ctrl+J复制FLY图层，填充颜色为#ffd44b，选择工具箱中的“移动工具”，拖移复制的图层，如图8-7所示。

图8-7

11 选择“时钟”“云朵.png”“火箭.png”和“点线.png”素材，并拖入文档，调整大小后按Enter键确定，图像制作完成，如图8-8所示。

两种描边方式分别在2.18节和4.6节中有相应的案例介绍。

图8-8

8.2 图案字——美味水果

本节主要利用自定义图案来制作“美味”的水果字效。

01 启动Photoshop 2020，执行“文件”|“新建”命令，新建一个宽为3000像素、高为2000像素、分辨率为300的RGB文档。

02 选择工具箱中的“渐变工具”，设置渐变起点颜色为#abe5fa、终点颜色为#84cee7的径向渐变，从画面中心向外水平拖曳填充渐变，如图8-9所示。

图8-9

03 选择工具箱中的“横排文字工具”，在工具选项栏中设置字体为Berlin Sans FB Demi，字号为258点，并设置文字填充颜色为黑色，输入文字fruit，如图8-10所示。

图8-10

04 打开无缝拼接素材“水果.jpg”，如图8-11所示。

图8-11

无缝拼接是指图案重复排列拼接后没有明显的拼接痕迹，使拼接后整体图案融合得不生硬。

05 执行“编辑”|“定义图案”命令，弹出“图案名称”对话框，输入“名称”为“水果.jpg”，如图8-12所示，单击“确定”按钮添加图案。

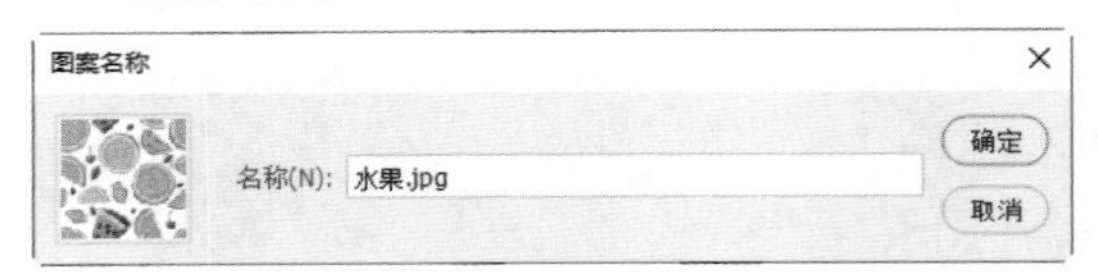

图8-12

06 回到水果文字文档，单击“图层”面板中的“添加图层样式”按钮 fx，在菜单中选择“描边”命令，在对话框中设置描边“大小”为18像素，颜色为白色，如图8-13所示。

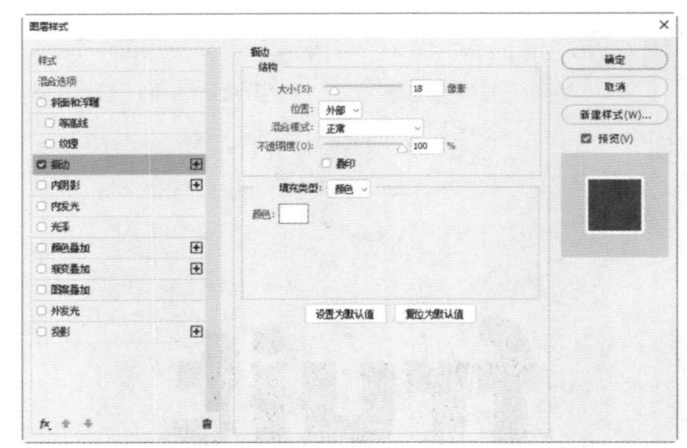

图8-13

07 选中“图案叠加”复选框，选择定义好的图案，如图8-14所示。

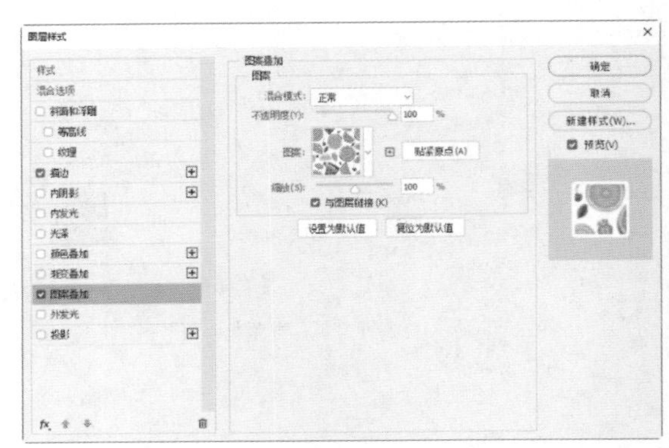

图8-14

08 选中“投影”复选框，设置“不透明度”为45%，“距离”为46像素，“扩展”为5%，“大小”为27像素，如图8-15所示。

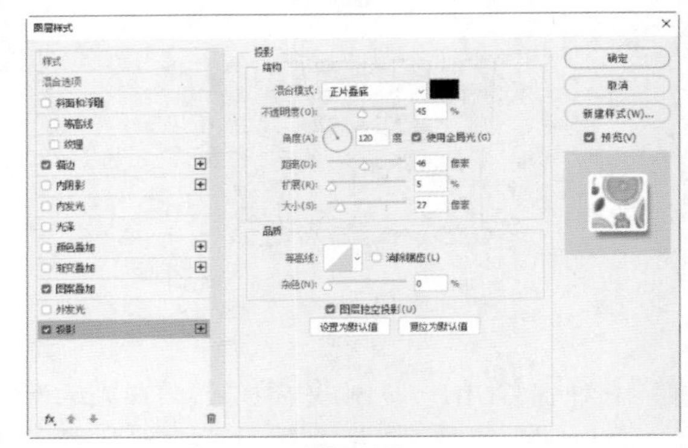

图8-15

09 单击“确定”按钮后，效果如图8-16所示，水果字效制作完成。

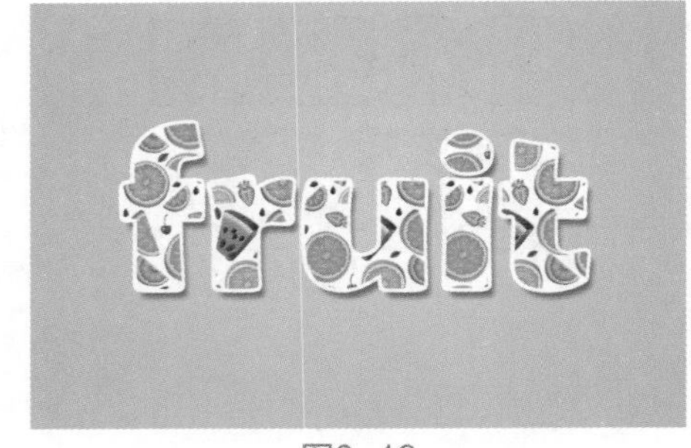

图8-16

8.3 巧克力文字——牛奶巧克力

本节学习利用图层样式和图层蒙版来制作“美味诱人”的巧克力字效。

01 启动Photoshop 2020，执行“文件”|“打开”命令，打开“背景.jpg”素材，如图8-17所示。

图8-17

02 选择工具箱中的“横排文字工具”T，在工具选项栏中设置字体为Arial Rounded MT Bold，字号为230点，并设置文字填充颜色为#4d362d，输入文字MILK，如图8-18所示。

图8-18

03 选中文字图层，并单击“图层”面板中的“添加图层样式”按钮fx，在菜单中选择“斜面和浮雕”命令，在对话框中选中“等高线”和“纹理”复选框。设置样式为“内斜面”，“方法”为“平滑”，“深度”为500%，“方向”为“上”，“大小”为20像素；设置阴影的“角度”为120度，“高度”为50度，“高光模式”为“滤色”，“不透明度”为50%，“阴影模式”为“正片叠底”，“不透明度”为50%，如图8-19所示。

“等高线”选项存在于图层样式的多种效果中。图层效果不同，其等高线控制的内容也不相同，但其共同作用是在给定的范围内创造特殊轮廓外观。它们的使用方法一致，单击“等高线”拾色器的等高线图案，可调出“等高线编辑器”来调整选调线；单击“等高线”拾色器的小三角，出现已载入的等高线类型；单击旁边的“设置”小图标，可以调出相关菜单，包括新建、载入和复位等高线等命令。

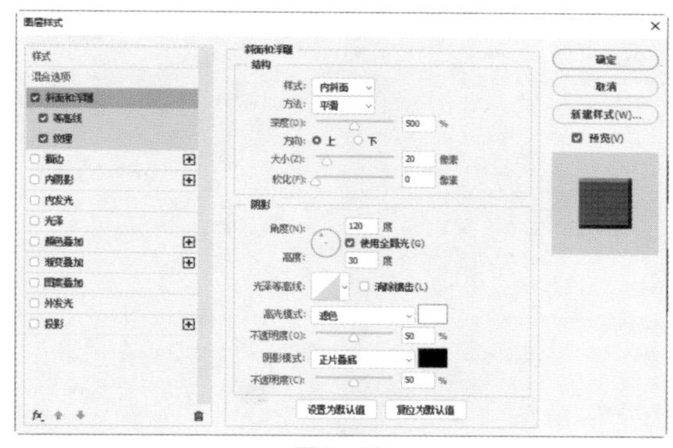

图8-19

04 选中“等高线”复选框，单击“等高线”拾色器的小三角形按钮，在菜单中选择“高斯”命令，设置“范围”为20%，如图8-20所示。

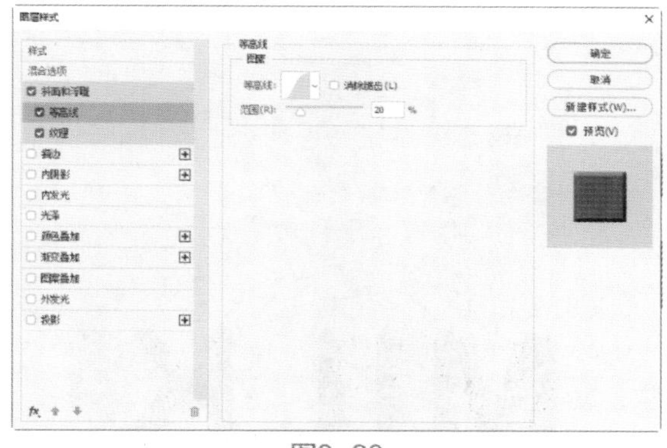

图8-20

05 选中“纹理”复选框，单击“图案”拾色器的小三角形按钮，单击图标，在菜单中选择“图案”命令，追加图案。选择“拼贴平滑”图案，设置“缩放”为100%，“深度”为+6%，如图8-21所示。

执行“窗口”→“图案”命令，打开“图案”面板，单击按钮，在下拉列表中选择“旧版图案及其他”选项，可以追加旧版本的图案。

06 选中“投影”复选框，设置“不透明度”为40%，“角度”为90度，“距离”为10像素，“大小”为15像素，如图8-22所示。

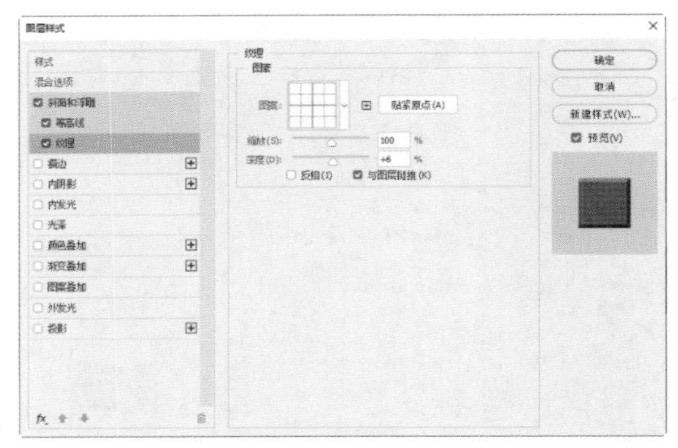

图8-21

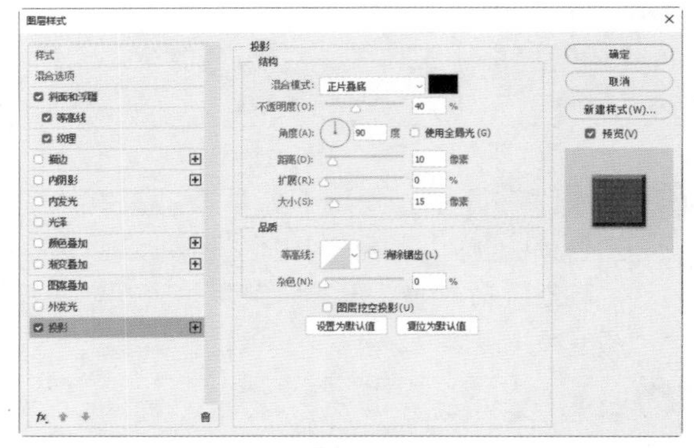

图8-22

07 单击“确定”按钮后，巧克力效果出现了，如图8-23所示。

图8-23

08 按快捷键Ctrl+J复制文字图层，将前景色设置为白色，按快捷键Alt+Delete为文字填充白色。

09 双击图层上右侧的fx图标，弹出“图层样式”对话框，取消选中“等高线”和“纹理”复选框。选中“斜面和浮雕”复选框，设置“样式”为“内斜面”，“方法”为“平滑”，“深度”为42%，“方向”为“上”，“大小”为70像素，“软化”为3像素；设置阴影的“角度”为120度，“高度”为30度，“高光模式”为“滤色”，“不透明度”为75%，“阴影模式”为“正片叠底”，“不透明度”为75%，如图8-24所示。

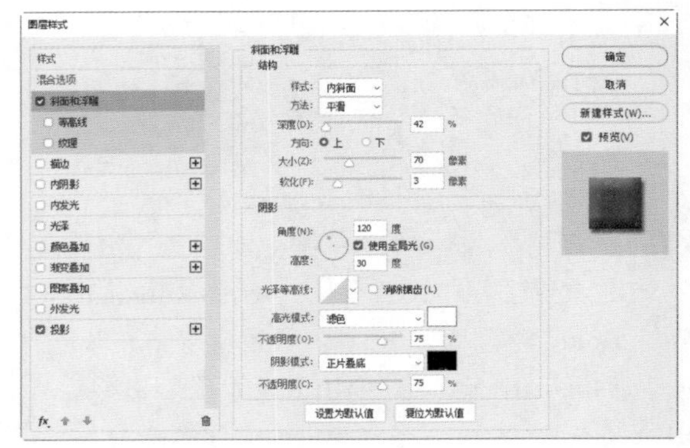

图8-24

10 选中“投影”复选框，设置“不透明度”为52%，“角度”为120度，“距离”为23像素，“大小”为18像素，如图8-25所示。

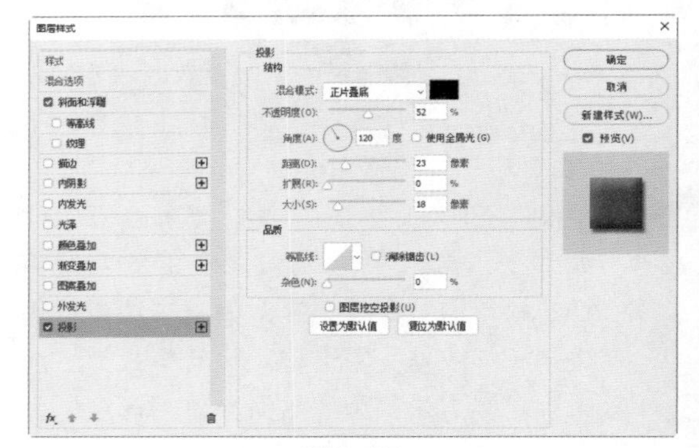

图8-25

11 单击“确定”按钮后，牛奶效果出现了，如图8-26所示。

图8-26

12 按住Alt键，单击“图层”面板中的“添加图层蒙版”按钮 ，为牛奶图层创建蒙版。选择工具箱中的“画笔工具” ，将前景色设置为白色，选择一个硬边画笔，按“[”键和“]”键调整画笔大小，在蒙版上涂抹，制作牛奶滴落的效果，如图8-27所示。

图8-27

13 选择“奶牛.png”素材，并拖入文档，调整大小后按Enter键确定，图像制作完成，如图8-28所示。

图8-28

8.4　冰冻文字——清爽冰水

本节学习利用图层样式和图层剪贴蒙版来制作“清爽”的字效的方法。

01 启动Photoshop 2020，执行“文件”|“打开”命令，打开“背景.jpg”素材，如图8-29所示。

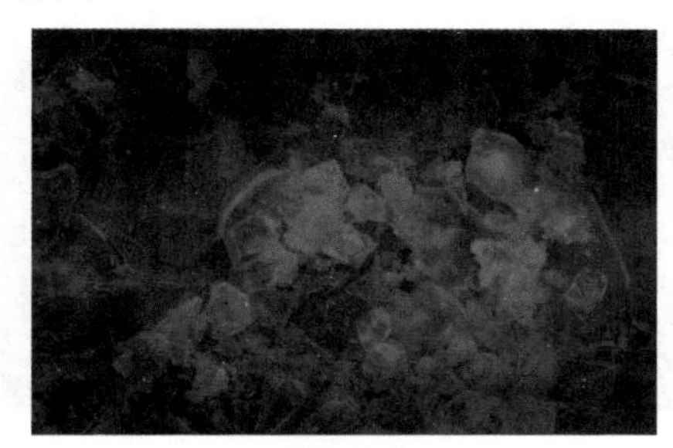

图8-29

02 选择工具箱中的“横排文字工具” T，在工具选项栏中设置字体为Arial Rounded MT Bold，字号为900点，并设置文字颜色为#7addff，输入文字Water，如图8-30所示。

图8-30

03 选中文字图层，右击，在弹出的快捷菜单中选择“栅格化文字”命令。再次右击，在弹出的快捷菜单中选择“转换为智能对象”命令。

04 执行“滤镜”|“风格化”|“风”命令，设置“方法”为“大风”，“方向”为“从左”，如图8-31所示。

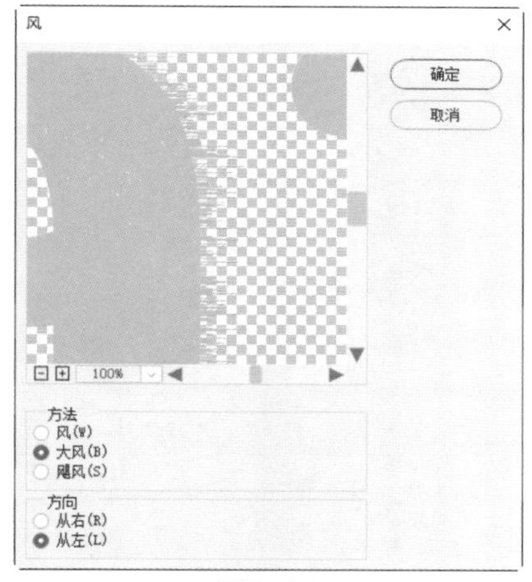

图8-31

“风”滤镜能够将图像中的像素朝着某个指定的方向进行虚化，产生一种拉丝状的艺术效果，类似于风吹的效果。由于是对图像像素进行处理，所以使用前需将图层转换为普通图层。

05 单击“确定”按钮后，文字出现风吹的效果，如图8-32所示。

图8-32

06 单击“图层”面板中的“添加图层样式”按钮 fx，在菜单中选择“斜面和浮雕”命令，在对话框中设置“样式”为“内斜面”，“方法”为“平滑”，“深度”为704%，“方向”为“上”，“大小”为199像素，“软化”为0像素；设置阴影的“角度”为90度，“高度”为67度；在“等高线”拾色器中选择“半圆”，“高光模式”为“滤色”，“不透明度”为100%，“阴影模式”为“正片叠底”，“不透明度”为0%，如图8-33所示。

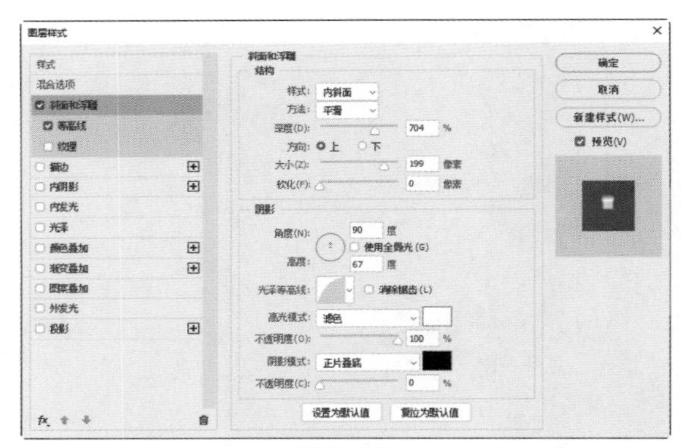

图8-33

07 选中“光泽”复选框，设置“混合模式”为“叠加”，叠加颜色为#60acff，“不透明度”为100%，“角度”为90度，“距离”为15像素，“大小”为15像素；在“等高线”拾色器中选择“高斯”，选中“消除锯齿”和“反相”复选框，如图8-34所示。

08 选中“投影”复选框，设置“不透明度”为35%，“角度”为120度，“距离”为3像素，“扩展”为0%，“大小”为7像素，如图8-35所示。

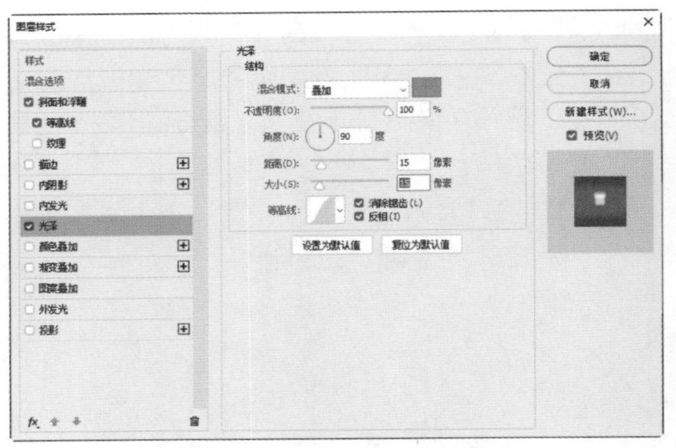

图8-34

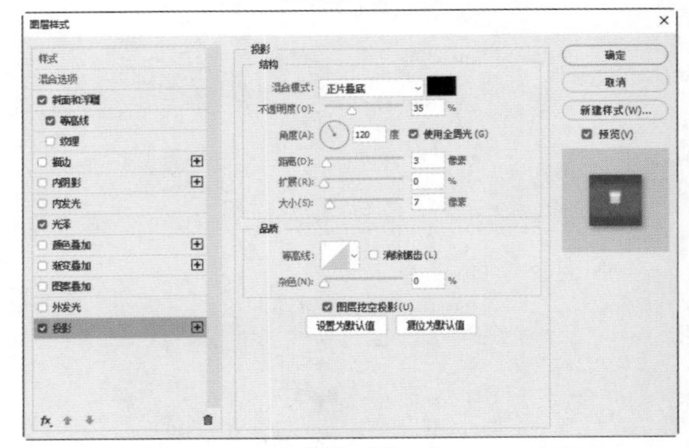

图8-35

09 单击“确定”按钮后，效果如图8-36所示。

图8-36

10 选择“水底.jpg”素材，并拖入文档，调整大小与位置后按Enter键确定，如图8-37所示。

图8-37

11 按住Alt键，在文字图层与水底图层之间单击，创建剪贴蒙版，图像制作完成，如图8-38所示。

图8-38

8.5　金属文字——酷炫金属

本节学习利用图层样式制作质感比较强的金属字效。

01 启动Photoshop 2020，执行“文件”|“新建”命令，新建一个宽为500像素、高为400像素、分辨率为72、背景内容为黑色的RGB文档。

02 选择工具箱中的“横排文字工具”T，在工具选项栏中设置字体为“幼圆”，字号为80点，文字颜色为白色，输入文字“炫酷金属”，如图8-39所示。

图8-39

03 双击文字图层，打开“图层样式”对话框，选中“斜面和浮雕”复选框，设置“样式”为“描边浮雕”，“方法”为“雕刻清晰”，“深度”为170%，“方法”为“上”，“大小”为7像素，“软化”为0像素，“角度”为120度，选中“使用全局光”复选框，设置“高度”为30度，“光泽等高线”为“环形-双”，选中“等高线”复选框，如图8-40所示。

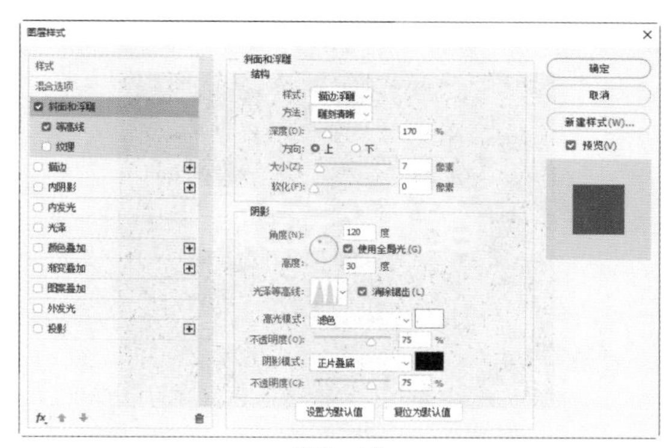

图8-40

04 选中“描边”复选框，设置“大小”为3像素，“位置”为“外部”，“填充类型”为“渐变”，渐变颜色为从# f6eead到# c1ac51，“样式”为“对称的”，如图8-41所示。

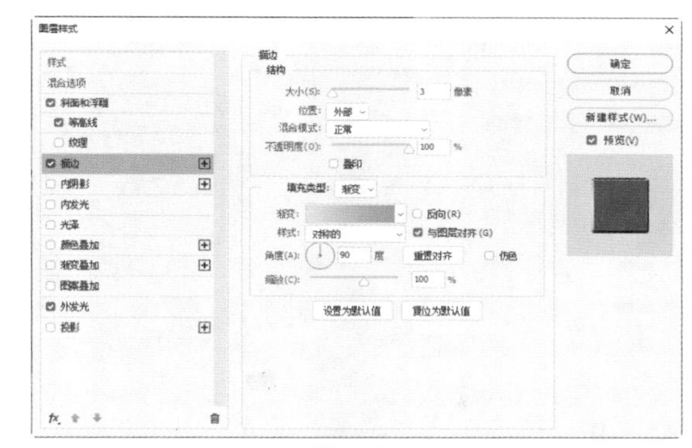

图8-41

05 选中“外发光”复选框，设置“混合模式”为“滤色”，“不透明度”为40%，发光颜色为# e8801f，图素的“方法”为“柔和”，“扩展”为0%，“大小”为44像素，如图8-42所示。

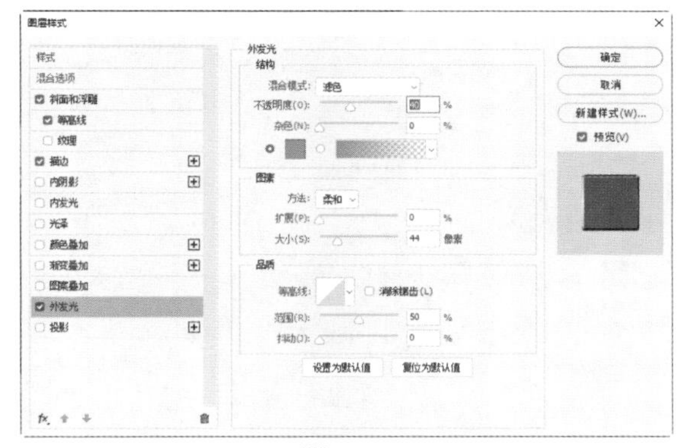

图8-42

06 单击“确定”按钮，文字效果如图8-43所示。

图8-43

07 按快捷键Ctrl+J复制文字图层，双击复制的文字图层，取消选中所有样式，再选中“斜面和浮雕”复选框，设置“样式”为“内斜面”，“方法”为“雕刻清晰”，“深度”为100%，“方向”为“上”，“大小”为22像素，其他参数保持不变，如图8-44所示。

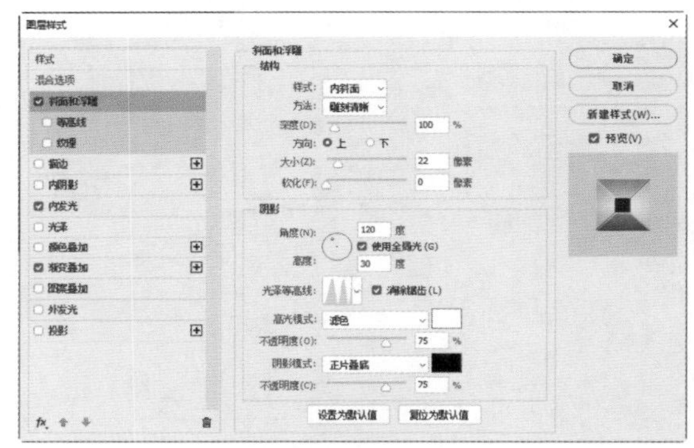

图8-44

08 选中“内发光”复选框，设置“混合模式”为“正片叠底”，“不透明度”为50%，发光颜色为#e8801f，“方法”为“柔和”，“源”为“边缘”，“阻塞”为0%，“大小”为70像素，如图8-45所示。

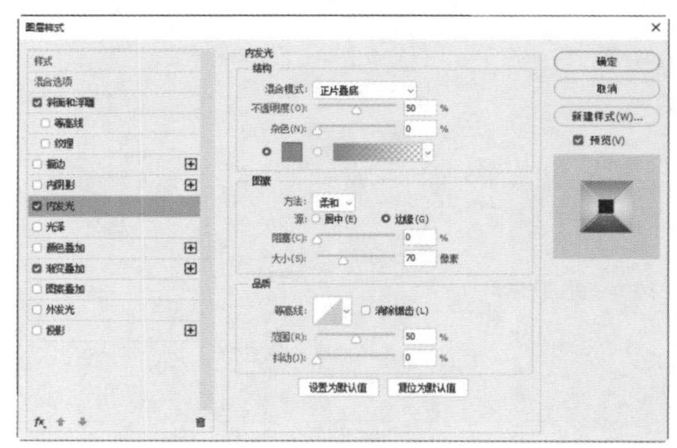

图8-45

09 选中“渐变叠加”复选框，设置渐变颜色为#f6eead到#c1ac51，如图8-46所示。

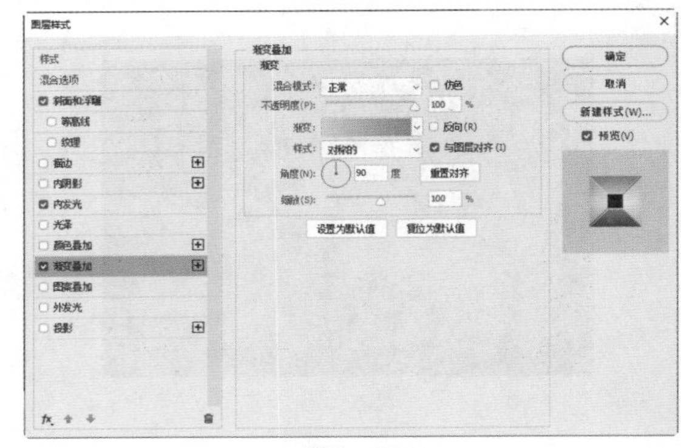

图8-46

10 单击“确定”按钮，文字效果如图8-47所示。

图8-47

11 选中所有文字图层，单击“图层”面板中的“创建新组”按钮，修改组名为“酷炫金属”，如图8-48所示。

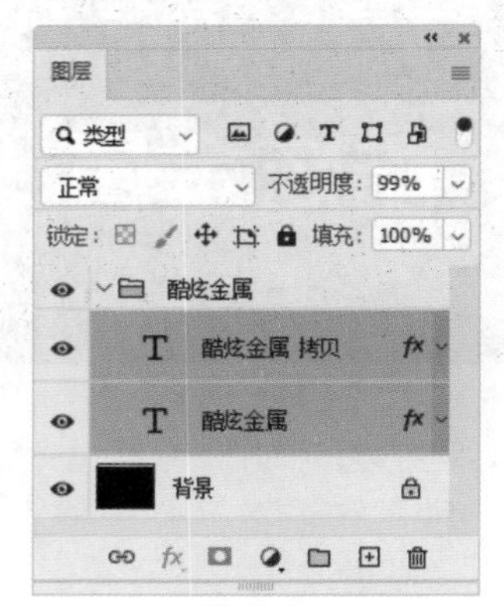

图8-48

12 按快捷键Ctrl+J复制图层组并右击，在弹出的快捷菜单中选择“合并组”命令，此时“图层”面板中的图层效果如图8-49所示。

13 将复制的文字效果进行垂直翻转，再向下移动，设置该图层的“不透明度”为50%，如

图8-50所示。

图8-49

图8-50

14 单击“图层”面板中的“添加图层蒙版”按钮，为复制的文字图层添加图层蒙版，选择“渐变工具”，设置从黑色到白色的线性渐变，在下方的文字中从下往上拖曳一条直线，为蒙版创建渐变，图像制作完成，如图8-51所示。

图8-51

8.6 铁锈文字——生锈的PS

本节学习利用图层样式制作超逼真的铁锈字效，实例中使用到了“混合颜色带”这种特殊的蒙版，它可以快速隐藏像素。与图层蒙版、剪贴蒙版和矢量蒙版只能隐藏一个图层中的像素不同的是，“混合颜色带”不仅可以隐藏一个图层中的像素，还可以使下面图层中的像素穿透上面的图层并显示出来。

01 启动Photoshop 2020，执行“文件”|“打开”命令，打开“背景.jpg”素材，如图8-52所示。

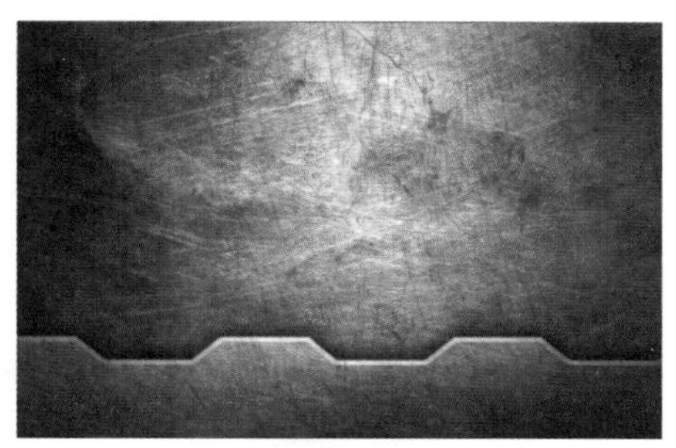

图8-52

02 选择工具箱中的“横排文字工具”，在工具选项栏中设置字体为Arial Rounded MT Bold，字号为255点，文字颜色为黑色，输入文字PS，如图8-53所示。

图8-53

03 选中文字图层，并单击“图层”面板中的“添加图层样式”按钮，在菜单中选择“斜面和浮雕”命令，在对话框中，选中“等高线”复选框。设置“样式”为“内斜面”，“方法”为“雕刻清晰”，“深度”为684%，“方向”为“上”，“大小”为117像素，“软化”为2像素；设置阴影的“角度”为120度，“高度”为30度，“高光模式”为“滤色”，“不透明度”为75%，“阴影模式”为“正片叠底”，“不透明度”为75%，如图8-54所示。

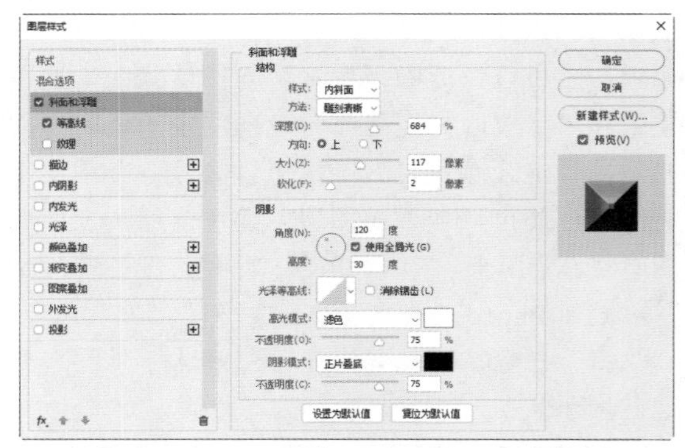

图8-54

04 选中“等高线”复选框，单击“等高线”拾色器的小三角形按钮，在菜单中选择“高斯”选项，设置“范围”为57%，如图8-55所示。

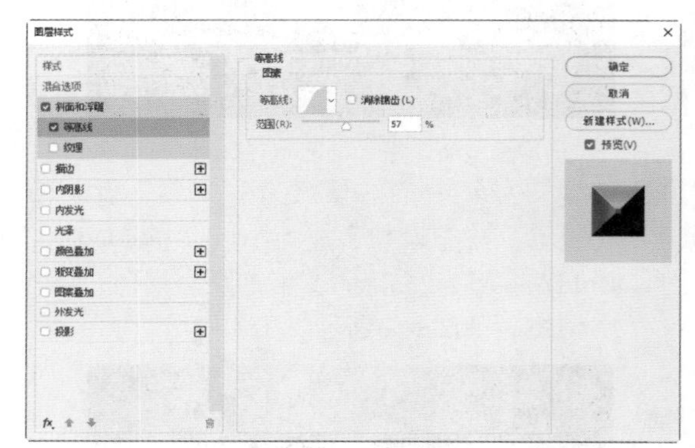

图8-55

05 选中“投影”复选框，设置“不透明度”为75%，“角度”为120度，“距离”为0像素，“扩展”为0%，“大小”为21像素，如图8-56所示。

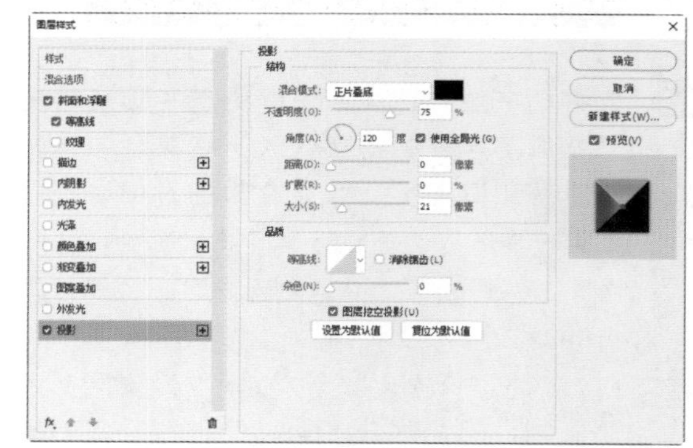

图8-56

06 单击“混合选项”，在“混合颜色带”的下拉列表中选择“灰色”选项，将“本图层”的左边滑块向右拖至数值为77的位置，右边滑块向左拖至数值为178的位置，如图8-57所示。

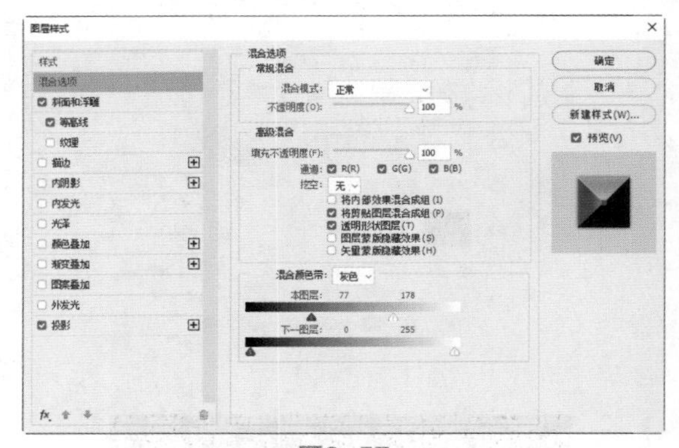

图8-57

“混合颜色带”是用来混合上下两个图层的内容的，可根据本图层或下一图层像素的明暗度或某通道颜色值，决定本图层或下一图层相应位置的像素是否呈现透明（黑色滑块代表阴影，向右拖动可减弱阴影对图像的影响；灰色滑块代表高光，向左拖动可减弱高光对图像的影响），包含通道选项、本图层色条和下一图层色条。调整“本图层”的滑块，将以当前图层的明暗来设置透明区域；调整“下一图层”的滑块，则以本图层下方的图像来设置透明区域；按下Alt键拖动滑块可将滑块拆分。

07 选择“铁锈.jpg”素材，并拖入文档，调整大小后按Enter键确认，如图8-58所示。

08 按住Alt键，在铁锈图层与文字图层之间单击，创建剪贴蒙版，图像制作完成，如图8-59所示。

图8-58

图8-59

8.7 玉雕文字——福

本节学习利用图层样式和滤镜来制作逼真的玉雕字效的方法。

01 启动Photoshop 2020，执行“文件”|“打开”命令，打开“背景.jpg”素材，如图8-60所示。

图8-60

02 选择工具箱中的“横排文字工具” T，在工具选项栏中设置字体为“方正舒体”，字号为244点，文字颜色为#26971f，输入文字“福”，为文字加粗，如图8-61所示。

图8-61

03 选中文字图层，并单击“图层”面板中的“添加图层样式”按钮 fx，在菜单中选择“斜面和浮雕”命令，设置“样式”为“内斜面”，“方法”为“平滑”，“深度”为1000%，“方向”为“上”，“大小”为21像素，“软化”为0像素；设置阴影的“角度”为120度，“高度”为30度，“高光模式”为“滤色”，颜色为白色，“不透明度”为100%，“阴影模式”为“正片叠底”，“不透明度”为0%，如图8-62所示。

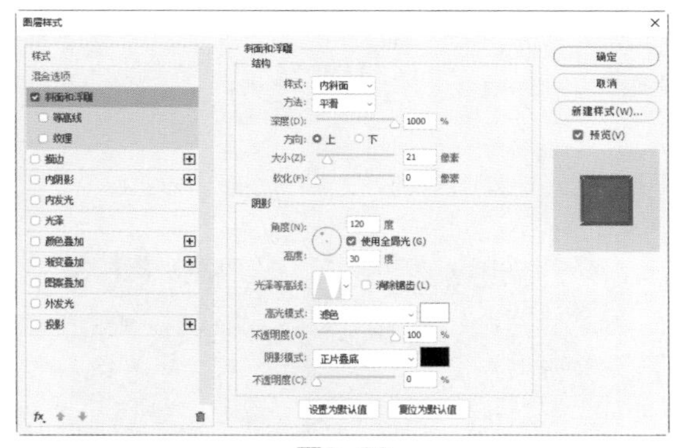

图8-62

04 选中“光泽”复选框，设置“混合模式”为“正片叠底”，叠加颜色为#2f9321，“不透明度”为50%，“角度”为19度，“距离”为88像素，“大小”为88像素；在“等高线”拾色器中选择“高斯”选项，选中“消除锯齿”和“反相”复选框，如图8-63所示。

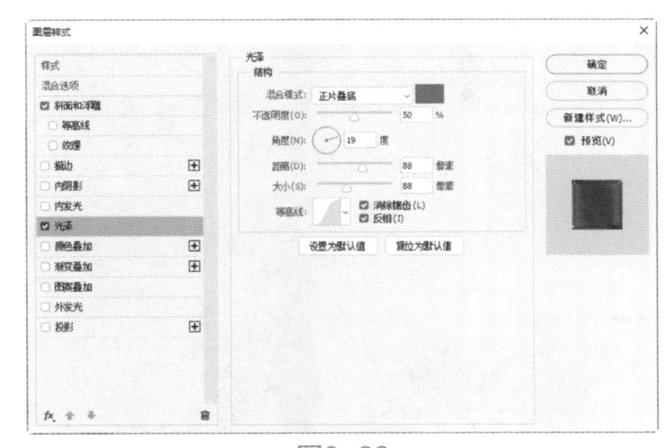

图8-63

05 选中“投影”复选框，设置“不透明度”为75%，“角度”为120度，“距离”为5像素，“扩展”为0%，“大小”为15像素，如图8-64所示。单击“确定”按钮，完成图层样式的设置。

06 单击“创建新图层”按钮 ⊞，创建一个新的空白图层。将前景色设置为白色，将背景色设置为#26971f，执行“滤镜”|“渲

染”|“云彩”命令，如图8-65所示。

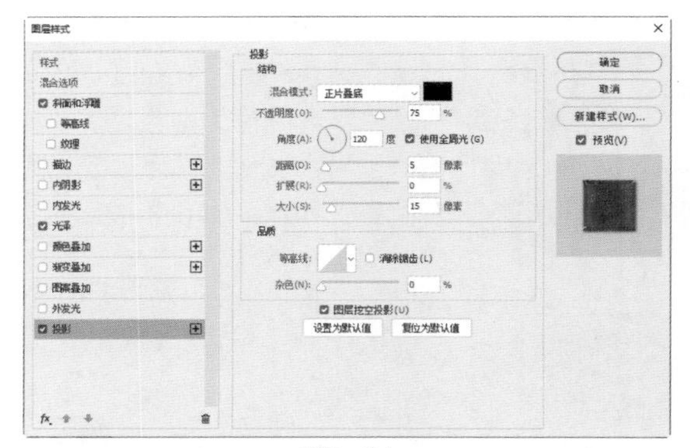

图8-64

图8-65

“云彩”滤镜在6.21节中有相应的案例介绍。

07 将云彩图层的“不透明度”设置为50%，按住Alt键，在云彩图层与文字图层之间单击，创建剪贴蒙版，图像制作完成，如图8-66所示。

图8-66

8.8 蜜汁文字——甜甜的蛋糕

本节主要利用图层样式制作蜜汁字效。

01 启动Photoshop 2020，执行“文件”|“打开”命令，打开“背景.jpg”素材，如图8-67所示。

图8-67

02 选择工具箱中的“横排文字工具” T，在工具选项栏中设置字体为Brush Script Std，字号为160点，文字颜色为白色，输入文字Sweet，如图8-68所示。

图8-68

03 选中文字图层，并单击“图层”面板中的“添加图层样式”按钮 fx，在菜单中选择“斜面和浮雕”命令，选中“等高线”复选框，设置“样式”为“内斜面”，“方法”为“平滑”，“深度”为297%，“方向”为“上”，“大小”为49像素，“软化”为10像素；设置阴影的“角度”为90度，“高度”为70度，高光模式为“线性减淡（添加）”，“不透明度”为100%，阴影模式为“正片叠底”，“不透明度”为75%，如图8-69所示。

04 选中“等高线”复选框，单击“等高线”拾色器的小三角形按钮，在菜单中选择“高斯”选项，设置“范围”为100%，如图8-70所示。

05 选中“内发光”复选框，设置混合模式为“正片叠底”，“不透明度”为100%，“颜色”为#720b00，图素的“阻塞”为

3%，“大小”为16像素，品质的“范围”为50%，如图8-71所示。

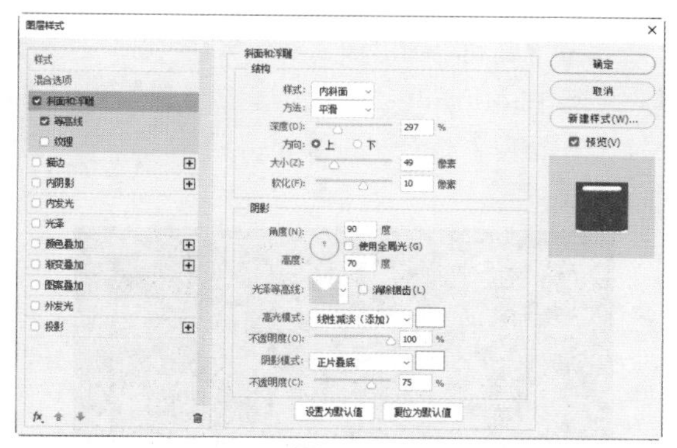

图8-69

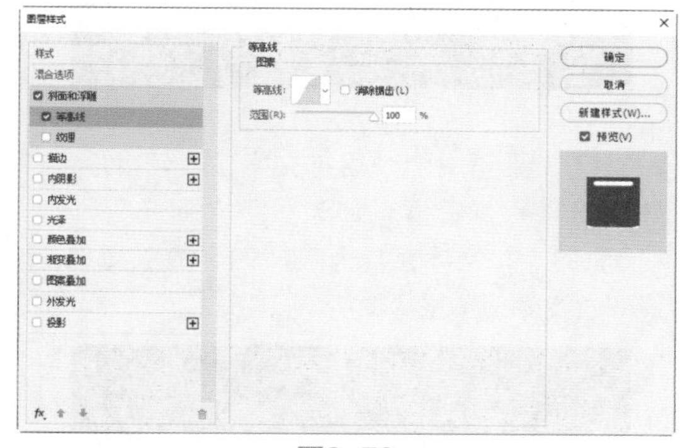

图8-70

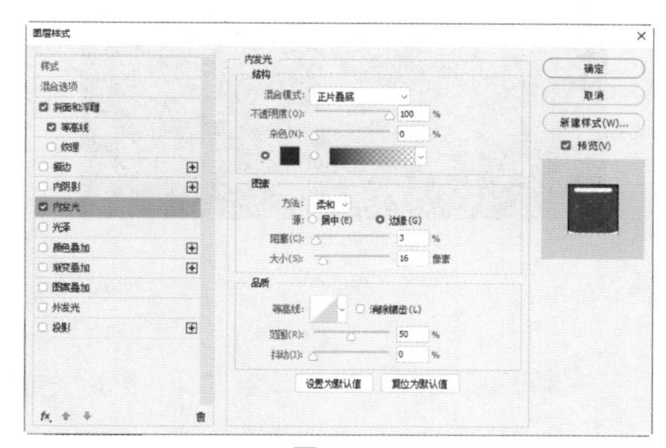

图8-71

06 选中“渐变叠加”复选框，设置混合模式为“正常”，“不透明度”为100%，渐变的起点颜色为#d6782d，终点颜色为#ba5a1f，“样式”为“线性”，“角度”为90度，如图8-72所示。

07 选中“投影”复选框，设置“混合模式”为“正常”，投影颜色为#471700，“不透明度”为100%，“距离”为0像素，“扩展”为0%，“大小”为21像素，如图8-73所示。

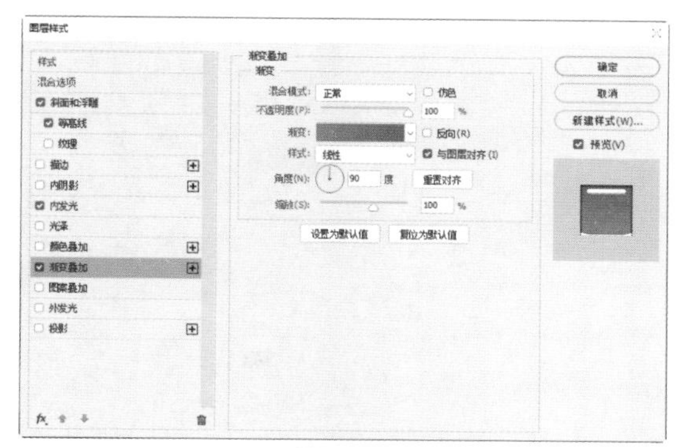

图8-72

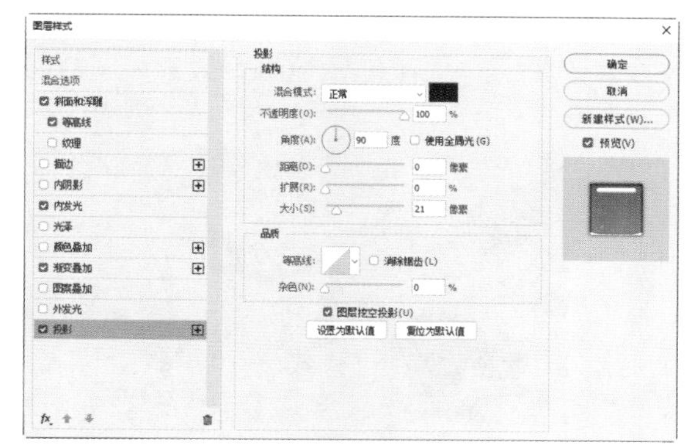

图8-73

08 单击“确定”按钮后，效果如图8-74所示。

图8-74

09 按快捷键Ctrl+J复制文字图层，双击图层上右侧的fx小图标，弹出“图层样式”对话框。取消选中“内发光”“渐变叠加”和“投影”复选框，选中“斜面和浮雕”复选框，设置“样式”为“内斜面”，“方法”为“平滑”，“深度”为52%，“方向”为“上”，“大小”为38像素，“软化”为0像素；设置阴影的“角度”为90度，“高度”为70度，设置“高光模式”为“滤色”，其“不透明度”为60%，设置“阴影模式”为“正常”，其“不透明度”为0%，如图8-75所示。

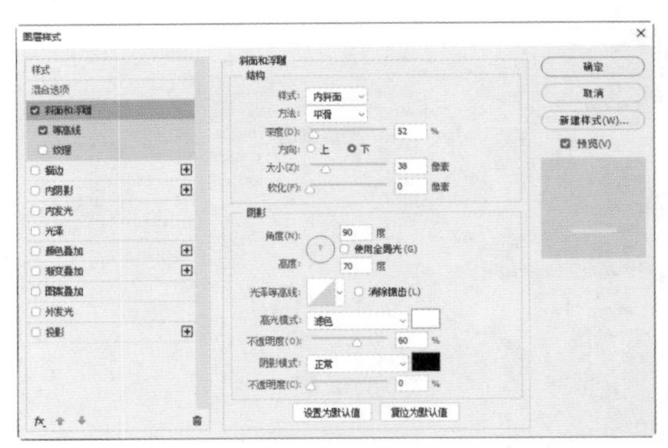

图8-75

10 单击“确定”按钮，并在“图层”面板中设置该图层的“填充”为0%，效果如图8-76所示。

图8-76

图层的“填充”与“不透明度”的区别：“填充”只对图层上的填充颜色起作用，对图层上添加的一些特效，如描边、投影、斜面浮雕等不起作用；“不透明度”对整个图层起作用，包括图层特效，如阴影、外发光等。

11 按住Ctrl键，选择两个Sweet图层，并拖到“图层”面板中的“创建新图层”按钮上，复制这两个图层。

12 将复制图层上的文字更改为Cake，设置文字大小为138点，使文字置于画面中的合适位置，图像制作完成，如图8-77所示。

图8-77

8.9 霓虹字——欢迎光临

本节主要利用图层样式制作霓虹字效。

01 启动Photoshop 2020，执行“文件”|“打开”命令，打开“背景.jpg”素材，如图8-78所示。

图8-78

02 选择工具箱中的“横排文字工具” T，在工具选项栏中设置字体为“华文彩云”，字号为133点，文字颜色为#ffe793，输入文字“欢迎光临”，如图8-79所示。

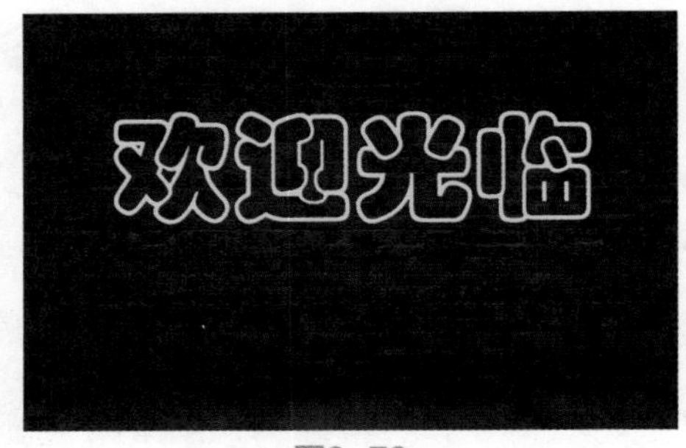

图8-79

03 选中文字图层，并单击“图层”面板中的“添加图层样式”按钮，在菜单中选择“斜面和浮雕”命令，设置“样式”为“内斜面”，“方法”为“平滑”，“深度”为409%，“方向”为“上”，“大小”为13像素；设置阴影的“角度”为45度，“高度”为58度，光泽等高线为“半圆”，设置“高光模式”为“滤色”，其“不透明度”为100%，设置“阴影模式”为“正片叠底”，其“不透明度”为0%，如图8-80所示。

04 选中“内发光”复选框，设置混合模式为“正常”，“不透明度”为80%，颜色为#fff000，图素的“阻塞”为0%，“大小”为

12像素，品质的“范围”为61%，如图8-81所示。

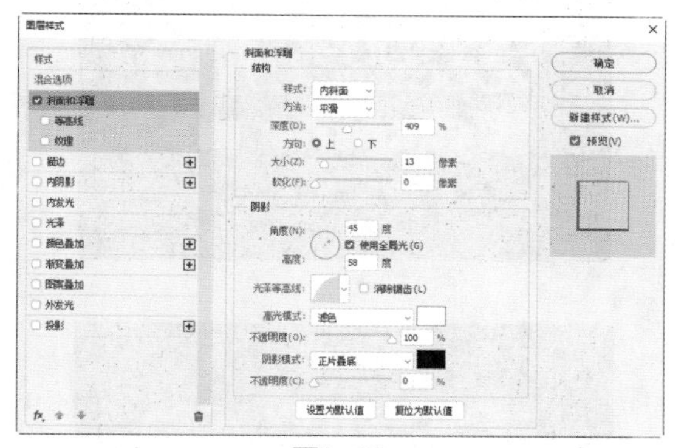

图8-80

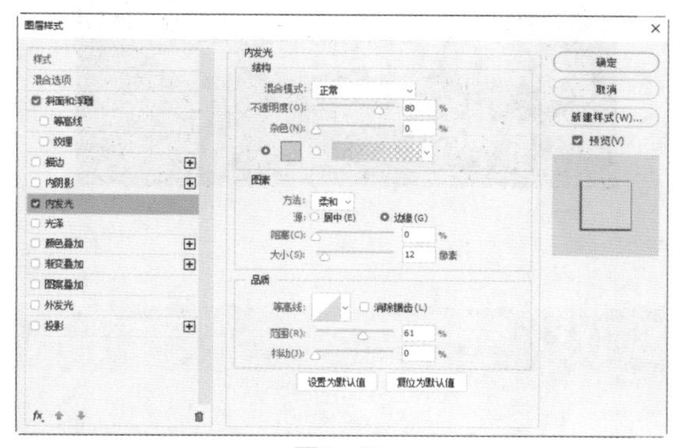

图8-81

05 选中“光泽”复选框，设置“混合模式”为“滤色”，叠加颜色为白色，“不透明度”为42%，“角度”为19度，“距离”为11像素，“大小”为14像素；在“等高线”拾色器中选择“高斯”选项，选中“反相”复选框，如图8-82所示。

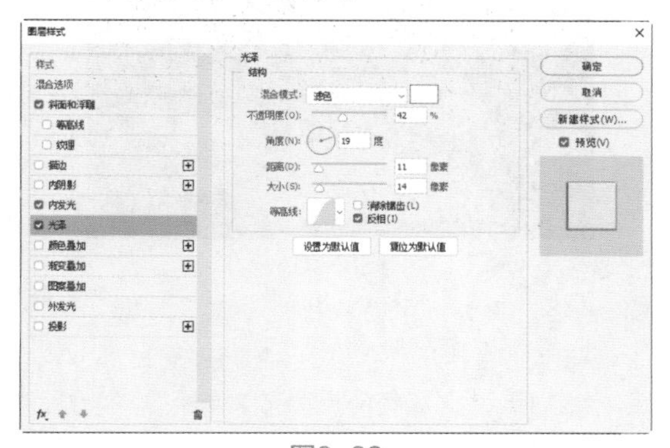

图8-82

06 选中“外发光”复选框，设置“混合模式”为“正常”，“不透明度”为75%，外发光颜色为#cf9700，图素的“方法”为“柔和”，“扩展”为0%，“大小”为35像素，品质的“范围”为32%，如图8-83所示。

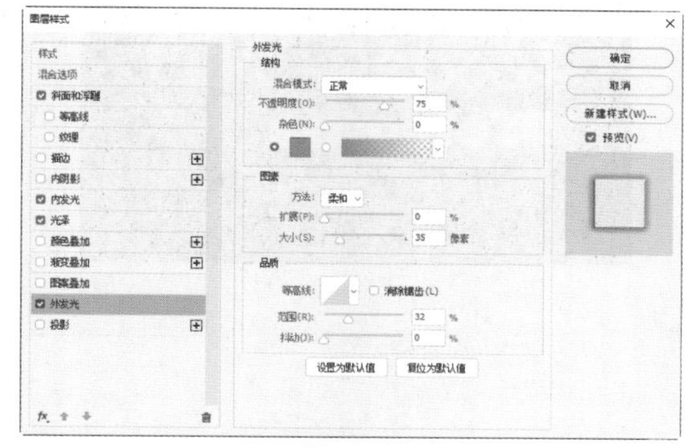

图8-83

07 选中“投影”复选框，设置“混合模式”为“正常”，投影颜色为#904b00，“不透明度”为75%，“角度”为120度，“距离”为27像素，“大小”为95像素，如图8-84所示。

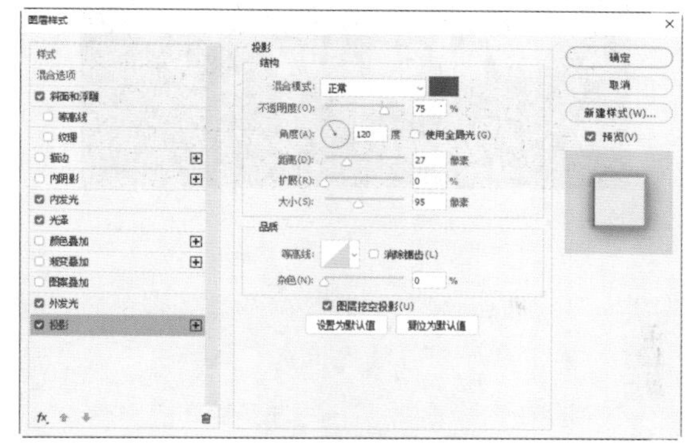

图8-84

08 单击“确定”按钮后，效果如图8-85所示。

图8-85

09 按快捷键Ctrl+J复制“欢迎光临”图层，将文字更改为Welcome，更改字体为Gill Sans Ultra Bold，文字大小为66点，填充颜色为#ebbbff，如图8-86所示。

图8-86

10 双击图层上右侧的fx图标，在“图层样式”对话框中，分别将“内发光”的颜色更改为#dd00fe、“外发光”的颜色更改为#b41ff9、“投影”的颜色更改为#c200df，单击“确定”按钮后，效果如图8-87所示。

图8-87

依次类推，若要制作其他颜色的霓虹字，可分别将填充颜色、内发光、外发光和投影的颜色更改为同一色系并逐步加深的颜色。

11 选择工具箱中的“自定形状工具”，在工具选项栏的“自定形状”拾色器中选择“箭头9”选项➡，单击并拖动，绘制一个箭头形状，并填充颜色为#afffb8，如图8-88所示。

12 选择Welcome图层，按快捷键Ctrl+J复制该图层，单击并拖动该图层上的“图层样式”图标fx到箭头图层上。此时，复制的Welcome图层样式将应用到箭头图层上。

13 双击图层上右侧的fx图标，在“图层样式”对话框中，分别将“内发光”的颜色更改为#00ff42、“外发光”的颜色更改为#00cf05、“投影”的颜色更改为#038700，单击“确定”按钮，如图8-89所示，图像制作完成。

图8-88

图8-89

8.10 星光文字——新年快乐

本节主要利用描边路径结合图层样式制作星光字效。

01 启动Photoshop 2020，执行“文件”|“打开”命令，打开“背景.jpg”素材，如图8-90所示。

图8-90

02 选择工具箱中的“横排文字工具”T，在工具选项栏中设置字体为“方正舒体”，字号为213点，文字颜色为白色，输入文字“新年快乐”，如图8-91所示。

03 按住Ctrl键，单击文字图层缩略图，将文字边缘载入选区。移动指针到文字图层缩略图之后，右击，在弹出的快捷菜单中选择“创建工作路径”命令，如图8-92所示。

图8-91

图8-92

04 单击文字图层前的“眼睛”图标，将文字隐藏。

05 将前景色设置为白色，选择“画笔工具”，单击“切换画笔面板”按钮，打开“画笔”面板，如图8-93所示。

06 选择一个硬边圆，设置“画笔笔尖形状”的属性，其“大小”为8像素，“硬度”为100%，选中“间距”复选框，并设置“间距”为100%，取消选中“平滑”复选框，如图8-94所示。

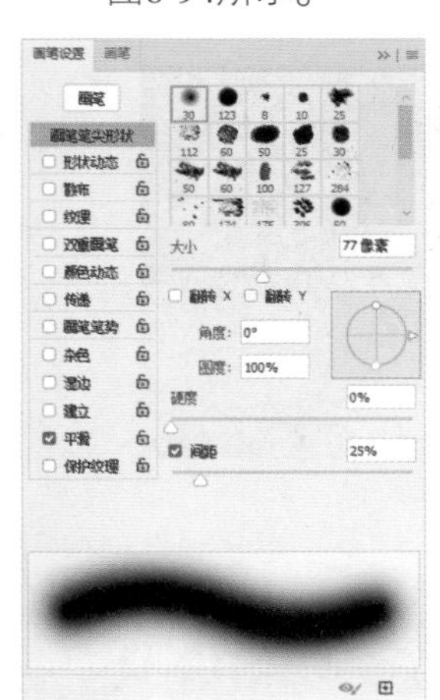

图8-93

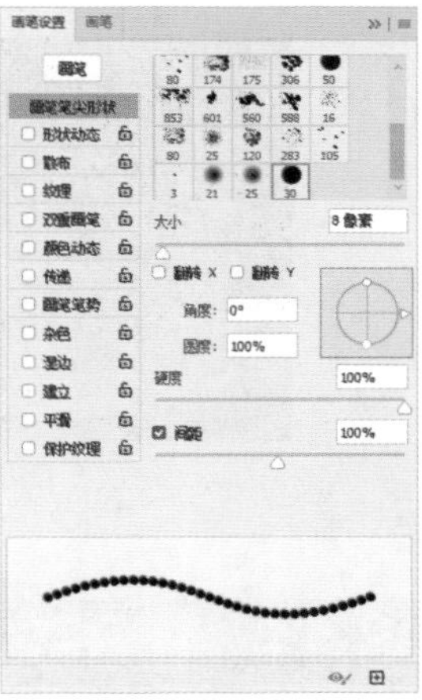

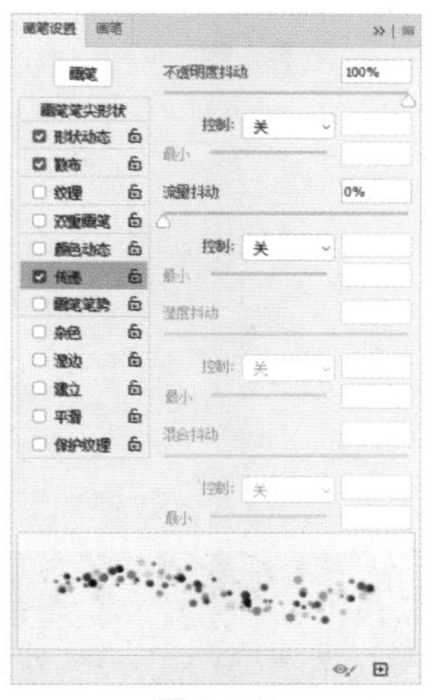

图8-94

07 选中“画笔”面板左侧的“形状动态”复选框，设置“大小抖动”为60%，如图8-95所示。

08 选中“画笔”面板左侧的“散布”复选框，设置“散布”值为695%，并选中“两轴”复选框，在“数值”文本框中输入2，设置“数量抖动”为0%，如图8-96所示。

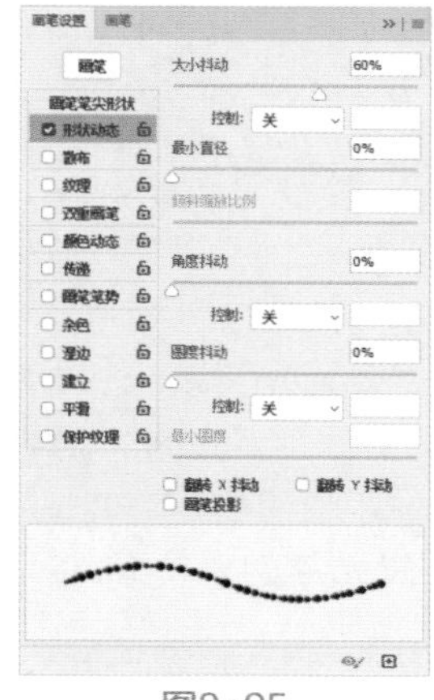

图8-95

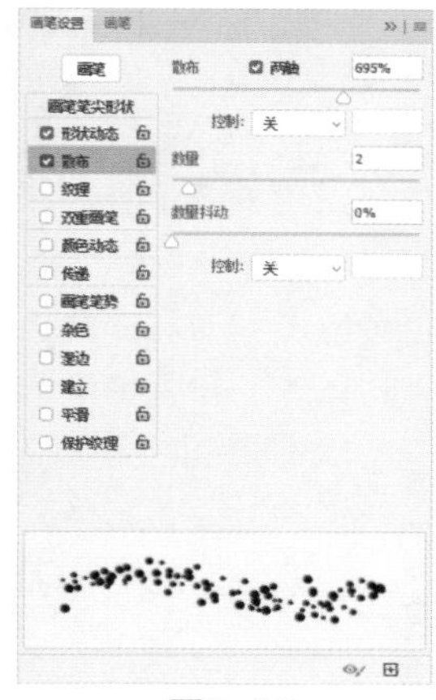

图8-96

09 选中“画笔”面板左侧的“传递”复选框，设置“不透明度抖动”值为100%，“流量抖动”值为0%，如图8-97所示。

图8-97

10 单击“创建新图层”按钮，创建一个新的空白图层。

11 在“路径”面板中，右击，在弹出的快捷菜单中选择“描边路径”命令，在弹出的“描边路径”对话框中选择“工具”为“画笔”，单击“确定”按钮，效果如图8-98所示。

图8-98

12 回到“图层”面板选择该图层，右击，在弹出的快捷菜单中选择“转换为智能对象”命令。

13 单击“图层”面板中的“添加图层样式”按钮 fx，在菜单中选择“外发光”命令。在弹出的“图层样式”对话框中，设置“混合模式”为“滤色”，“不透明度”为75%，“杂色”为11%，外发光颜色为#150ff6，图素的“方法”为“柔和”，“扩展”为100%，“大小”为0像素，品质的“范围”为50%，如图8-99所示。

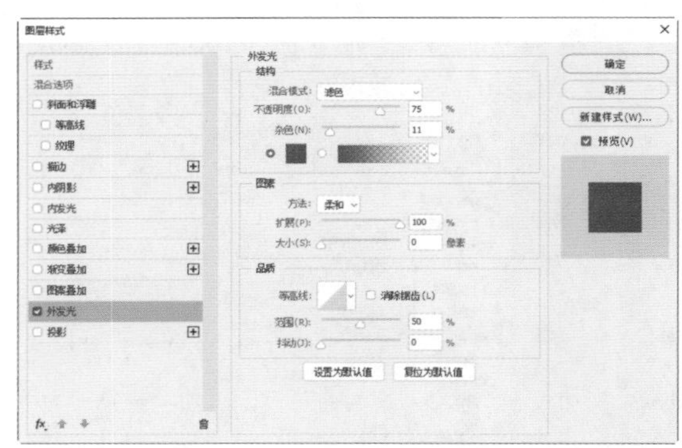

图8-99

14 单击“确定”按钮后，效果如图8-100所示。

图8-100

15 选择工具箱中的“横排文字工具” T，在工具选项栏中设置字体为Brush Script Std，字号为25点，文字颜色白色，输入文字HAPPY NEW YEAR，如图8-101所示。

图8-101

16 单击“图层”面板中的“添加图层样式”按钮 fx，在菜单中选择“外发光”命令。在弹出的“图层样式”对话框中，设置“混合模式”为“滤色”，“不透明度”为75%，“杂色”为11%，外发光颜色为#150ff6，图素的“方法”为“柔和”，“扩展”为50%，“大小”为5像素，品质的“范围”为50%，如图8-102所示。

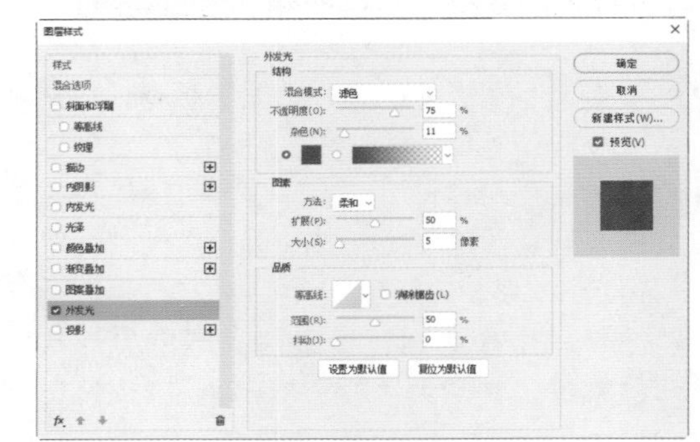

图8-102

17 单击“确定”按钮后，效果如图8-103所示，图像制作完成。

图8-103

8.11 橙子文字——Orange

本节主要利用图层样式结合剪贴蒙版制作橙

子字效。

01 启动Photoshop 2020，执行“文件”|“打开”命令，打开“背景.jpg”素材，如图8-104所示。

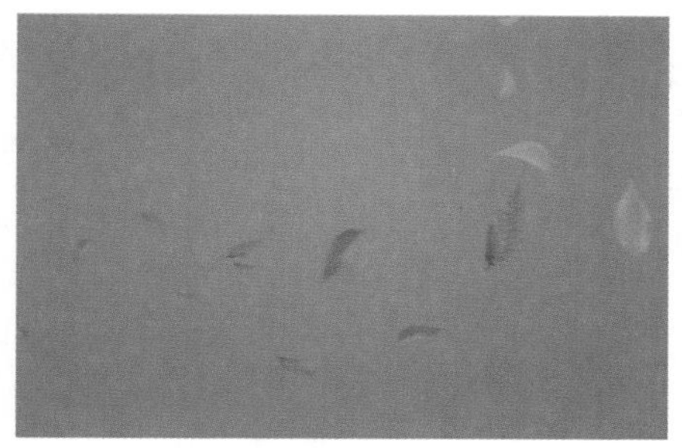

图8-104

02 选择工具箱中的“横排文字工具” T，在工具选项栏中设置字体为Gill Sans Ultra Bold Condensed，字号为170点，文字颜色为白色，输入文字ORANGE，如图8-105所示。

图8-105

03 选中文字图层，并单击“图层”面板中的“添加图层样式”按钮 fx，在菜单中选择“描边”命令，设置描边“大小”为8像素，颜色为#fff100，如图8-106所示。

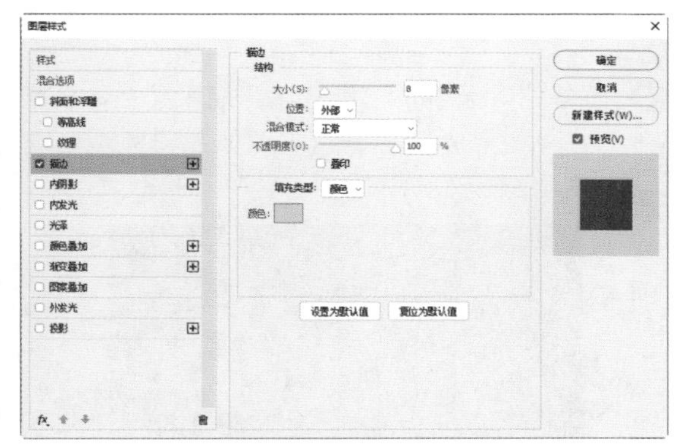

图8-106

04 选中“内发光”复选框，设置“混合模式”为“正片叠底”，“不透明度”为100%，颜色为#6e1e05，图素的“阻塞”为9%，“大小”为13像素，品质的“范围”为82，如图8-107所示。

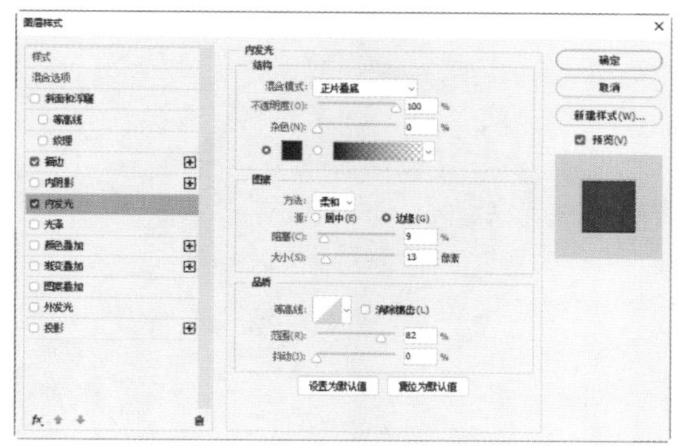

图8-107

05 选中“投影”复选框，设置“不透明度”为75%，“角度”为120度，“距离”为13像素，“扩展”为26%，“大小”为5像素，如图8-108所示。

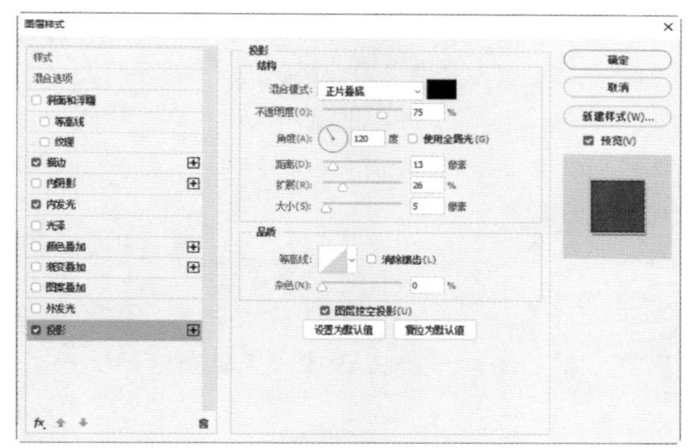

图8-108

06 单击“确定”按钮后，效果如图8-109所示。

图8-109

07 执行“文件”|“打开”命令，打开“橙子.jpg”素材，如图8-110所示，双击“背景”图层将其转换为普通图层。

08 选择工具箱中的“椭圆选框工具” ◌，按住Shift键，拖出选区并按住鼠标左键不松，同时再按住空格键，将选区拖移到合适的位置，如图8-111所示。

图8-110

图8-111

在不松开鼠标左键的情况下，按住空格键，能手动调整选区的位置。松开空格键后拖动鼠标，还可以变换选区的大小。

09 按快捷键Ctrl+Shift+I反选选区，执行“选择”|“修改”|“羽化”命令，在弹出的“羽化选区”对话框中输入“羽化半径”为5像素，按Delete键删除选区内的像素，如图8-112所示。

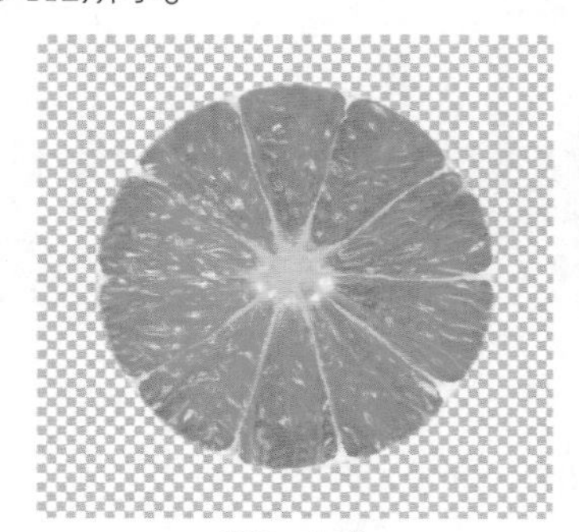

图8-112

10 选择工具箱中的“移动工具”，拖移橙子图像到文字的文档中，调整大小后按Enter键确认。

11 按住Alt键，拖移并复制多个橙子直到覆盖文字，如图8-113所示。

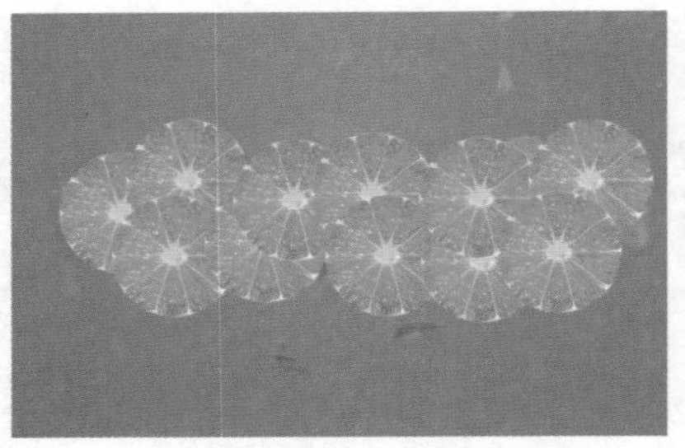

图8-113

12 按住Shift键，选择第一个橙子图层和最上方的橙子图层，将橙子图层全选，右击，在弹出的快捷菜单中选择“合并图层”命令。

组和组之间或组在图层上方，则不能创建剪贴蒙版，因为此处没有将所有图层创建组，而是直接合并图层。

13 按住Alt键，在“图层”面板中合并的橙子图层和文字图层之间单击，创建剪贴蒙版，如图8-114所示。

图8-114

14 选择“叶子.png”素材，并拖入文档，调整大小后按Enter键确认，图像制作完成，如图8-115所示。

图8-115

第9章

创意影像合成

Photoshop 作为一款功能极其强大的图像处理软件，可以轻松地对图像进行“移花接木”，对图像进行创造性的合成，创造现实世界不可能实现的图像。本章通过12个充满想象力的合成作品，让读者了解影像合成的基本方法。

9.1 超现实影像合成——被诅咒的公主

本节通过抠图、“动感模糊”滤镜和可选颜色图层效果，合成一张具有魔幻色彩的图像。

01 启动Photoshop 2020，执行“文件”|“打开”命令，打开“背景.jpg”素材，如图9-1所示。

02 选择“公主.jpg”素材，并拖入文档，调整大小后按Enter键确认，如图9-2所示。

图9-1

图9-2

03 将人物抠出，如图9-3所示。

人物发丝及婚纱半透明抠图参考6.3节的案例介绍。

04 选择“书本.png”素材，并拖入文档，调整大小后按Enter键确认，如图9-4所示。

图9-3

图9-4

05 将书本图层的“不透明度”调整为60%，执行“滤镜”|“模糊”|“动感模糊”命令，设置“角度”为-45°，“距离”为16像素，如图9-5所示。

“动感模糊”滤镜可以模拟物体运动的效果。“角度”设置运动的方向，范围从-360到360；“距离”设置像素的移动距离，“距离”越大图像越模糊。其他模糊效果参考第6.16节的案例介绍。

06 单击“确认”按钮，书本出现动感模糊效果，如图9-6所示。

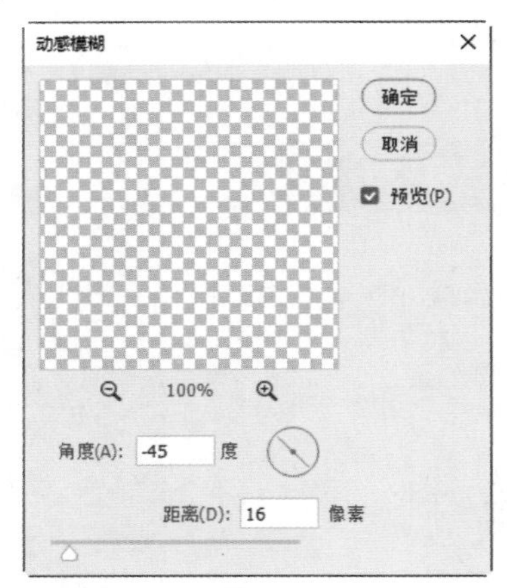

图9-5

图9-6

07 选择“大象.png”“皇冠.png”和“翅膀.png”素材，并拖入文档，调整大小后按Enter键确认，如图9-7所示。

图9-7

08 单击“图层”面板中的“创建新的填充或调整图层”按钮，在菜单中选择“可选颜色”命令，在“属性”面板中，颜色选择“红色”，设置“青色”为+100，“洋红”为-100，“黄色”和“黑色”均为+100，如图9-8所示。

09 在“属性”面板中，颜色选择“黄色”，设置“青色”为+100，“洋红”为0，“黄色”为-100，“黑色”为+100，如图9-9所示。

图9-8

图9-9

10 按住Alt键，在可选颜色图层与皇冠图层之间单击，创建剪贴蒙版，此时，皇冠的颜色发生改变，如图9-10所示。

图9-10

11 单击“图层”面板中的“创建新图层”按钮，创建一个新的空白图层。将前景色设置为#b38850，按快捷键Alt+Delete填充颜色，并将图层的“不透明度”更改为55%，如图9-11所示。

图9-11

12 将填充颜色的图层混合模式更改为“正片叠底”，图像制作完成，如图9-12所示。

图9-12

9.2　超现实影像合成——笔记本里的秘密

本节主要利用蒙版和图层混合模式来合成从笔记本电脑中冲出来汽车的图像效果。

01 启动Photoshop 2020，执行“文件”|“打开”命令，打开“背景.jpg”素材，如图9-13所示。

图9-13

02 选择“汽车.png”素材，并拖入文档，调整大小和方向后，按Enter键确认。

03 单击“图层”面板中的“添加图层蒙版”按钮，为汽车图层创建蒙版。

04 选择工具箱中的“多边形套索工具”，沿笔记本电脑屏幕边缘及汽车尾部创建选区，如图9-14所示。

图9-14

05 将前景色设置为黑色，按快捷键Alt+Delete为蒙版上的选区填充黑色，如图9-15所示。

图9-15

按住Alt键再添加图层蒙版，蒙版为黑色，图像为不可见；直接添加图层蒙版，蒙版为白色，图像可见。

06 选择“碎玻璃.jpg”素材，并拖入文档，调整大小和方向后，按Enter键确认，如图9-16所示。

图9-16

07 将碎玻璃图层的混合模式更改为“滤色”，如图9-17所示。

图9-17

“滤色”混合模式参考4.8节的案例介绍。

08 按快捷键Ctrl+J复制碎玻璃图层，按快捷键Ctrl+T旋转并移动图层，并按Enter键确认，如图9-18所示。

图9-18

09 执行“滤镜”|“模糊”|“动感模糊”命令，设置“角度”为0度，“距离”为30像素，如图9-19所示。

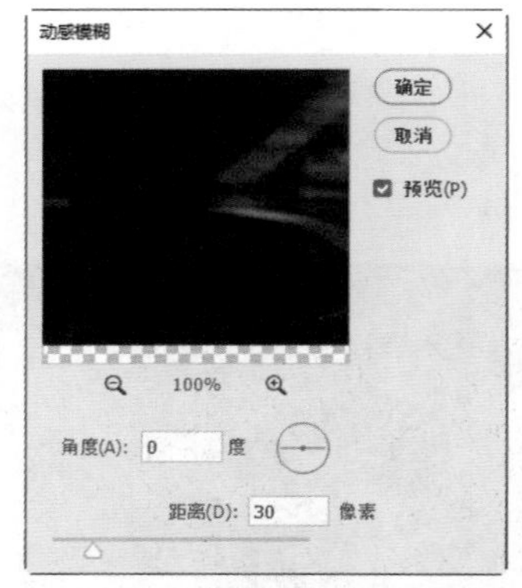

图9-19

10 单击“确定”按钮后，碎玻璃出现动感模糊效果，如图9-20所示。

图9-20

11 单击“图层”面板中的“添加图层蒙版”按钮，为模糊的碎玻璃图层创建蒙版。

12 选择工具箱中的“画笔工具”，将前景色设置为黑色，选择一种柔边画笔，按“[”键和“]”键调整画笔大小，在蒙版上涂抹，隐藏多余的玻璃，如图9-21所示。

图9-21

13 用同样的方法，制作其他位置碎玻璃飞溅的效果，图像制作完成，如图9-22所示。

图9-22

9.3 梦幻影像合成——雪中的城堡

本节以不同色调的图层，通过色彩平衡和曲线来统一调色，合成“雪中的城堡”图像效果。

01 启动Photoshop 2020，执行“文件”|“打开”命令，打开“背景.jpg”素材，如图9-23所示。

图9-23

02 单击“图层”面板中的“创建新图层”按钮，创建一个新的空白图层。

03 选择工具箱中的“画笔工具”，将前景色设置为白色，选择一种柔边画笔，按“[”键和“]”键调整画笔大小，在图层上的不同区域单击，制作雪花飘落的效果，如图9-24所示。

图9-24

04 选择“城堡.jpg”素材，并拖入文档，调整大小和方向后，按Enter键确认，如图9-25所示。

图9-25

05 单击“图层”面板中的“添加图层蒙版”按钮，为城堡图层创建蒙版。

06 选择工具箱中的“画笔工具”，将前景色设置为黑色，选择一种柔边画笔，按“[”键和“]”键调整画笔大小，在城堡边缘涂抹，使城堡与背景融合得更好，如图9-26所示。

图9-26

07 单击“图层”面板中的“创建新的填充或调整图层”按钮，在菜单中选择“曲线”命令，调整曲线的弧度，如图9-27所示。

08 单击“图层”面板中的“创建新的填充或调整图层”按钮，在菜单中选择“色彩平衡”命令，选择“中间调”，设置“青色-红色”的值为-29，“洋红-绿色”的值为-4，“黄色-蓝色”的值为+36，如图9-28所示。

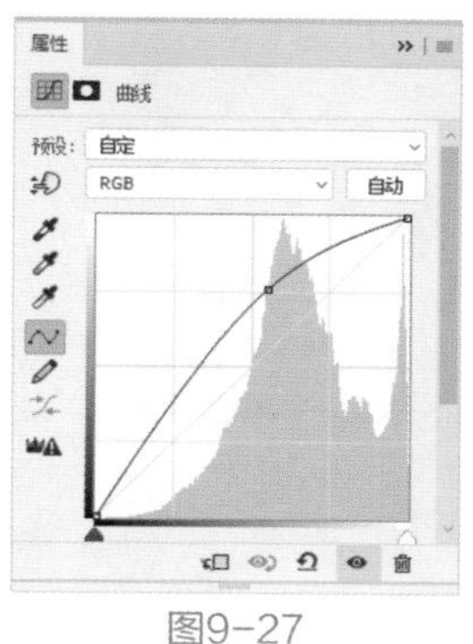

图9-27

属性
色彩平衡
色调: 中间调
青色　红色　-29
洋红　绿色　-4
黄色　蓝色　+36
保留明度

图9-28

“色彩平衡”的使用方法参考4.13节的案例介绍。

09 此时，图像色调发生变化，如图9-29所示。

图9-29

10 选择“树木.jpg”素材，并拖入文档，调整大小和方向后，按Enter键确认，如图9-30所示。

图9-30

11 单击“图层”面板中的“添加图层蒙版”按钮，为树木图层创建蒙版。

12 选择工具箱中的“画笔工具”，将前景色设置为黑色，选择一种柔边画笔，按“[”键和“]”键调整画笔大小，在树木区域涂抹，使树木与背景融合，如图9-31所示。

图9-31

13 单击“图层”面板中的“创建新的填充或调整图层”按钮，在菜单中选择“色彩平衡”命令，选择“中间调”选项，设置“青色-红色”的值为-51，“洋红-绿色”的值为0，“黄色-蓝色”的值为+19，如图9-32所示。

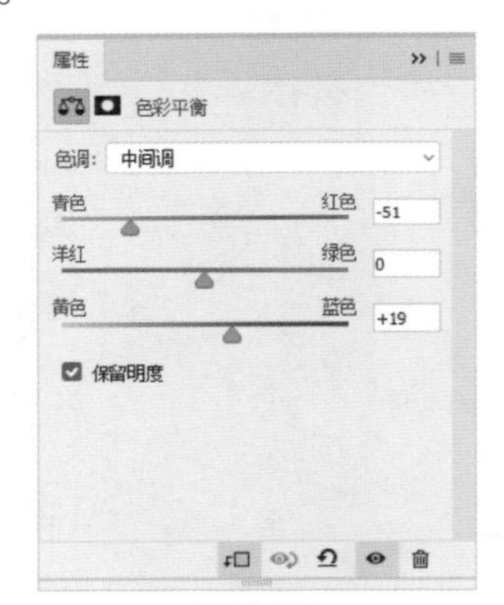

图9-32

14 此时，树木的色调与背景一致，如图9-33所示。

图9-33

15 选择“女王.jpg”素材，并拖入文档，调整大小后，按Enter键确认，如图9-34所示。

16 单击“图层”面板中的“添加图层蒙版”按钮，为女王图层创建蒙版。

图9-34

17 选择工具箱中的“画笔工具”，将前景色设置为黑色，选择一种柔边画笔，按“[”键和“]”键调整画笔大小，在“女王”周围涂抹，使人物与背景融合，如图9-35所示。

图9-35

18 用同样的方法，将“飞鸟.jpg”素材拖入文档，按Enter键确认后，将图层混合模式设置为“颜色加深”，并利用蒙版处理飞鸟素材的边缘，图像制作完成，如图9-36所示。

图9-36

9.4 梦幻影像合成——情迷美人鱼

本节学习利用“色彩平衡”“亮度/饱和度”和蒙版来合成一个海边的美人鱼图像效果。

01 启动Photoshop 2020，执行“文件”|“打开”命令，打开“背景.jpg”素材，如图9-37所示。

图9-37

02 选择“美人鱼.jpg”素材，并拖入文档，调整大小和方向后，按Enter键确认，如图9-38所示。

图9-38

03 单击“图层”面板中的“添加图层蒙版”按钮，为美人鱼图层创建蒙版。

04 选择工具箱中的“画笔工具”，将前景色设置为黑色，选择一种柔边画笔，按“[”键和“]”键调整画笔大小，在“美人鱼”周围涂抹，使人物与背景融合，如图9-39所示。

图9-39

05 单击“图层”面板中的“创建新的填充或调整图层”按钮，在菜单中选择“色彩平衡”命令，选择“中间调”，设置“青色-红色”的值为-18，“洋红-绿色”的值为0，“黄色-蓝色”的值为+100，如图9-40所示。

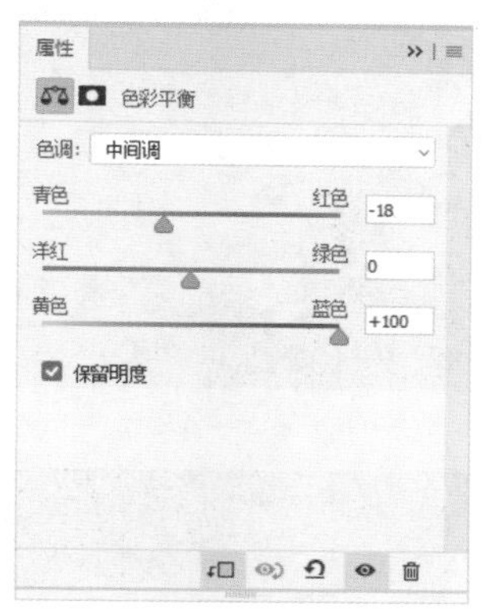

图9-40

06 选择“高光”，设置“青色-红色”的值为0，“洋红-绿色”的值为0，“黄色-蓝色”的值为+100，如图9-41所示。

07 按住Alt键，在色彩平衡图层与美人鱼图层之间单击，创建剪贴蒙版。

08 单击“图层”面板中的“创建新的填充或调整图层”按钮，在菜单中选择“亮度/对比度”命令，设置“亮度”为21，“对比度”为0，如图9-42所示。

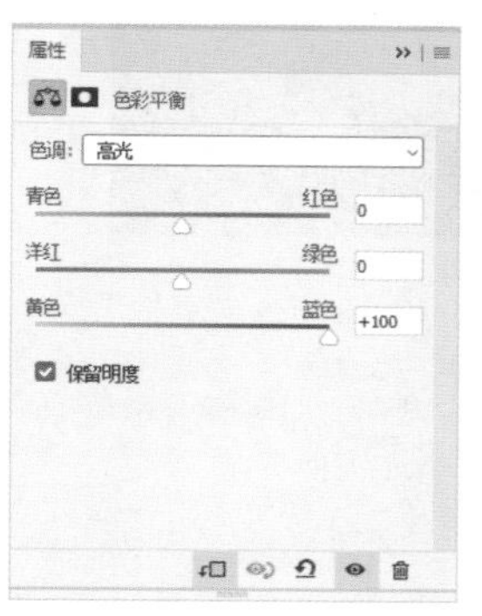

图9-41

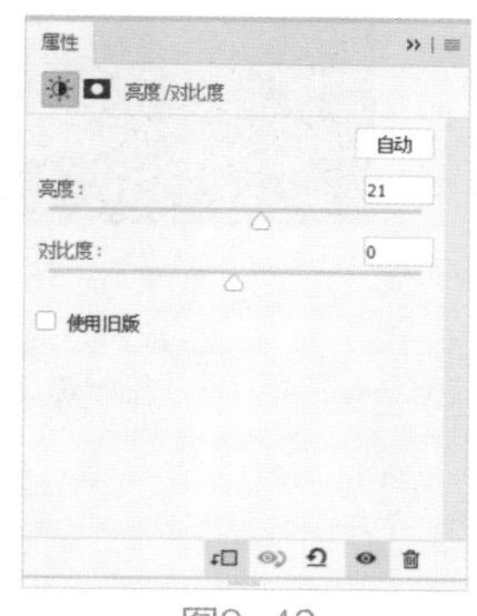

图9-42

09 按住Alt键，在色彩平衡图层与亮度/对比度图层之间单击，创建剪贴蒙版。

10 此时，美人鱼图层的色调与背景协调一致，如图9-43所示。

11 选择“鱼尾.png”素材，并拖入文档，调整大小和方向后，按Enter键确认，如图9-44所示。

12 选择工具箱中的“横排文字工具”，在工具选项栏中设置字体为“宋体”，字号为90点，文字颜色为#f9c267，并输入文字“美”，如图9-45所示。

图9-43

图9-44

图9-45

金属质感字体制作方法参考8.6节的案例介绍。

13 单击“图层”面板中的“创建新的填充或调整图层”按钮，在菜单中选择“斜面和浮雕”命令，设置“样式”为“内斜面”，“方法”为“雕刻清晰”，“深度”为1000%，“方向”为“上”，“大小”为250像素，“软化”为0像素；设置阴影的“角度”为130度，“高度”为20度，“光泽等高线”为“锥形”，“高光模式”为“实色混合”，“不透明度”为65%，“阴影模式”为“线性加深”，“不透明度”为20%，如图9-46所示。

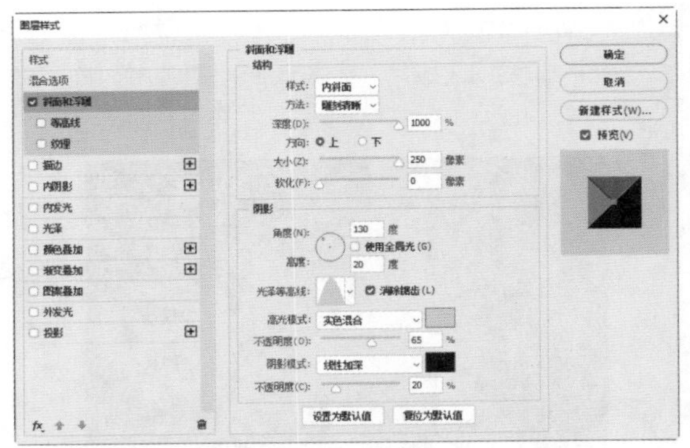

图9-46

14 按快捷键Ctrl+J复制文字图层，将图层的“填充”设置为0%，单击“混合选项”，在“混合颜色带”的下拉列表中选择“灰色”选项，将“本图层”的左侧滑块向右拖至数值为97的位置，如图9-47所示。

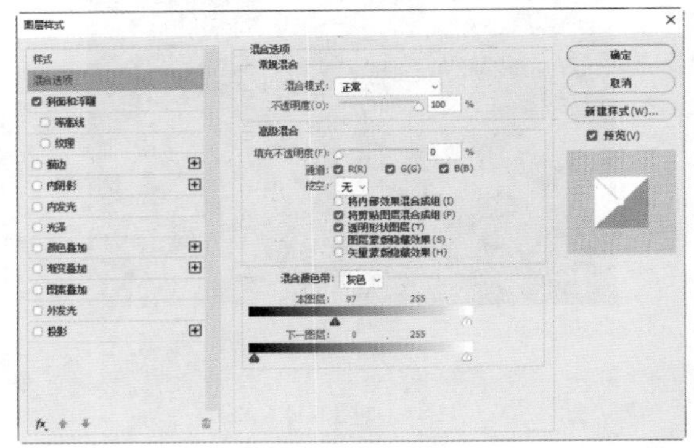

图9-47

15 选择“斜面和浮雕”选项，更改“样式”为“内斜面”，“方法”为“平滑”，“深度”为1000%，“方向”为“上”，“大小”为0像素，“软化”为0像素；设置阴影的“角度”为90度，“高度”为70度，“高光模式”为“实色混合”，其“不透明度”为40%，“阴影模式”为“线性加深”，其“不透明度”为100%，如图9-48所示。

16 选择“纹理”选项，单击“图案”拾色器的小三角形按钮，单击图标，在菜单中选择“填充纹理2”命令，追加图案。选择“稀疏基本杂色”图案，设置“缩放”为100%，“深度”为+100%，并选中“反相”和“与图层链接”复选框，如图9-49所示。

17 选择“图案叠加”选项，单击“图案”拾色器的小三角形按钮，单击图标，在菜单中选择“填充纹理2”命令，追加图案。选择“稀疏基本杂色”图案，设置“混合模式”为“正片叠底”，“不透明度”为40%，“缩放”为100%，如图9-50所示。

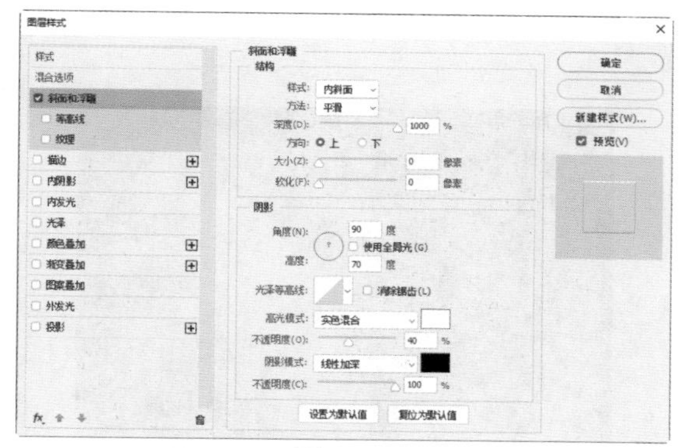

图9-48

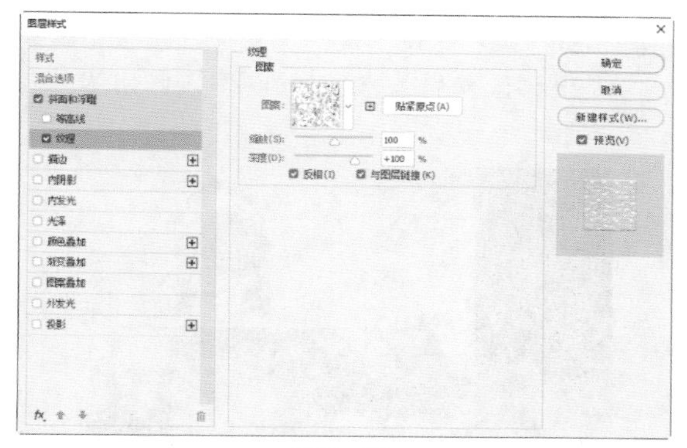

图9-49

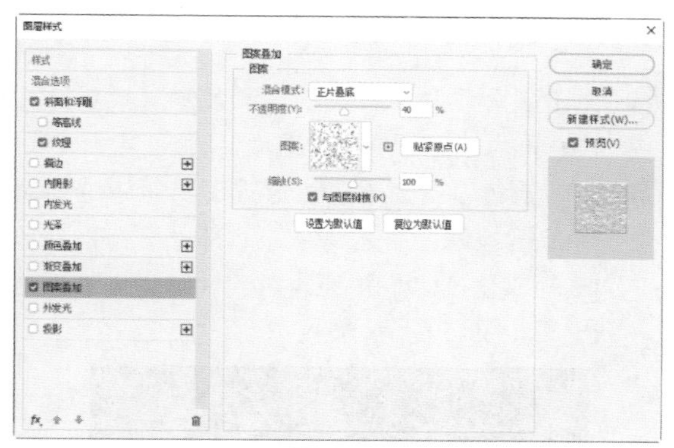

图9-50

18 单击“确定”按钮后，文字效果如图9-51所示。

19 在“图层”面板中选择两个文字图层，并拖至“创建新图层”按钮上，复制图层，并将文字更改成“人”，用同样的方法制作“鱼”字。

图9-51

20 在“图层”面板中选择两个“鱼”文字图层，并拖至“创建新图层”按钮上，复制图层，并将文字更改成MERMAID，字体更改为AddamsCapitals，字号更改为50点，颜色更改为#0087a3，图像制作完成，如图9-52所示。

图9-52

9.5 梦幻影像合成——太空战士

本节学习利用“色彩平衡”命令合成太空战士图像效果。

01 启动Photoshop 2020，执行“文件”|“打开”命令，打开“背景.jpg”素材，如图9-53所示。

02 单击“图层”面板中的“创建新的填充或调整图层”按钮，在菜单中选择“色彩平衡”命令，选择“中间调”，设置“青色-红色”的值为0，“洋红-绿色”的值为+48，“黄色-蓝色”的值为+94，如图9-54所示。

图9-53

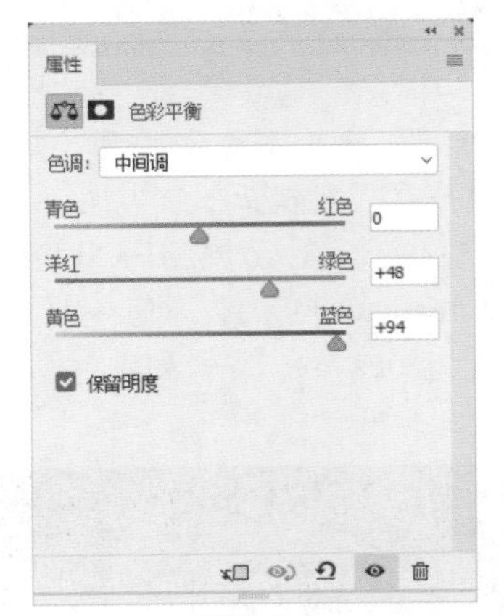

图9-54

03 此时，背景色调发生变化，如图9-55所示。

图9-55

04 选择“地球.jpg”素材，并拖入文档，调整大小和方向后，按Enter键确认，如图9-56所示。

图9-56

05 按住Alt键，单击“图层”面板中的“添加图层蒙版”按钮，为地球图层创建蒙版。

06 选择工具箱中的“渐变工具”，设置起点颜色为黑色、终点颜色为白色的线性渐变，从地球图层的蒙版中心处向画面的左下方单击并拖曳填充渐变，如图9-57所示。

图9-57

07 选择“战士.jpg”素材，并拖入文档，调整大小和位置后，按Enter键确认，如图9-58所示。

图9-58

08 单击“图层”面板中的“添加图层蒙版”按钮，为战士图层创建蒙版。

09 将前景色设置为黑色，选择工具箱中的“魔棒工具”，将人物之外的部分选出，并按快捷键Alt+Delete填充黑色。此时，人物被抠出，如图9-59所示。

图9-59

10 单击“图层”面板中的“创建新的填充或调

整图层”按钮 ，在菜单中选择“色彩平衡”命令，选择“中间调”选项，设置“青色-红色”的值为-26，“洋红-绿色”的值为+32，“黄色-蓝色”的值为+98，如图9-60所示。

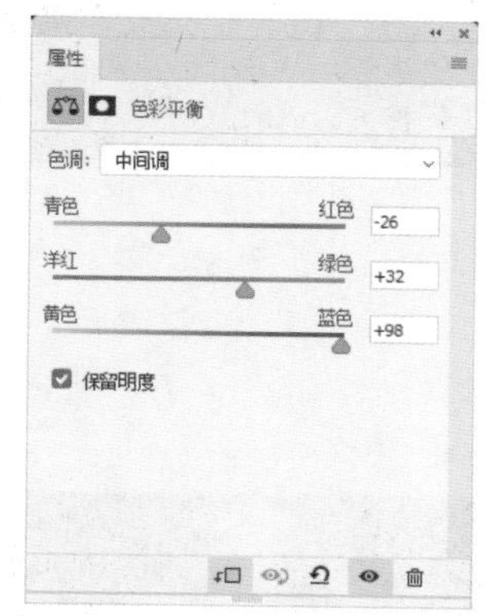

图9-60

11 按住Alt键，在战士与色彩平衡图层之间单击，创建剪贴蒙版，此时的图像效果如图9-61所示。

图9-61

12 单击“创建新图层”按钮 ，创建一个新的空白图层。将前景色设置为#3466ba，选择工具箱中的“画笔工具” ，并选择一种柔边画笔，按住鼠标左键沿剑的方向涂抹，并将该图层的混合模式更改为“强光”，如图9-62所示。

图9-62

13 创建两个新图层，缩小画笔的大小，重复上一步操作，将颜色分别更改为#7ecef4和白色后，再进行涂抹，如图9-63所示。

图9-63

14 选择工具箱中的“横排文字工具” ，在工具选项栏中设置字体为Algerian，字号为60点，并为文字制作金属效果，图像制作完成，如图9-64所示。

图9-64

金属质感字体的制作方法参考8.6节和9.4节的案例介绍。

9.6 残酷影像合成——火焰天使

本节巧妙结合“火焰”和“裂缝”素材，打造炫酷的火焰人图像效果。

01 启动Photoshop 2020，执行“文件”|“打开”命令，打开“背景.jpg”素材，如图9-65所示。

02 选择“人物.jpg”素材，并拖入文档，调整大小和位置后按Enter键确认，如图9-66所示。

03 选择人物图层，右击，在弹出的快捷菜单中选择“栅格化图层”命令，利用通道抠图结合“钢笔工具” 将人物抠出，并删除多余的部分，如图9-67所示。

图9-65

图9-66

图9-67

人物发丝结合“钢笔工具”抠图的操作，参考6.5节的案例介绍。

04 单击“图层”面板中的“创建新的填充或调整图层”按钮，在菜单中选择“曲线”命令，并调整曲线的弧度，如图9-68所示。

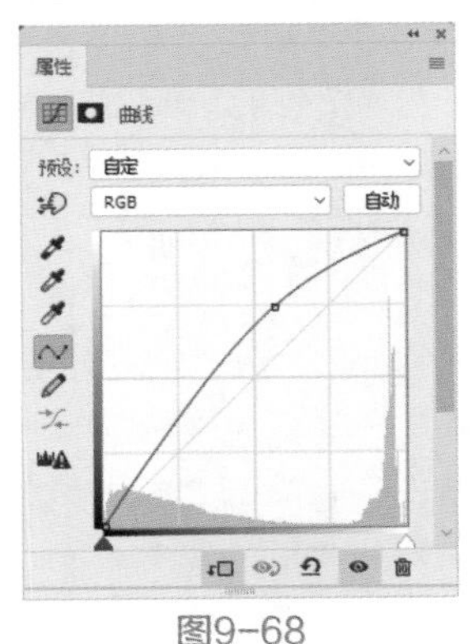

图9-68

05 调整曲线后图像亮度增加，如图9-69所示。

图9-69

06 选择“火焰.png”素材，并拖入文档，调整大小和位置后按Enter键确认。在“图层”面板中选择火焰图层，并置于人物图层的下方，如图9-70所示。

图9-70

07 选择火焰图层，单击“图层”面板中的“创建新的填充或调整图层”按钮，在菜单中选择“色相/饱和度”命令，选择“全图”选项，设置“色相”为0，“饱和度”为-12，“明度”为0，如图9-71所示。

此步骤是将火焰图层的红色调整为略黄的色调，从而与之后的其他素材颜色相匹配。

08 选择“红色”，设置“色相”为+6，“饱和度”为0，“明度”为0，如图9-72所示。

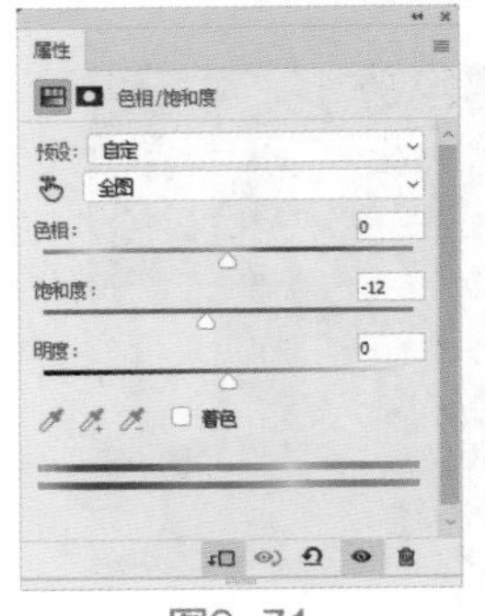

图9-71

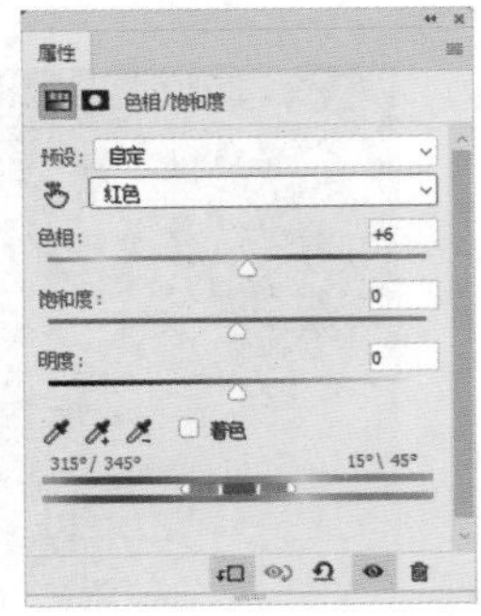

图9-72

09 调整后的图像效果如图9-73所示。

图9-73

10 选择“小裂缝.jpg”素材，并拖入文档，调整大小和位置后，按Enter键确认。

11 按快捷键Ctrl+J复制小裂缝图层，并将两个小裂缝图层置于人物图层的上方，如图9-74所示。

图9-74

12 将两个小裂缝图层的混合模式设置为“正面叠底”，按住Alt键，分别在人物图层与小裂缝图层、小裂缝图层与小裂缝图层之间单击，创建剪贴蒙版，如图9-75所示。

图9-75

剪贴蒙版的最下面一层相当于底板，上面的图层是基于底板的形状剪贴；连续创建多个剪贴蒙版，需要底板上方的每个图层都创建剪贴蒙版。

13 选择“大裂缝.jpg”素材，并拖入文档，调整大小和位置后按Enter键确认，如图9-76所示。

图9-76

14 将大裂缝图层的混合模式设置为“颜色加深”，按住Alt键，在大裂缝图层与小裂缝图层之间单击，创建剪贴蒙版。

15 单击“图层”面板中的“添加图层蒙版”按钮，为大裂缝图层创建蒙版。选择工具箱中的“画笔工具”，将前景色设置为黑色，选择一种柔边画笔，按“[”键和“]”键调整画笔大小，在大裂缝图层边缘涂抹，使裂缝与人物的交界处不明显，如图9-77所示。

图9-77

16 单击“创建新图层”按钮，创建一个新的空白图层，将图层命名为“浅红”。选择工具箱中的“画笔工具”，将前景色设置为#c55133，选择一种柔边画笔，按“[”键和“]”键调整画笔大小，在裂缝处涂抹，并将该图层的混合模式设置为“滤色”，如图9-78所示。

17 单击“创建新图层”按钮，创建一个新的空白图层，将图层命名为“深红”。将前景色更改为#600b02，选择一种柔边画笔，按“[”键和“]”键调整画笔大小，在裂缝处涂抹，并将该图层的混合模式设置为“滤色”，如图9-79所示。

图9-78

图9-79

18 按住Alt键，分别在浅红图层与大裂缝图层、浅红图层和深红图层之间单击，创建剪贴蒙版。

19 选择“岩浆.jpg”素材，并拖入文档，调整大小和位置后按Enter键确认，如图9-80所示。

图9-80

20 设置岩浆图层的混合模式为“浅色”，按住Alt键，在深红图层与岩浆图层之间单击，创建剪贴蒙版。

21 单击“图层”面板中的“添加图层蒙版”按钮，为岩浆图层创建蒙版。选择工具箱中的“画笔工具”，将前景色设置为黑色，选择一种柔边画笔，按“[”键和“]”键调整画笔大小，在岩浆图层边缘处涂抹，使岩浆与人物的交界处不明显，如图9-81所示。

图9-81

22 选择“火焰2.png”素材，并拖入文档，调整大小和位置后按Enter键确认，并用同样的方法给火焰图层添加蒙版并进行涂抹，如图9-82所示。

图9-82

23 选择“翅膀.png”素材，并拖入文档，用同样的方法给翅膀图层添加蒙版并涂抹，使人物与翅膀自然衔接。

24 按快捷键Ctrl+J复制翅膀图层，并调整翅膀的方向，如图9-83所示。

图9-83

25 单击“创建新图层”按钮，创建一个新的空白图层，并将图层置于人物图层的下方。

26 选择工具箱中的“画笔工具”，将前景色设置为黑色，将图层的“不透明度”设置为75%，选择一种柔边画笔，按“[”键和“]”键调整画笔大小，在空白图层上人物的鞋子下方和坐的地方涂抹，为人物制作阴影，如图9-84所示，图像制作完成。

图9-84

9.7 趣味影像合成——香蕉爱度假

本节学习通过水果图像的组合合成正在进行阳光浴的香蕉人图像效果。

01 启动Photoshop 2020，执行“文件”|“新建”命令，新建一个宽为3000像素、高为2000像素、分辨率为300的RGB文档。

02 选择工具箱中的“渐变工具”，设置渐变起点颜色为#a1dcd4、终点颜色为#61b4a3的径向渐变，从画面中心向外水平单击并拖曳填充渐变，如图9-85所示。

图9-85

03 选择“水果”文件夹中的所有水果素材，并全部拖入文档，按Enter键确认。通过按快捷键Ctrl+T调整每个图层的水果大小，摆成错落的背景，如图9-86所示。

04 选择“太阳伞.png”和“沙滩椅.png”素材，并拖入文档，调整大小和位置后，按Enter键确认，如图9-87所示。

05 选择“香蕉.png”素材，并拖入文档，调整大小和位置后，按Enter键确认，如图9-88所示。

图9-86

图9-87

图9-88

06 按住Alt键，单击“图层”面板中的“添加图层蒙版”按钮，为香蕉图层创建蒙版。选择工具箱中的“多边形套索工具”，结合“钢笔工具”，为沙滩椅的支架创建选区，并将前景色设置为白色，按快捷键Alt+Delete为蒙版上的选区填充白色，如图9-89所示。

图9-89

注意与提示 “钢笔工具”的使用方法参考5.1节的内容。

07 选择“太阳镜.png”素材，并拖入文档，调整大小和位置后按Enter键确认。同样，用创建蒙版的方法，将太阳镜的一只镜脚隐藏在香蕉后面，如图9-90所示。

图9-90

08 单击“创建新图层”按钮，创建一个新的空白图层。将前景色设置为#e8a343，选择工具箱中的“画笔工具”，将画笔大小设置为50像素，单击并拖动，绘制嘴，如图9-91所示。

图9-91

09 单击“创建新图层”按钮，创建一个新的空白图层。将前景色设置为白色，选择工具箱中的“画笔工具”，将画笔大小设置为40像素，单击并拖动，绘制牙齿，图像制作完成，如图9-92所示。

图9-92

9.8 趣味影像合成——空中宫殿

本节主要学习利用色彩平衡和色相/饱和度命令，来合成梦幻的空中宫殿图像效果的方法。

01 启动Photoshop 2020，执行“文件”|“打开”命令，打开“背景.jpg”素材，如图9-93所示。

图9-93

02 单击“创建新图层”按钮，创建一个新的空白图层。将前景色设置为#b28850，按快捷键Alt+Delete填充前景色，并将该图层的混合模式更改为“叠加”，如图9-94所示。

图9-94

03 单击“图层”面板中的“创建新的填充或调整图层”按钮，在菜单中选择“色彩平衡”命令，选择“中间调”，设置“青色-红色”的值为+92，“洋红-绿色”的值为0，“黄色-蓝色”的值为-66，如图9-95所示。

04 单击“图层”面板中的“创建新的填充或调整图层”按钮，在菜单中选择“自然饱和度”命令，设置“自然饱和度”为+4，“饱和度”为0，如图9-96所示。

图9-95

图9-96

05 单击“图层”面板中的“创建新的填充或调整图层”按钮，在菜单中选择“色彩平衡”命令，选择“中间调”，设置“青色-红色”的值为0，“洋红-绿色”的值为-47，“黄色-蓝色”的值为-58，如图9-97所示。

单次调整“色彩平衡”效果可能不明显，而多次调整均是在上一次调整的基础进行的进一步调整，使其效果更突出。

06 单击“图层”面板中的“创建新的填充或调整图层”按钮，在菜单中选择“自然饱和度”命令，设置“自然饱和度”为-7，“饱和度”为-25，如图9-98所示。

图9-97

图9-98

07 此时，图像的色调如图9-99所示。

08 选择“城堡.jpg”素材，并拖入文档，调整大小和位置后，按Enter键确认，如图9-100所示。

09 按住Alt键，单击“图层”面板中的“添加图层蒙版”按钮，为城堡图层创建蒙版。选择工具箱中的“画笔工具”，将前景色设置为白色，选择一种柔边画笔，按“[”键和“]”键调整画笔大小，在城堡边缘涂抹，使城堡与背景融合得更好，如图9-101所示。

图9-99

图9-100

图9-101

10 单击“图层”面板中的“创建新的填充或调整图层”按钮，在菜单中选择“色相/饱和度”命令，设置“色相”为-19，“饱和度”为-41，“明度”为0，如图9-102所示。

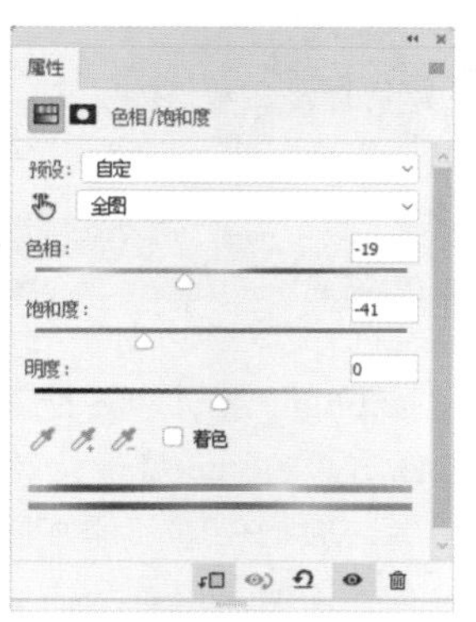

图9-102

11 按住Alt键，在城堡图层与色相/饱和度图层之间单击，创建剪贴蒙版。此时的图像效果如图9-103所示。

图9-103

12 选择“船.png”素材，并拖入文档，调整大小和位置后，按Enter键确认，如图9-104所示。

图9-104

13 单击“图层”面板中的“添加图层蒙版”按钮，为船图层创建蒙版。选择工具箱中的“画笔工具”，将前景色设置为黑色，选择一种柔边画笔，按“[”键和“]”键调整画笔大小，在船底部涂抹，使船出现行驶在云中的效果，如图9-105所示。

图9-105

14 选择“女孩.png”素材，并拖入文档，调整大小和位置后，按Enter键确认。

15 单击“图层”面板中的“添加图层蒙版”按钮，为女孩图层创建蒙版。选择工具箱中的“钢笔工具”，并绘制路径，按快捷键Ctrl+Enter将路径转换为选区，如图9-106所示。

图9-106

16 将前景色设置为黑色，按快捷键Alt+Delete为蒙版上的选区填充黑色，使裙摆隐藏，如图9-107所示。

图9-107

17 选择“鸟.png”素材，并拖入文档，调整大小和位置后，按Enter键确认，图像制作完成，如图9-108所示。

图9-108

9.9 幻想影像合成——奇幻空中岛

本节巧妙地利用自然元素合成奇幻的空中小

岛图像效果。

01 启动Photoshop 2020，执行“文件”|“新建”命令，新建一个宽为3000像素、高为2000像素、分辨率为300像素/英寸的RGB文档。

02 选择工具箱中的“渐变工具”，设置起点颜色为#9cdffe、终点颜色为#49b2e2的径向渐变，从画面中心向外水平单击并拖动填充渐变，如图9-109所示。

图9-109

03 选择“岛屿.jpg”素材，并拖入文档，进行水平翻转和垂直翻转后，调整大小，按Enter键确认，如图9-110所示。

图9-110

04 选择工具箱中的“快速选择工具”，为岛屿部分创建选区，如图9-111所示。

图9-111

注意与提示：图像中水与岛屿的交界处界限不明显，运用“快速选择工具”可选出不规则且连续的选区。

05 按快捷键Ctrl+Delete+I将选区反选，按住Alt键，单击“图层”面板中的“添加图层蒙版”按钮，为岛屿图层创建蒙版，如图9-112所示。

图9-112

06 按快捷键Ctrl+J复制岛屿图层，并调整大小，如图9-113所示。选择两个岛屿图层，并拖至“创建新组”按钮上，将岛屿编组。

图9-113

07 单击“图层”面板中的“创建新的填充或调整图层”按钮，在菜单中选择“色彩平衡”命令，选择“中间调”，设置“青色-红色”的值为-34，“洋红-绿色”的值为0，“黄色-蓝色”的值为+29，如图9-114所示。

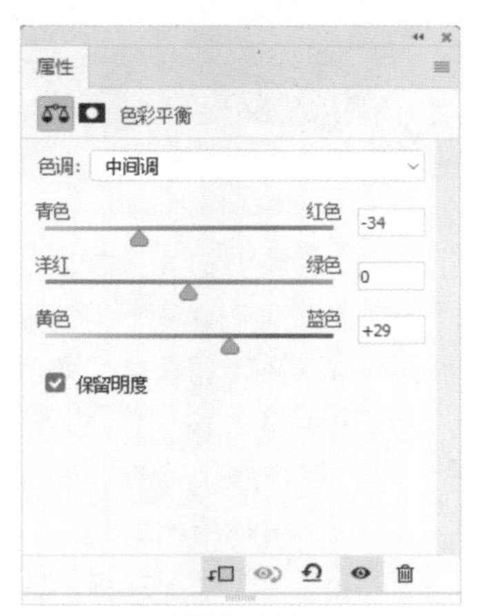

图9-114

08 按住Alt键，在色彩平衡图层与组之间单击，创建剪贴蒙版。

09 调整后岛屿的效果如图9-115所示。

图9-115

10 选择“草地.jpg”素材，并拖入文档，调整大小和位置后，按Enter键确认，如图9-116所示。

图9-116

11 按住Alt键，在色彩平衡图层与草地图层之间单击，创建剪贴蒙版，如图9-117所示。

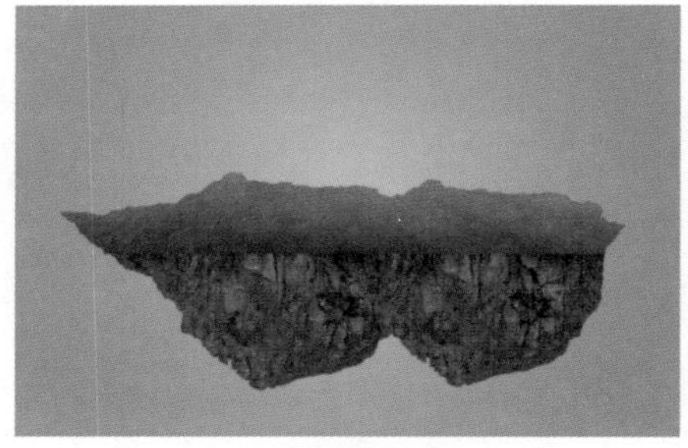

图9-117

12 单击“图层”面板中的“添加图层蒙版”按钮，为草地图层创建蒙版。选择工具箱中的“画笔工具”，将前景色设置为黑色，选择一种柔边画笔，按“[”键和“]”键调整画笔大小，在蒙版上涂抹，将草地生硬的边缘柔化，如图9-118所示。

13 选择“河流.jpg”素材，并拖入文档，调整大小和位置后，按Enter键确认，用同样的方法为河流图层添加蒙版并涂抹，如图9-119所示。

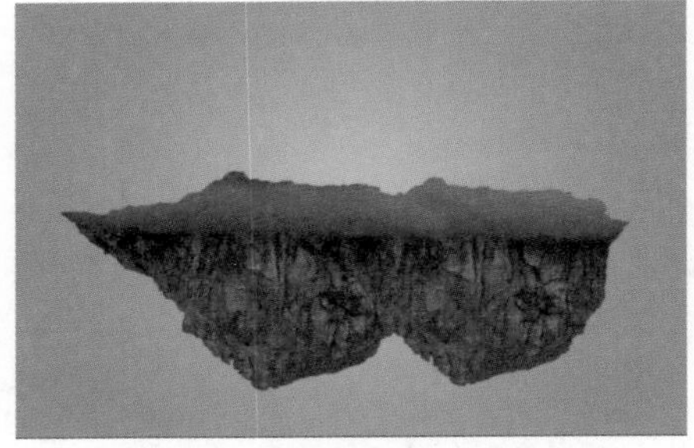

图9-118

图9-119

14 选择“岛上元素”文件夹中的所有素材，全部拖入文档，按Enter键确认，并通过快捷键Ctrl+T调整岛上元素的大小，置于合适的位置，如图9-120所示。

图9-120

15 单击“创建新图层”按钮，创建一个新的空白图层，并将该图层置于岛上元素的下方。

16 选择工具箱中的“画笔工具”，将前景色设置为黑色，将图层的“不透明度”设置为60%，选择一种柔边画笔，按“[”键和“]”键调整画笔大小，在空白图层上涂抹，为岛上的元素制作阴影，如图9-121所示，图像制作完成。

图9-121

9.10　广告影像合成——生命的源泉

本节主要利用素材合成杯中的景色图像效果。

01 启动Photoshop 2020，执行“文件”|“打开”命令，打开“背景.jpg”素材，如图9-122所示。

图9-122

02 选择工具箱中的“钢笔工具”，沿水杯创建路径，按快捷键Ctrl+Enter将路径转换为选区，如图9-123所示。

图9-123

03 按快捷键Ctrl+J复制选区的图像为新的图层，并将图层命名为“水杯”。

04 选择“海岸.jpg”素材，并拖入文档，调整大小和位置后，按Enter键确认，如图9-124所示。

图9-124

05 单击“图层”面板中的“添加图层蒙版”按钮，给海岸图层创建蒙版。选择工具箱中的“画笔工具”，将前景色设置为黑色，选择一种柔边画笔，按“[”键和“]”键调整画笔大小，并在海岸边缘处涂抹，如图9-125所示。

图9-125

06 按住Alt键，在水杯图层与海岸图层之间单击，创建剪贴蒙版。

07 选择“小岛.jpg”素材，并拖入文档，调整大小和位置后，按Enter键确认。用同样的方法为小岛图层添加蒙版并涂抹。在小岛图层与海岸图层之间单击，创建剪贴蒙版，如图9-126所示。

图9-126

08 选择“树木.png”素材，并拖入文档，调整大小和位置后按Enter键确认，并将图层的“不透明度”设置为60%，如图9-127所示。

图9-127

注意与提示

调整树木图层的不透明度是为了产生水杯的玻璃遮住树木的效果。单击“图层”面板中的“创建新的填充或调整图层”按钮，在菜单中选择“色彩平衡”命令，选择“中间调”选项，设置“青色-红色”的值为+38，“洋红-绿色”的值为-37，“黄色-蓝色”的值为-100，如图9-128所示。

图9-128

09 调整色调后的效果如图9-129所示。

图9-129

10 按住Alt键，在色彩平衡图层与树木图层之间单击，创建剪贴蒙版。

11 选择色彩平衡图层与树木图层，并拖至“创建新图层”按钮上，复制这两个图层，并适当降低树木图层的不透明度。重复此步骤方法，复制多棵树，如图9-130所示。

图9-130

12 按住Alt键，在色彩平衡图层与树木图层之间单击，创建剪贴蒙版。

13 按住Alt键，在小岛图层与合并后的树木图层之间单击，创建剪贴蒙版。

14 选择“女神.png”素材，并拖入文档，调整大小和位置后，按Enter键确认。

15 按住Alt键，在女神图层与合并后的树木图层之间单击，创建剪贴蒙版，如图9-131所示。

图9-131

16 将所有树木图层及色彩平衡图层拖至“图层”面板的“创建新组”按钮上，选中该组并右击，在弹出的快捷菜单中选择“合并组”命令，然后隐藏该组。

17 选择水杯图层，按快捷键Ctrl+J复制水杯图层，按快捷键Ctrl+Shift+]将复制的水杯图层置于图层的顶层，并将混合模式设为“柔光”，图像制作完成，如图9-132所示。

图9-132

此步骤是为了进一步将水杯的纹理表现出来。

9.11 广告影像合成——手机广告

本节主要利用曲线和蒙版合成手机广告图像效果。

01 启动Photoshop 2020，执行“文件”|“打开”命令，打开“背景.jpg”素材，如图9-133所示。

图9-133

02 单击“图层”面板中的“创建新的填充或调整图层”按钮，在菜单中选择“曲线”命令，并调整曲线的弧度，如图9-134所示。

03 单击“图层”面板中的“创建新的填充或调整图层”按钮，在菜单中选择“自然饱和度”命令，设置“自然饱和度”为+90，“饱和度”为0，如图9-135所示。

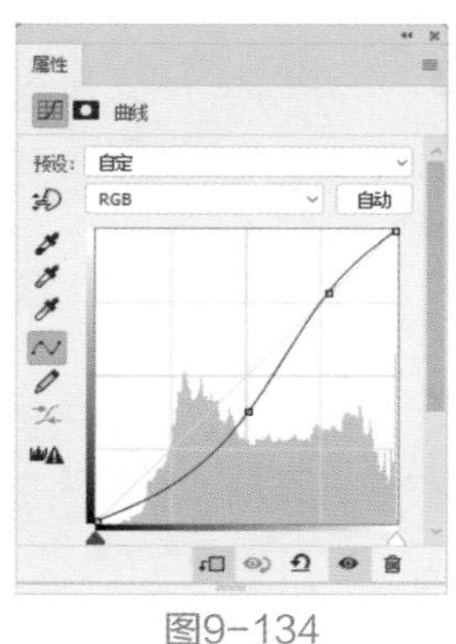

图9-134

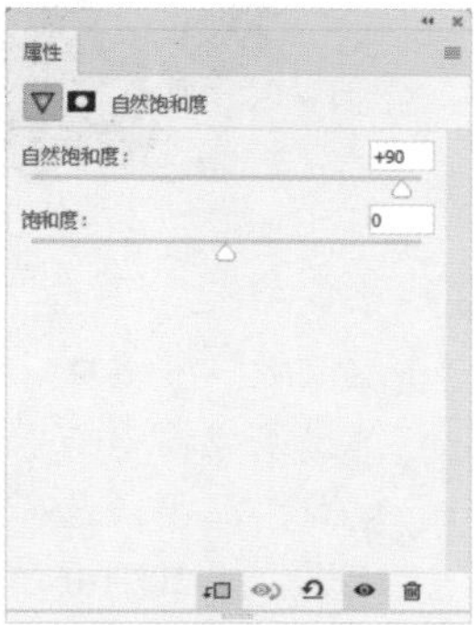

图9-135

04 此时，图像变鲜艳了，如图9-136所示。

05 选择“手机.png”素材，并拖入文档，调整大小和位置后，按Enter键确认，如图9-137所示。

图9-136

图9-137

06 单击“图层”面板中的“添加图层蒙版”按钮，为手机图层创建蒙版。将前景色设置为黑色，选择工具箱中的“画笔工具”，结合“多边形套索工具”，将手机的屏幕和部分树叶涂抹出来，如图9-138所示。

图9-138

07 选择“花朵.png”“蝴蝶.png”和“爬山虎.png”素材，并拖入文档，调整大小和位置后，按Enter键确认，如图9-139所示。

图9-139

08 在“图层”面板中，将花朵图层拖到手机图层的下方，图像制作完成，如图9-140所示。

图9-140

9.12 广告影像合成——海边的海螺小屋

本节将不同色调的图像合成在一起，制作出童话般的海螺小屋图像效果。

01 启动Photoshop 2020，执行“文件”|“打开”命令，打开“背景.jpg”素材，如图9-141所示。

图9-141

02 单击“图层”面板中的“创建新的填充或调整图层”按钮，在菜单中选择“色相/饱和度”命令，设置“色相”为-21，“明度”为+9，如图9-142所示。

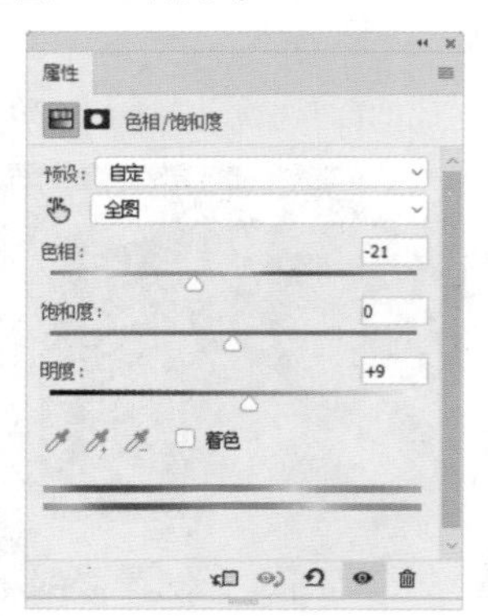

图9-142

03 此时，图像的色调发生变化，如图9-143所示。

图9-143

04 选择“海螺.png”素材，并拖入文档，调整大小和位置后，按Enter键确认，如图9-144所示。

图9-144

05 选择“门.png”素材，并拖入文档，调整大小和位置后，按Enter键确认，如图9-145所示。

图9-145

06 按住Alt键，单击“图层”面板中的“添加图层蒙版”按钮，为门图层添加蒙版。

07 选择工具箱中的“画笔工具”，将前景色设置为白色，选择一种柔边画笔，将门涂抹出来，如图9-146所示。

08 用同样的方法，选择“窗.png”“烟筒.png”“路灯.png”“海星.png”“瓶子.png”和“树.png”素材，并拖入文档，调整大小后置于合适的位置，并利用蒙版擦除

“窗”“海螺”和“烟筒”的多余部分，如图9-147所示。

图9-146

图9-147

09 选择“紫珊瑚.png”素材，并拖入文档，调整大小和位置后，按Enter键确认。按住Alt键，拖移并复制多个珊瑚图层，如图9-148所示。

图9-148

10 用同样的方法，将“红珊瑚”素材拖入文档，拖移并复制，通过调整图层的顺序，使珊瑚丛呈现错落的效果，如图9-149所示。

图9-149

11 复制“路灯”图层，并单击“图层”面板中的“添加图层样式”按钮 fx，在菜单中选择“颜色叠加”选项，叠加颜色选择黑色，如图9-150所示，单击“确定”按钮。

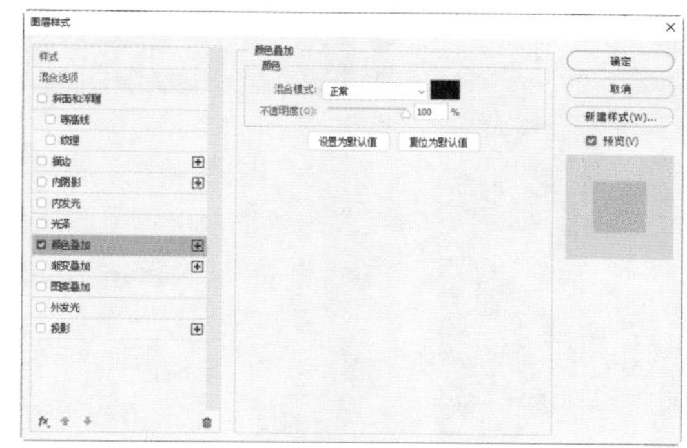

图9-150

12 选择复制的路灯图层，将图层的“不透明度”更改为10%，按快捷键Ctrl+T将图层变形，制作路灯的阴影，如图9-151所示。

图9-151

13 单击“图层”面板中的“创建新图层”按钮 ，创建新的空白图层。将新图层置于珊瑚丛图层的下方，将新图层的“不透明度”设置为30%。选择工具箱中的“画笔工具” ，将前景色设置为黑色，选择一个柔边画笔，按“[”键和“]”键调整画笔大小，涂抹出珊瑚丛处的阴影。

14 用同样的方法制作其他处的阴影，图像制作完成，如图9-152所示。

图9-152

第10章 标志与卡片设计

本章主要学习标志和卡片的设计，标志和卡片设计不是简单的模仿，与操作技巧相比，设计更看重创意。本章的标志和卡片设计涉及众多行业，创意与设计相结合，希望为读者提供设计思路。

10.1 App标志——枫叶美术教育

本节主要通过“自定形状工具”“高斯模糊”滤镜、图层样式，以及“曝光度”和“曲线”调整图层制作枫叶美术教育的App标志。

01 启动Photoshop 2020，执行“文件”|“新建”命令，新建一个宽为1024像素、高为1129像素、分辨率为300像素/英寸、背景内容为黑色的RGB文档。

02 选择工具箱中的“自定形状工具”，在工具选项栏中选择“形状”选项 形状 ，设置填充颜色为白色，描边颜色为无，在“形状”下拉列表中选择“栗树叶”形状，单击并拖动，绘制图形，如图10-1所示。

03 选择该形状图层并右击，在弹出的快捷菜单中选择“转换为智能对象”命令。

04 执行“滤镜”|“模糊”|“高斯模糊”滤镜，打开“高斯模糊”对话框，设置“半径”为30像素，如图10-2所示，单击“确定”按钮。

图10-1

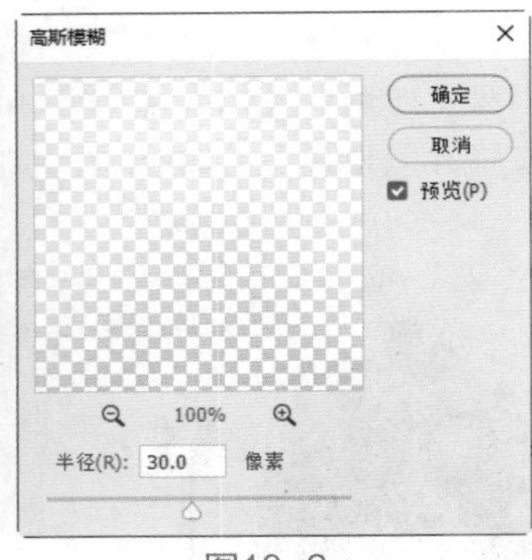

图10-2

05 双击形状图层，打开“图层样式”对话框，设置渐变的起点位置颜色为# 01c5ff，终点位置颜色为# fe02f7，“角度”为131度，如图10-3所示，单击“确定”按钮。

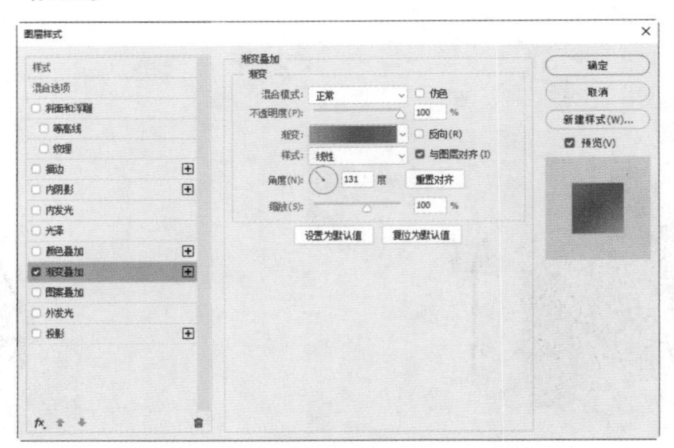

图10-3

06 在“图层”面板中设置该图层的“填充”为0%，图形效果如图10-4所示。

07 按快捷键Ctrl+J复制形状图层，图形效果如图10-5所示。

图10-4

图10-5

08 按快捷键Ctrl+J再次复制形状图层，双击该图层，打开“图层样式”对话框，选中“描边”复选框，设置描边的“大小”为4像素，“位置”为“内部”，“不透明度”为80%，“填充类型”为“颜色”，设置颜色为白色，如图10-6所示。

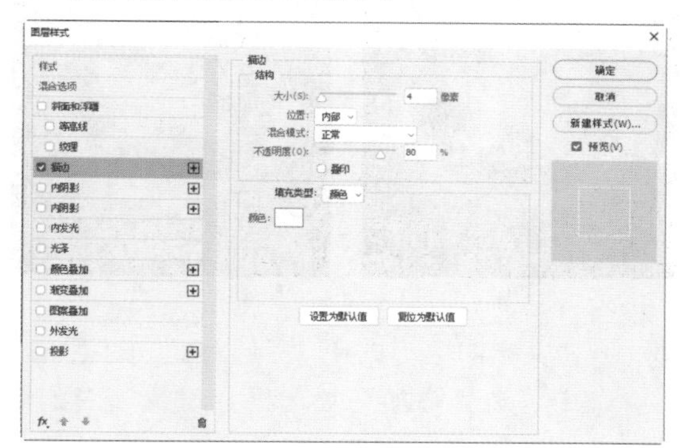
图10-6

09 选中“内阴影”复选框，设置“混合模式”为“正片叠底”，其颜色为#ff00d8，“不透明度”为30%，“角度”为139度，“距离”为7像素，“大小”为5像素，如图10-7所示。

10 单击“内阴影”右侧的⊞按钮，再添加“内阴影”样式，修改颜色为#00a8ff，“角度”为-34度，如图10-8所示。

11 选中“颜色叠加”复选框，设置叠加颜色为白色，“不透明度”为60%，如图10-9所示，单击“确定”按钮，此时图形效果如图10-10所示。

12 选择“光效.jpg”素材，并拖入文档，按Enter键确认，修改其图层混合模式为“滤色”，效果如图10-11所示。

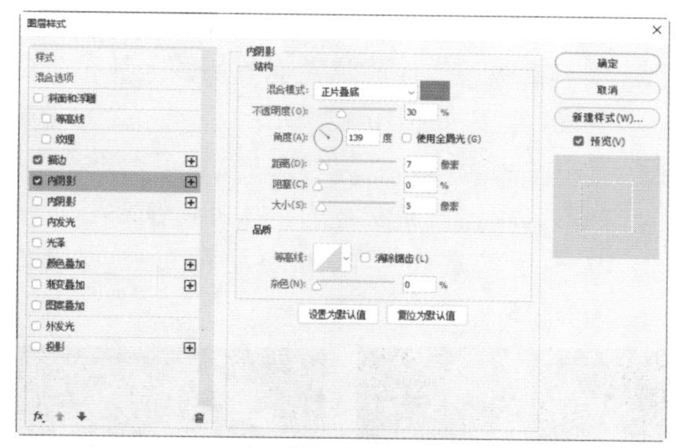
图10-7

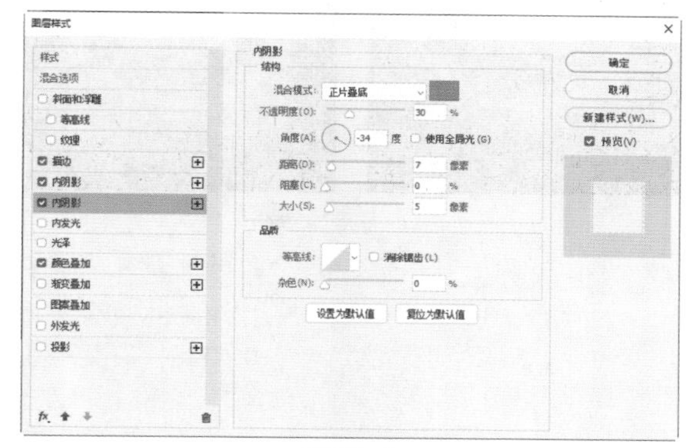
图10-8

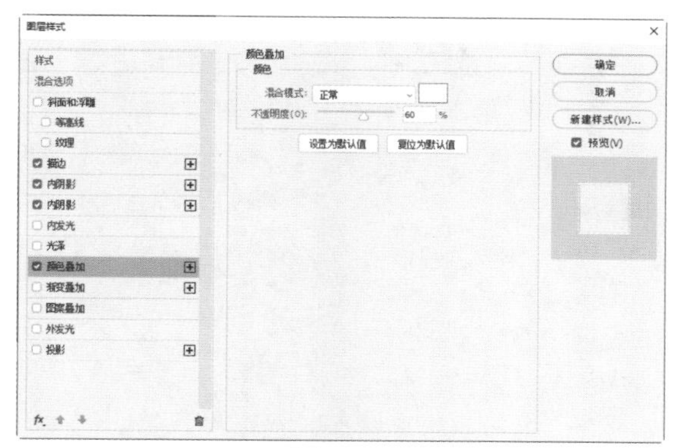
图10-9

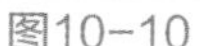
图10-10

图10-11

13 按快捷键Ctrl+J复制光效图层，修改其图层的“不透明度”为60%，单击“图层”面板中的“添加图层蒙版”按钮 ，为复制的图层创建蒙版，使用画笔在光效周围涂抹，降低亮度，效果如图10-12所示。

14 选择“高光1.png”和“高光2.png”素材，并拖入文档，调整位置后，按Enter键确认，修改图层的混合模式为“滤色”，效果如图10-13所示。

图10-12

图10-13

15 单击“图层”面板中的“创建新的填充或调整图层”按钮 ，在菜单中选择“曝光度”命令，设置“曝光度”为+0.10，“灰度系数校正”为1.00，如图10-14所示。删除“曝光度”调整图层的图层蒙版。

16 单击“图层”面板中的“创建新的填充或调整图层”按钮 ，在菜单中选择“曲线”命令，设置曲线，如图10-15所示。

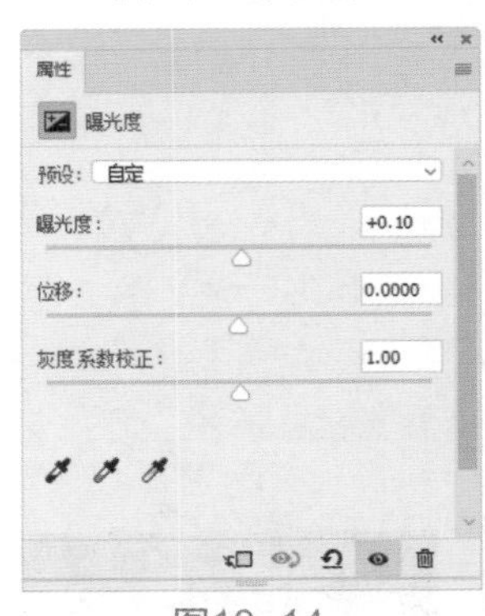

图10-14

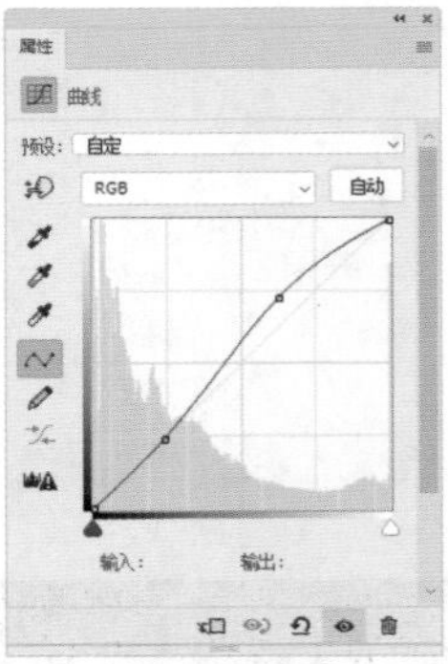

图10-15

17 再添加“曝光度”调整图层，设置“曝光度”为+1.02，“灰度系数校正”为1.00，如图10-16所示。

18 选中“曝光度”调整图层的图层蒙版，选择工具箱中的“渐变工具” ，设置从白色到黑色的径向渐变，在画面中从下往上拖曳一条直线，填充渐变，如图10-17所示，此时图像的效果如图10-18所示。

19 选择工具箱中的“横排文字工具” ，在工具选项栏中设置字体为“黑体”，字号为15.69点，文字颜色为# f7a800，在画面中单击，输入文字“枫叶美术教育”，如图10-19所示。

图10-16

图10-17

图10-18

图10-19

20 双击文字图层，打开“图层样式”对话框，选中“渐变叠加”复选框，设置渐变的起点位置颜色为#01c5ff，终点位置颜色为# fe02f7，“角度”为131度，如图10-20所示。

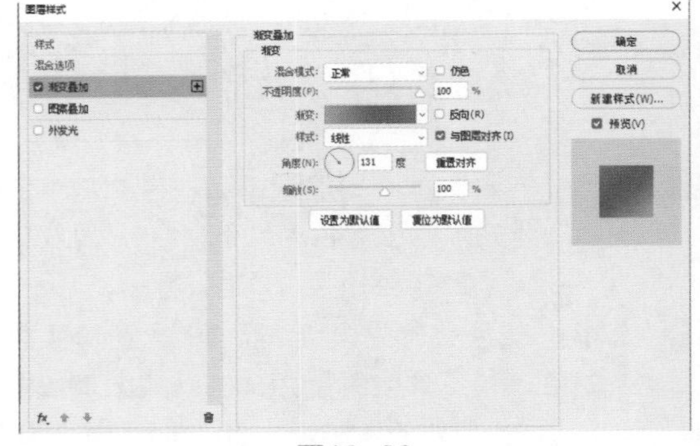
图10-20

21 选中“外发光”复选框，设置“混合模式”为“滤色”，“不透明度”为40%，发光颜色为#91e1ff，“方法”为“柔和”，“大小”为32像素，“范围”为50%，如图10-21所示。

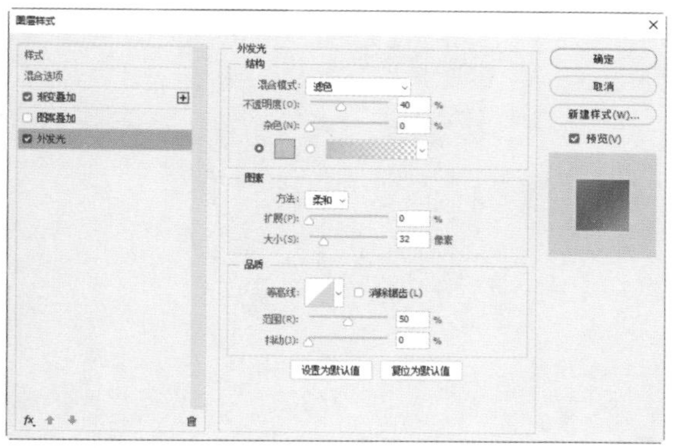

图10-21

22 单击“确定”按钮后，图像制作完成，如图10-22所示。

图10-22

10.2 家居产品标志——皇家家具

本节主要通过“钢笔工具”、渐变叠加及自定义形状制作有质感的家居产品标志。

01 启动Photoshop 2020，执行“文件”|“新建”命令，新建一个宽为3000像素、高为2000像素、分辨率为300像素/英寸的RGB文档。

02 在文档垂直方向正中间创建一条参考线，选择工具箱中的“钢笔工具” ，在工具选项栏中选择“形状”选项 形状 ，设置填充颜色为黑色，绘制形状，如图10-23所示 。

03 按快捷键Ctrl+J复制形状图层，将前景色设置为红色，按快捷键Alt+Delete填充颜色。按快捷键Ctrl+T调整自由变换框，在框内右击，在弹出的快捷菜单中选择“水平翻转”命令，移动翻转后的形状在参考线的另一侧，如图10-24所示。

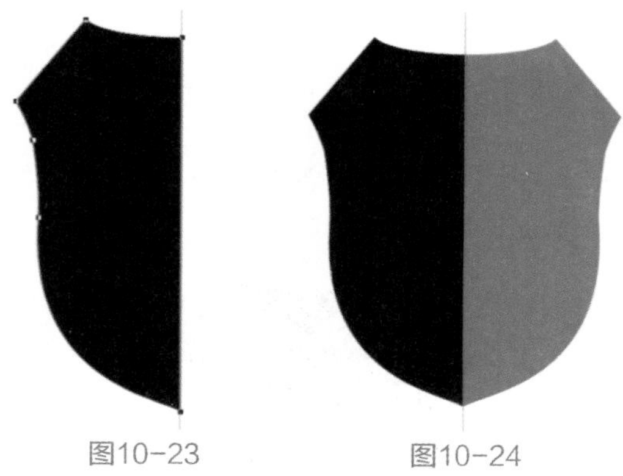

图10-23　　图10-24

04 在“图层”面板中选择两个形状图层，右击，在弹出的快捷菜单中选择“合并形状”命令，将图形合并，如图10-25所示。

图10-25

注意与提示：更改形状颜色是为了方便观察；没有直接用“钢笔工具”画出完整的形状，是为了使形状左右对称。

05 单击“图层”面板中的“添加图层样式”按钮 fx，在菜单中选择“渐变叠加”命令，单击属性中的渐变条，设置渐变位置为0%时的颜色为#d98e33、位置为50%时的颜色为#914b2e，设置“混合模式”为“正常”，“不透明度”为100%，“样式”为“线性”，“角度”为180度，如图10-26所示。

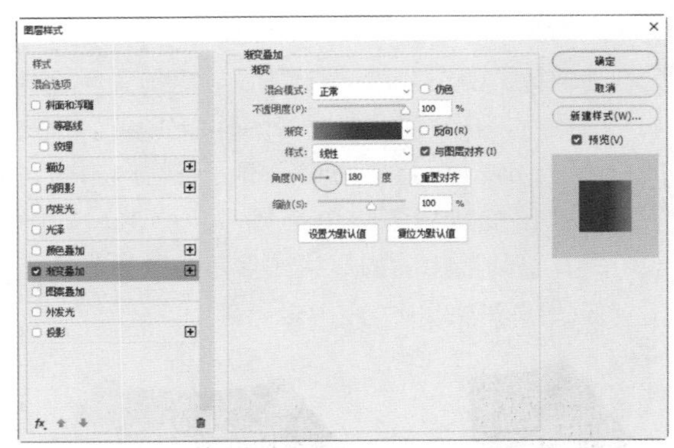

图10-26

06 单击“确定”按钮后，形状出现渐变效果，如图10-27所示。

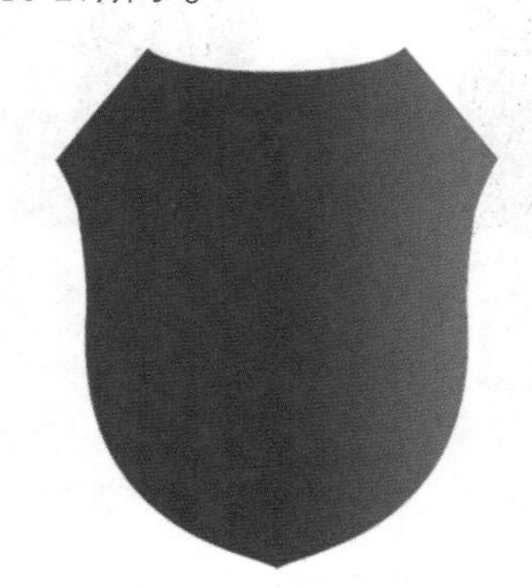

图10-27

07 选择形状图层，按快捷键Ctrl+J复制图层。

08 双击图层右侧的fx图标，弹出“图层样式”对话框，更改“渐变叠加”中的渐变条，设置渐变位置为49%时的颜色为#e4d3bf、位置为78%时的颜色为#eab548，位置为89%时的颜色为#f1e1ac，位置为100%时的颜色为#e7b048。设置“混合模式”为“正常”，“不透明度”为100%，“样式”为“线性”，“角度”为180度，如图10-28所示。

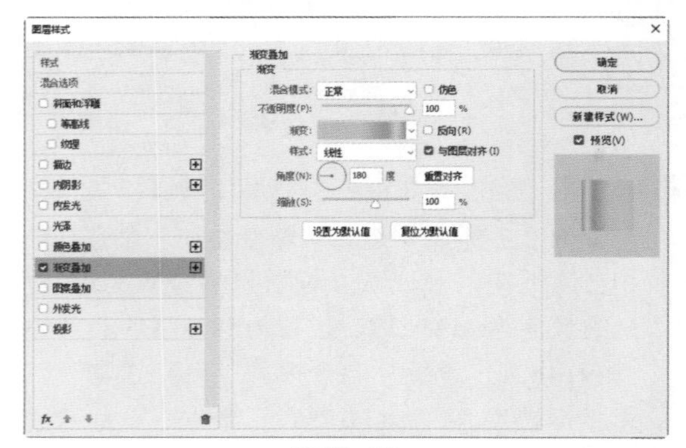

图10-28

09 单击“确定”按钮后，形状出现渐变效果，如图10-29所示。

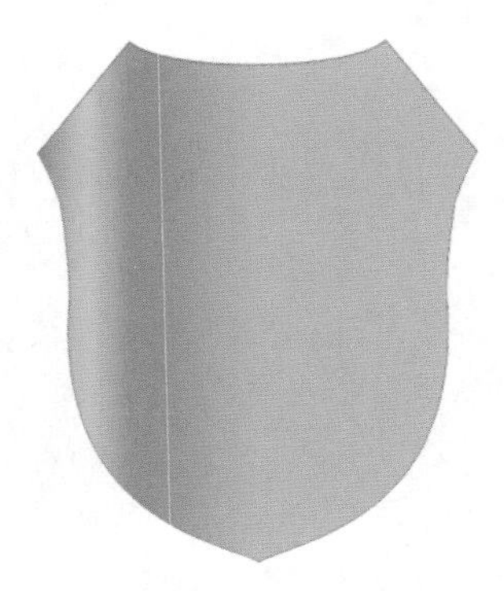

图10-29

10 单击“图层”面板中的“添加图层蒙版”按钮，为复制的形状图层创建蒙版。选择工具箱中的“矩形选框工具”，创建选区，如图10-30所示。

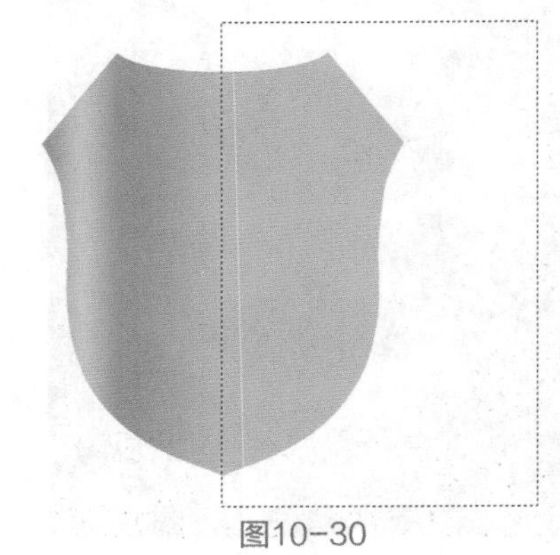

图10-30

11 将前景色设置为黑色，单击蒙版，按快捷键Alt+Delete填充前景色，如图10-31所示。

12 按住Ctrl键，单击“图层”面板中复制的形状图层的缩略图，将形状载入选区。

13 执行“选择”|“修改”|“收缩”命令，设置“收缩量”为65像素，单击“确定”按钮。

14 单击“创建新图层”按钮，创建一个新的空白图层，将前景色设置为黑色，按快捷键Alt+Delete为选区填充颜色，如图10-32所示，按快捷键Ctrl+D取消选区，并将该图层命名为“盾牌”。

15 单击“图层”面板中的“添加图层样式”按钮fx，在菜单中选择“渐变叠加”命令，单击属性中的渐变条，设置渐变起点位置的颜色为#9a4b00、终点位置的颜色为#250200，设置“混合模式”为“正常”，“不透明度”为100%，“样式”为“径向”，“角度”为180度，如图10-33所示。

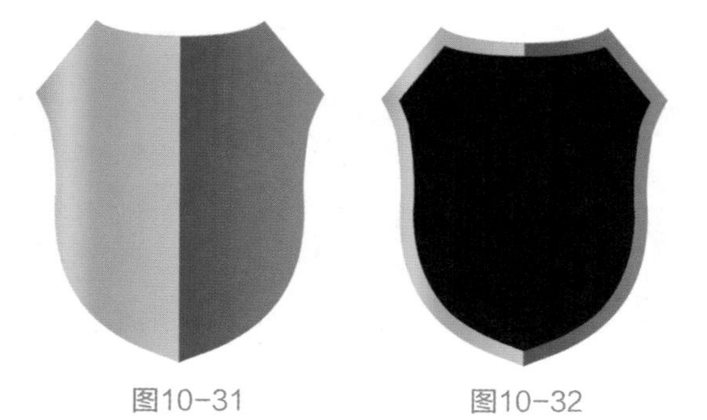

图10-31　　　　图10-32

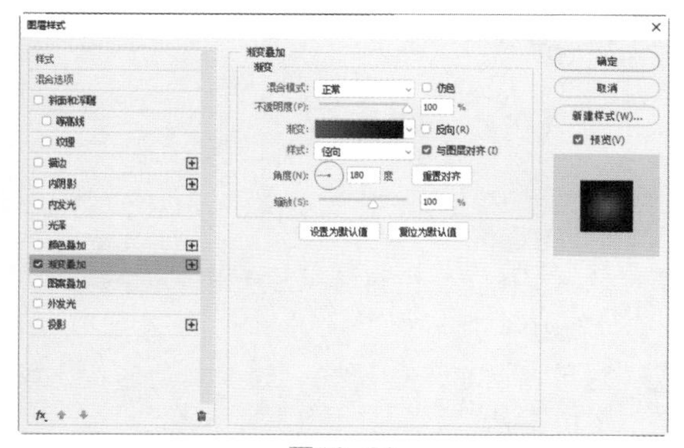

图10-33

16 单击“确定”按钮后，效果如图10-34所示。

图10-34

17 选择工具箱中的“横排文字工具” T，在工具选项栏中设置字体为Cooper Black，字号为55.31 点，文字颜色为黑色，在画面中单击，输入文字ROYAL，如图10-35所示。

18 按快捷键Ctrl+J复制该文字图层，用键盘上的←键略微移动文字，将前景色设置为#f1dfa5，按快捷键Alt+Delete填充颜色，如图10-36所示。

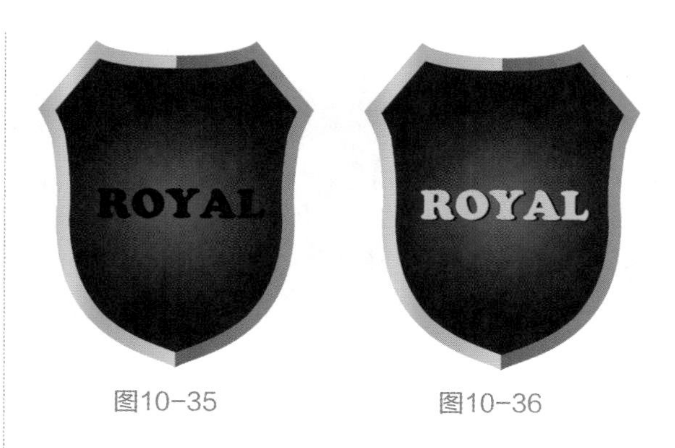

图10-35　　　　图10-36

注意与提示　此步骤的作用是制作阴影效果。

19 同样，选择工具箱中的“矩形工具”，在工具选项栏中选择“形状”选项 形状，绘制颜色为黑色和#f1dfa5的矩形，如图10-37所示。

20 选择工具箱中的“自定形状工具”，在“形状”下拉列表中选择“皇冠 1”形状，在工具选项栏中选择“形状”选项 形状，填充颜色为无，描边颜色为黑色，描边大小为4点，单击并拖动绘制形状。

21 按快捷键Ctrl+J复制该图层，用键盘上的←键略微移动皇冠，并将描边颜色更改为#f1dfa5。

22 选择工具箱中的“多边形工具”，在工具选项栏中输入“边”为5，单击图标，选中“星形”复选框，在“缩进边依据”文本框中输入50%，单击并拖动，绘制一个五角星，更改填充颜色为#f1dfa5，描边颜色为无。用同样的方法绘制另外4个五角星，按快捷键Ctrl+T对五角星进行旋转，如图10-38所示。

图10-37　　　　图10-38

> **注意与提示** 五角星的绘制方法参考5.8节的案例介绍。

23 选择“盾牌”图层，按住Ctrl键，单击图层缩略图，创建选区。

24 执行“选择”|“修改”|“收缩”命令，设置“收缩量”为12像素，单击“确定”按钮。

25 单击“创建新图层”按钮，创建一个新的空白图层。

26 选择工具箱中的“渐变工具”，设置渐变起点颜色为白色，“不透明度”为100%，终点颜色为白色，“不透明度”为0%，渐变类型为“线性”渐变，从上往下单击并拖曳渐变，并将图层的“不透明度”设置为70%，如图10-39所示。

27 选择工具箱中的“矩形选框工具”，创建选区，并删除选区内图像，如图10-40所示，按快捷键Ctrl+D取消选区。

图10-39　　图10-40

28 选择工具箱中的“钢笔工具”，在工具选项栏中选择“形状”选项，设置填充颜色为#d38b38，绘制形状，如图10-41所示。

图10-41

29 单击“图层”面板中的“添加图层样式”按钮，在菜单中选择“渐变叠加”命令，单击属性中的渐变条，设置渐变位置为0%时的颜色为#a5622f、位置为20%时的颜色为#d18735、位置为70%时的颜色为#f0e0ab、位置为100%时的颜色为#e7b048，设置“混合模式”为“正常”，“不透明度”为100%，“样式”为“线性”，“角度”为180度，如图10-42所示。

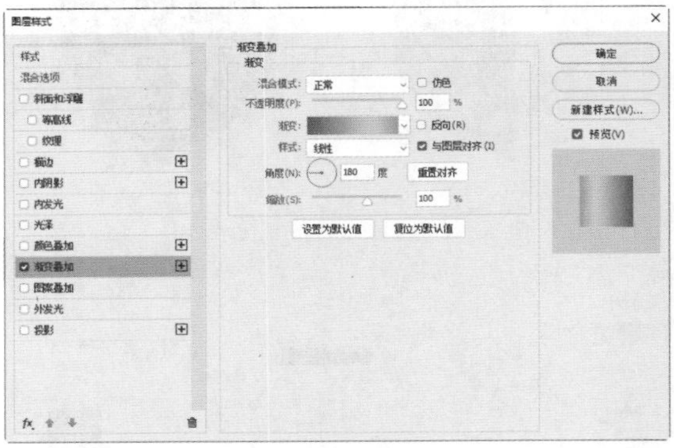

图10-42

30 单击“确定”按钮后，形状出现渐变效果，如图10-43所示。

31 利用“钢笔工具”，绘制其他形状，如图10-44所示。

图10-43　　图10-44

32 单击“图层”面板中的“添加图层样式”图标，在菜单中选择“渐变叠加”命令，单击渐变条设置渐变，位置为0%时的颜色为#d98e33，位置为100%时的颜色为#914b2e，设置混合模式为“正常”，“不透明度”为100%，样式为“线性”，“角度”为-163度，如图10-45所示。

33 单击“确定”按钮后，形状出现渐变效果，如图10-46所示。

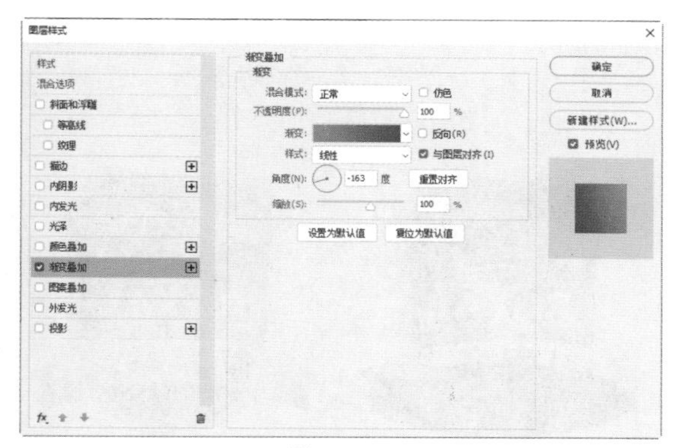

图10-45

图10-46

34 按快捷键Ctrl+J复制该形状图层，按快捷键Ctrl+T调出自由变换框，在框内右击，在弹出的快捷菜单中选择“水平翻转”命令，按Enter键确定。

35 双击图层上右侧的fx图标，弹出“图层样式”对话框，更改“渐变叠加”中的角度为-163度，单击“确定”按钮后，图像效果如图10-47所示。

36 选择工具箱中的“椭圆工具”，设置填充颜色为无，描边颜色为无。单击并拖动，绘制椭圆，如图10-48所示。

图10-47

图10-48

37 选择工具箱中的“横排文字工具”，在工具选项栏中设置字体为“黑体”，字号为60点，文字颜色#55260d。当指针变成时，单击，指针单击处变成可输入的闪烁光标“|”，输入文字“皇家家具”，如图10-49所示。

图10-49

在Photoshop中，文字可以沿任意形状或路径绕排。调整路径文字的位置，可以在文字处于可编辑状态，按Ctrl键的同时，将鼠标指针放到文字上，当鼠标指针变成时，可沿着路径外边缘拖动；同理，按住Ctrl键将文字沿着路径内侧拖动，即可使文字沿路径或形状内侧绕排。

38 单击“图层”面板中的“添加图层样式”图标，在菜单中选择“描边”命令。在打开的“图层样式”对话框中，设置描边“大小”为4像素，“位置”为“外部”，“混合模式”为“正常”，“不透明度”为100%，“填充类型”为“颜色”，颜色为#ecd88e，如图10-50所示。

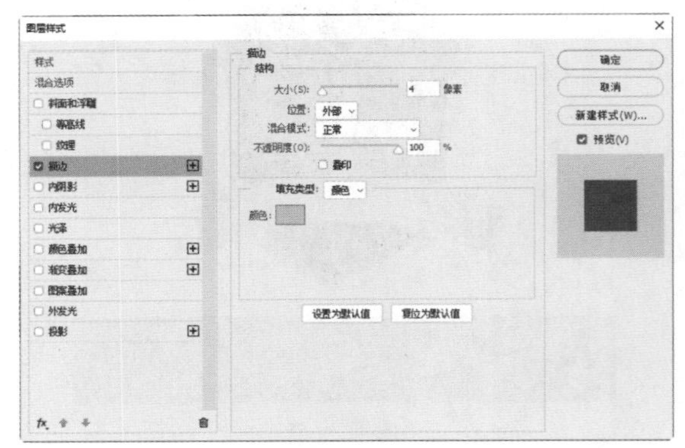

图10-50

39 选中“投影”复选框，设置投影的“不透明度”为75%，颜色为#0a0102，“角度”为120度，“距离”为12像素，“扩展”为12%，“大小”为8像素，如图10-51所示。

40 单击“确定”按钮后，效果如图10-52所示。

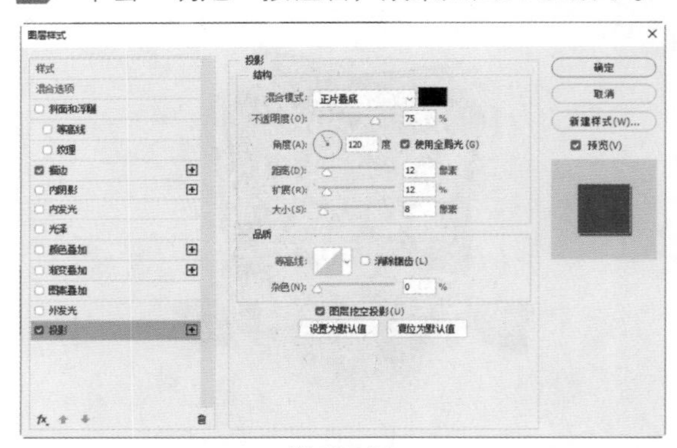

图10-51

图10-52

41 选择工具箱中的“椭圆工具”，在工具选项栏中选择形状选项。设置填充颜色为#230404，描边颜色为无。单击并拖动，绘制椭圆，如图10-53所示。

42 按住Alt键，在“图层”面板中椭圆图层与文字图层之间单击，创建剪贴蒙版，图像制作完成，如图10-54所示。

图10-53　　图10-54

10.3 餐厅标志——汉斯牛排

本节主要通过“椭圆工具”及创建矢量蒙版制作牛排餐厅标志。

01 启动Photoshop 2020，执行“文件”|“新建”命令，新建一个宽为3000像素、高为2000像素、分辨率为300像素/英寸的RGB文档。

02 选择工具箱中的“椭圆工具”，设置填充颜色为#44140a，描边颜色为无。按住Shift键单击并拖动，绘制圆形，如图10-55所示。

03 按快捷键Ctrl+J复制图形为新图层，按快捷键Ctrl+T调出自由变换框，按住快捷键Alt+Shift的同时，按住鼠标左键，当指针变成↔时，向圆心拖动，并按Enter键确认。

04 在工具选项栏中，将复制的圆形的填充颜色修改为白色，设置描边大小为4点，描边样式为实线，如图10-56所示。

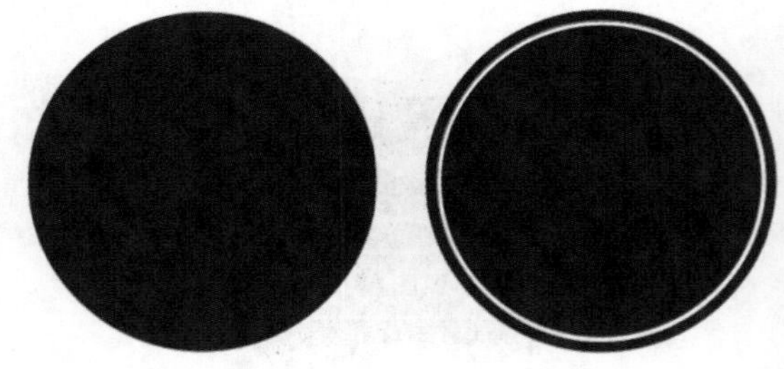

图10-55　　图10-56

05 用同样的方法，复制一个新圆形，并按住快捷键Alt+Shift缩小该圆，将复制的圆形更改填充颜色为白色，更改描边颜色为无，如图10-57所示。

06 用同样的方法，复制一个新圆形，并按住Alt+Shift键略放大该圆，将复制的圆形更改填充颜色为无，如图10-58所示。

图10-57

图10-58

按住快捷键Alt+Shift后，放大或缩小圆时，圆心位置不变。

07 选择工具箱中的“横排文字工具” T，在工具选项栏中设置字体为“叶根友毛笔行书2.0版”，设置字号为30点，文字颜色为白色，输入文字“-☆☆HANS STEAK☆☆-”，如图10-59所示。

08 单击文字图层，退出文字编辑模式。选择“牛剪影.jpg”素材，并拖入文档，按Enter键确认，如图10-60所示。

图10-59

图10-60

09 选择工具箱中的“魔棒工具”，将牛的轮廓载入选区。将指针移到选区边缘，右击，在弹出的快捷菜单中选择“建立工作路径”命令，在弹出的对话框中，设置“容差”为2.0，单击“确定”按钮后，选区转换为路径，如图10-61所示。

10 执行“图层”|“矢量蒙版”|“当前路径”命令，为牛的图层创建矢量蒙版，如图10-62所示。

图10-61

图10-62

Logo的应用场景很多，应该尽量使用矢量工具如Adobe Illustrator等工具制作，涉及一些特殊情况时，可用Photoshop配合来实现更丰富的效果。此处使用矢量蒙版也是尽量避免因放大或缩小操作而影响图像的清晰度。

11 选择牛剪影图层，并单击“图层”面板中的“添加图层样式”按钮 fx，在菜单中选择“颜色叠加”命令，选择叠加颜色#44140a，单击“确定”按钮后，Logo效果如图10-63所示。

12 选择工具箱中的“椭圆工具”，设置填充颜色为#44140a，描边颜色为无，单击并拖动，绘制椭圆，如图10-64所示。

图10-63

图10-64

13 选择工具箱中的“横排文字工具” T，在工具选项栏中设置字体为“楷体”，字号大小为70点，文字颜色为白色，在画面中单击，输入文字“汉斯”，并用同样的方法输入其他文字，图像制作完成，如图10-65所示。

图10-65

10.4 饮食标志——老陈面馆

本节主要利用“阈值”设置将照片处理成简化的人像，来制作一枚饮食企业标志。

01 启动Photoshop 2020，将背景色颜色设置为#7eaeb6，执行“文件”|“新建”命令，新建一个宽为3000像素、高为2000像素、分辨率为300像素/英寸、背景内容为背景色的RGB文档。

02 选择“头像.jpg”素材，并拖入文档，调整大小后按Enter键确认，如图10-66所示。

图10-66

03 选择人像图层，右击，在弹出的快捷菜单中选择“栅格化图层”命令。

04 执行“图像”|“调整”|“阈值”命令，打开“阈值”对话框，设置“阈值色阶”为180，如图10-67所示。

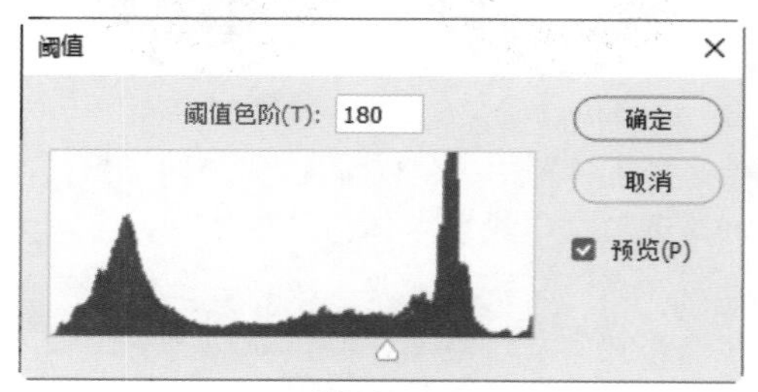

图10-67

“阈值”处理可以将图片转换为高对比度的黑白图像，通过调整“阈值色阶”值，或拖曳阈值直方图下边的滑块，设定某个色阶作为阈值，所有比阈值亮的像素会转换为白色，所有比阈值暗的像素会转换为黑色。

05 单击“确定”按钮后，效果如图10-68所示。

06 选择工具箱中的“橡皮擦工具”，选择一个硬边画笔，按“[”键和“]”键调整画笔大小，擦除头像外多余的图像，如图10-69所示。

图10-68

图10-69

07 执行“选择”|“色彩范围”命令，在“色彩范围”对话框中选择头像的黑色部分，单击“确定”按钮后，将黑色区域选中。

注意与提示

“色彩范围”的使用方法参考2.11节的介绍。

08 单击“创建新图层”按钮，创建一个新的空白图层。将前景色设置为#750e14，按快捷键Alt+Delete将选区填充前景色，如图10-70所示，并删除黑白人像的图层。

09 选择工具箱中的“横排文字工具”，在工具选项栏中设置字体为“华文行楷”，字号为89.75点，文字颜色为黑色，输入文字“老陈面馆”。单击文字图层，再利用“横排文字工具”输入LAO CHEN NOODLE，并更改字体为Chiller，字体大小为26.98点，如图10-71所示。

图10-70

图10-71

10 选择工具箱中的“椭圆工具”，在工具选项栏中选择“形状”选项，设置填充颜色为白色，描边颜色为黑色，描边大小为4点。按住Shift键，单击并拖动鼠标绘制圆形，如图10-72所示。

图10-72

11 选择工具箱中的“自定形状工具”，在工具选项栏中选择“形状”选项。将路径操作更改为“减去顶层形状”，在“自定形状”拾色器菜单中，选择“旗帜”形状，绘制形状。

12 按快捷键Ctrl+T调出自由变换框，在框内右击，在弹出的快捷菜单中选择“水平翻转”命令，如图10-73所示，按Enter键确认。

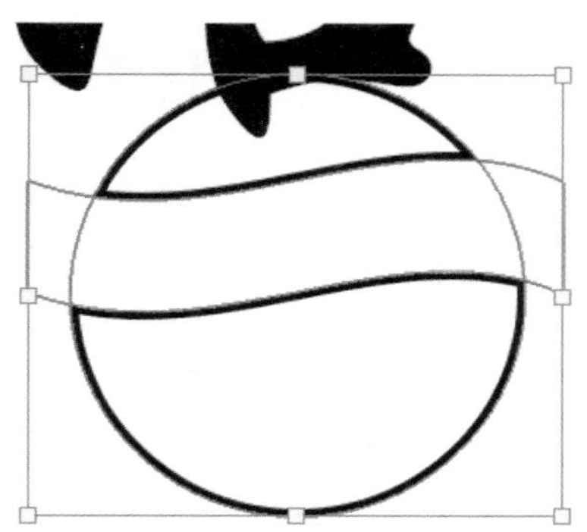

图10-73

13 在工具选项栏中将路径操作更改为“合并形状组件” 合并形状组件。

14 选择工具箱中的“直接选择工具”，框选多余的锚点并删除，如图10-74所示，为该图层命名为“碗身”。

15 选择工具箱中的“圆角矩形工具”，在“半径”文本框中输入80，单击并拖动鼠标，创建圆角矩形，并将圆角矩形图层下移到“碗身”图层下方，如图10-75所示。

图10-74　　图10-75

16 选择工具箱中的“椭圆工具”，在工具选项栏中选择“形状”选项，设置填充颜色为无，描边颜色为黑色，描边大小为5点。按住Shift键，单击并拖动鼠标绘制多个圆形，将所有圆形图层栅格化并合并图层，如图10-76所示。

17 单击“图层”面板中的“添加图层蒙版”按钮，为合并后的图层创建蒙版。选择工具箱中的“画笔工具”，将前景色设置为黑色，选择一种硬边画笔，将多余的区域隐藏，如图10-77所示。

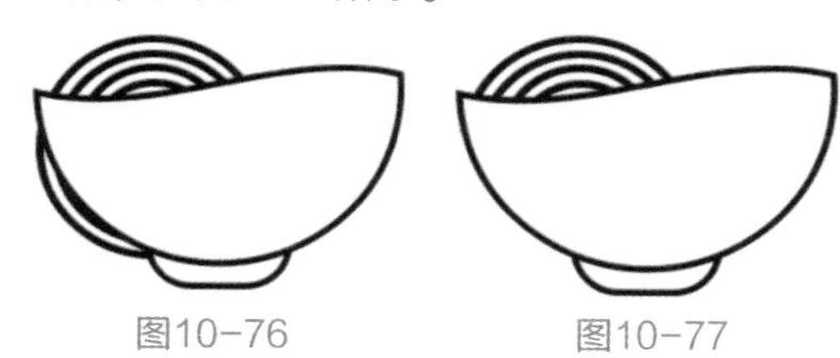

图10-76　　图10-77

18 按快捷键Ctrl+J复制该图层，拉大图层内容，并置于“碗身”图层下方，再在其图层蒙版上涂抹多余的区域，如图10-78所示，制作面条效果。

19 选择工具箱中的“圆角矩形工具”，在“半径”文本框中输入100，将颜色设置为#9e0f1d，单击并拖动鼠标，创建圆角矩形，同样利用蒙版将多余的部分隐藏，如图10-79所示。

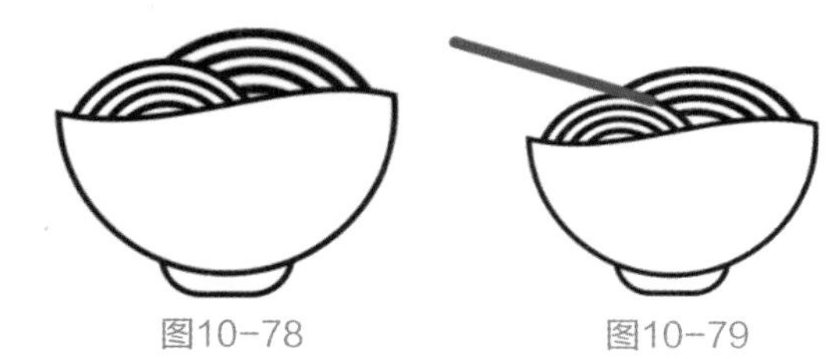

图10-78　　图10-79

20 用同样的方法绘制另一个圆角矩形，并利用蒙版隐藏部分图像，如图10-80所示。

21 调整画面中各小图的位置，图像制作完成，如图10-81所示。

图10-80　　图10-81

10.5 日用产品标志——草莓果儿童果味牙膏

本节主要通过为文字添加“渐变叠加”及“投影”图层样式，结合“画笔工具”制作有质感的文字标志。

01 启动Photoshop 2020，执行“文件”|“新建”命令，新建一个宽为3000像素、高为2000像素、分辨率为300像素/英寸的RGB文档。

02 选择工具箱中的“横排文字工具” T，在工具选项栏中设置字体为“华文琥珀”，字号为210.77点，并设置文字填充颜色为#ef8fb0，输入文字“草莓果”，如图10-82所示。

图10-82

03 单击“图层”面板中的“添加图层样式”按钮 fx，在菜单中选择“描边”命令。在打开的“图层样式”对话框中，设置描边“大小”为81像素，“位置”为“外部”，“混合模式”为“正常”，“不透明度”为100%，“填充类型”为“颜色”，“颜色”为#e34b8a，如图10-83所示。

04 单击“确定”按钮后，字体出现描边效果，如图10-84所示。

05 按快捷键Ctrl+J复制文字图层，双击该图层上右侧的 fx 图标，弹出“图层样式”对话框，取消选中“描边”复选框，选中“渐变叠加”复选框，设置渐变叠加起点位置颜色为#e87dad、终点位置颜色为#f1aeb6，“不透明度”为100%，“样式”为“线性”，“角度”为90度，如图10-85所示。

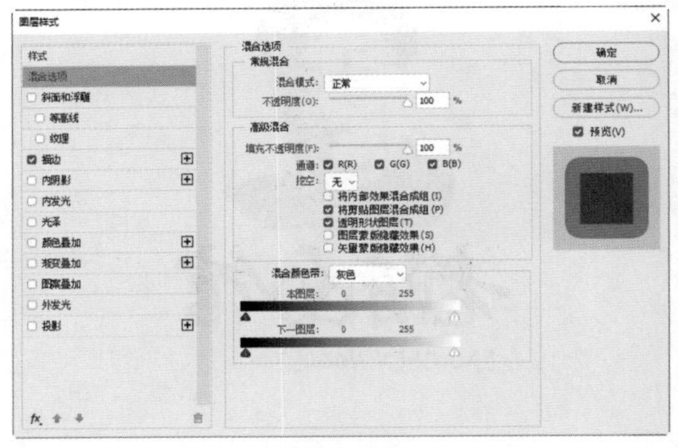

图10-83

图10-84

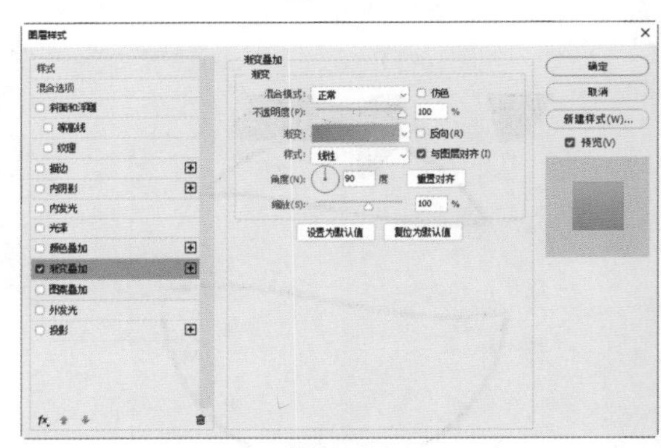

图10-85

06 选中“投影”复选框，设置投影的“不透明度”为75%，颜色为#850237，“角度”为120度，“距离”为11像素，“扩展”为10%，“大小”为29像素，如图10-86所示。

07 单击“确定”按钮后，图像效果如图10-87所示。

08 选中文字图层，选择工具箱中的“魔棒工具” ，选中“连续”复选框，在“莓”字上单击，给“艹”部分创建选区。

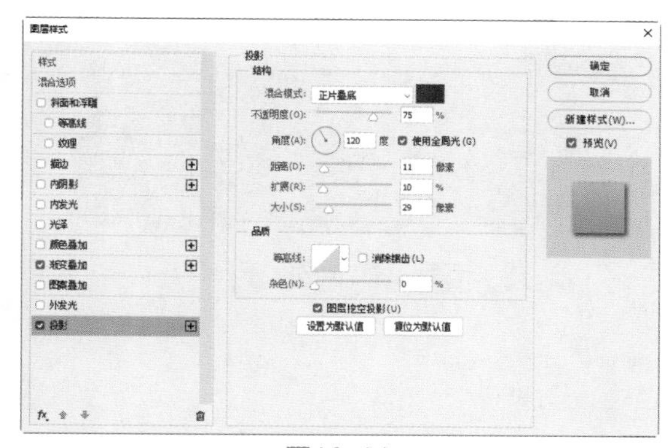

图10-86

图10-87

09 单击“创建新图层”按钮⊞，创建一个新的空白图层。将前景色设置为#cdd461，按快捷键Alt+Delete填充前景色，如图10-88所示。

图10-88

10 单击“创建新图层”按钮⊞，创建一个新的空白图层。选择工具箱中的“画笔工具”🖌，将前景色设置为白色，并选择一种硬边画笔，绘制字体光泽，并将图层的“不透明度”设置为60%，如图10-89所示。

图10-89

11 选择工具箱中的“钢笔工具”✒，在工具选项栏中选择“形状”选项 形状 ，填充颜色设置为纯色填充，且填充颜色为#ef285d，绘制形状，如图10-90所示。

12 单击“图层”面板中的“添加图层样式”按钮 fx ，在菜单中选择“投影”命令，设置投影的“不透明度”为100%，“颜色”为#850237，“角度”为120°，“距离”为11像素，“扩展”为10%，“大小”为29像素，添加投影后的效果如图10-91所示。

图10-90

图10-91

13 选择工具箱中的“椭圆工具”○，在工具选项栏中选择“形状”选项 形状 。设置填充颜色为白色，设置描边颜色为无。单击并拖动，绘制多个椭圆形，如图10-92所示。

图10-92

14 选择工具箱中的“钢笔工具”✒，在工具选项栏中选择“形状”选项 形状 ，设置填充颜色为#cdd461，绘制形状，如图10-93所示。

图10-93

15 选择工具箱中的“横排文字工具”T，在工具选项栏中设置字体为“隶书”，字号为75点，并设置文字的填充颜色为#658c0c，输入文字“儿童果味牙膏”，如图10-94所示。

16 单击“图层”面板中的“添加图层样式”

按钮 fx，在菜单中选择“描边”命令。在弹出的“图层样式”对话框中，设置描边“大小”为21像素，“位置”为“外部”，“混合模式”为“正常”，“不透明度”为100%，“填充类型”为“颜色”，“颜色”为白色，如图10-95所示。

图10-94

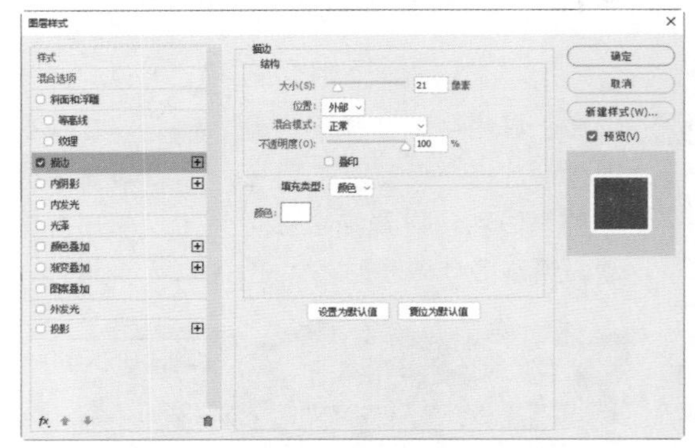

图10-95

17 选中“投影”复选框，设置“混合模式”为“正面叠底”，“不透明度”为75%，颜色为黑色，“角度”为120度，“距离”为11像素，“扩展”为10%，“大小”为46像素，如图10-96所示。

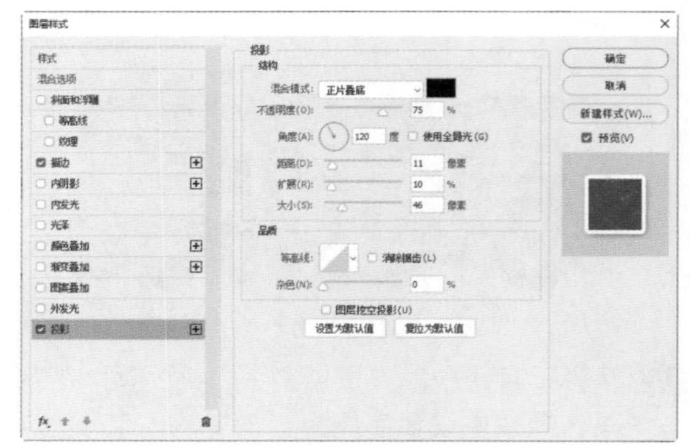

图10-96

18 单击“确定”按钮后，效果如图10-97所示，图像制作完成。

图10-97

10.6 电子产品标志——蓝鲸电视

本节主要通过“自定形状工具”“多边形工具”和创建剪贴蒙版制作电子产品标志。

01 启动Photoshop 2020，执行“文件”|“新建”命令，新建一个宽为3000像素、高为2000像素、分辨率为300像素/英寸的RGB文档。

02 选择“鲸鱼剪影.jpg”素材，并拖入文档，调整大小后按Enter键确认，如图10-98所示。

图10-98

03 选择工具箱中的“魔棒工具”，在剪影上单击，创建选区，如图10-99所示。

图10-99

04 在选区边缘右击，在弹出的快捷菜单中选择“建立工作路径”命令，弹出“建立工作路径”对话框，设置“容差”为2.0像素，单击“确定”按钮后，选区转换为路径，如图10-100所示。

图10-100

05 选择工具箱中的“路径选择工具”，将指针移到路径边缘，右击，在弹出的快捷菜单中选择“定义自定形状”命令，将该形状添加到自定义形状中。

选区可建立为工作路径，不能直接变成形状。若要重复利用形状，可在“路径”面板双击，存储或设置为自定义形状。

06 选择工具箱中的“自定形状工具”，在工具选项栏中选择“形状”选项。设置填充颜色为红色，描边颜色为无。在“自定形状”拾色器菜单中，选择刚刚定义的形状，并绘制形状，如图10-101所示。

图10-101

07 选择“彩格.jpg”素材，并拖入文档，调整大小后按Enter键确认。

08 按住Alt键，在“图层”面板中彩格图层与形状图层之间单击，创建剪贴蒙版，如图10-102所示。

09 选择工具箱中的“转换点工具”，在路径上的每个锚点上单击，把所有的锚点转换为角点。选择工具箱中的“直接选择工具”，框选并移动锚点，使锚点在不改变鲸鱼整体形状的同时，与彩格中三角形的角点尽量对齐。

“转换点工具”可以使锚点变成直线角点。

图10-102

10 选择工具箱中的“多边形工具”，设置描边为无填充，并输入“边”为3，单击并拖动，绘制多个颜色各异的三角形，并通过“直接选择工具”移动锚点，将彩格蒙版中非三角形的多边形区域分割成三角形，如图10-103所示。

图10-103

所有的多边形均能被分割成多个三角形，Logo主体部分均由三角形构成，此处利用“多边形工具”制作三角形来分割多边形。

11 选择工具箱中的“横排文字工具”，在工具选项栏中设置字体为“幼圆”，文字颜色为黑色，输入文字“蓝鲸电视”和WHALE TV，设置字号分别为64.79 点、51.92点，如图10-104所示。

12 选择彩格图层，按快捷键Ctrl+J复制该图层，并拖动至WHALE TV图层的上方。按住Alt键，在彩格图层与WHALE TV图层之间单击，创建剪贴蒙版。

13 按快捷键Ctrl+T调整复制的彩格图层的大小和位置，按Enter键确认，图像制作完成，如图10-105所示。

蓝鲸电视
WHALE TV

图10-104

蓝鲸电视
WHALE TV

图10-105

10.7 贵宾卡——金卡

本节主要通过“自定纹理”功能制作金卡。

01 启动Photoshop 2020，执行“文件”|“新建”命令，新建一个宽为3000像素、高为2000像素、分辨率为300像素/英寸的RGB文档。

02 选择工具箱中的“圆角矩形工具”，在工具选项栏中选择形状选项，在“半径”文本框中输入80。设置填充为渐变填充，渐变类型为“线性”，“角度”为0度，起点颜色为#dfbe71，居中位置颜色为#fefec5，终点位置颜色为#d1a657，描边颜色为无。单击并拖动鼠标，创建圆角矩形，如图10-106所示。

图10-106

03 选择工具箱中的“自定形状工具”，在工具选项栏中选择“形状”选项形状。在“自定形状”拾色器菜单中，选择“旗帜”形状，绘制填充颜色为#2d1f0d且无描边的旗帜形状，如图10-107所示。

图10-107

04 用同样的方法，绘制另一个填充颜色为#756859且无描边的旗帜形状，如图10-108所示。

图10-108

05 单击“图层”面板中的“添加图层样式”按钮，在菜单中选择“斜面和浮雕”命令，并选中“纹理”选项，设置“样式”为“内斜面”，“方法”为“平滑”，“深度”为100%，“方向”为“上”，“大小”为1像素，“软化”为0像素；设置阴影的“角度”为59度，“高度”为58度，如图10-109所示。

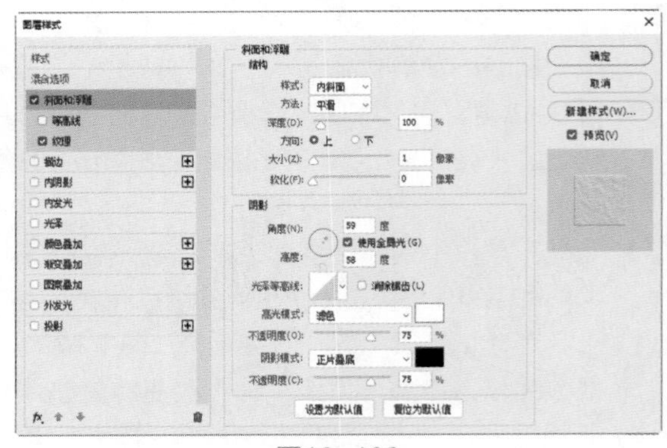

图10-109

06 选中“纹理”复选框，单击“图案”拾色器的小三角形按钮，然后单击小图标，在菜单中选择“自然图案”命令，追加图案。选择“蓝色雏菊”图案，设置“缩放”为100%，“深度”为+100%，如图10-110所示。

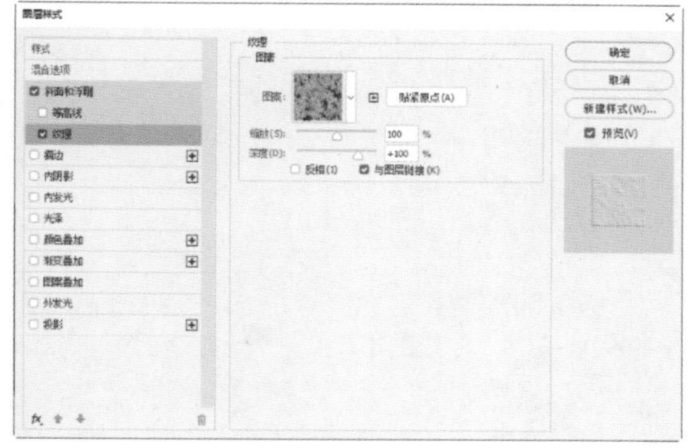

图10-110

07 单击“确定”按钮，并在“图层”面板中将图层的“填充”设置为0%，效果如图10-111所示。

图10-111

08 选择工具箱中的“横排文字工具”，在工具选项栏中设置字体为Baskerville Old Face，字号为122.83点，文字填充颜色为#fad988，输入文字VIP，如图10-112所示。

图10-112

09 单击“图层”面板中的“添加图层样式”按钮，在菜单中选择“斜面和浮雕”命令，并选中“等高线”和“纹理”复选框，设置“样式”为“内斜面”，“方法”为“平滑”，“深度”为1000%，“方向”为“上”，“大小”为18像素，“软化”为0像素；设置阴影的“角度”为59度，“高度”为58度，“光泽等高线”为“半圆”，“高光模式”为“滤色”，其“不透明度”为75%，“阴影模式”为“正片叠底”，其“不透明度”为75%，如图10-113所示。

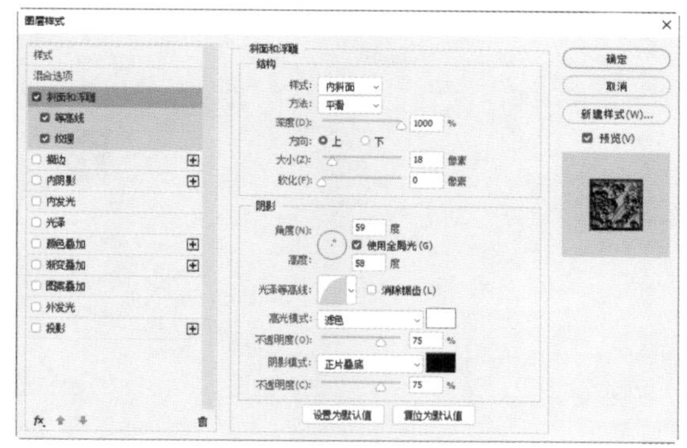

图10-113

10 选中“等高线”复选框，单击“等高线”拾色器的小三角形按钮，在菜单中选择“环形”选项，设置“范围”为79%，如图10-114所示，并单击“确定”按钮。

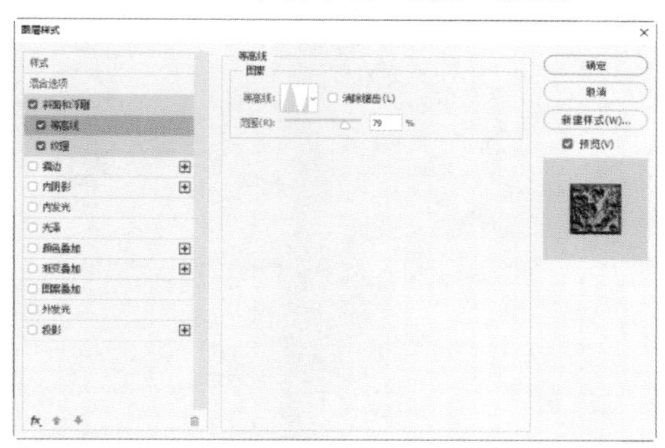

图10-114

11 执行“文件”|“打开”命令，打开“龙.jpg”素材，如图10-115所示。

图10-115

12 执行“编辑”|“定义图案”命令，将素材定

义为图案。

13 单击“图层”面板中的“添加图层样式”按钮fx，在菜单中选择“斜面和浮雕”命令，并选中“纹理”复选框。单击“图案”拾色器的小三角形按钮，在菜单中选择刚刚定义的图案，设置“缩放”为100%，“深度”为+100%，如图10-116所示。

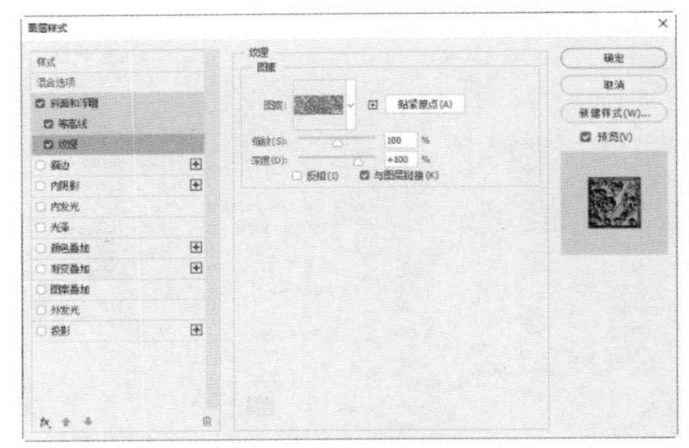

图10-116

14 选中“描边”复选框，设置描边“大小”为9像素，“位置”为“外部”，“混合模式”为“正常”，“不透明度”为100%，填充颜色为#fefcde，如图10-117所示。

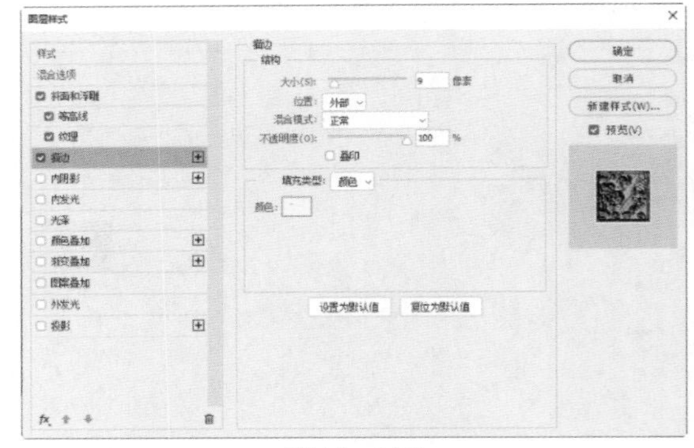

图10-117

15 选中“渐变叠加”复选框，设置“混合模式”为“正常”，“不透明度”为100%，渐变的起点颜色为#ffe39f，结束点颜色为#e2b56e，“样式”为“线性”，“角度”为-90度，如图10-118所示。

16 选中“投影”复选框，设置“混合模式”为“正片叠底”，投影颜色为#0a0102，“不透明度”为75%，“距离”为8像素，“扩展”为19%，“大小”为38像素，如图10-119所示。

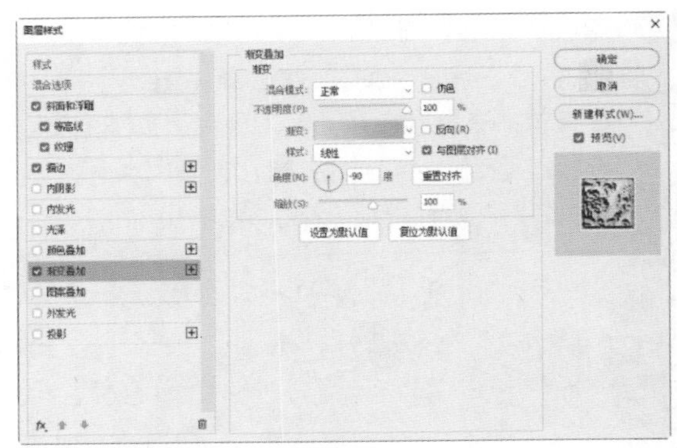

图10-118

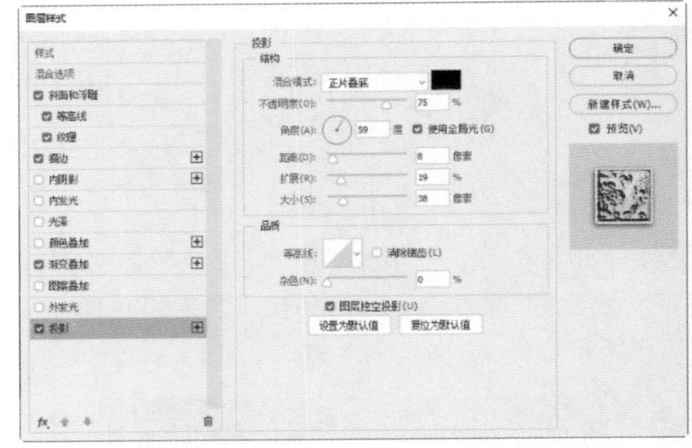

图10-119

17 单击“确定”按钮后，效果如图10-120所示。

图10-120

18 选择工具箱中的“横排文字工具”T，在工具选项栏中设置文字填充颜色为#524021，选择合适的字体，输入文字，如图10-121所示。

图10-121

19 选择“钻石.png”素材，并拖入文档，调整大小和位置后，按Enter键确认，图像制作完成，如图10-122所示。

图10-122

10.8　配送卡——新鲜果蔬

本节主要通过设置文本的描边和投影样式，并利用“钢笔工具”制作一张果蔬配送卡。

01 启动Photoshop 2020，执行“文件”|“新建”命令，新建一个宽为3000像素、高为2000像素、分辨率为300像素/英寸的RGB文档。

02 选择工具箱中的“圆角矩形工具”，在工具选项栏中选择形状选项。设置填充颜色为#5bb531；描边颜色为无，“半径”为80，单击并拖动，创建圆角矩形，如图10-123所示。

图10-123

03 选择“水印.png”素材，并拖入文档，按Enter键确认。

04 按住Alt键，在“图层”面板中的圆角矩形图层与水印图层之间单击，创建剪贴蒙版，如图10-124所示。

05 选择“蔬菜.png”和“车.png”素材，并拖入文档，按Enter键确认，如图10-125所示。

图10-124

图10-125

06 选择工具箱中的“横排文字工具”，在工具选项栏中设置字体为“黑体”，文字填充颜色为白色，字号为115.8 点，输入文字“果蔬”，并命名该文字图层为“果蔬1”，如图10-126所示。

图10-126

07 按两次快捷键Ctrl+J，复制“果蔬1”图层，将复制的第一个图层命名为“果蔬2”，复制的第二个图层命名为“果蔬3”。

08 选择“果蔬1”图层，单击“图层”面板中的“添加图层样式”按钮，在菜单中选择“描边”命令，设置描边“大小”为46像素，“颜色”为#f8c400，如图10-127所示。

09 选中“投影”复选框，设置投影的“不透明度”为75%，颜色为黑色，“角度”为120度，“距离”为53像素，“扩展”为27%，

"大小"为18像素，如图10-128所示。

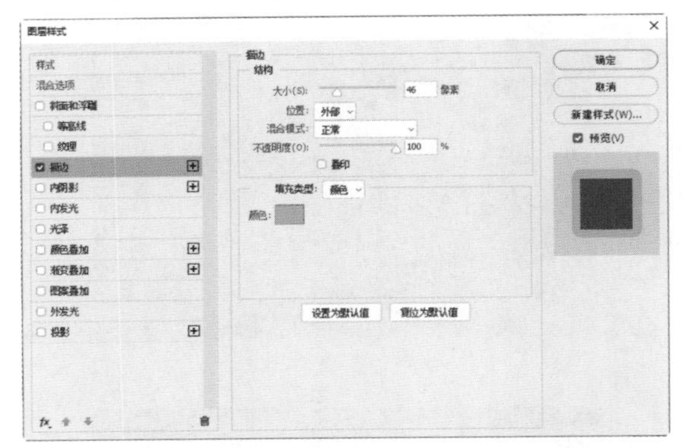

图10-127

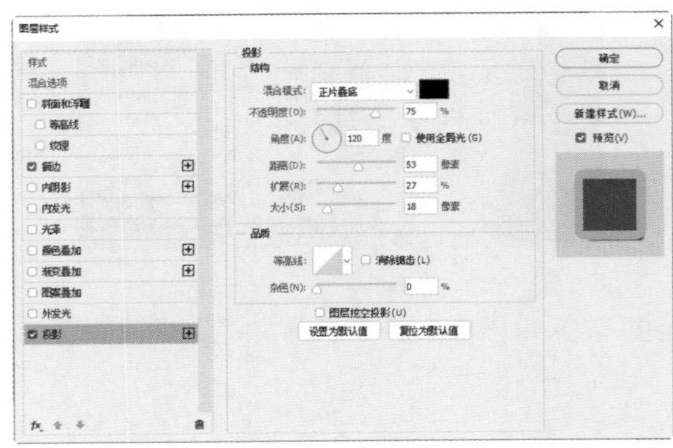

图10-128

10 单击"确定"按钮后，效果如图10-129所示。

图10-129

11 选择"果蔬2"图层，用同样的方法为该图层制作描边效果，设置描边大小为40像素，颜色为#006428，单击"确定"按钮后，效果如图10-130所示。

12 选择"果蔬3"图层，用同样的方法为该图层制作投影效果，投影"距离"为6像素，"扩展"为0%，"大小"为4像素，单击"确定"按钮后，效果如图10-131所示。

图10-130

图10-131

13 选择工具箱中的"钢笔工具"，在工具选项栏中选择 形状 选项，填充颜色为无，描边颜色为黑色，描边大小为4像素，描边类型为——，绘制路径，如图10-132所示。

图10-132

14 选择工具箱中的"矩形工具"，在工具选项栏中选择"形状"选项 形状 ，绘制颜色为#f8c400的矩形，并利用"直接选择工具"，向左水平移动右下角的锚点，效果如图10-133所示。

图10-133

15 选择工具箱中的“横排文字工具”T，在工具选项栏中设置字体为“叶根友毛笔行书2.0版”，输入文字“极速领鲜 快乐生活！”，并为文字填充黑色，适当调整文字大小。再设置字体为“黑体”，输入“配送季卡”和编号，并按快捷键Ctrl+J复制该文字图层，为复制的文字图层填充白色，为原文字图层填充颜色#006429，按键盘上的→键微移#006429颜色的文字图层，适当调整文字大小，图像制作完成，如图10-134所示。

图10-134

10.9 VIP——地铁卡

本节主要通过渐变叠加及蒙版制作地铁卡。

01 启动Photoshop 2020，执行“文件”|“新建”命令，新建一个宽为3000像素、高为2000像素、分辨率为300像素/英寸的RGB文档。

02 选择工具箱中的“圆角矩形工具”，在工具选项栏中选择“形状”选项。设置填充为纯色填充，颜色为#060058；描边颜色为无颜色，“半径”为80。单击并拖动，创建圆角矩形，如图10-135所示。

图10-135

03 选择“路线.png”素材，并拖入文档，调整位置和大小后，按Enter键确认。

04 按住Alt键，在“图层”面板中的圆角矩形图层与路线图层之间单击，创建剪贴蒙版，如图10-136所示。

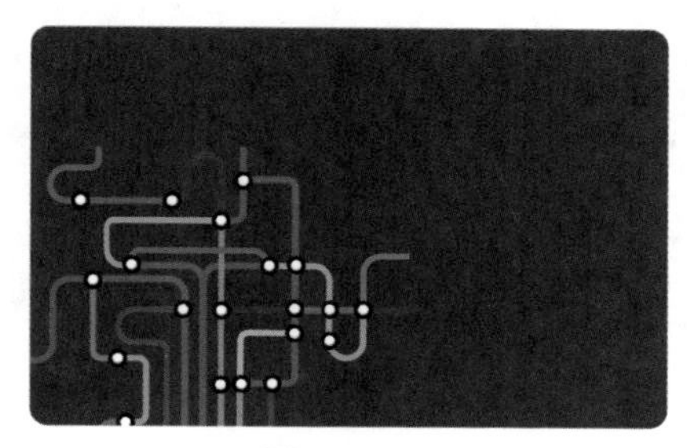

图10-136

05 选择工具箱中的“横排文字工具”T，在工具选项栏中设置字体为“方正姚体”，填充颜色为白色，字号为250点，输入文字VIP，如图10-137所示。

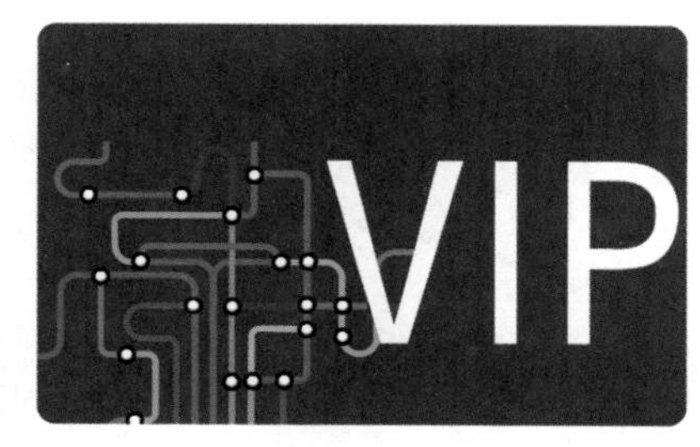

图10-137

06 按快捷键Ctrl+J复制文字图层，单击“图层”面板中的“添加图层样式”按钮fx，在菜单中选择“渐变叠加”命令，设置渐变叠加的混合模式为“正常”，“不透明度”为100%，渐变的起点位置颜色为#ff0000、终点位置颜色为#ff00ff，“样式”为“线性”，“角度”为90度，如图10-138所示。

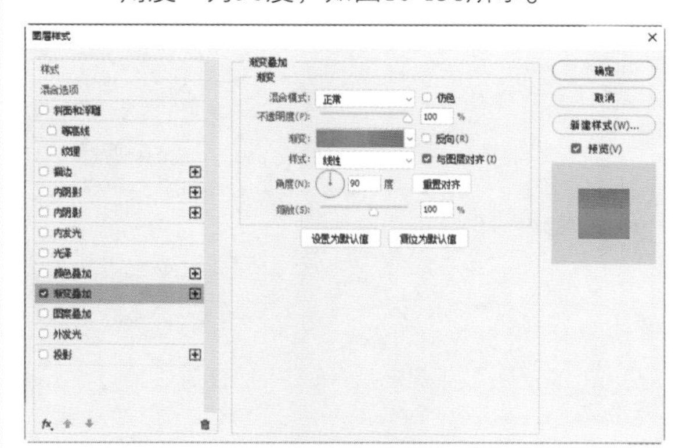

图10-138

07 单击“确定”按钮后，效果如图10-139所示。

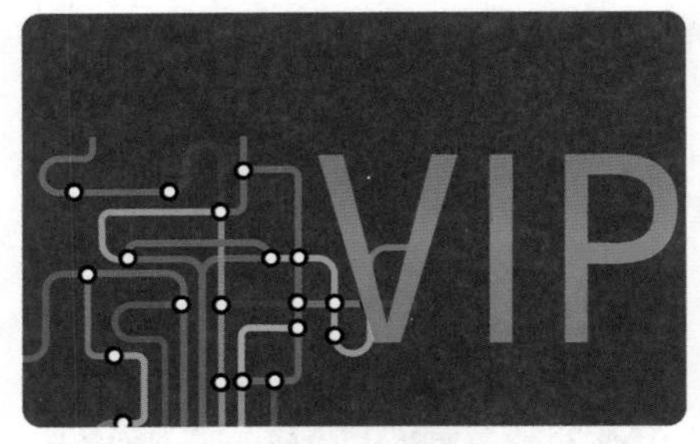

图10-139

08 单击“图层”面板中的“添加图层蒙版”按钮，为渐变文字图层添加蒙版，将蒙版全部填充为黑色。

09 选择工具箱中的“矩形选框工具”，框选中字母V的左半部分，并为选区填充白色，效果如图10-140所示。

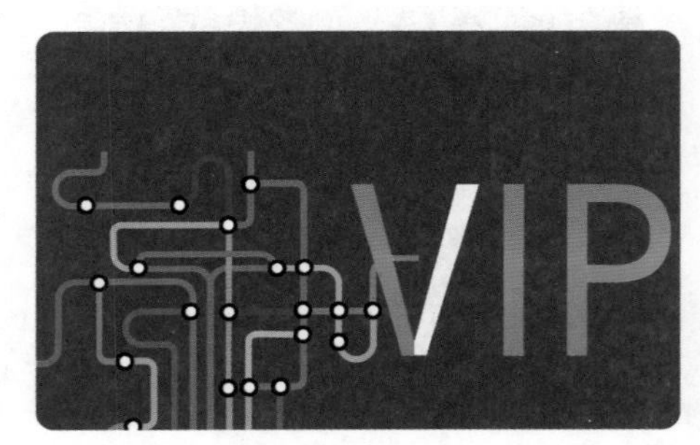

图10-140

10 按快捷键Ctrl+J复制创建蒙版后的图层，双击图层上右侧的fx小图标，弹出“图层样式”对话框，更改“渐变叠加”中渐变的起点位置颜色为#ff00ff、终点位置颜色为#0000ff，如图10-141所示。

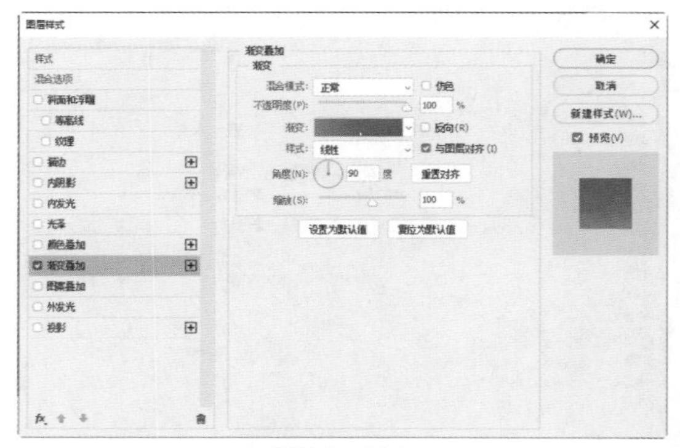

图10-141

11 单击“确定”按钮后，选择复制的图层上的蒙版，并将蒙版全部填充为黑色。选择工具箱中的“多边形套索工具”，框选中字母V的右半部分并填充白色，创建蒙版后，效果如图10-142所示。

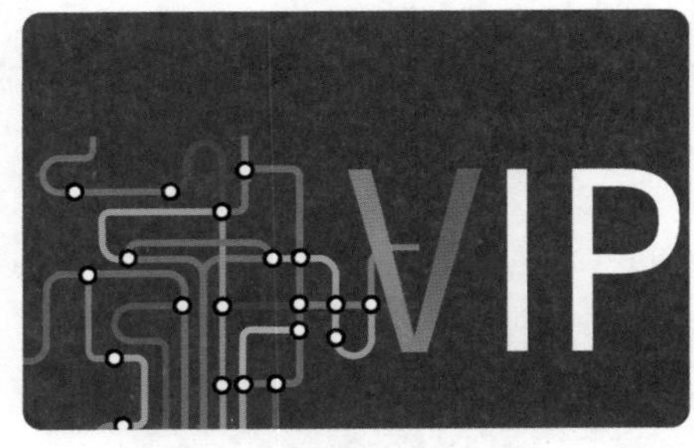

图10-142

12 用同样的方法，按3次快捷键Ctrl+J复制3个图层，并更改相应的蒙版，将I、P的左半部分和P的右半部分显示出来，并修改I的渐变起点位置颜色为#0000ff、终点位置颜色为#00ffff。P的左半部分渐变起点位置颜色为#00ffff、终点位置颜色为#00ff00。P的右半部分起点位置颜色为#00ff00、终点位置颜色为#ffff00，如图10-143所示。

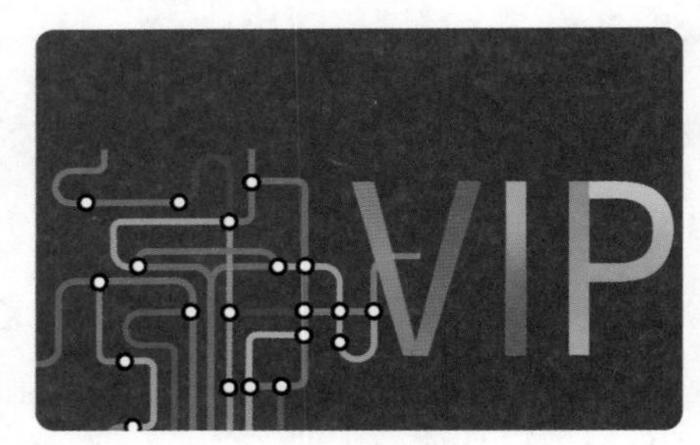

图10-143

13 选择工具箱中的“椭圆工具”，设置填充颜色为纯色填充，颜色为#037ac3，描边颜色为无颜色。单击并拖动，绘制3个椭圆，如图10-144所示。

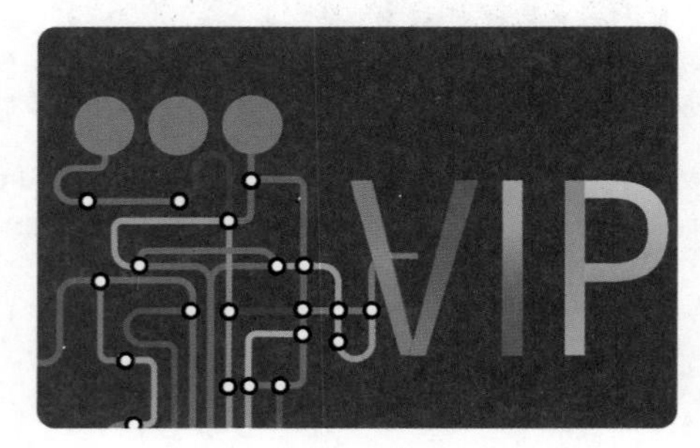

图10-144

14 选择工具箱中的“横排文字工具” T，在工具选项栏中设置字体为“黑体”，填充颜色为#060058，字号为51.09 点，输入文字“地铁卡”，如图10-145所示。

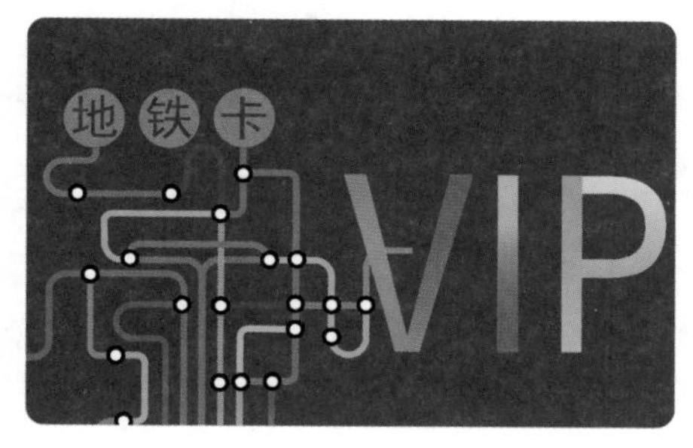

图10-145

15 用同样的方法输入其他文字，并更改文字颜色为白色，图像制作完成，如图10-146所示。

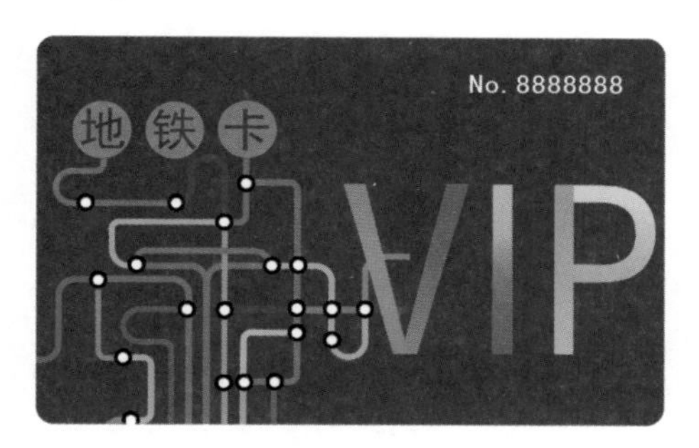

图10-146

10.10 VIP会员卡——蛋糕卡

本节主要通过自定义纹理及光泽效果制作蛋糕店会员卡。

01 启动Photoshop 2020，执行“文件”|“新建”命令，新建一个宽为3000像素、高为2000像素、分辨率为300像素/英寸的RGB文档。

02 选择工具箱中的“圆角矩形工具” ▢，在工具选项栏中选择 形状 选项。设置填充为纯色填充，颜色为#f7f7f7；描边颜色为无颜色，“半径”为80。单击并拖动，创建圆角矩形，如图10-147所示。

03 单击“图层”面板中的“添加图层样式”按钮 fx，在菜单中选择“斜面和浮雕”命令，并选中“纹理”复选框，设置“样式”为“内斜面”，“方法”为“雕刻清晰”，“深度”为327%，“方向”为“上”，“大小”为0像素，“软化”为0像素；设置阴影的“角度”为-90度，“高度”为48度，高光模式为“滤色”，“不透明度”为100%，“阴影模式”为“正片叠底”，“不透明度”为75%，如图10-148所示，并单击“确定”按钮。

图10-147

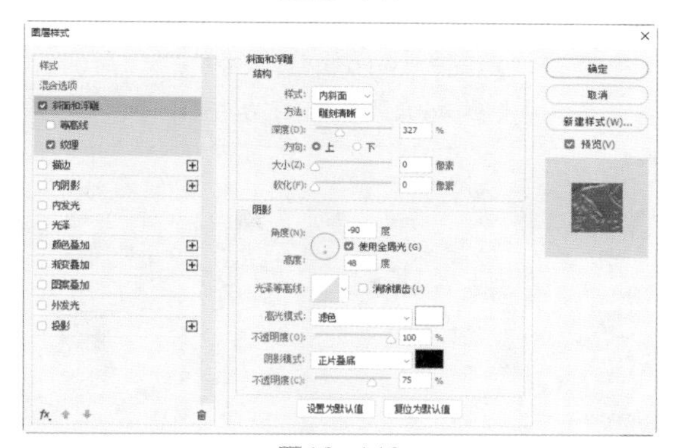

图10-148

04 执行“文件”|“打开”命令，打开“玫瑰.jpg”素材，如图10-149所示。

图10-149

05 执行“编辑”|“定义图案”命令，将素材定义为图案。

06 单击“图层”面板中的“添加图层样式”按钮 fx，在菜单中选择“斜面和浮雕”命令，并选中“纹理”复选框。单击“图案”拾色器的小三角形按钮，单击 ⚙ 小图标，在菜单中选择刚刚定义的图案，设置“缩放”为332%，“深度”为+545%，如图10-150所示。

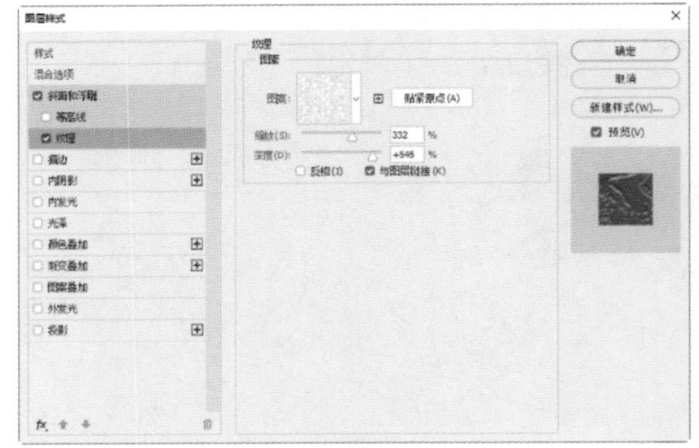

图10-150

07 选中“投影”复选框，设置“角度”为120度，“距离”为16像素，“扩展”为0%，“大小”为46像素，如图10-151所示。

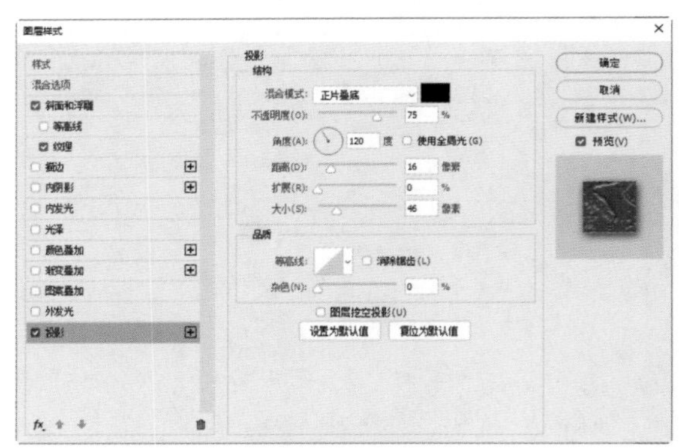

图10-151

08 单击“确定”按钮后，效果如图10-152所示。

图10-152

09 选择“蝴蝶结.png”素材，并拖入文档，调整位置和大小后，按Enter键确认。

10 按住Alt键，在“图层”面板中的圆角矩形图层与蝴蝶结图层之间单击，创建剪贴蒙版，如图10-153所示。

图10-153

11 选择工具箱中的“横排文字工具” T，在工具选项栏中设置字体为Copperplate Gothic Bold，字号大小为123.4点，文字颜色为#62cbda，输入文字V，如图10-154所示。

图10-154

12 单击“图层”面板中的“添加图层样式”按钮 fx，在菜单中选择“光泽”命令，设置混合模式为“正片叠底”，叠加颜色和字体颜色保持一致，颜色为#62cbda，“不透明度”为50%，“角度”为19度，“距离”为14像素，“大小”为13像素；在“等高线”拾色器中选择“高斯”选项，选中“反相”复选框，如图10-155所示。

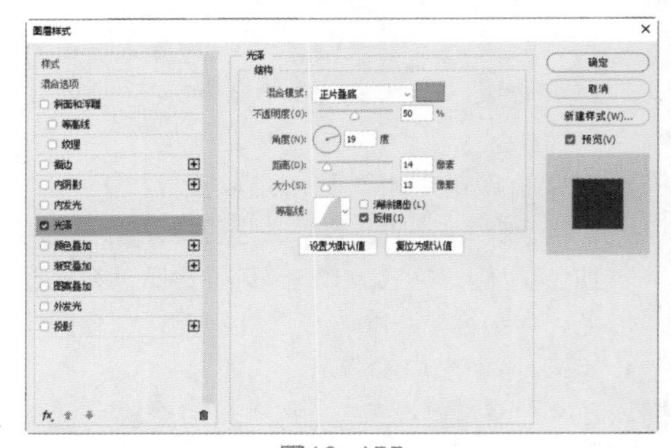

图10-155

13 选中“投影”复选框，设置“角度”为120度，“距离”为7像素，“扩展”为0%，“大小”为16像素，如图10-156所示。

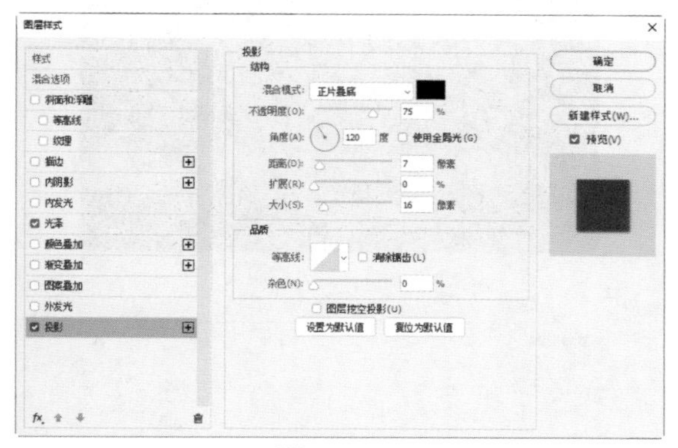

图10-156

14 单击“确定”按钮后，效果如图10-157所示。

图10-157

15 按快捷键Ctrl+J复制该文字图层，更改文字为I，并更改文字和光泽的颜色均为#96a2b5。用同样的方法，按快捷键Ctrl+J复制该文字图层，更改文字为P，并更改文字和光泽的颜色均为#ffa2b5，如图10-158所示。

图10-158

16 选择“烛光.png”素材，并拖入文档，调整位置和大小后，按Enter键确认，如图10-159所示。

图10-159

17 选择工具箱中的“横排文字工具”T，在工具选项栏中设置字体分别为Brush Script Std和黑体，输入Cake Card、“蛋糕卡”和编号，并用白色和黑色填充文字，适当调整文字大小，图像制作完成，如图10-160所示。

图10-160

10.11 俱乐部会员卡——台球俱乐部

本节主要通过“扭曲旋转”滤镜和“渲染”滤镜制作台球俱乐部的会员卡。

01 启动Photoshop 2020，执行“文件”|“新建”命令，新建一个宽为3000像素、高为2000像素、分辨率为300像素/英寸的RGB文档。

02 选择工具箱中的“圆角矩形工具”，在工具选项栏中选择“形状”选项。设置填充为纯色填充，颜色为#0e2a07；描边颜色为无颜色，“半径”为80。单击并拖动，创建圆角矩形，如图10-161所示。

03 单击“图层”面板中的“添加图层样式”按钮fx，在菜单中选择“渐变叠加”命令，单击渐变条设置渐变，起点颜色为#3c841e，终点颜色为#0e2a07，“样式”为“径向”，“角度”为90度，如图10-162所示。

图10-161

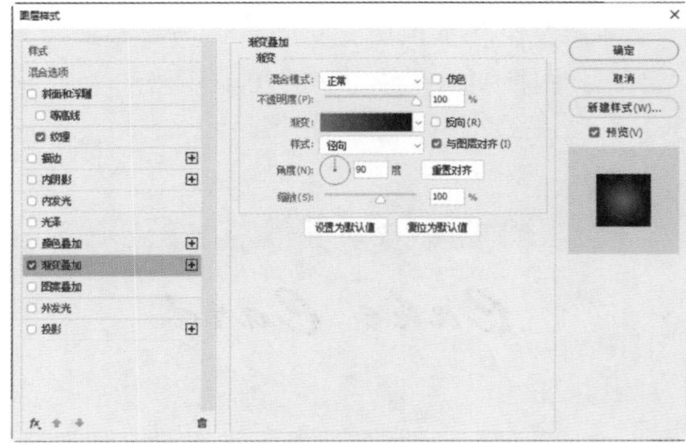

图10-162

04 单击“确定”按钮后，效果如图10-163所示。

图10-163

05 按快捷键Ctrl+J复制该图层，右击，在弹出的快捷菜单中选择“转换为智能对象”命令。

06 选择工具箱中的“矩形工具”，在工具选项栏中选择“形状”选项，绘制颜色为#f96807的矩形，并在“图层”面板中将“不透明度”更改为60%，如图10-164所示。

07 选择该矩形图层，右击，在弹出的快捷菜单中选择“栅格化图层”命令。

08 执行“滤镜”|“扭曲”|“旋转扭曲”命令，设置“角度”为240度，如图10-165所示。

图10-164

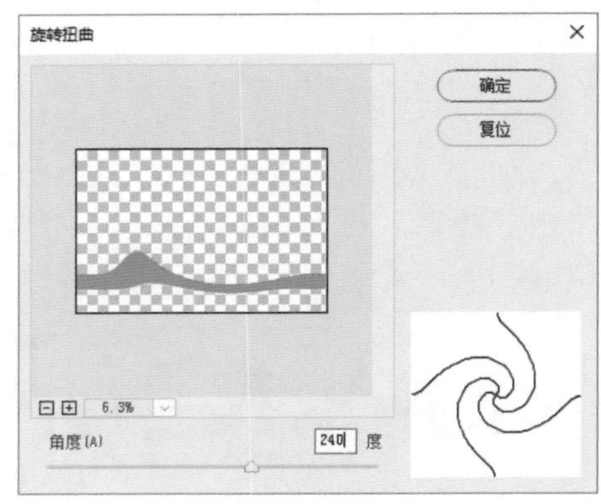

图10-165

09 单击“确定”按钮后，按住Alt键，在“图层”面板中的智能对象图层与旋转扭曲图层之间单击，创建剪贴蒙版，如图10-166所示。

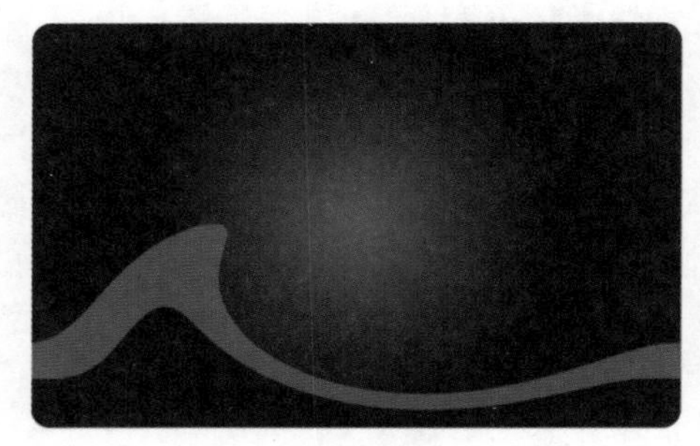

图10-166

10 用同样的方法，绘制颜色分别为#2b8486和#ae628e的矩形，并栅格化，设置不同的旋转扭曲角度进行变形，并创建剪贴蒙版，如图10-167所示。

11 选择工具箱中的“横排文字工具”，在工具选项栏中设置字体为Baskerville Old Face，字号为126 点，文字填充颜色为#53b559，输入文字VIP，如图10-168所示。

图10-167

图10-168

12 单击“图层”面板中的“添加图层样式”按钮 fx，在菜单中选择“斜面和浮雕”命令，设置样式为“内斜面”，“方法”为“平滑”，“深度”为1000%，“方向”为“上”，“大小”为4像素，“软化”为0像素；设置阴影的“角度”为41度，“高度”为42度，如图10-169所示。

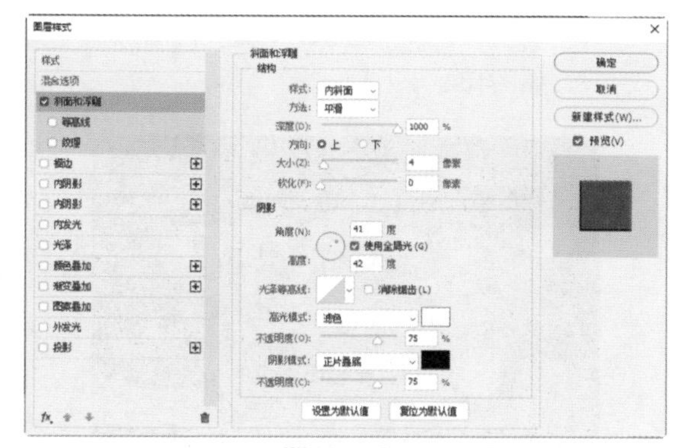

图10-169

13 选中“描边”复选框，设置描边“大小”为8像素，“位置”为“外部”，“不透明度”为100%，“填充类型”为“渐变”，起点的颜色为#37903c，44%位置的颜色为#063d09，47%位置的颜色为#cfe8d0，终点的颜色为白色，设置“样式”为“线性”，“角度”为90度，如图10-170所示。

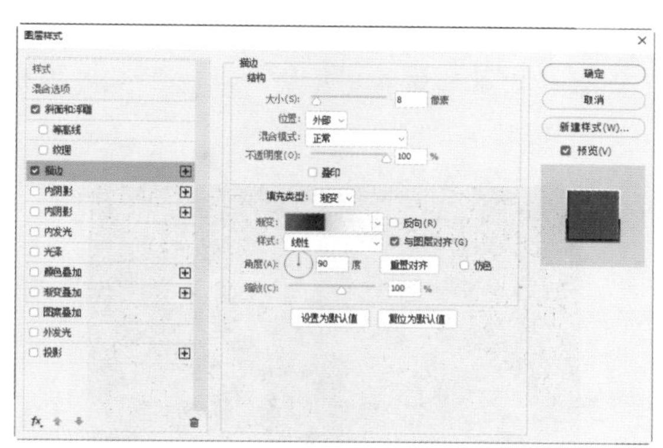

图10-170

14 单击“确定”按钮后，效果如图10-171所示。

图10-171

15 单击“创建新图层”按钮 ⊞，创建一个新的空白图层。

16 将前景色设置为#53b559，背景色设置为白色，执行“滤镜”|“渲染”|“云彩”命令，如图10-172所示。

图10-172

17 按住Alt键，在“图层”面板中的文字图层与云彩图层之间单击，创建剪贴蒙版，如图10-173所示。

18 按快捷键Ctrl+J复制文字图层，选择复制的文字图层，并放置在文字图层下方，双击图层右侧的 fx 小图标，取消选中“斜面和浮雕”复选框，并更改描边的“大小”为20像素，描边的填充类型为“颜色”，颜色为#53b559，如图10-174所示。

图10-173

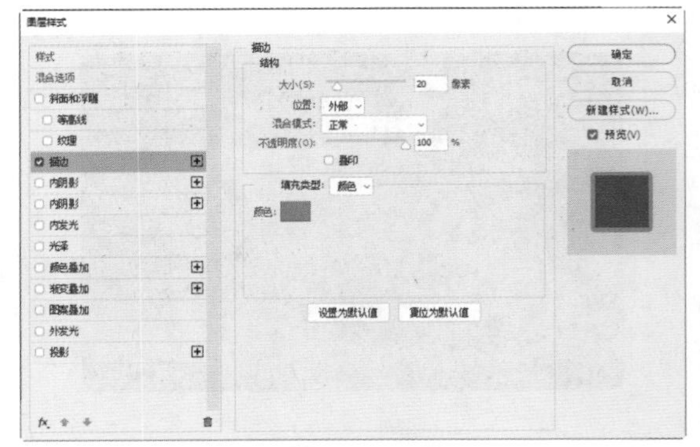

图10-174

19 单击“确定”按钮后，效果如图10-175所示。

图10-175

20 选择工具箱中的“横排文字工具” T，在工具选项栏中设置文字填充颜色为白色，字体为“方正兰亭粗黑简体”，字号为27.34 点，输入文字“台球俱乐部”“会员卡”及编号，如图10-176所示。

图10-176

21 选择工具箱中的“矩形工具” □，绘制一个白色矩形，如图10-177所示。

图10-177

22 选择“台球.png”素材，并拖入文档，调整大小和位置后，按Enter键确认，图像制作完成，如图10-178所示。

图10-178

海报画面有较强的视觉中心，一般以图片为主，文案为辅，主题字体醒目。海报是广告宣传的一种，包括商业海报、文化海报、电影海报和招商海报等。本章主要通过8款海报及广告设计，来介绍海报的制作过程。

11.1 手机广告——挚爱一生

本节主要利用渐变叠加及“钢笔工具”制作一个海报形式的手机广告。

01 启动Photoshop 2020，将背景色颜色设置为白色，执行“文件”|“新建”命令，新建一个宽为2000像素、高为3000像素、分辨率为300像素/英寸、背景内容为背景色的RGB文档。

02 选择工具箱中的“渐变工具”，设置渐变起点颜色为#ec9ebb、终点颜色为# fdedf4的径向渐变，从画面中心向外水平单击并拖曳填充渐变，如图11-1所示。

03 选择工具箱中的“椭圆工具”，设置工具选项栏中的“工具模式”为“形状”，填充颜色为白色，描边颜色为无，绘制一个白色椭圆，如图11-2所示。

图11-1

图11-2

04 单击“图层”面板中的“添加图层样式”按钮，在菜单中选择“渐变叠加”命令，单击面板中的渐变条，设置渐变起点颜色为#6fc7d5、终点颜色为#44bed7，设置“样式”为“线性”，“混合模式”为“正常”，“角度”为60度，如图11-3所示。

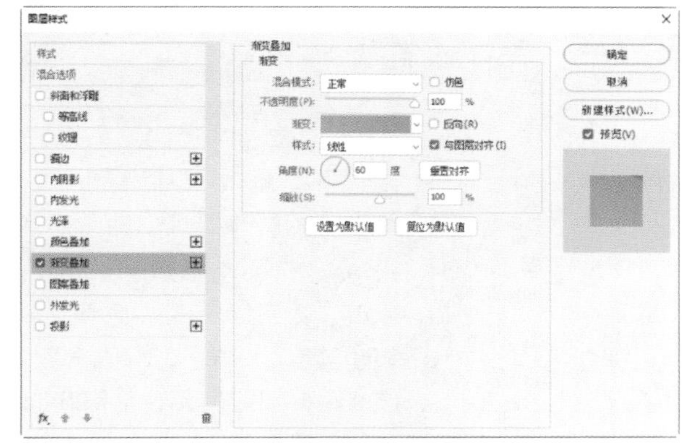

图11-3

05 选中“投影”复选框，设置投影颜色为#ec7584，“不透明度”为75%，“角度”为120度，“距离”为29像素，“扩展”为8%，“大小”为18像素，如图11-4所示。

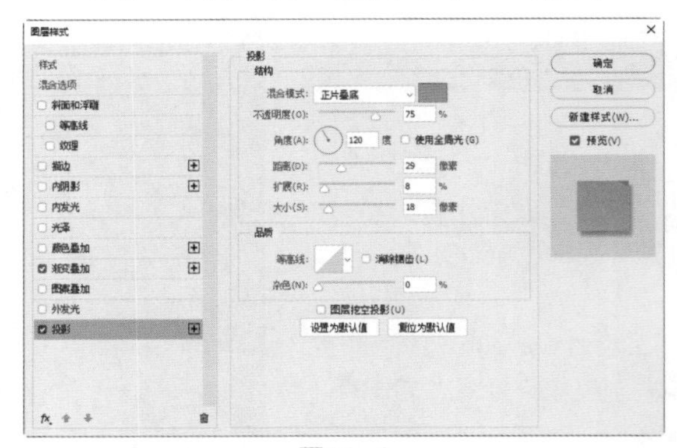

图11-4

06 单击“确定”按钮后，效果如图11-5所示。

07 用同样的方法，分别制作其他渐变色的椭圆，如图11-6所示。

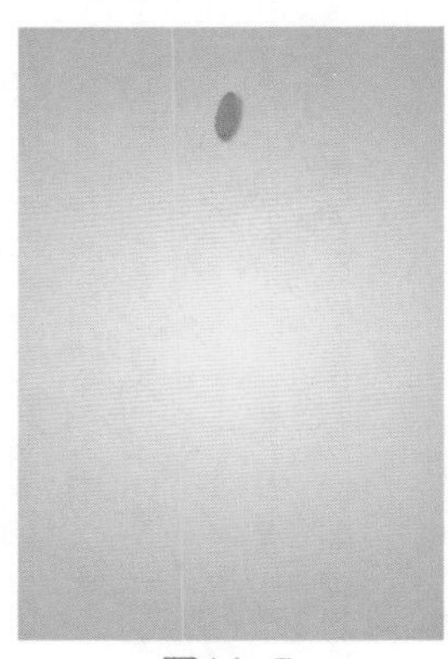

图11-5

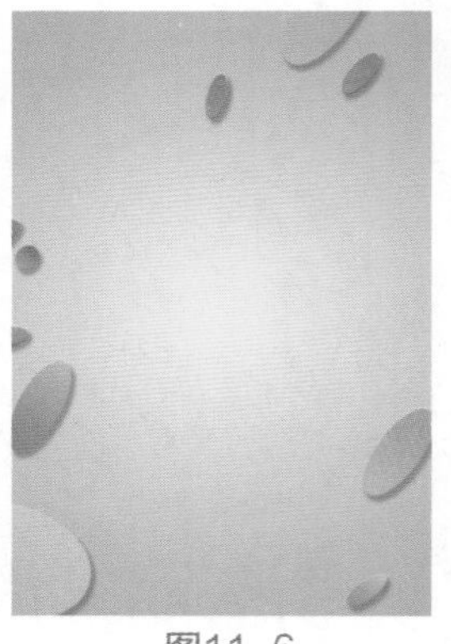

图11-6

08 选择“手机.png”素材，并拖入文档，调整大小后按Enter键确认。

09 选择工具箱中的“矩形工具”，绘制一个颜色为#9e9fa0的矩形，并在“图层”面板中选中该图层，右击，在弹出的快捷菜单中选择“转换为智能对象”命令。按快捷键Ctrl+T显示定界框，对该矩形进行斜切变形，覆盖手机屏幕，如图11-7所示。

10 双击智能对象的矩形，在弹出的对话框中单击“确定”按钮。选择“情侣.jpg”素材，并拖入文档，调整位置和大小后按Enter键确认，如图11-8所示。

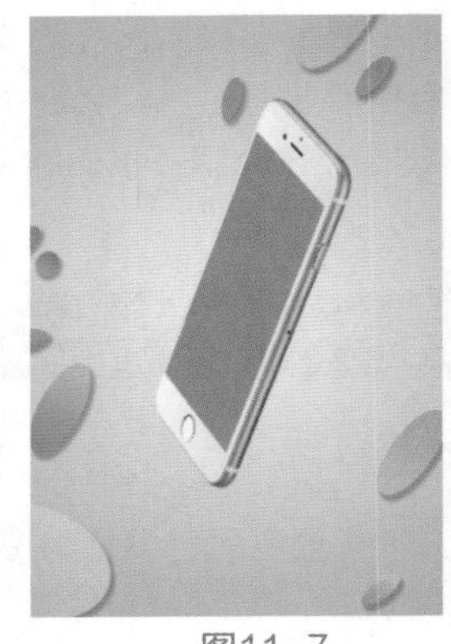

图11-7

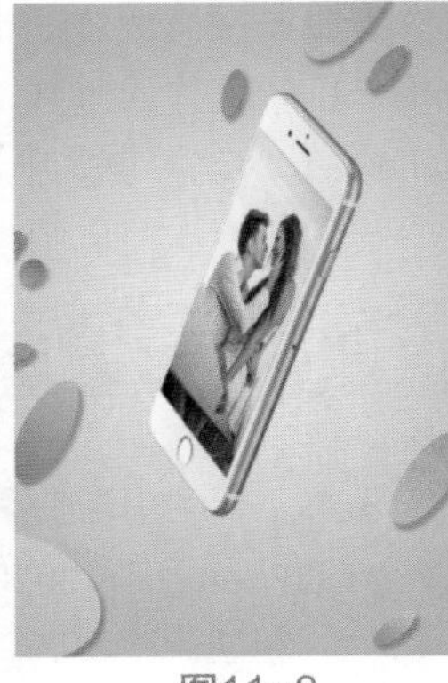

图11-8

智能矢量对象除了能保持图片质量外，另一个重要特性就是具有保存自由变换设置的功能。当对一个图片进行扭曲变换之后，依然可以让被扭曲的图片恢复到初始的状态。双击缩略图然后编辑源文件，使替换内容成为一件非常简单的事情。例如，此处可以任意更换手机界面的图片，而不需要重复进行旋转和斜切的操作。

11 选择工具箱中的“钢笔工具”，在工具选项栏中选择“工具模式”为“形状”形状，绘制白色图形，如图11-9所示。

图11-9

12 单击“图层”面板中的“添加图层样式”按钮fx，在菜单中选择“渐变叠加”命令，单击面板中的渐变条，设置渐变起点颜色为#be0758、位置为32%时的颜色为#e83082、位置为68%时的颜色为#f2bacf、位置为88%时的颜色为#ed81b1，终点颜色为#ea5f9e，设置“样式”为“线性”，“混合模式”为“正常”，“角度”为0度，如图11-10所示。

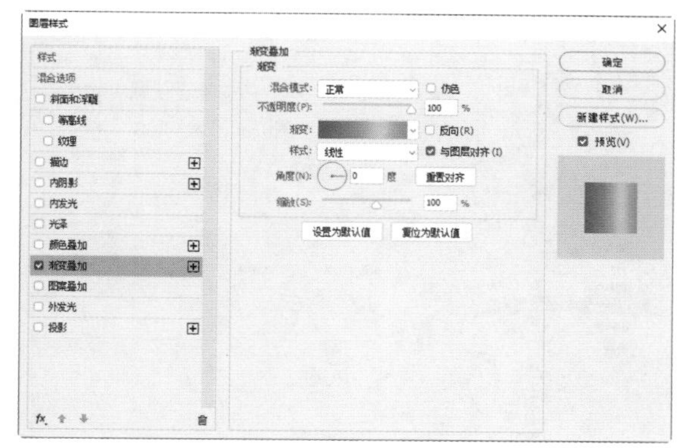

图11-10

13 单击“确定”按钮后，效果如图11-11所示。

14 单击“图层”面板中的“创建新图层”按钮，创建新图层。利用“钢笔工具”绘制形状后，选择上一个钢笔绘制的形状图层右侧的图层样式图标，按住Alt键，拖到新绘制的形状上。双击该图标，在弹出的“图层样式”对话框中，选中“渐变叠加”复选框，选中“反向”复选框。单击“确定”按钮后，效果如图11-12所示。

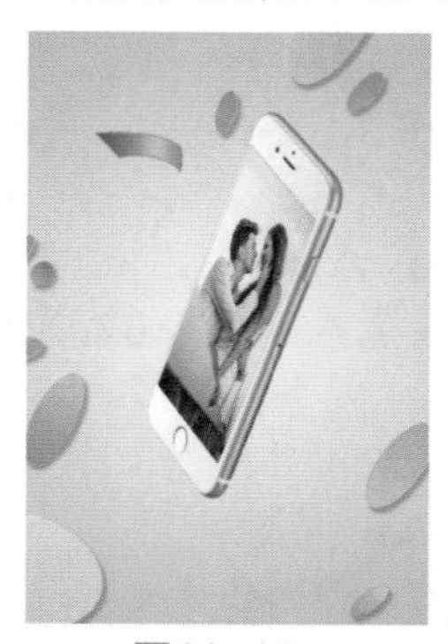

图11-11 图11-12

15 用同样的方法，绘制丝带的其他部分，如图11-13所示。

16 选择工具箱中的“横排文字工具”，输入文字，在工具选项栏中设置字体为“黑体”，设置合适的字号，选择文字并填充白色，如图11-14所示。

17 选择文字图层，并单击“图层”面板中的“添加图层样式”按钮，在菜单中选择“斜面和浮雕”命令，设置“样式”为“内斜面”，“方法”为“平滑”，“深度”为100%，“方向”为“上”，“大小”为13像素，“软化”为7像素；设置阴影的“角度”为30度，“高度”为30度，“高光模式”为“滤色”，颜色为白色，其“不透明度”为75%，“阴影模式”为“正片叠底”，颜色为#efb3ca，其“不透明度”为75%，如图11-15所示。

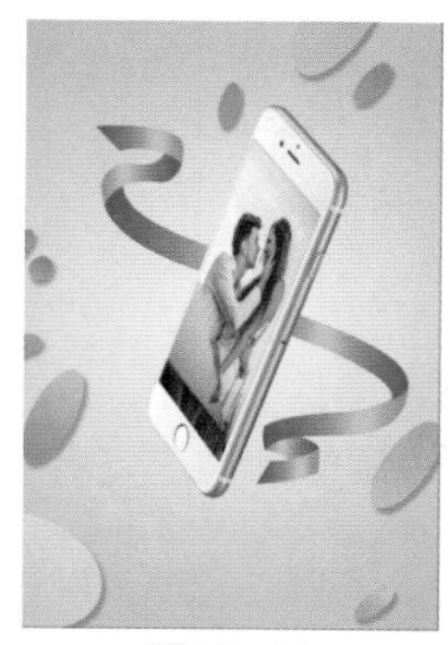

图11-13 图11-14

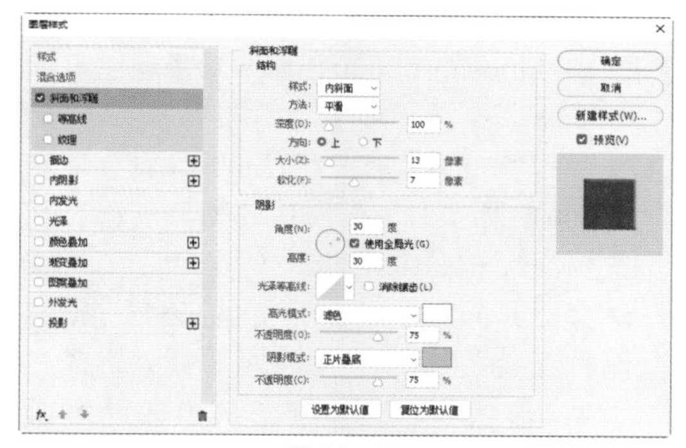

图11-15

18 选中“投影”复选框，设置投影的“不透明度”为75%，颜色为#eb9ebb，“角度”为120度，“距离”为17像素，“扩展”为0%，“大小”为4像素，如图11-16所示。

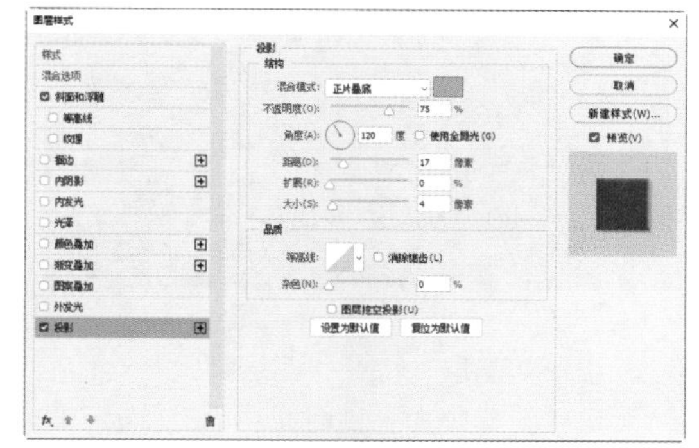

图11-16

19 单击“确定”按钮后，效果如图11-17所示。

图11-17

11.2 饮料广告——清凉一夏

本节主要运用“自定形状工具”和矢量蒙版制作一款饮料广告。

01 启动Photoshop 2020，将背景色颜色设置为#f8c30c，执行“文件”|“新建”命令，新建一个宽为2000像素、高为3000像素、分辨率为300像素/英寸、背景内容为背景色的RGB文档，如图11-18所示。

02 选择工具箱中的“自定形状工具”，在工具选项栏中打开“形状”面板，选择“会话4”形状，选择“工具模式”为“形状” 形状 ，绘制颜色为#35aad7的形状，如图11-19所示。

图11-18

图11-19

03 双击形状图层，打开“图层样式”对话框，选中“渐变叠加”复选框，单击面板中的渐变条，设置渐变19%位置的颜色为#0071b3、位置为80%的颜色为#09b2e9，终点颜色为#7fd3eb，设置“样式”为“线性”，“混合模式”为“正常”，“角度”为90度，如图11-20所示。

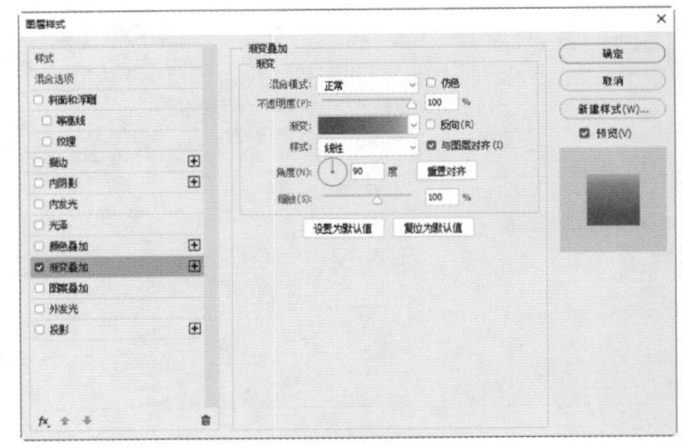

图11-20

04 单击“确定”按钮后，效果如图11-21所示。

05 用同样的方法，绘制两个颜色分别为#7ecdf3和白色的形状，置于渐变形状的下方，如图11-22所示。

图11-21

图11-22

06 选择“水珠.png”素材，并拖入文档，按Enter键确认，如图11-23所示。

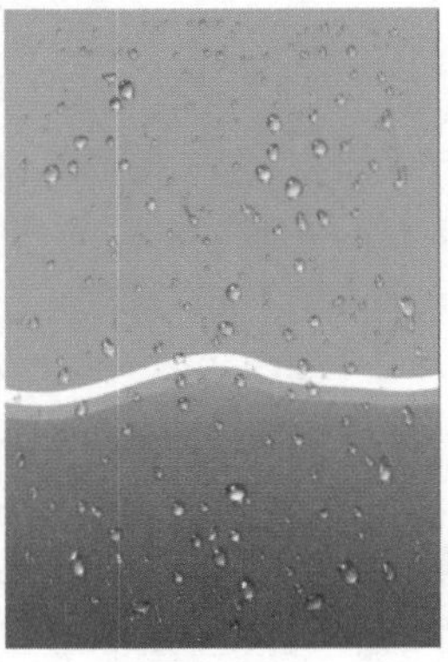

图11-23

07 选择“饮料.jpg”素材，并拖入文档，调整大小后，按Enter键确认。单击“图层”面板底部的“添加图层蒙版”按钮，为图层创建蒙版，如图11-24所示。

08 将前景色设置为黑色，利用工具箱中的“魔棒工具”，将多余的部分选出，并填充黑色，结合“画笔工具”，选择一个笔尖，涂抹细节部分，将饮料抠出，如图11-25所示。

图11-24

图11-25

注意与提示

利用蒙版进行抠图，可保持图片的可编辑性。

09 选择“伞.png”素材，并拖入文档，按Enter键确认。同样利用蒙版结合“画笔工具”在多余处涂抹，使伞的下端融于饮料中，如图11-26所示。

10 选择工具箱中的“横排文字工具”，输入文字，在工具选项栏中设置字体为“华文琥珀”，字号为100 点，输入白色文字，如图11-27所示。

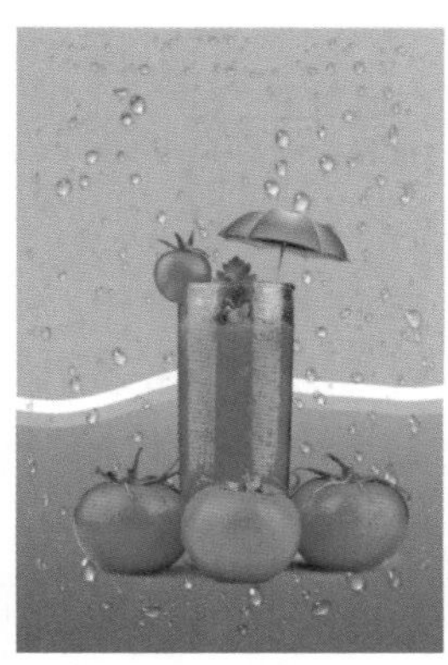

图11-26

图11-27

11 双击文字图层，打开“图层样式”对话框，选中“投影”复选框，设置投影颜色为#d40f02，“不透明度”为75%，“角度”为120度，“距离”为10像素，“扩展”为5%，“大小”为10像素，如图11-28所示。

12 单击“确定”按钮后，效果如图11-29所示。

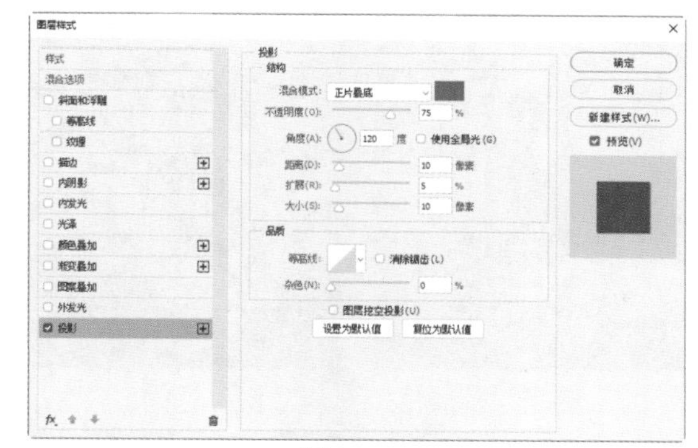

图11-28

图11-29

13 用同样的方法输入其他文字，并将“清凉一夏”的字体更改为“造字工房悦黑”，如图11-30所示。

14 选择工具箱中的“自定形状工具”，在工具选项栏中设置“工具模式”为“形状”形状，在“形状”面板中选择“拼贴2”形状和“波浪”形状，将前景色设置为白色，绘制填充颜色为白色波浪和拼贴形状，如图11-31所示。

15 选中其中一个拼贴形状图层，选择工具箱中的“椭圆工具”，在工具选项栏中设置“工具模式”为“路径”路径，按住Shift键，绘制圆形。执行“图层”|“矢量蒙版”|“当前路径”命令，给图层创建矢量蒙版。并用同样的方法，为另一个拼贴图层创建矢量蒙版，如图11-32所示。

16 选择“小素材”文件夹里的全部素材，并全部拖入文档，移动到合适的位置后，多次按Enter键全部确认，图像制作完成，如图11-33所示。

图11-30

图11-31

图11-32

图11-33

11.3 DM单广告——麦辣鸡块

本节主要利用“画笔工具”“自由钢笔工具”和“水平居中分布”命令制作麦辣鸡块DM单广告。

01 启动Photoshop 2020，执行“文件”|“新建”命令，新建一个宽为300像素、高为300像素、分辨率为300像素/英寸的RGB文档。

02 按快捷键Ctrl+R显示标尺，在文档的垂直和水平位置的中心处创建参考线。选择工具箱中的“矩形工具”，绘制颜色为#e1aa00的矩形。双击“背景”图层，将背景图层转换为普通图层后删除，如图11-34所示。

图11-34

03 按快捷键Ctrl+J复制该矩形，重复15次操作。选择工具箱中的“移动工具”，将顶部的矩形移动到文档右侧，按住Shift键，单击第一个绘制的矩形，将所有矩形图层选中。在工具选项栏中单击“水平居中分布”按钮，如图11-35所示。

图11-35

注意与提示

选择上方的图层，按住Shift键，再单击下方的图层，即可选中包括上方、下方，以及它们之间的所有图层；按住Ctrl键，可选择多个单个的图层。

04 按快捷键Ctrl+T，调出自由变换框，按住Shift键，将全部矩形旋转45度，并拉大矩形，观察参考线分隔的4个小格子间的形状是否一致。当4个小格子内的形状一致时，按Enter键确定，如图11-36所示。

注意与提示

4个格子内的图案一致，可在应用图层样式“图案叠加”后进行无缝拼接。

图11-36

05 执行“编辑”|“定义图案”命令，将绘制的矩阵添加到图案。

06 执行“文件”|“新建”命令，新建一个宽为2000像素、高为3000像素、分辨率为300像素/英寸的RGB文档。

07 双击“背景”图层，将背景图层转换为普通图层。双击该图层，打开“图层样式”对话框，选中“渐变叠加”复选框，单击对话框中的渐变条，设置渐变起点颜色为#ebc000、终点颜色为#fbf1c6，设置“样式”为“径向”，“混合模式”为“正常”，“角度”为90度，并选中“反向”复选框，如图11-37所示。

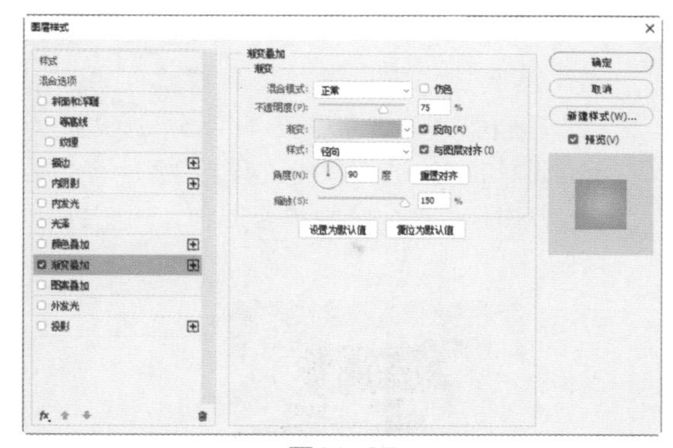

图11-37

08 选中“图案叠加”复选框，选择之前定义的图案，如图11-38所示。

09 单击“确定”按钮后，效果如图11-39所示。

10 选择“鸡腿.png”素材，并拖入文档，调整大小和方向后，按Enter键确认。按快捷键Ctrl+J复制该图层，并按快捷键Ctrl+T进行缩放，如图11-40所示。

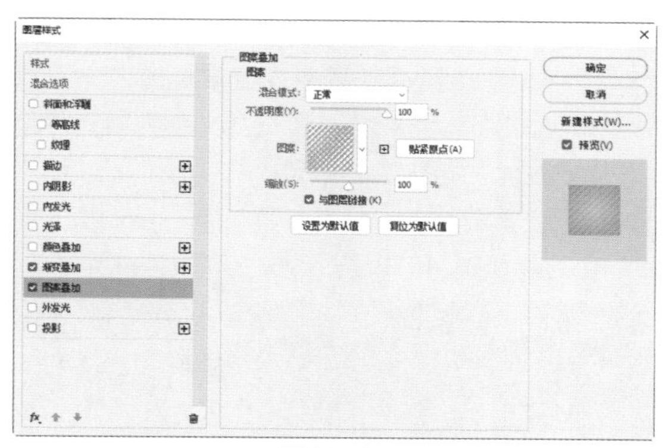

图11-38

图11-39

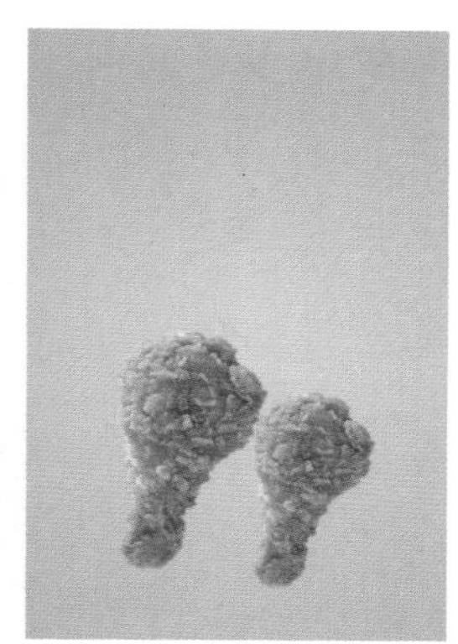

图11-40

11 单击“创建新图层”按钮⊞，创建一个新的空白图层。

12 选择工具箱中的“画笔工具”，将前景色设置为黑色，选择一种硬边画笔，将画笔大小设置为15像素，单击并拖曳进行涂抹，如图11-41所示。

13 单击“创建新图层”按钮⊞，创建一个新的空白图层，置于人物涂抹图层的下方，更改其他颜色和画笔大小，进行涂抹，增加图像的层次感，如图11-42所示。

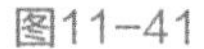

图11-41

图11-42

14 选择工具箱中的"横排文字工具" T，输入文字，在工具选项栏中设置字体为"方正姚体"，字号为88.57 点，选择文字并填充颜色#ee1b24，如图11-43所示。

15 选择工具箱中的"钢笔工具"，绘制填充颜色为##ee1b24的折角形状，如图11-44所示。

图11-43

图11-44

16 将文字图层和钢笔绘制的图层选中，并拖到"图层"面板下方的"创建新组"按钮上，创建组。选中该组，双击该组，打开"图层样式"对话框，选中"描边"复选框，设置描边"大小"为16像素，颜色为黑色，如图11-45所示。

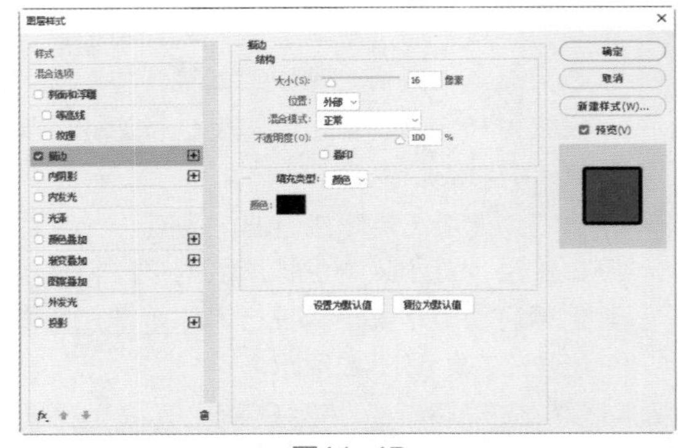

图11-45

17 选中"外发光"复选框，设置"混合模式"为"滤色"，"不透明度"为75%，外发光颜色为#f4f4f4，"方法"为"柔和"，"扩展"为0%，"大小"为202像素，"范围"为50%，如图11-46所示。

18 单击"确定"按钮后，效果如图11-47所示。

19 单击"创建新图层"按钮，创建一个新的空白图层，选择工具箱中的"画笔工具"，将前景色设置为白色，选择一种硬边画笔，将画笔大小设置为15像素，单击并拖曳进行涂抹，如图11-48所示。

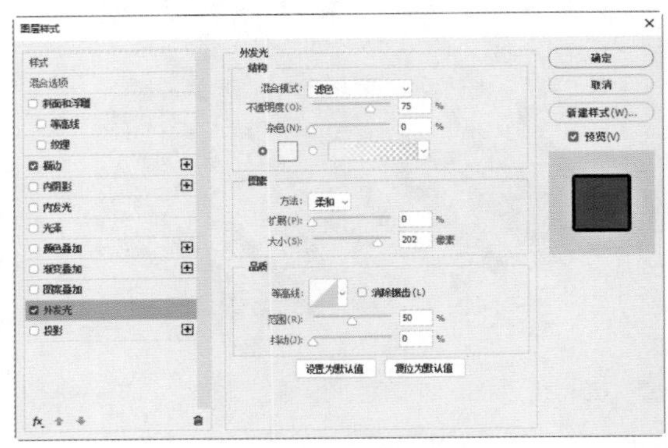

图11-46

图11-47

图11-48

20 选择工具箱中的"自由钢笔工具"，在工具选项栏中设置"工具模式"为"形状" 形状，将填充颜色分别设置为#fdda02和#f09607，将描边颜色设置为黑色，描边大小为3点，绘制闭合形状，如图11-49所示。

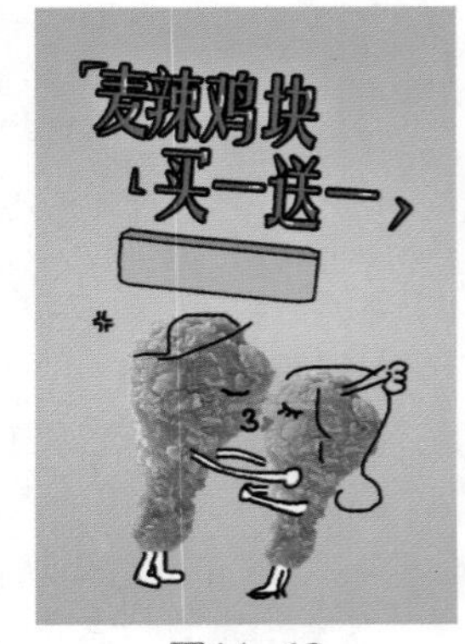

图11-49

21 再用"自由钢笔工具"绘制一个颜色为

#ee1b24的闭合形状，在“图层”面板中在该形状图层与颜色为#fdda02的形状图层之间单击，创建剪贴蒙版，如图11-50所示。

22 单击“创建新图层”按钮，创建一个新的空白图层，选择工具箱中的“画笔工具”，将前景色设置为黑色，选择一种硬边画笔，将画笔大小设置为10像素，涂抹出箭头和其他部分，如图11-51所示。

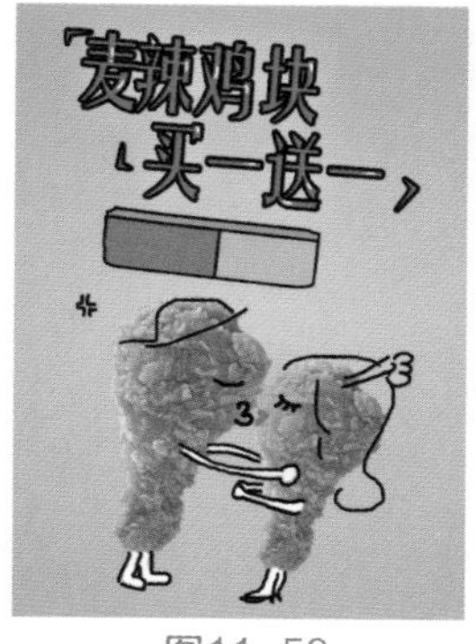

图11-50

图11-51

23 选择工具箱中的“横排文字工具”，输入文字，在工具选项栏中设置字体为“方正姚体”，字号为34.33 点，选择文字并填充黑色，如图11-52所示。

24 选择“Logo .png”和“手.png”素材，拖入文档后按Enter键确认，完成图像的制作，如图11-53所示。

图11-52

图11-53

11.4 香水广告——小雏菊之梦

本节将利用“色彩平衡”和“自然饱和度”等调整图层制作一款香水广告。

01 启动Photoshop 2020，执行“文件”|“打开”命令，打开“背景.jpg”素材，如图11-54所示。

02 单击“图层”面板中的“创建新的填充或调整图层”按钮，在菜单中选择“色彩平衡”命令，选择“阴影”选项，设置“黄色-蓝色”的值为+60，如图11-55所示。

图11-54

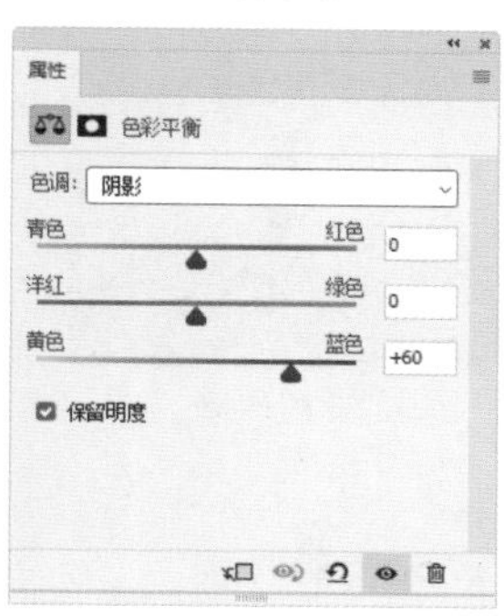

图11-55

03 设置后的效果如图11-56所示。

04 选择“丝带1.png”“丝带2.png”和“香水.png”素材，并拖入文件，按Enter键确认，如图11-57所示。

图11-56

图11-57

05 选择“美女.jpg”素材，并拖入文件，按Enter键确认，如图11-58所示。

06 单击“图层”面板中的“创建新的填充或调整图层”按钮，在菜单中选择“曲线”命令，调整曲线的弧度，如图11-59所示。

07 在“图层”面板中的曲线图层和美女图层之间单击，创建剪贴蒙版。

08 单击“图层”面板中的“创建新的填充或调整图层”按钮，在菜单中选择“色彩平衡”命令，选择“中间调”选项，设置“黄色-蓝色”的值为+50，如图11-60所示。

09 在“图层”面板中的曲线图层和美女图层之间单击，创建剪贴蒙版。

10 设置后的效果如图11-61所示。

图11-58

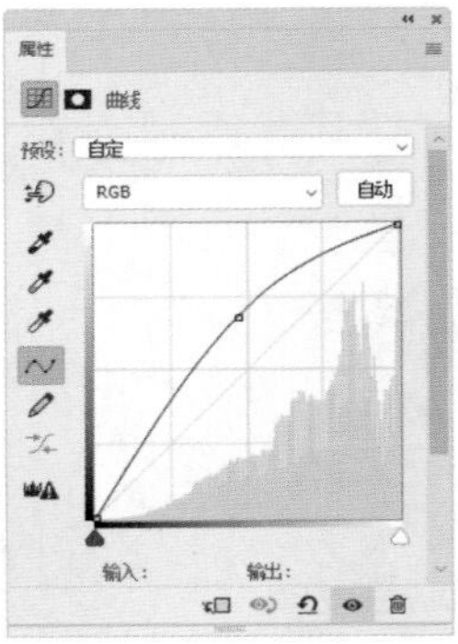

图11-59

图11-60

图11-61

11 单击“图层”面板中的“添加图层蒙版”按钮，为美女图层创建蒙版。将前景色设置为黑色，选择工具箱中的“画笔工具”，选择一种柔边圆笔尖，将多余的部分抹去，如图11-62所示。

12 选择“蝴蝶.png”素材，并拖入文档，调整位置和大小后，按Enter键确认，如图11-63所示。

图11-62

图11-63

13 单击“图层”面板中的“创建新的填充或调整图层”按钮，在菜单中选择“自然饱和度”命令，设置“自然饱和度”的值为-53，如图11-64所示。

14 在“图层”面板中的“自然饱和度”图层和蝴蝶图层之间单击，创建剪贴蒙版，设置后的效果如图11-65所示。

图11-64

图11-65

15 选择“自然饱和度”图层和蝴蝶图层，拖到“创建新图层”按钮上，复制这两个图层。选择蝴蝶图层，按快捷键Ctrl+T，移动蝴蝶到合适的位置后，右击，在弹出的快捷菜单中选择“水平翻转”命令，按Enter键确认，如图11-66所示。

16 选择工具箱中的“横排文字工具”，输入文字，在工具选项栏中分别设置字体为Didot、Myriad Pro和“Adobe 黑体 Std”，设置字号为合适大小，选择文字并填充黑色。

17 选择工具箱中的“矩形工具”，绘制填充颜色为无颜色，描边颜色为黑色，描边大小为0.5点的矩形。再选择工具箱中的“直线工具”绘制黑色的直线，图像制作完成，如图11-67所示。

图11-66

图11-67

11.5 促销海报——活动很大

本节主要利用自定义的图案、矢量蒙版、波浪滤镜，以及形状工具制作一款促销海报。

01 启动Photoshop 2020，将背景色颜色设置为白色，执行“文件”|“新建”命令，新建一个宽为2000像素、高为3000像素、分辨率为300像素/英寸、背景内容为背景色的RGB文档。

02 选择工具箱中的“自定形状工具”，在工具选项栏中的“形状”面板中，选择“拼贴 2”形状，设置“工具模式”为“形状”，按住Shift键，绘制颜色为#14f4f8的形状，如图11-68所示。

图11-68

03 选中该形状图层，选择工具箱中的“椭圆工具”，在工具选项栏中设置“工具模式”为“路径”，按住Shirt键，绘制圆形，执行“图层”|“矢量蒙版”|“当前路径”命令，为图层创建矢量蒙版，如图11-69所示。

图11-69

04 用同样的方法，制作颜色分别为#1632e0和#fa502020的矢量蒙版图形，如图11-70所示。

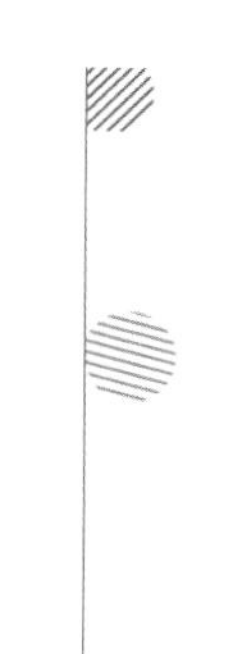

图11-70

05 执行“文件”|“新建”命令，新建一个宽为300像素、高为300像素、分辨率为300像素/英寸的RGB文档。

06 按快捷键Ctrl+R显示标尺，在文档垂直和水平位置的中心处创建参考线。选择工具箱中的“椭圆工具”，设置“工具模式”为“形状”，按住Shift键，绘制颜色为#ffc512的圆形。

07 按快捷键Ctrl+J复制该圆形，重复4次操作，选择工具箱中的“移动工具”，将5个圆形的中心点位置分别置于4个顶点及文档中心位置，如图11-71所示。

图11-71

按快捷键Ctrl+T调出自由变换控制框，即可出现形状的中心点。

08 执行“编辑”|“定义图案”命令，将绘制的矩阵添加到图案。

09 回到之前的文档，选择工具箱中的“椭圆工具”，按住Shift键，绘制颜色为#fa502020的圆形，如图11-72所示。

10 双击圆形图层，打开“图层样式”对话框，选中“图案叠加”复选框，选择刚定义的图案，如图11-73所示。

图11-72

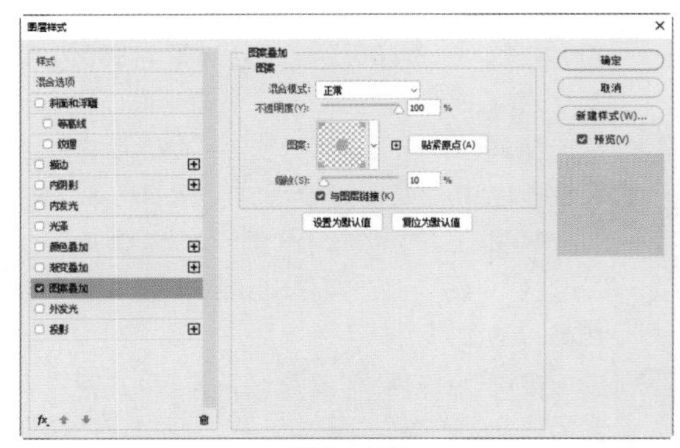

图11-73

11 单击“确定”按钮，在“图层”面板中将“填充”设置为0%，如图11-74所示。

图11-74

当定义的图案为背景透明色、图层的填充为0%时，该图层的像素仅包含自定义的图案。

12 选择该图形，右击，在弹出的快捷菜单中选择“转换为智能对象”命令。再次双击该图层，打开“图层样式”对话框，选中“颜色叠加”复选框，设置“混合模式”为“正常”，颜色为#fa502020，如图11-75所示。

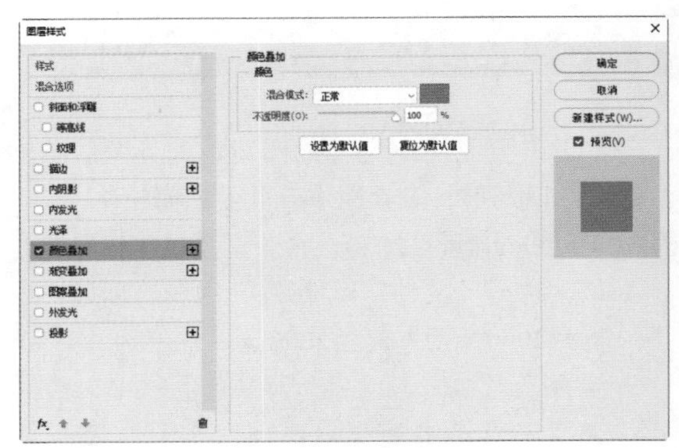

图11-75

13 单击“确定”按钮后，圆点的颜色发生改变，如图11-76所示。

若直接进行颜色叠加，整个圆形将叠加颜色。此处转换为智能对象，则叠加的颜色仅为图层中有像素的区域，且能通过双击该智能对象，对图案叠加的缩放进行调整。

14 用同样的方法，结合工具箱中“多边形工具”，设置“边”为3，制作三角形，完成三角形和圆形中圆点的制作，如图11-77所示。

图11-76　　图11-77

15 选择工具箱中的“矩形工具”，设置“工具模式”为“形状”，绘制两个颜色分别为#1536e0和#fa502020的矩形，如图11-78所示。

图11-78

16 选择矩形图层，右击，在弹出的快捷菜单中选择“转换为智能对象”命令，分别将矩形转换为智能对象。

17 执行“文件”|“扭曲”|“波浪”命令，打开“波浪”对话框，设置“生成器数”为10，波长“最小”为36，“最大”为37，波幅“最小”为1，“最大”为4，在类型处选择“正弦”选项，如图11-79所示。

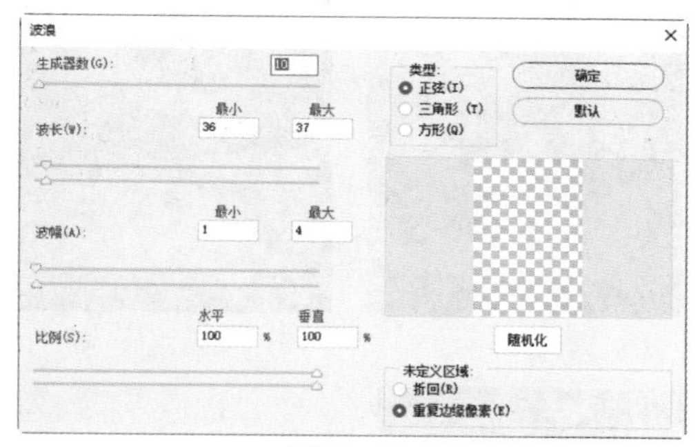

图11–79

18 单击“确定”按钮，矩形变成波浪状，如图11-80所示。

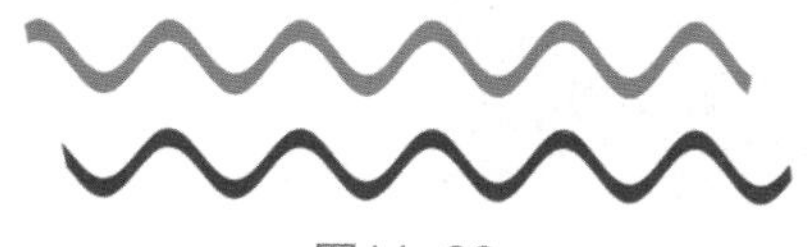

图11–80

19 用同样的方法，绘制两个矩形并转换为智能对象后，添加滤镜，并设置相同的参数，在类型处选择“三角形”选项，如图11-81所示。

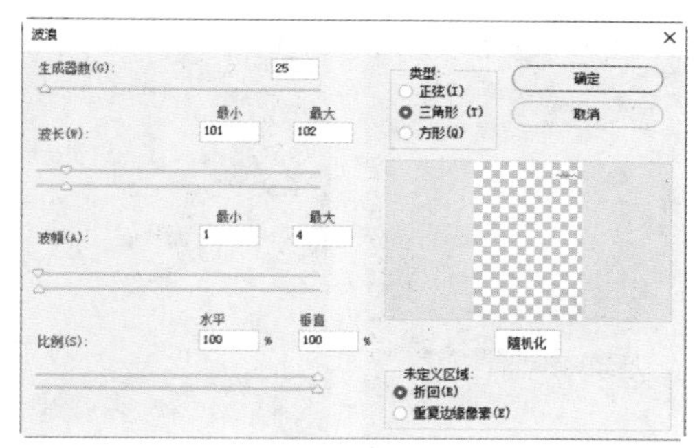

图11–81

20 单击“确定”按钮后，矩形变成折线状，如图11-82所示。

21 选择工具箱中的“矩形工具”▭，绘制其他颜色的线条，如图11-83所示。

22 利用工具箱中的“矩形工具”▭，结合“多边形工具”⬡制作矩形和三角形，并设置填充颜色为无颜色▱，描边大小分别为5点和10.18点，绘制其他颜色的描边三角形和矩形，如图11-84所示。

23 选择工具箱中的“横排文字工具”T，输入文字，在工具选项栏中设置字体为“华文琥珀”，字号为127.78 点，选择文字并填充颜色#fa502020，如图11-85所示。

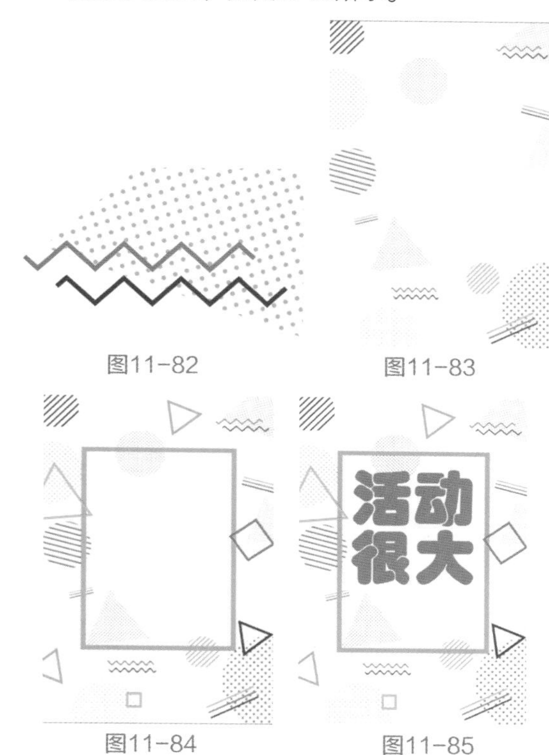

图11–82　图11–83

图11–84　图11–85

24 双击文字图层，打开“图层样式”对话框，选中“渐变叠加”复选框，单击对话框中的渐变颜色条，设置渐变起点颜色为#f000ff、终点颜色为#00a8ff，设置样式为“线性”，“混合模式”为“正常”，“角度”为0度，如图11-86所示。

25 单击“确定”按钮后，效果如图11-87所示。

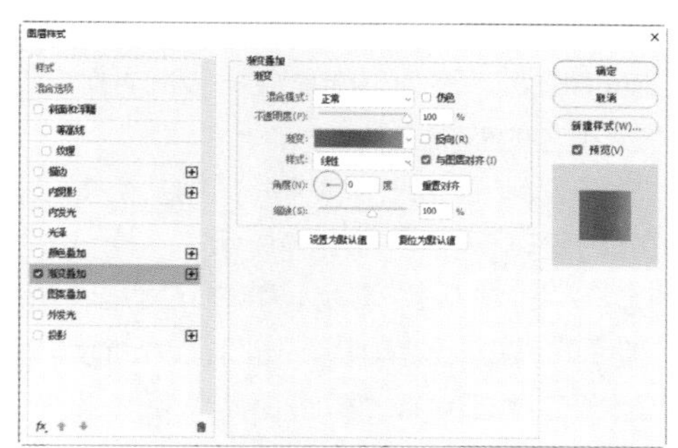

图11–86

图11-87

26 选择工具箱中的“矩形工具”▭，绘制颜色矩形，并制作相同渐变的图层样式，使用“横排文字工具”T，输入其他文字并填充白色，如图11-88所示。

27 选择“光.png”素材，并按快捷键Ctrl+J复制3个该图层，调整大小和方向后，按Enter键确认，图像制作完成，如图11-89所示。

图11-88　　图11-89

11.6 电影海报——回到未来

本节主要利用“椭圆工具”“渐变工具”和“曲线”调整图层，结合图层样式制作一款电影海报。

01 执行“文件”|“新建”命令，新建一个宽为2000像素、高为3000像素、分辨率为300像素/英寸的RGB文档。

02 选择“地面.jpg”素材，并拖入文档，按Enter键确认，如图11-90所示。

03 选择“时钟.jpg”素材，并拖入文档，调整位置后，按Enter键确认，如图11-91所示。

04 选择工具箱中的“椭圆工具”○，设置“工具模式”为“形状”选项 形状 ，按住Shift键，绘制一个白色圆形，如图11-92所示。

05 在“属性”面板中，将椭圆的“羽化”设置为46像素，如图11-93所示。

图11-90　　图11-91

属性
蒙版
形状路径
密度： 100%
羽化： 46.0 像素
调整：
选择并遮住...
颜色范围...
反相

图11-92　　图11-93

06 羽化后的效果如图11-94所示。

07 选择“攀登.jpg”素材，并拖入文档，按Enter键确认，如图11-95所示。

图11-94　　图11-95

08 单击“图层”面板中的“添加图层蒙版”按钮▣，为图层创建蒙版。将前景色设置为黑色，利用工具箱中的“魔棒工具”，将多余的部分选出并填充黑色，结合“画笔工具”，将人物抠出。

09 在“图层”面板中的“攀登”图层和圆形图层

之间单击，创建剪贴蒙版，如图11-96所示。

10 按快捷键Ctrl+J复制“攀登”图层，并在两个“攀登”图层之间单击，取消上面“攀登”图层的剪贴蒙版，选择工具箱中的“画笔工具”，将前景色设置为黑色，选择一个柔边画笔，在此图层的蒙版上涂抹，隐藏腿以外的部分，如图11-97所示。

图11-96

图11-97

11 单击“图层”面板中的“添加图层蒙版”按钮，为时钟图层创建蒙版。将前景色设置为黑色，利用“画笔工具”在边缘处涂抹，使过渡更柔和，如图11-98所示。

12 单击“创建新图层”按钮，创建一个新的空白图层，选择工具箱中的“渐变工具”，设置起点颜色为#00232f、居中位置颜色为#4086a0、终点颜色为#ffffa7的线性渐变，从下往上单击并拖曳填充渐变，如图11-99所示。

图11-98

图11-99

13 将图层混合模式设置为“柔光”，按快捷键Ctrl+J复制一个图层，使柔光效果增强，如图11-100所示。

14 选择“地面”图层，单击“创建新图层”按钮，创建一个新的空白图层，选择工具箱中的“渐变工具”，设置起点颜色为黑色、终点不透明度为0%的线性渐变，从上往下单击并拖曳填充渐变，使地面的颜色加深，如图11-101所示。

图11-100

图11-101

15 单击“图层”面板中的“创建新的填充或调整图层”按钮，在菜单中选择“曲线”命令，调整曲线的弧度，如图11-102所示。

16 调整后的效果如图11-103所示。

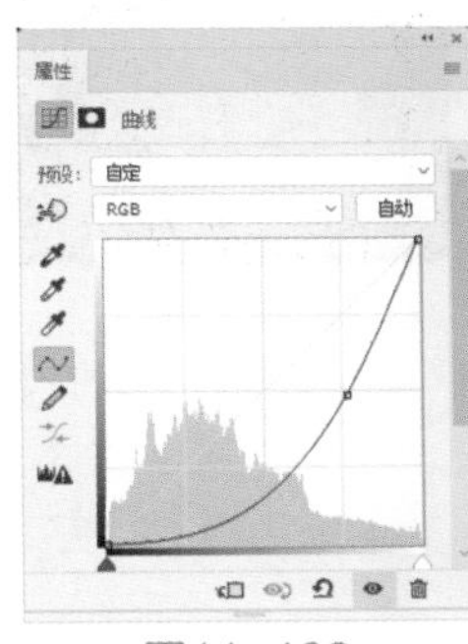

图11-102

图11-103

17 选择“光晕.png”素材，并拖入文档，按Enter键确认，将图层混合模式设置为“滤色”，如图11-104所示。

18 选择工具箱中的“横排文字工具”，输入文字，在工具选项栏中分别设置字体为“华文琥珀”和Arial，设置字号为合适的大小，选择文字，并分别填充#f69e2b和白色，如图11-105所示。

19 选择英文图层，按快捷键Ctrl+J复制该图层。按快捷键Ctrl+T调出自由变换框，右击，在弹出的快捷菜单中选择“垂直翻转”命令，按Enter键确认，如图11-106所示。

20 单击“图层”面板中的“添加图层蒙版”按钮，给翻转后的图层添加蒙版，选择工具箱中的“渐变工具”，设置起点颜色为黑色、终点不透明度为0%的线性渐变■，从上往下单击并拖曳填充渐变，制作英文的倒影，如图11-107所示。

图11-104

图11-105

图11-106

图11-107

21 双击文字图层，打开“图层样式”对话框，选中“光泽”复选框，设置“混合模式”为“颜色减淡”，叠加颜色为白色，“不透明度”为43%，“角度”为19度，“距离”为29像素，“大小”为21像素，如图11-108所示。

22 选中“渐变叠加”复选框，单击对话框中的渐变条，设置渐变起点颜色为#ca8e25、终点颜色为白色，设置“样式”为“线性”，“混合模式”为“正片叠底”，“角度”为90度，“缩放”为73%，如图11-109所示。

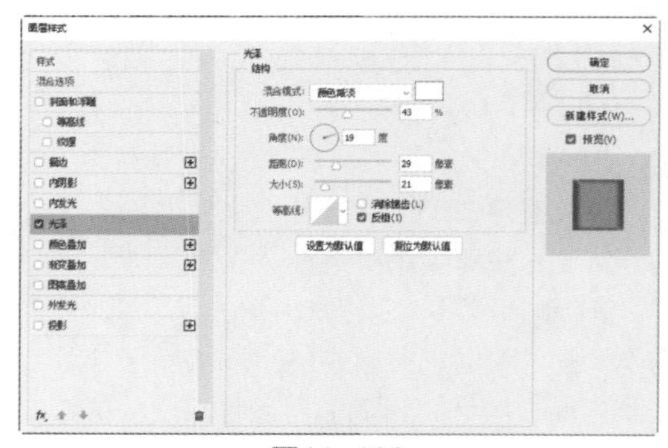

图11-108

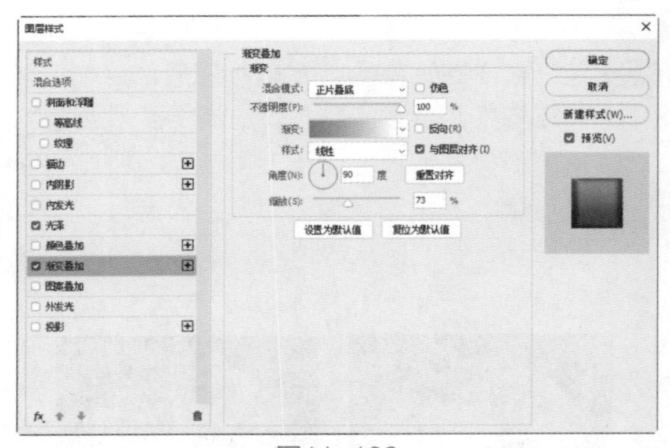

图11-109

23 选中“投影”复选框，设置投影的“不透明度”为83%，颜色为黑色，“角度”为-33度，“距离”为18像素，“扩展”为16%，“大小”为90像素，如图11-110所示。

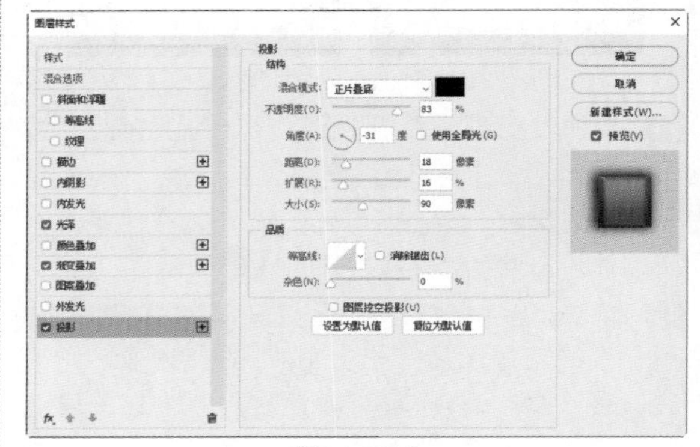

图11-110

24 单击“确定”按钮后，图像制作完成，如图11-111所示。

图11-111

本章讲解包装和产品的效果图制作，涉及手提袋、罐类包装、纸盒包装、食品包装和家电产品等种类。包装和产品设计需要突出品牌本身，一款好的包装或产品设计会让人记忆深刻。

12.1 画册设计——旅游画册

本节主要利用剪贴蒙版和“描边”图层样式制作一款旅游画册。

01 启动Photoshop 2020，将背景色颜色设置为#ecf3f7，执行“文件”|“新建”命令，新建一个宽为3000像素、高为2000像素、分辨率为300像素/英寸、背景内容为背景色的RGB文档，如图12-1所示。

02 将“墨迹.png”素材拖入文档，调整大小后按Enter键确认，如图12-2所示。

图12-1

图12-2

03 将“风景.jpg”素材拖入文档，调整大小后按Enter键确认。按住Alt键，在“图层”面板中的墨迹图层与风景图层之间单击，创建剪贴蒙版，如图12-3所示。

04 选择工具箱中的“矩形工具”，在工具选项栏中设置“工具模式”为“形状”形状，绘制一个颜色为#1e548c的长方形。再选择工具箱中的“矩形选框工具”，单击并拖动，创建矩形选区。

05 选择工具箱中的“渐变工具”，设置渐变起点颜色为黑色、终点不透明度为0%的线性渐变，从右往左单击并拖动填充渐变，并将图层的“不透明度”更改为30%，制作阴影，如图12-4所示。

图12-3

图12-4

06 将“太阳.png”和“人物.png”素材拖入文档，调整大小后按Enter键确认，如图12-5所示。

07 选择工具箱中的“横排文字工具”，在工具选项栏中设置字体为“华文琥珀”，字号大小为169.13 点，文字颜色为白色，在画面中单击，输入文字“我”，用同样的方法输入其他文字，如图12-6所示。

图12-5

图12-6

分次输入文字，方便调整字与字之间的距离。

08 分别选择“的”文字图层和太阳图层，单击“图层”面板中的“添加图层样式”按钮 fx，在菜单中选择“描边”命令，设置描边“大小”为38像素，颜色为#1e548c，如图12-7所示。

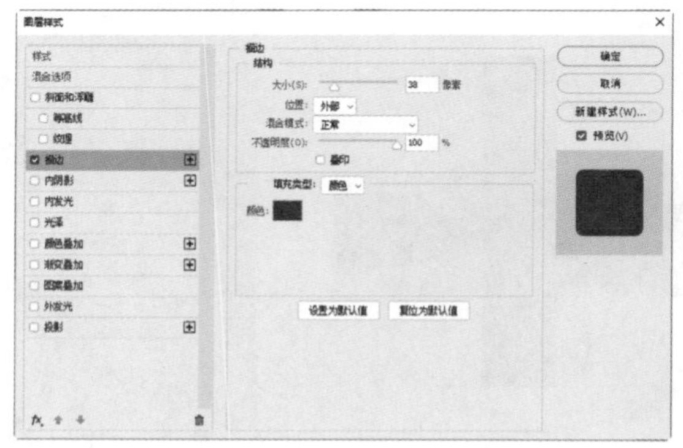

图12-7

09 单击“确定”按钮后，图像制作完成，如图12-8所示。

图12-8

12.2 房产手提袋——蓝色风情

本节主要利用制作的无缝图案来进行图案叠加，制作一款房产公司手提袋的效果图。

01 启动Photoshop 2020，执行“文件”|“新建”命令，新建一个宽为300像素、高为300像素、分辨率为300像素/英寸的RGB文档。

02 按快捷键Ctrl+R显示标尺，在文档垂直和水平位置的中心处创建参考线。选择工具箱中的“矩形工具” ，按住Shift键，绘制颜色为白色的正方形，并旋转45度。

03 按快捷键Ctrl+T对正方形进行缩放，使顶点与文档的边缘对齐。双击“背景”图层，将该图层转换为普通图层后删除，如图12-9所示。

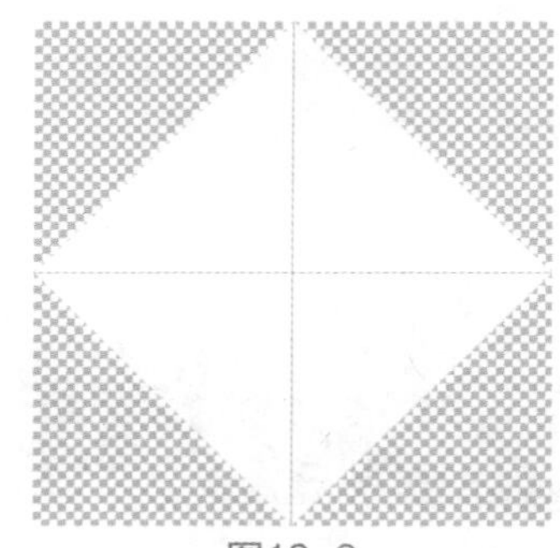

图12-9

04 单击“图层”面板中的“添加图层样式”按钮 fx，在菜单中选择“渐变叠加”命令，单击对话框中的渐变条，设置渐变起点颜色为#2f4b6a、终点颜色为#285897，设置“样式”为“线性”，“混合模式”为“正常”，“角度”为0度，如图12-10所示。

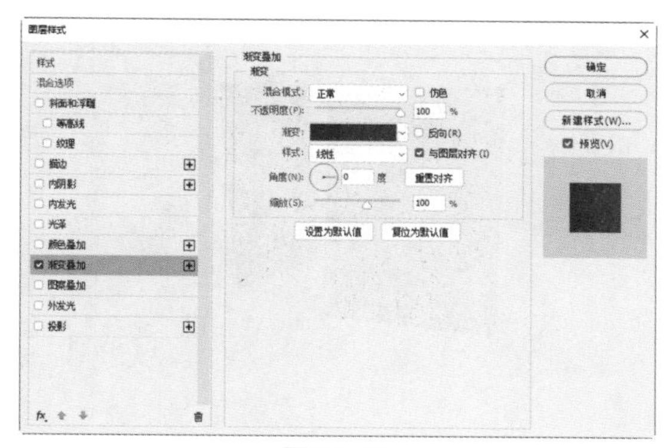

图12-10

05 单击“确定”按钮后，效果如图12-11所示。

06 选择矩形图层，按住Alt键单击并拖动，使边相接，并用同样的方法，制作其他3个正方形，如图12-12所示。

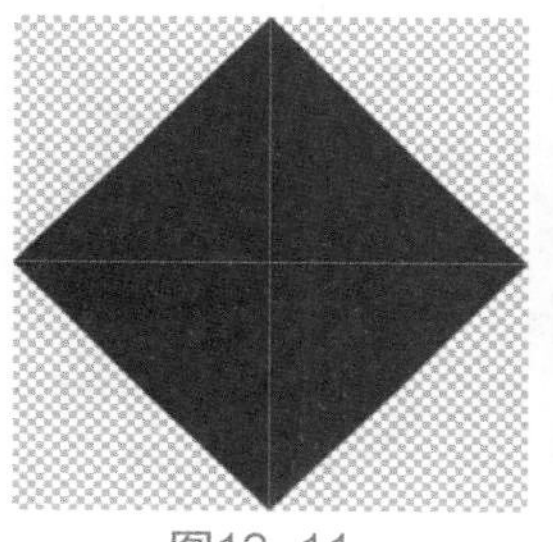

图12-11

图12-12

07 执行“编辑”|“定义图案”命令，将绘制的图形添加到图案。

08 执行“文件”|“新建”命令，新建一个宽为2000像素、高为3000像素、分辨率为300像素/英寸的RGB文档。

09 单击“图层”面板中的“添加图层样式”按钮fx，在菜单中选择“图案叠加”选项，选择刚定义的图案，将“缩放”设置为131%，如图12-13所示。

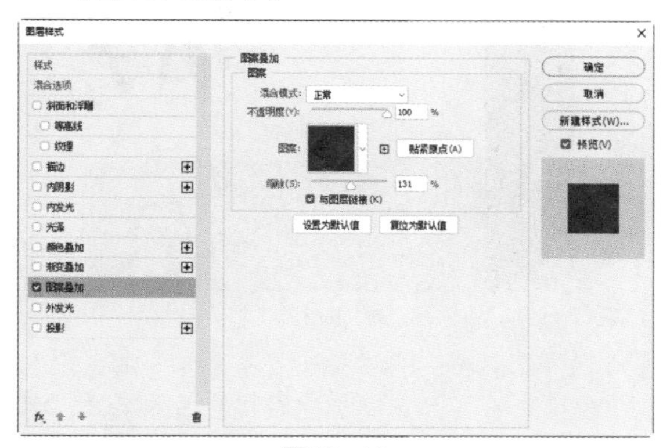

图12-13

10 单击“确定”按钮后，效果如图12-14所示。

图12-14

11 单击“创建新图层”按钮，创建一个新的空白图层，将前景色设置为#002e73，按快捷键Alt+Delete填充颜色，并设置图层“不透明度”为80%。单击“图层”面板中的“添加图层样式”按钮fx，在菜单中选择“渐变叠加”选项，单击对话框中的渐变条，设置渐变起点不透明度为0%，终点颜色为黑色，设置“样式”为“径向”，“混合模式”为“正常”，“不透明度”为100%，“角度”为0度，如图12-15所示。

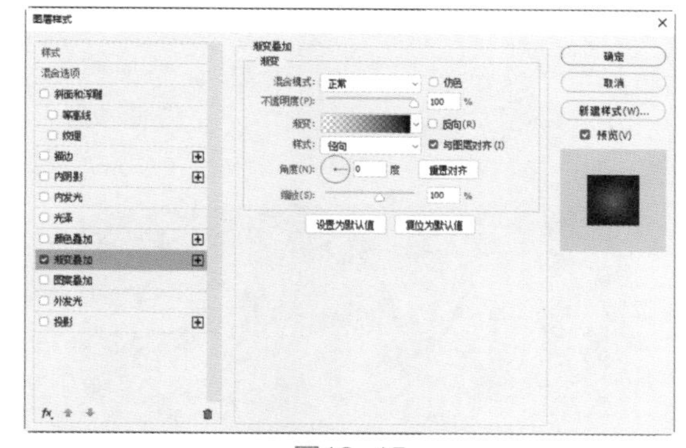

图12-15

图层样式无法在空白图层上表现出来，所以需要填充颜色后再添加图层样式。

12 单击“确定”按钮后，效果如图12-16所示。

13 选择“Logo.png”素材，并拖入文档，按Enter键确认，如图12-17所示。

14 选择工具箱中的“横排文字工具”T，输入文字，在工具选项栏中设置字体为“楷体”，设置字号为合适大小，选择文字并填充颜色#2020a76f，如图12-18所示。

图12-16

图12-17　　图12-18

15 执行“文件”|“存储为”命令，将文档存为JPEG格式文件。

16 打开“样机.psd”素材，如图12-19所示。

图12-19

17 将刚存储的图片拖入文档，右击，在弹出的快捷菜单中选择“斜切”命令，调整图片，按Enter键确认，调整图层位置，为图层添加图层蒙版，涂抹手提袋上部分，使用同样的方法制作右边的手提袋，图像制作完成，如图12-20所示。

图12-20

12.3 茶叶包装——茉莉花茶

本节主要利用“矩形工具”和“横排文字工具”制作一款茶叶包装效果图。

01 启动Photoshop 2020，执行“文件”|“打开”命令，打开“背景.jpg”素材，如图12-21所示。

图12-21

02 选择工具箱中的“矩形工具” □，绘制两个颜色分别为#6a7f16和#bac59b的矩形，如图12-22所示。

图12-22

03 选择工具箱中的“横排文字工具” T，输入文字，在工具选项栏中设置合适的字体、字号和颜色，制作文字，如图12-23所示。

图12-23

04 选择工具箱中的“椭圆工具”，按住Shift键，绘制一个颜色为#48592c的圆形，并置于文字图层的下方，如图12-24所示。

图12-24

05 选择“花.png”和“茶.png”素材，并拖入文档，调整位置后按Enter键确认，如图12-25所示。

图12-25

06 打开“样机.psd”素材，如图12-26所示。

图12-26

07 双击“替换”图层缩略图，将刚存储的图片拖入到文档中，显示主画面的右侧，存储后的效果如图12-27所示。

图12-27

08 选择“样机”文件的所有图层，并拖入“创建新图层”按钮上进行复制，再拖到“创建新组”按钮，单击“图层”面板中的“添加图层蒙版”按钮，为该组创建蒙版，利用“画笔工具”在蒙版上涂抹，将之前的茶罐显示出来。选择之前的替换图层，在“图层”面板上单击“锁定”按钮锁定替换图层。

09 找到新复制的组中的替换图层，双击该图层缩略图，编辑新的文档，选择工具箱中的“移动工具”，将制作的JPEG图案向右移动。按快捷键Ctrl+S保存后，效果如图12-28所示。

图12-28

12.4 月饼纸盒包装——浓浓中秋情

本节主要利用形状工具制作一款中秋节的月饼包装盒。

01 启动Photoshop 2020，将背景色设置为#496d2020，执行“文件”|“新建”命令，

新建一个宽为3000像素、高为2000像素、分辨率为300像素/英寸、背景内容为背景色的RGB文档，如图12-29所示。

图12-29

02 选择“纹理.png”素材，并拖入文档，按Enter键确认，如图12-30所示。

图12-30

03 选择工具箱中的“钢笔工具”，在工具选项栏中设置“工具模式”为“形状”，将填充颜色分别设置为纯色填充#11-103a和#11-225a，绘制图12-31所示的形状。

图12-31

04 选择工具箱中的“椭圆工具”，按住Shift键，绘制两个颜色为#f9d121的一大一小的圆形，如图12-32所示。

05 按快捷键Ctrl+R显示标尺，在大圆的圆心处创建垂直和水平位置相交于圆心的参考线。

06 选择工具箱中的“直接选择工具”，框选其中一个锚点，选中的锚点变为实心点，未被选择的点为空心点，结合键盘上的↑、↓、←、→键对锚点进行微移，并按快捷键Ctrl+T调整小圆的自由变换控制框，如图12-33所示。

图12-32

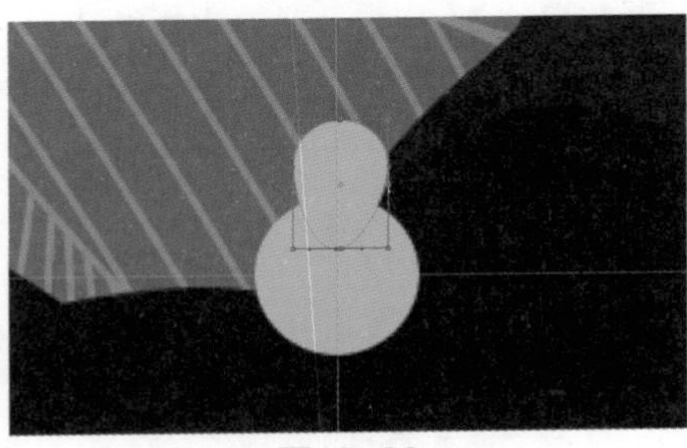

图12-33

07 按住Alt键，将小圆的中心点移动到大圆的中心点处，在工具选项栏中，在“角度”后的文本框内输入30，按两次Enter键确认旋转。

08 按快捷键Ctrl+Alt+Shift+T重复上一步操作，重复5次，如图12-34所示，花儿制作完成。

图12-34

09 将花的所有图层拖到“创建新组”按钮上进行编组，将组拖到“创建新图层”按钮上进行复制，按快捷键Ctrl+T对花儿的大小进行调整，制作其他花儿，再按快捷键Ctrl+H隐藏参考线，如图12-35所示。

10 选择工具箱中的“椭圆工具”，按住Shift

键，绘制填充颜色为#29a8df，描边颜色为#b0e0f7，描边大小为1.5点的圆形，如图12-36所示。

图12-35

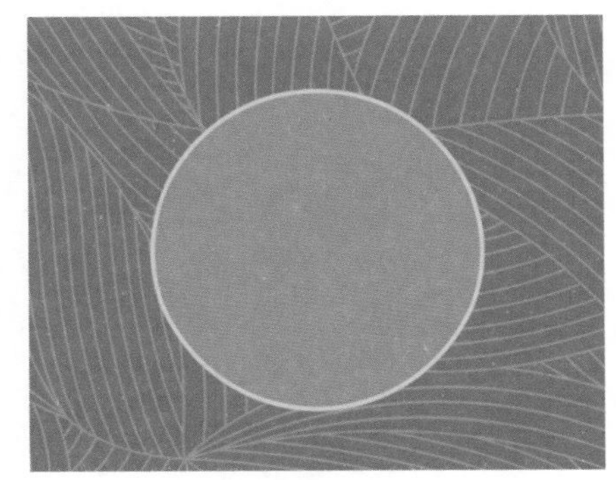

图12-36

11 按快捷键 Ctrl+J复制该圆，按快捷键Ctrl+T对复制的圆形进行缩放。重复多次该操作后，效果如图12-37所示。

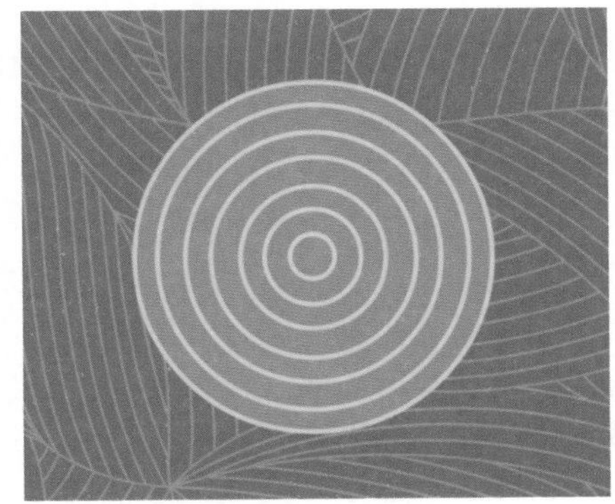

图12-37

12 将圆的所有图层拖到“创建新组”按钮上进行编组，按快捷键Ctrl+T对组进行变形，如图12-38所示。

13 将组拖到“创建新图层”按钮上进行复制，按快捷键Ctrl+T对圆形组的大小进行调整，制作多个圆形组，如图12-39所示。

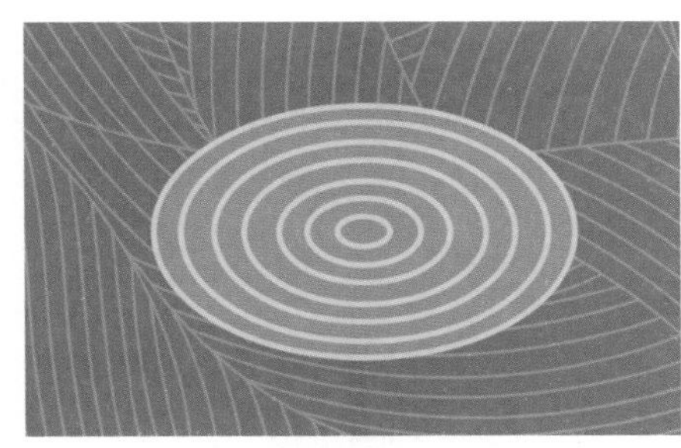

图12-38

图12-39

14 选择工具箱中的“钢笔工具”，绘制颜色为#28438a的树叶形状，如图12-40所示。

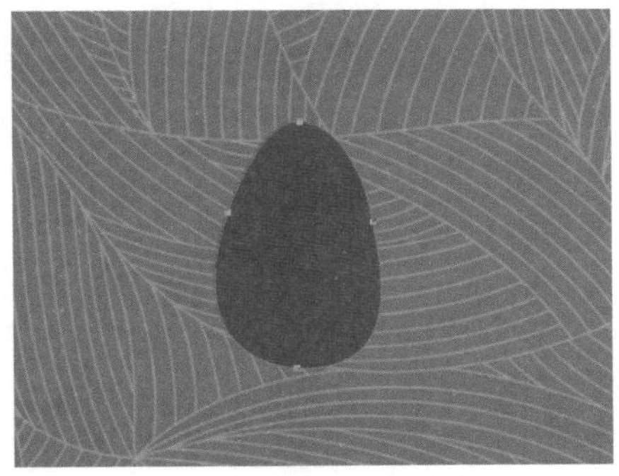

图12-40

15 再绘制颜色为#c8a263的树干形状，如图12-41所示。

图12-41

16 将树叶和树干编组，复制多个树图形，将部分树木的树叶颜色更改为#1a2754，如

图12-42所示。

图12-42

17 选择“鹿.png”“月亮.png”和“梅.png”素材，并拖入文档中的合适位置，按Enter键确认，如图12-43所示。

图12-43

18 选择工具箱中的“横排文字工具” T，输入文字，在工具选项栏中设置字体分别为“华文琥珀”和“黑体”，设置字号为合适大小，选择文字并填充白色和#ffca3e，如图12-44所示。

图12-44

19 执行“文件”|“存储为”命令，将文档存为JPEG格式文件。

20 打开“样机.psd”素材，如图12-45所示。

21 将刚存储的图片拖入文档中，右击，在弹出的快捷菜单中选择“斜切”命令，调整图片，按Enter键确认。同样，将纹理图层导出图案拖入文档中，并进行调整，将两个图层的混合模式都修改为“正片叠底”，完成图像制作，如图12-46所示。

图12-45

图12-46

12.5 食品包装——鲜奶香蕉片

本节主要利用“色彩平衡”和“椭圆工具”制作食品包装袋图像。

01 启动Photoshop 2020，将背景色设置为#eabb03，执行“文件”|“新建”命令，新建一个宽为3000像素、高为2000像素、分辨率为300像素/英寸、背景内容为背景色的RGB文档，如图12-47所示。

02 选择“牛奶香蕉片.jpg”素材，并拖入文档，按Enter键确认，如图12-48所示。

图12-47

图12-48

03 单击“图层”面板中的“创建新的填充或调整图层”按钮 ，在菜单中选择“色彩平衡”命令，选择“中间调”选项，设置“黄色-蓝色”的值为-100，如图12-49所示。

图12-49

04 设置色彩平衡后的效果，如图12-50所示。

图12-50

05 选择工具箱中的“椭圆工具” ，绘制填充颜色为#23923f，描边颜色为白色，描边大小为10点的椭圆，如图12-51所示。

图12-51

06 使用“椭圆工具” 绘制4个颜色分别为#2c9747、#2c9747、#6fba2c和#f2d340的椭圆，如图12-52所示。

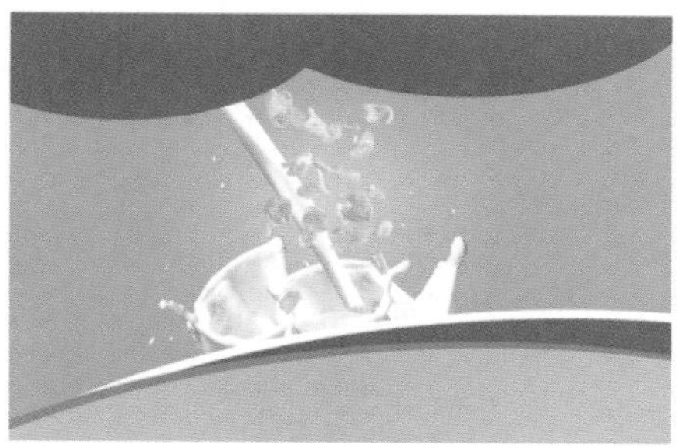

图12-52

07 选择“叶子.png”“香蕉.png”“香蕉片.png”和“商标.png”素材，并拖入文档，按Enter键确认，如图12-53所示。

图12-53

08 选择工具箱中的“横排文字工具” ，输入文字，在工具选项栏中设置字体为“华文琥珀”，设置字号为56.78 点，选择文字并填充黑色，如图12-54所示。

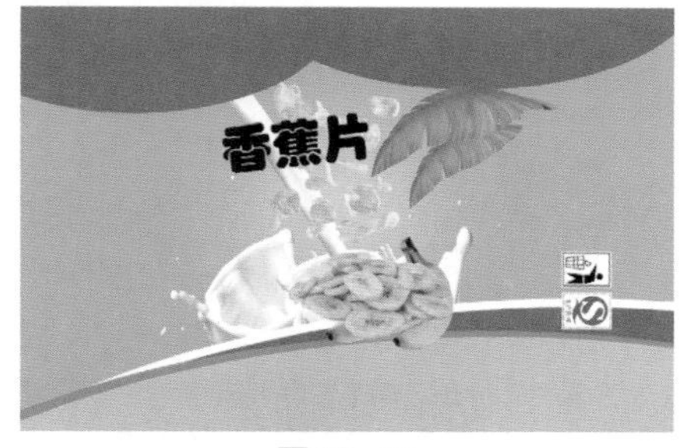

图12-54

09 双击文字图层，打开“图层样式”对话框，选中“描边”复选框，设置描边“大小”为20像素，颜色为#dbdcdc，如图12-55所示。

10 单击“确定”按钮后，效果如图12-56所示。

11 用同样的方法，制作“鲜奶香蕉版”文字，设置字体颜色为#266800，大小为40.34 点，描边颜色为白色，描边大小为5像素。按快捷键Ctrl+T，右击，对文字进行斜切，如图12-57所示。

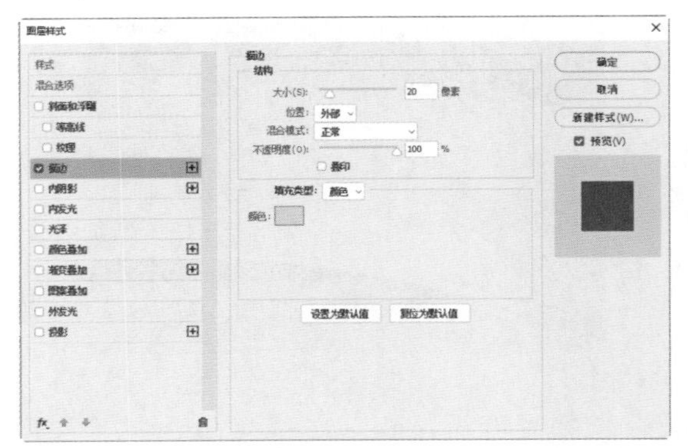

图12-55

图12-56

图12-57

12 选择工具箱中的“圆角矩形工具”，绘制填充颜色为#00873c，半径为300像素的圆角矩形，如图12-58所示。

图12-58

13 按快捷键Ctrl+J复制6个圆角矩形，选择工具箱中的“移动工具”，将最上面的圆角矩形往右移动。将所有矩形图层选中，在工具选项栏中单击“水平居中分布”按钮，如图12-59所示。

图12-59

14 选择工具箱中的“横排文字工具”，输入文字，在工具选项栏中分别设置字体为“黑体”和Algerian，设置大小合适的字号，选择文字并填充白色，如图12-60所示。

图12-60

15 单击“创建新图层”按钮，创建一个新的空白图层，选择工具箱中的“渐变工具”，设置渐变的起点颜色为#f4d95c、终点颜色为白色，单击“径向渐变”按钮，从画面中心向外单击并拖曳填充渐变。使用“钢笔工具”，在工具选项栏中设置“工具模式”为“路径”，绘制包装袋的形状，按快捷键Ctrl+Enter将路径转换为选区，反选选区，并按Delete键删除选区内的图像，如图12-61所示。

16 单击“创建新图层”按钮，创建一个新的空白图层，并置于渐变图层的下方。

17 选择工具箱中的“画笔工具”，将前景色设置为黑色，“不透明度”设置为5%，选择一个柔边画笔，在此图层的蒙版上涂抹，制作包装袋的阴影。

图12-61

18 选择工具箱中的“矩形选框工具”，绘制多个矩形选区并填充前景色，将图层的“不透明度”更改为30%，图像制作完成，如图12-62所示。

图12-62

12.6 家电产品——微波炉

本节主要学习使用“矩形工具”“椭圆工具”“叠加渐变”，以及“重复上一步”的方法来制作一个逼真的微波炉效果图。

01 启动Photoshop 2020，将背景色设置为白色，执行“文件”|“新建”命令，新建一个宽为3000像素、高为2000像素、分辨率为300像素/英寸、背景内容为背景色的RGB文档。

02 选择工具箱中的“渐变工具”，设置起点颜色为#e7c9a5、居中位置颜色为白色的径向渐变，从画面中心向外水平单击并拖曳填充渐变，如图12-63所示。

03 选择工具箱中的“矩形工具”，在工具选项栏中设置“工具模式”为“形状”形状，绘制一个颜色为#4d4d4d的矩形，如图12-64所示。

04 在“图层”面板中，将该图层命名为“主面板”。

图12-63

图12-64

05 双击矩形图层，打开“图层样式”对话框，选中“描边”复选框，设置描边“大小”为1像素，颜色为#989898，如图12-65所示。

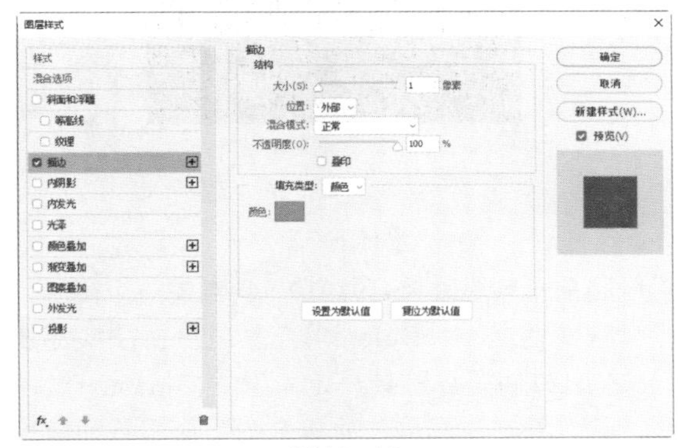

图12-65

06 选中“渐变叠加”复选框，单击对话框中的渐变条，设置渐变起点颜色为#c1c2c4、位置为50%时的颜色为#e7e7e7，终点颜色为#c1c2c4，设置“样式”为“线性”，“混合模式”为“正常”，“角度”为0度，如图12-66所示。

07 单击“确定”按钮后，效果如图12-67所示。

08 选择工具箱中的“矩形工具”，将填充颜色设置为纯色填充，绘制一个颜色为#0a0a0a的矩形，如图12-68所示。

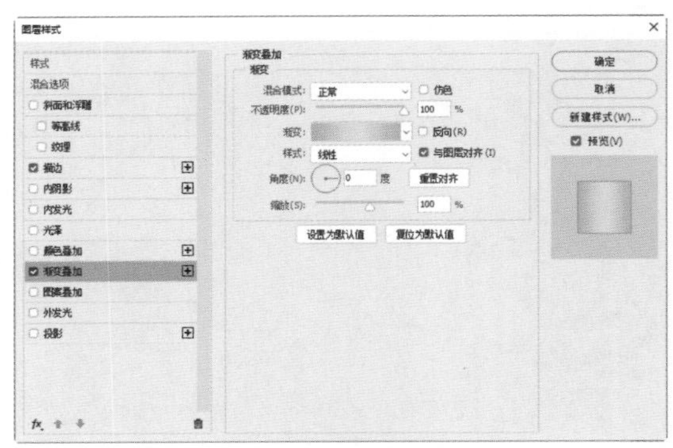

图12-66

图12-67

图12-68

09 将前景色更改为#191919，再绘制一个矩形，按快捷键Alt+Delete填充颜色。再按快捷键Ctrl+T将矩形旋转一定角度后，按Enter键确认，并在“图层”面板中的矩形图层和旋转后的矩形图层之间单击，创建剪贴蒙版，如图12-69所示。

图12-69

10 绘制颜色为#2a2a2a的矩形，如图12-70所示。

图12-70

11 用同样的方法，绘制矩形并进行旋转，再创建剪贴蒙版，如图12-71所示。

图12-71

12 单击“图层”面板中的“添加图层样式”按钮fx，在菜单中选择“渐变叠加”命令，设置渐变起点颜色为黑色、终点颜色为白色，设置“样式”为“线性”，“混合模式”为“正常”，“角度”为90度，如图12-72所示。

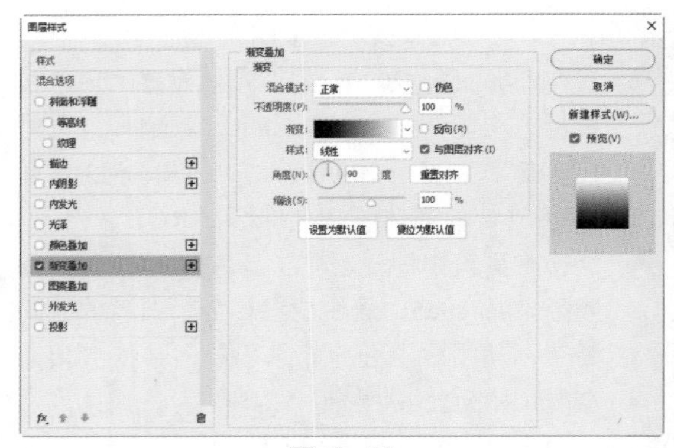

图12-72

13 单击“确定”按钮后，效果如图12-73所示。

14 选择工具箱中的“椭圆工具”，在工具选项栏中设置“工具模式”为“形状”形状，绘制一个颜色为#717376的椭圆，如图12-74所示。

图12-73

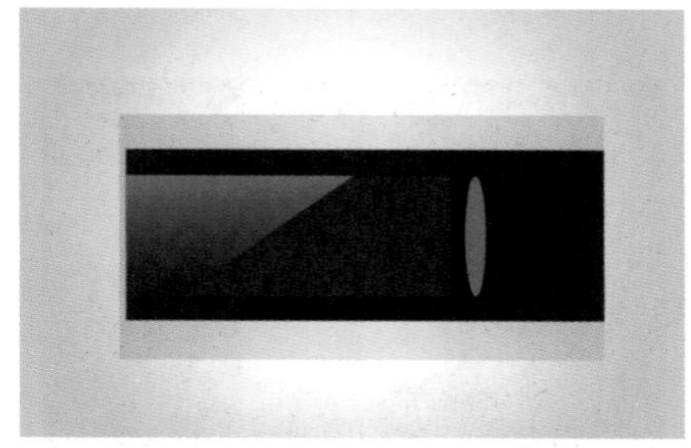
图12-74

15 双击椭圆图层，打开“图层样式”对话框，选中“渐变叠加”复选框，设置渐变起点颜色为#717376、位置为89%时的颜色为#0a0a0a，终点颜色为白色，设置“样式”为“线性”，“混合模式”为“正常”，“角度”为0度，如图12-75所示。

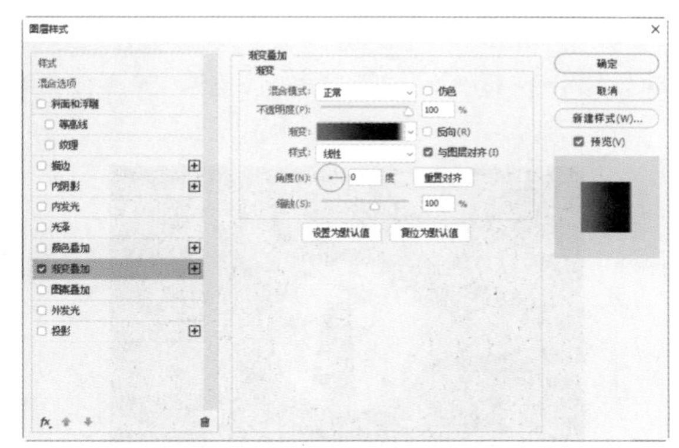
图12-75

16 单击“确定”按钮后，效果如图12-76所示。

17 选择“矩形1”图层，按快捷键Ctrl+J复制该图层。按快捷键Ctrl+T调整复制的矩形，右击，在弹出的快捷菜单中选择“透视”命令，当指针移到矩形右上角的位置，指针变成▷时，向右单击并拖曳，完成透视效果的制作，如图12-77所示。

图12-76

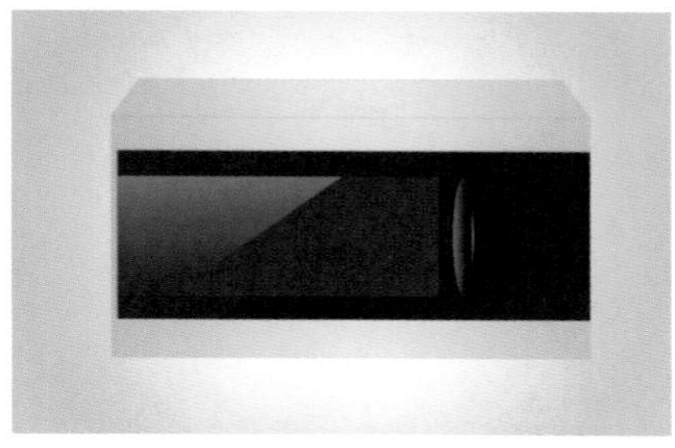
图12-77

18 选择工具箱中的“矩形工具”▭，绘制填充颜色为黑色、描边颜色为#a0a0a0，且描边大小为1.5点的矩形，如图12-78所示。

图12-78

19 选择工具箱中的“椭圆工具”○，在工具选项栏中设置“工具模式”为“形状” 形状 ，按住Shift键，绘制一个颜色为#4d4d4d的圆形，如图12-79所示。

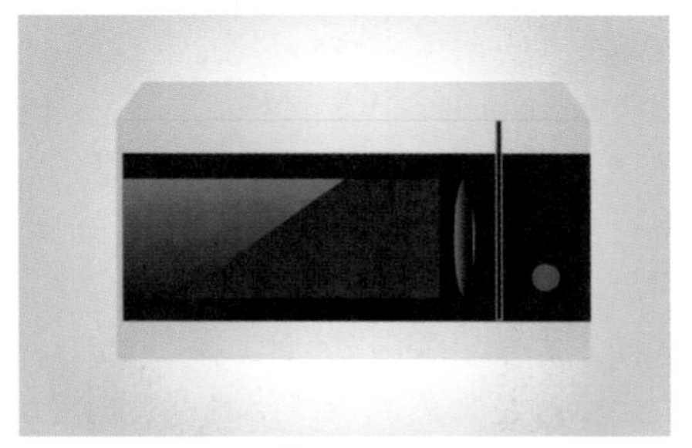
图12-79

20 双击椭圆图层，打开“图层样式”对话框，选中“渐变叠加”复选框，设置渐变起点颜色为#4d4d4d、位置为49%时的颜色为#4d4d4d、位置为73%时的颜色为#dadada，终点颜色为#757580，设置“样式”为“线性”，“混合模式”为“正常”，“角度”为15度，如图12-80所示。

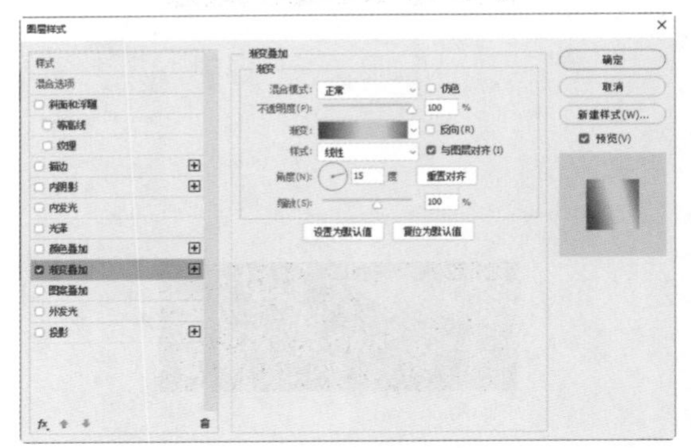

图12-80

21 单击“确定”按钮后，效果如图12-81所示。

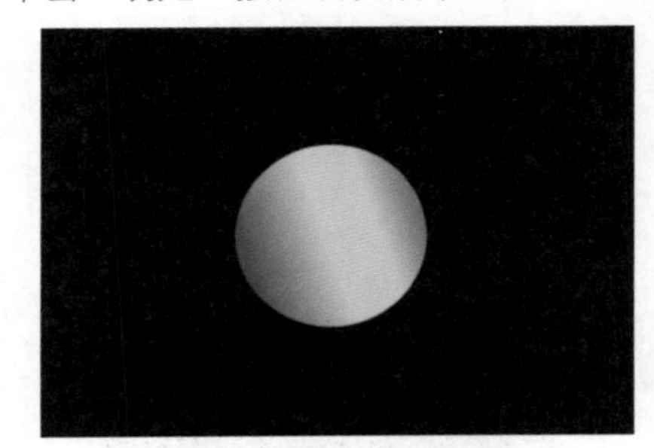

图12-81

22 按快捷键Ctrl+J复制该图层，再按快捷键Ctrl+T调出自由变换控制框。按快捷键Alt+Shift，当指针移动到自由变换控制框的任意一个顶角，指针变成↗时，向圆内单击并拖动，将圆形进行缩放。

23 双击图层上右侧的小图标fx，弹出“图层样式”对话框。选中“渐变叠加”复选框，更改渐变起点颜色为#4d4d4d、位置为49%时的颜色为#dadada，设置“样式”为“线性”，“混合模式”为“正常”，“角度”为120度，单击“确定”按钮后，效果如图12-82所示。

24 选择工具箱中的“矩形工具”□，绘制一个起点颜色为黑色、终点颜色为白色、渐变角度为0度的线性渐变的矩形，并按快捷键Ctrl+T，调出自由变换控制框，右击，在弹出的快捷菜单中选择“斜切”命令，对矩形进行变形，如图12-83所示。

图12-82

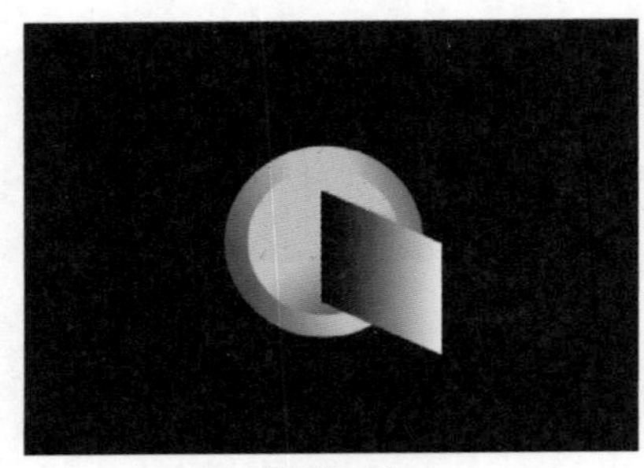

图12-83

25 在“图层”面板中选中该图层，右击，在弹出的快捷菜单中选择“栅格化图层”命令，将斜切后的矩形栅格化。

26 按住Ctrl键，在“图层”面板中选择缩放后的圆形，将圆形载入选区，按快捷键Ctrl+Shift+I将该选区反转。单击栅格化的矩形，按Delete键删除多余部分，如图12-84所示。

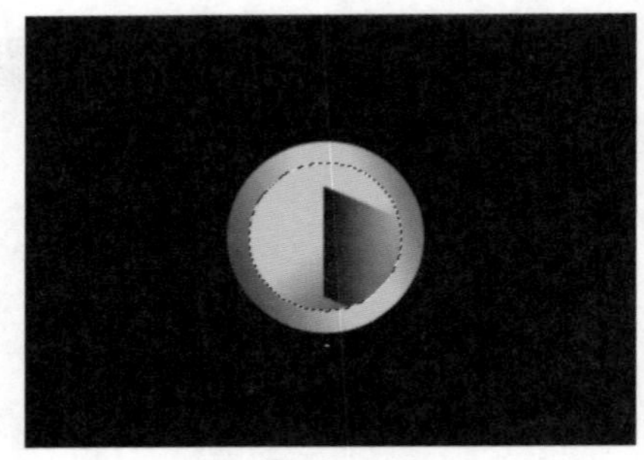

图12-84

此处没有直接在斜切矩形和缩放后的圆形之间单击创建剪贴蒙版，原因是剪贴蒙版中的基底图层添加颜色叠加、渐变叠加和图案叠加等图层样式后，剪贴图层的颜色和形状等信息无法在创建剪贴蒙版后显示出来。

27 选择工具箱中的“矩形工具”▭，绘制一个颜色为#4d4d4d的矩形，如图12-85所示。

图12-85

28 双击矩形图层，打开“图层样式”对话框，选中“渐变叠加”复选框，设置渐变起点颜色为#c2c3c5、位置为37%时的颜色为#7c8385、位置为59%时的颜色为#dadada，终点颜色为#757580，设置“样式”为“线性”，“混合模式”为“正常”，“角度”为90度，单击“确定”按钮后，效果如图12-86所示。

图12-86

29 按快捷键Ctrl+R显示标尺，选择圆形图层，按快捷键Ctrl+T调出自由变换控制框。在中心点的位置创建水平和竖直方向的参考线，按Enter键取消变换框。

30 选择工具箱中的“直线工具”⁄，在工具选项栏中设置“工具模式”为“形状”形状，在竖直参考线上绘制一条白色的直线，并按快捷键Ctrl+T调出自由变换控制框，按住Alt键，同时在直线的中心点单击，并拖动至参考线交点处，如图12-87所示。

直线比较短，可以通过按Alt键滚动鼠标滚轮，对画面进行放大处理。

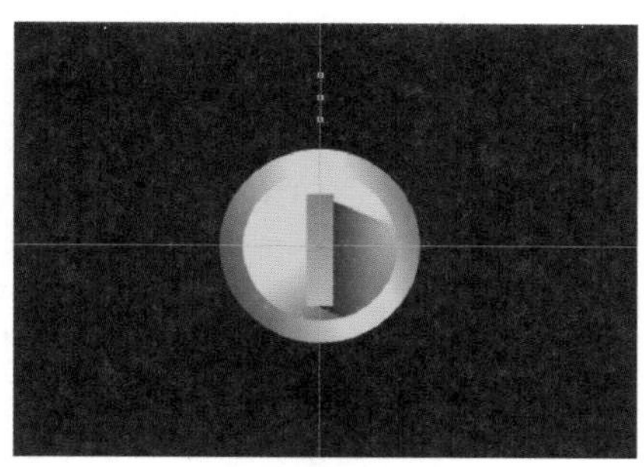

图12-87

31 在工具选项栏中，在“角度”∠后的文本框内输入30，按两次Enter键确认旋转。按快捷键Ctrl+Alt+Shift+T重复执行上一步操作，如重复11次，再按快捷键Ctrl+H隐藏参考线，如图12-88所示。

图12-88

32 用同样的方法，利用“直线工具”⁄绘制一条较短的直线，在工具选项栏中，在“角度”∠后的框内输入5，按两次Enter键确认旋转，如图12-89所示。

图12-89

33 按快捷键Ctrl+Alt+Shift+T重复上一步操作，直到短直线铺满圆形周围，如图12-90所示。

34 选择工具箱中的“横排文字工具”T，输入文字，在工具选项栏中设置字体为“黑体”，字号为5.26 点，选择文字并填充白色，如图12-91所示。

图12-90

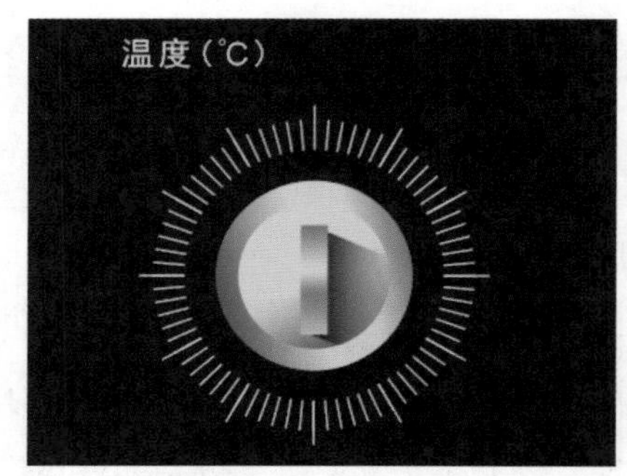

图12-91

35 将温度旋钮的所有图层拖到“创建新组”按钮上进行编组，将组拖到“创建新图层”按钮上进行复制，选择工具箱中的“移动工具”，按住Shift键，将复制的组垂直上移，并将文字更改为“时间（min）”，如图12-92所示。

图12-92

36 选择工具箱中的“椭圆工具”，在工具选项栏中设置“工具模式”为“形状”形状，绘制黑色椭圆，如图12-93所示。

37 在“属性”面板中，将椭圆的“羽化”值设置为59.6像素，如图12-94所示。

图12-93

图12-94

38 图像制作完成，如图12-95所示。

图12-95

12.7 家居产品——沙发

“画笔工具”是Photoshop中比较常用的工具之一，本节主要学习“画笔工具”最基本的使用方法。

01 启动Photoshop 2020，执行“文件”|“打开”命令，打开“背景.jpg”素材，如图12-96所示。

02 选择工具箱中的“圆角矩形工具”，绘制颜色为#d7d7d7、半径为10像素的圆角矩形，如图12-97所示。

图12-96

图12-97

03 新建图层，选择工具箱中的“画笔工具”，将前景色设置#为e2d2bc，选择一个柔边圆笔尖，在圆角矩形的右侧边缘处涂抹，并在“图层”面板中该图层和圆角矩形图层之间单击，创建剪贴蒙版，如图12-98所示。

图12-98

04 选择工具箱中的“钢笔工具”，在工具选项栏中设置“工具模式”为“形状”，绘制渐变颜色的形状，设置渐变起点颜色为#f4eee6、居中位置颜色为#e6d4bc、终点颜色为#e6d4bc，样式为线性渐变，如图12-99所示。

05 单击“创建新图层”按钮，创建一个新的空白图层，使用“钢笔工具”绘制一个颜色为#db2020b6的形状，并置于圆角矩形图层的下方，如图12-100所示。

06 选择工具箱中的“画笔工具”，将前景色分别设置为#f4e8d5和#b49a81，选择一个柔边圆笔尖，涂抹出阴影和高光，并在“图层”面板中该图层和圆角矩形图层之间单击，创建剪贴蒙版，如图12-101所示。

图12-99

图12-100

图12-101

07 选择工具箱中的“矩形工具”，在工具选项栏中设置“工具模式”为“形状”，绘制一个颜色为#db2020b6的矩形，并置于圆角矩形图层的下方，如图12-102所示。

08 双击矩形图层，打开“图层样式”对话框，选中“渐变叠加”复选框，单击渐变条，设置渐变起点颜色为#9a9a9a、37%位置时的颜色为#5e5d5c、终点颜色为#a9a9a9，设置“样式”为“线性”，“混合模式”为“正常”，“角度”为0度，如图12-103所示。

图12-102

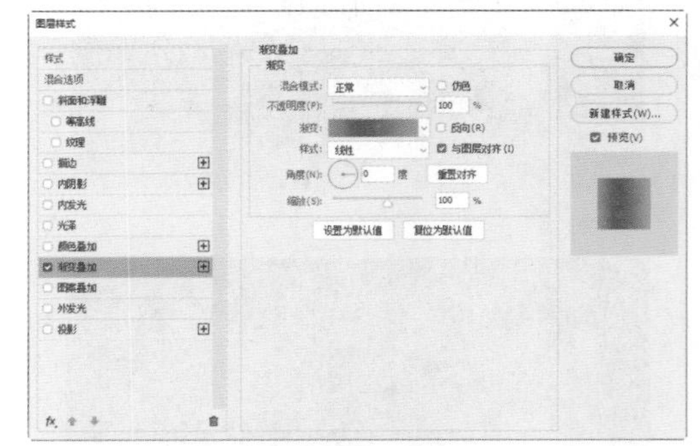

图12-103

09 单击“确定”按钮后，沙发左侧制作完成，效果如图12-104所示。

图12-104

10 将沙发左侧的所有图层拖到“创建新组”按钮上进行编组，将组拖到“创建新图层”按钮上进行复制，选择工具箱中的“移动工具”，按住Shift键，将该组水平右移，按快捷键Ctrl+T调出自由变换控制框，右击，在弹出的快捷菜单中选择“水平翻转”命令，按Enter键确认，如图12-105所示。

图12-105

11 选择工具箱中的“圆角矩形工具”，绘制填充颜色为#44251f、半径为30像素的圆角矩形，如图12-106所示。

图12-106

12 使用“圆角矩形工具”，再绘制一个颜色为#c7b39b的圆角矩形，如图12-107所示。

图12-107

13 使用“圆角矩形工具”绘制一个颜色为#e8e1d4的圆角矩形，并按住Alt键，在“图层”面板中上一个图层和该图层之间单击，创建剪贴蒙版，如图12-108所示。

图12-108

14 在“属性”面板中，将“羽化”值设置为10像素，如图12-109所示。

15 羽化后的效果如图12-110所示。

16 单击“创建新图层”按钮，创建一个新的空白图层。选择工具箱中的“画笔工具”，将前景色设置#为b89f8a，选择一个柔边圆笔尖，在圆角矩形的右侧边缘处涂抹，并在

“图层”面板中该图层和圆角矩形图层之间单击，创建剪贴蒙版，如图12-111所示。

图12-109

图12-110

图12-111

17 将沙发靠垫的所有图层拖到“创建新组”按钮上进行编组，将组拖到“创建新图层”按钮上进行复制，选择工具箱中的“移动工具”，按住Shift键，将该组水平右移，如图12-112所示。

图12-112

18 选择工具箱中的“椭圆工具”，绘制一个填充颜色为# e5d8c3的椭圆，如图12-113所示。

图12-113

19 单击“创建新图层”按钮，创建一个新的空白图层。选择工具箱中的“画笔工具”，将前景色设置为#f3ece1，选择一个柔边圆笔尖，绘制高光，并在“图层”面板中该图层和椭圆图层之间单击，创建剪贴蒙版，如图12-114所示。

图12-114

20 选择工具箱中的“圆角矩形工具”，绘制填充颜色为#2020b79f、半径为30像素的圆角矩形，双击该图层，打开“图层样式”对话框，选中“渐变叠加”复选框，单击渐变条，设置渐变的起点颜色为#e4d1ba、位置为5%时的颜色为#d0baa0、位置为50%时的颜色为#2020b49b、位置为95%时的颜色为#d0baa0、终点颜色为#e4d1ba，设置“样式”为“线性”，“混合模式”为“正常”，“角度”为0度，如图12-115所示。

图12-115

21 选择工具箱中的“画笔工具”，将前景色设置为#a48975，选择一个柔边圆笔尖，绘制阴影，并置于椭圆图层的下方，如图12-116所示。

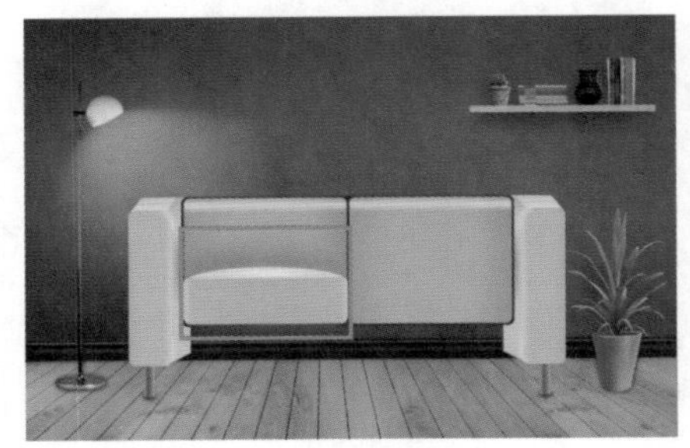

图12-116

22 将沙发坐垫的所有图层拖到“创建新组”按钮上进行编组，将组拖到“创建新图层”按钮上进行复制，选择工具箱中的“移动工具”，按住Shift键，将该组水平右移，如图12-117所示。

图12-117

23 选择工具箱中的“圆角矩形工具”，绘制填充颜色为#9d7f67、半径为30像素的圆角矩形，如图12-118所示。

图12-118

24 使用“圆角矩形工具”，绘制填充颜色为#2020b79f、半径为30像素的圆角矩形，双击该图层，打开“图层样式”对话框，选中“渐变叠加”复选框，单击渐变条，设置渐变起点颜色为#d3bca4、位置为79%时的颜色为#d3bca4、位置为91%时的颜色为#e1d6c9，设置“样式”为“线性”，“混合模式”为“正常”，“角度”为90度，单击“确定”按钮后，效果如图12-119所示。

图12-119

25 单击“创建新图层”按钮，创建一个新的空白图层，选择工具箱中的“画笔工具”，将前景色设置为黑色，“不透明度”设置为30%，选择一个柔边圆笔尖，涂抹出沙发脚处的阴影，如图12-120所示。

图12-120

26 选择工具箱中的“椭圆工具”，绘制一个填充颜色为#0e0e0e的椭圆，如图12-121所示。

图12-121

27 在“属性”面板中，设置“羽化”值为107.7像素，如图12-122所示。

28 此时，完成图像的制作，效果如图12-123所示。

图12-122

图12-123

12.8 电子产品——MP3

本节主要利用“渐变工具”“椭圆工具”“圆角矩形工具”和“添加杂色”滤镜等制作一个MP3播放器。

01 启动Photoshop 2020，执行“文件”|“新建”命令，新建一个宽为3000像素、高为2000像素、分辨率为300像素/英寸的RGB文档。

02 选择工具箱中的“渐变工具”，设置起点颜色为#33a7b7、终点颜色为#31ba97的线性渐变，按住Shift键，从画面上方向下垂直单击并拖曳填充渐变，如图12-124所示。

图12-124

03 选择工具箱中的“圆角矩形工具”，绘制颜色为#d7d7d7、半径为10像素的圆角矩形，如图12-125所示。

图12-125

04 双击圆角矩形图层，打开“图层样式”对话框，选中“渐变叠加”复选框，设置渐变的起点颜色为黑色、位置为11%时的颜色为白色、位置为30%时的颜色为#6f6f6f、位置为57%时的颜色为#585858、位置为73%时的颜色为#c6c6c6、位置为85%时的颜色为白色、位置为92%时的颜色为#363636、终点颜色为黑色，设置“样式”为“线性”，“混合模式”为“正常”，“角度”为0度，如图12-126所示。

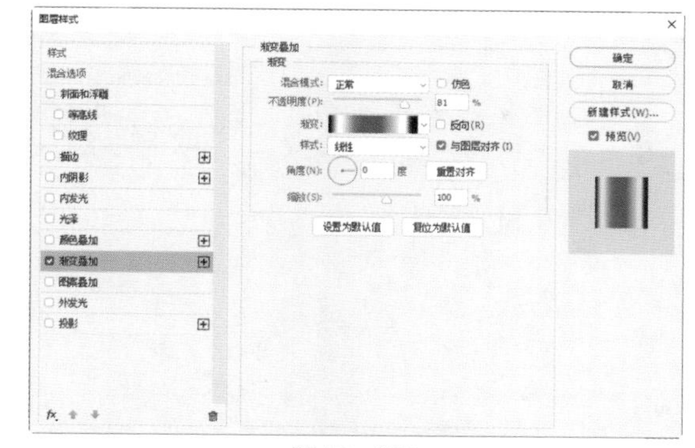

图12-126

05 单击“确定”按钮后，效果如图12-127所示。

图12-127

06 按快捷键Ctrl+J复制一个该图层，如图12-128所示。

图12-128

07 选择工具箱中的“圆角矩形工具”▢，绘制颜色为白色、半径为20像素的圆角矩形，如图12-129所示。

图12-129

08 双击圆角矩形图层，打开“图层样式”对话框，选中“渐变叠加”复选框，设置渐变起点颜色为#80898c、位置为13%时的颜色为#d7dfe3、位置为57%时的颜色为#bec4c7、位置为90%时的颜色为#d6e0e4、终点颜色为#aab0b2，设置“样式”为“线性”，“混合模式”为“正常”，“角度”为0度，如图12-130所示。

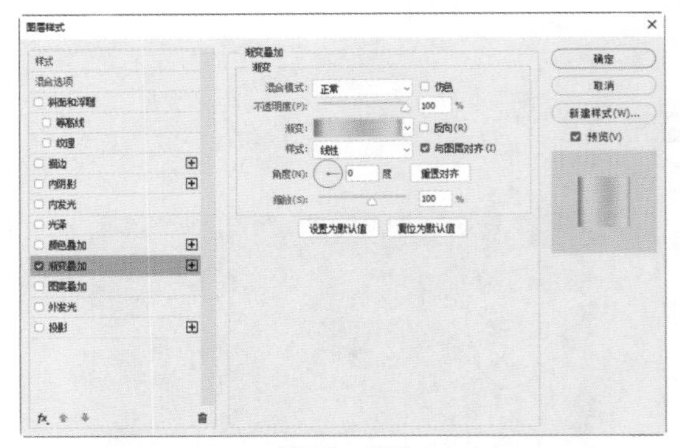

图12-130

09 选中“投影”复选框，设置投影的“不透明度”为75%，颜色为黑色，“角度”为120度，“距离”为13像素，“扩展”为0%，“大小”为43像素，如图12-131所示。

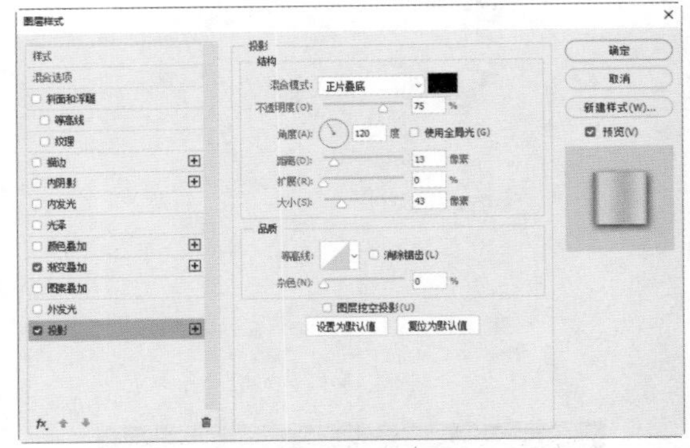

图12-131

10 单击“确定”按钮后，效果如图12-132所示。

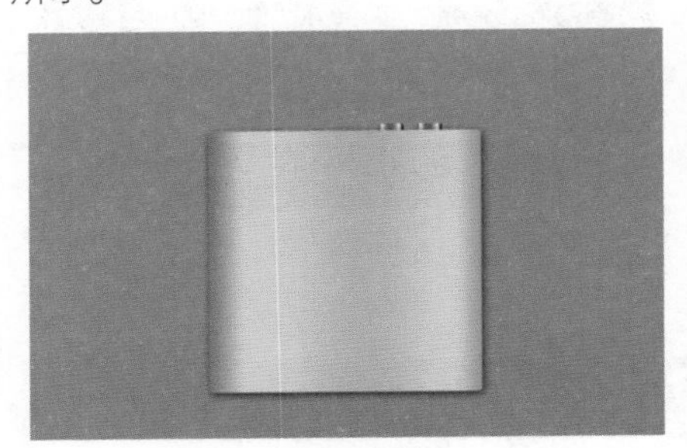

图12-132

11 按住Ctrl键，在“图层”面板单击图层缩略图，将圆角矩形载入选区，并单击“创建新图层”按钮⊞，创建一个新的空白图层，将前景色设置为白色，按快捷键Alt+Delete填充该选区，如图12-133所示。

图12-133

12 按快捷键Ctrl+D取消选区。执行“滤镜”|“杂色”|“添加杂色”命令，设置“数量”为30%，选择“高斯分布”单选项，并选中“单色”复选框，如图12-134所示。

13 单击“确定”按钮后，效果如图12-135所示。

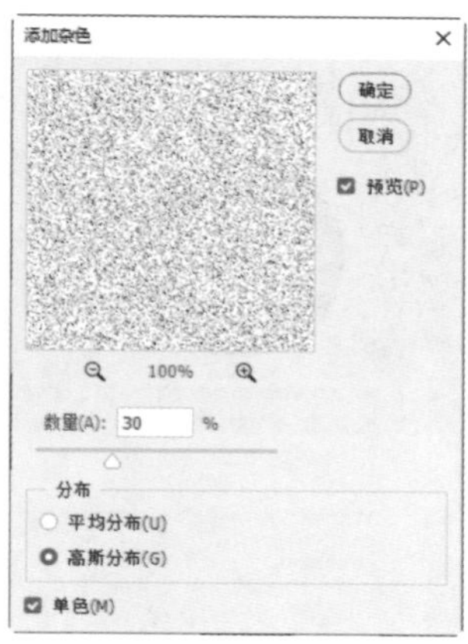

图12-134

图12-135

“添加杂色”滤镜的主要作用是表现不锈钢的磨砂质感。

14 选择工具箱中的“椭圆工具”，在工具选项栏中设置“工具模式”为“形状” 形状 ，按住Shift键，绘制一个颜色为#191919的圆形，如图12-136所示。

图12-136

15 双击圆形图层，打开“图层样式”对话框，在菜单中选中“渐变叠加”复选框，设置渐变位置为49%时的颜色为黑色、位置为71%时的颜色为#262626、终点颜色为#0d0d0d，设置“样式”为“径向”，“混合模式”为“正常”，“角度”为90度，如图12-137所示。

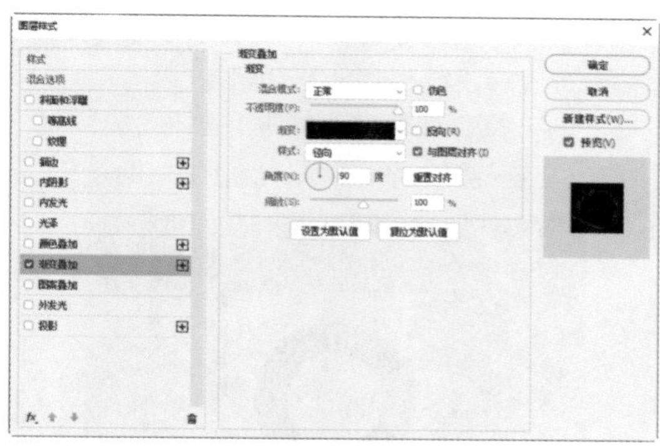

图12-137

16 单击“确定”按钮后，效果如图12-138所示。

图12-138

17 选择绘制的圆形，按快捷键Ctrl+J复制该圆形，按快捷键Alt+Shift缩小该图层，删除复制圆形的所有图层样式。将前景色设置为#d9e3e6，按快捷键Alt+Delete填充前景色，如图12-139所示。

图12-139

18 选择工具箱中的“矩形工具”，绘制3个颜色为#d9e3e6的矩形，并按快捷键Ctrl+J复制一个矩形。按快捷键Ctrl+T调出自由变换控制框，按住Shift键，将其中一个矩形旋转90度，制作“音量+”。按快捷键Ctrl+J复制其中一个矩形，并移动制作“音量-”，如图12-140所示。

19 选择工具箱中的“多边形工具”，在工具选项栏中设置“边”为3，结合快捷键Ctrl+T进行旋转，绘制4个小三角形。再利用“矩形工具”，绘制两个矩形，制作“上一曲”和“下一曲”的小图标，如图12-141所示。

图12-140

图12-141

20 用同样的方法，利用“多边形工具”和“矩形工具”制作颜色为#101010的“播放/暂停”图标，如图12-142所示。

图12-142

21 选择工具箱中的“钢笔工具”，在工具选项栏中设置“工具模式”为“形状”，绘制颜色为#fcfcfc的耳机线，如图12-143所示。

22 双击耳机线图层，打开“图层样式”对话框，选中“斜面和浮雕”复选框，设置“样式”为“内斜面”，“方法”为“平滑”，“深度”为100%，“方向”为“上”，“大小”为5像素，“软化”为2像素，如图12-144所示。

图12-143

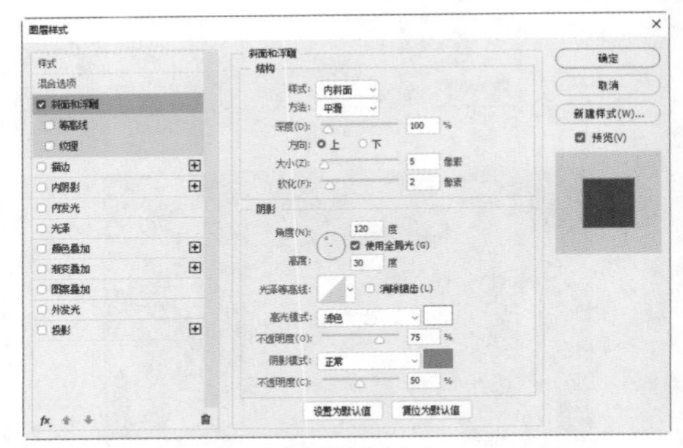

图12-144

23 选中“投影”复选框，设置投影的“不透明度”为30%，颜色为黑色，“角度”为120度，“距离”为0像素，“扩展”为0%，“大小”为4像素，如图12-145所示。

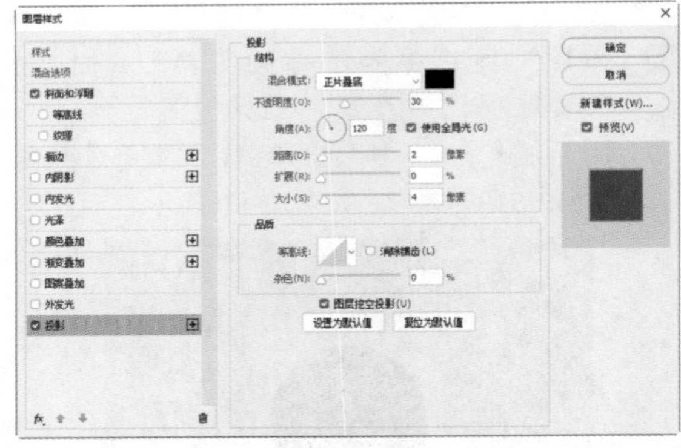

图12-145

24 单击“确定”按钮后，效果如图12-146所示。

25 选择工具箱中的“钢笔工具”，绘制耳机插头的形状，并填充起点颜色为#cfd3d5、位置为72%时的颜色为白色、终点颜色为#ebebec、“角度”为0度的线性渐变，如图12-147所示。

图12-146

图12-147

26 选择工具箱中的“椭圆工具”，绘制一个颜色为#8699a0的小椭圆，并置于接口处，如图12-148所示。

27 用同样的方法，利用“钢笔工具”绘制耳机的金属部分形状，并填充位置为7%时的颜色为#515c60、位置为37%时的颜色为#717e83、位置为54%时的颜色为#d4dee1、位置为79%时的颜色为#77868b、终点颜色为#58686d、“角度”为0度的线性渐变。将耳机图层选中并编组，置于“图层”面板底部，图像制作完成，如图12-149所示。

图12-148

图12-149

第13章 UI图标及界面设计

本章主要讲解UI图标及界面设计。从手机或网页UI图标入手，再到手机或网页界面，从小到大，步骤分解，让大家一步步学习UI图标和界面是如何制作而成的。

13.1 气象图标——太阳天气

本节主要运用“渐变工具”“椭圆工具”和图层样式制作一款太阳天气图标。

01 运行Photoshop 2020，执行“文件”|“新建”命令，新建一个宽为400像素，高为400像素的RGB文档。

02 设置前景色为#181f27，设置背景色为#507190。单击工具箱中的“渐变工具”，在工具选项栏中设置渐变类型为“前景色到背景色渐变”，并单击“线性渐变”按钮，在文档中为背景添加线性渐变，如图13-1所示。

03 单击工具箱中的“椭圆工具”，在工具选项栏中设置填充颜色为#fd951a，描边颜色为无，单击并拖曳，绘制圆形，如图13-2所示。

图13-1

图13-2

04 双击圆形图层，打开“图层样式”对话框，选中“内阴影”复选框，设置“混合模式”的颜色为#ff9000，“角度”为120度，选中“使用全局光”复选框，设置“大小”为9像素，如图13-3所示。

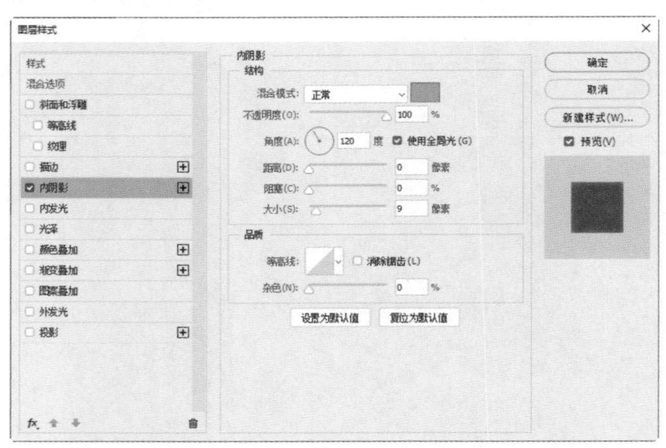

图13-3

05 接着选中“外发光”复选框，设置“混合模式”为“正常”，“不透明度”为100%，发光颜色为#ff6600，“方法”为“柔和”，“大小”为40像素，“范围”为50%，如图13-4所示。

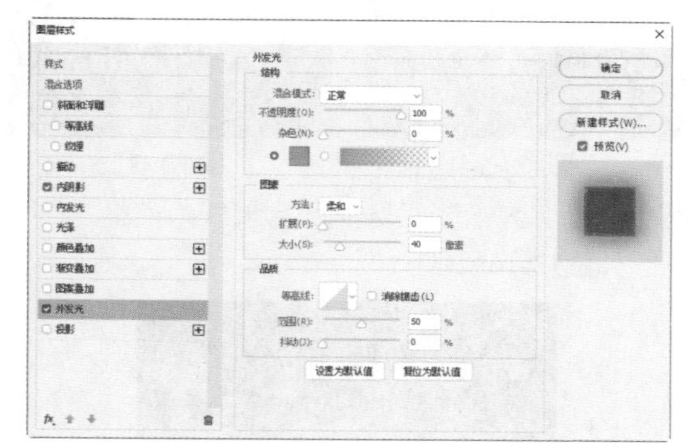
图13-4

06 单击“确定”按钮后，圆形效果如图13-5所示。

图13-5

07 再次双击圆形图层，打开“图层样式”对话框，选中“内发光”复选框，设置“混合模式”为“滤色”，“不透明度”为30%，发光颜色为橘黄色#ff8400，“方法”为“柔和”，“源”为“边缘”，“大小”为199像素，“范围”为50%，如图13-6所示。

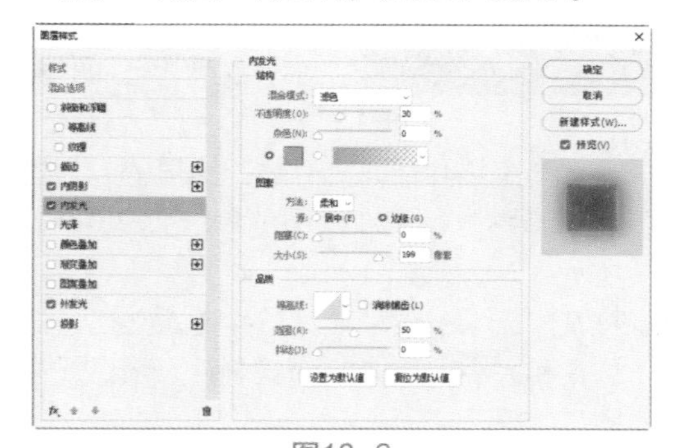
图13-6

08 选中“斜面与浮雕”复选框，设置“样式”为“内斜面”，“方法”为“平滑”，“深度”为100%，“方向”为“上”，“大小”为200像素，“软化”为0像素，“角度”为120度，“高度”为60度，“高光模式”为“滤色”，其颜色为#fff38d，“阴影模式”为“正片叠底”，其颜色为黑色，如图13-7所示。

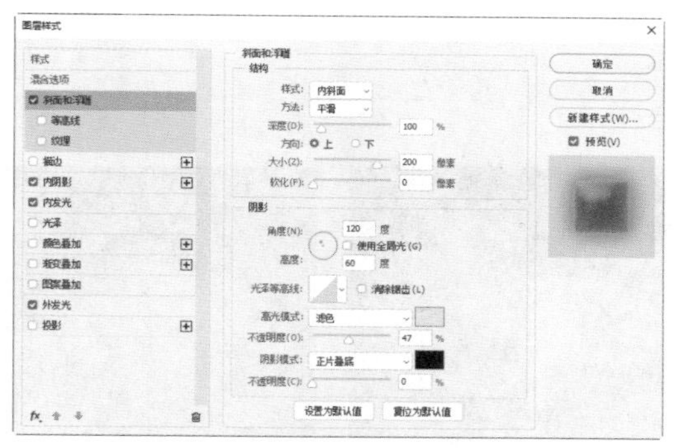
图13-7

09 单击“确定”按钮后，圆形效果如图13-8所示。

图13-8

10 再次双击圆形图层，打开“图层样式”对话框，选中“渐变叠加”复选框，设置“混合模式”为“正常”，“不透明度”为100%，设置渐变颜色为#ff9b26到#ff3c00，选中“反向”复选框，设置“样式”为“线性”，“角度”为90度，“缩放”为100%，如图13-9所示。

11 单击“确定”按钮后，圆形效果如图13-10所示。

12 单击“图层”面板中的“创建新图层”按钮，新建图层，使用“矩形选框工具”创建矩形选区，使圆形包含在选区内，如图13-11所示。

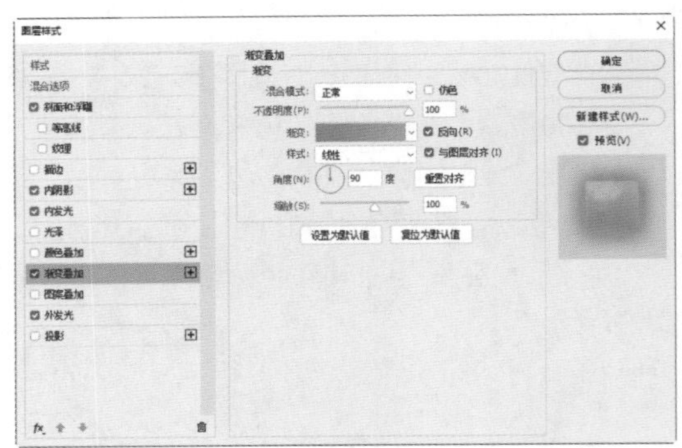

图13-9

图13-10　图13-11

13 设置前景色为黑色，按快捷键Alt+Delete，在选区内填充黑色，如图13-12所示。

14 设置背景色为白色，执行“滤镜”|“渲染”|“分层云彩”命令，为选区添加分层云彩效果，如图13-13所示，将该图层命名为“云彩”。

图13-12

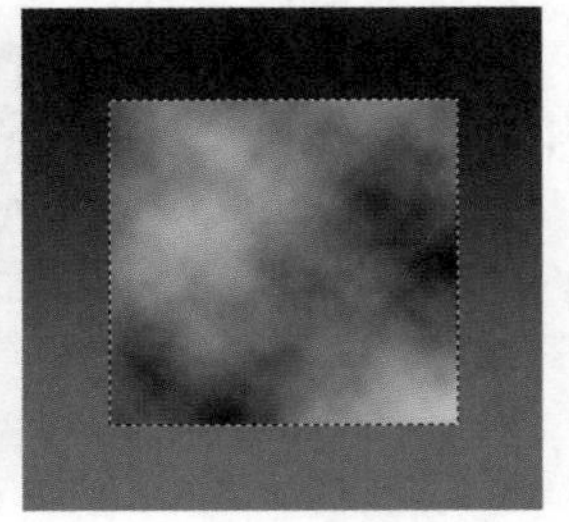

图13-13

注意与提示　在使用“分层云彩”滤镜时，若是对该次滤镜效果不满意，可以重复执行该命令，每次执行的分层云彩效果不相同。

15 按住Ctrl键并单击圆形图层缩略图，创建圆形的选区，如图13-14所示。

16 按快捷键Ctrl+J复制“云彩”图层，将复制的图层命名为“太阳”，隐藏“云彩”图层，此时画面效果如图13-15所示。

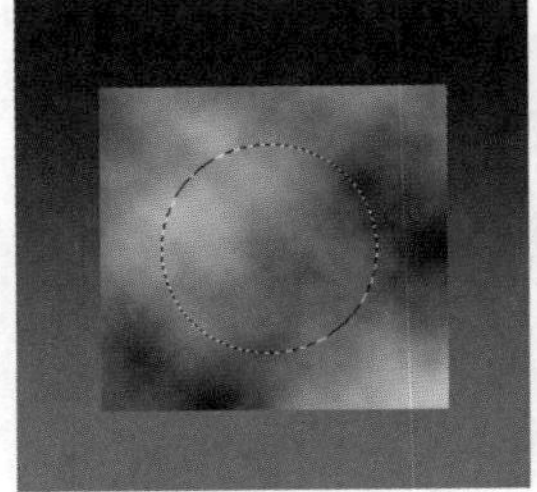

图13-14

图13-15

17 设置“太阳”图层的混合模式为“叠加”，如图13-16所示。

图13-16

18 打开“火焰.psd”素材，将火焰依次拖入文档，调整位置和大小后，按Enter键确认，如图13-17所示。

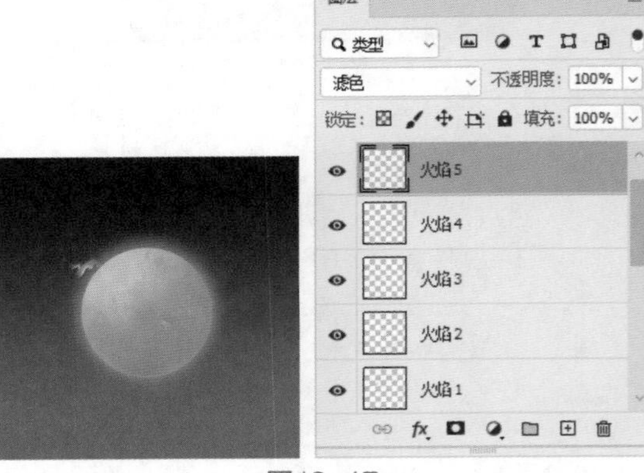

图13-17

19 设置“火焰4”和“火焰5”图层的混合模式为“滤色”，完成太阳的制作，如图13-18所示。

20 打开“云朵.png”素材，并拖入文档，调整位置和大小后，按Enter键确认，最终效果如图13-19所示。

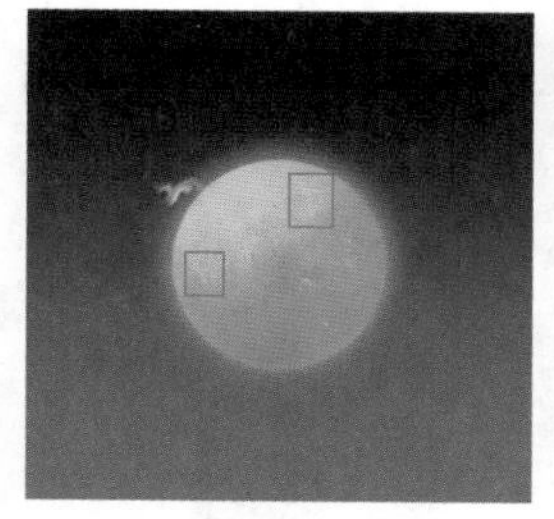
图13-18

图13-19

13.2 拟物图标——立体饼干

本节主要使用“圆角矩形工具”“矩形工具”“钢笔工具”和剪贴蒙版制作一款立体饼干图标。

01 执行“文件”|“打开”命令，打开“背景.jpg”素材，如图13-20所示。

图13-20

02 选择工具箱中的“圆角矩形工具”▢，在工具选项栏中设置“工具模式”为“形状”，填充颜色为白色，描边颜色为无，“半径”为60像素，单击并拖曳，绘制圆角矩形，如图13-21所示。

图13-21

03 选择工具箱中的“矩形工具”▢，在工具选项栏中设置填充类型为渐变，其渐变颜色为#fc7f26到#fcc277，“样式”为“线性”，渐变角度为-45°，在圆角矩形的左上角绘制一个75像素×75像素的正方形，如图13-22所示。

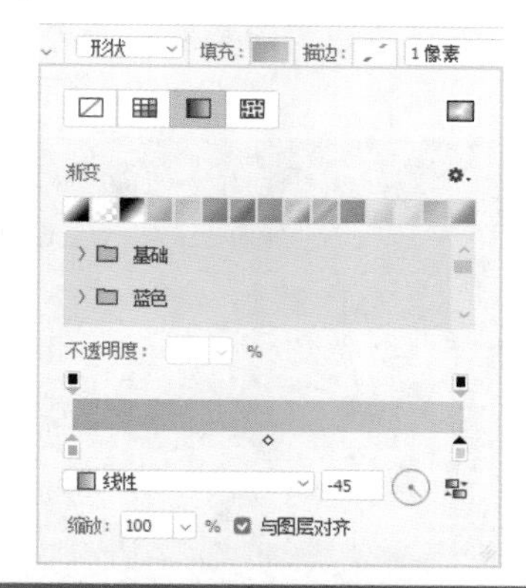

图13-22

04 按快捷键Ctrl+J复制多个正方形，依次水平移动它们的位置，如图13-23所示。

图13-23

05 继续复制并移动正方形，直到铺满整个圆角矩形，如图13-24所示。

图13-24

06 选中所有正方形图层，右击，在弹出的快捷菜单中选择“创建剪贴蒙版”命令，为这些图形向下创建剪贴蒙版，效果如图13-25所示。

图13-25

07 选择工具箱中的“钢笔工具”，在工具选项栏中设置“工具模式”为“形状”，填充颜色为白色，描边颜色为无，在圆角矩形上方绘制图形，再使用“直接选择工具”调整图形的锚点，如图13-26所示。

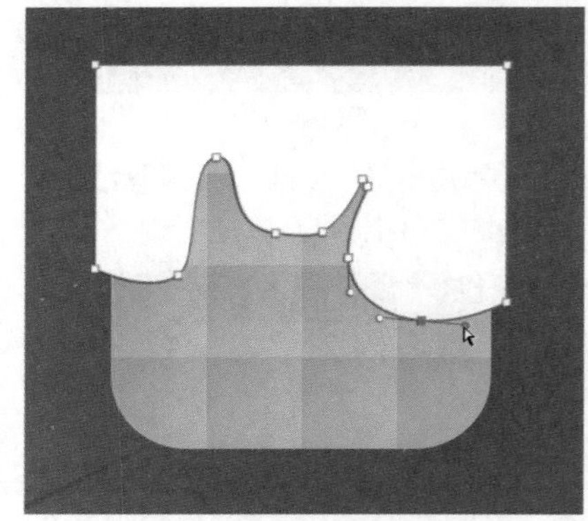

图13-26

08 使用同样的方法，为白色图形创建剪贴蒙版，制作奶油效果，如图13-27所示。

图13-27

09 使用“路径选择工具”选中白色图形，再选择工具箱中的“椭圆工具”，按住Alt键的同时在图形右上角绘制椭圆，可以在图形中减去绘制的图形，此时椭圆呈现镂空效果，如图13-28所示。

图13-28

10 按住Shift键，在图形左下角绘制圆形，可以在图形中添加绘制的图形，如图13-29所示。

图13-29

11 双击“圆角矩形2”图层，打开“图层样式”对话框，选中“投影”复选框，设置“混合模式”为“正片叠底”，颜色为#6b19a6，“不透明度”为75%，“角度”为90度，

"距离"为72像素，"大小"为56像素，如图13-30所示。

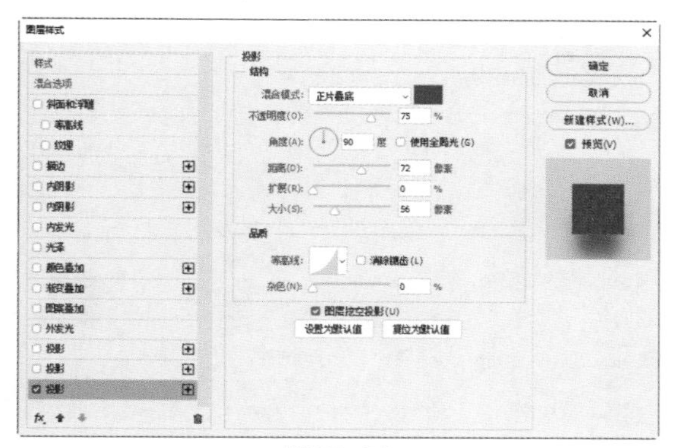

图13-30

12 单击"投影"右侧的⊞按钮，再添加一个"投影"样式，设置"混合模式"为"正片叠底"，颜色为#6b19a6，"不透明度"为65%，"角度"为90度，"距离"为8像素，"大小"为12像素，如图13-31所示。

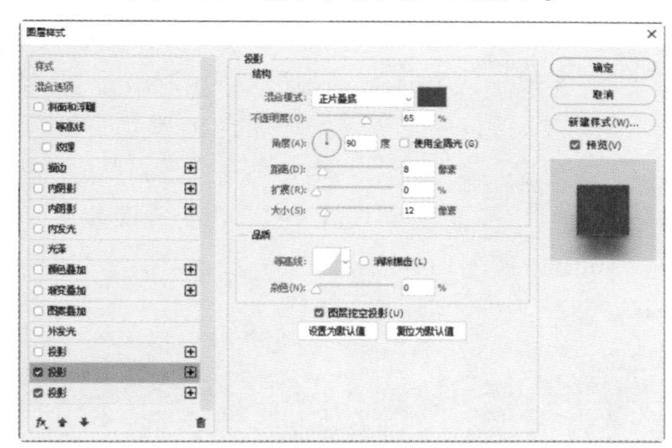

图13-31

13 单击"等高线"右侧的小图标，打开"等高线编辑器"对话框，设置自定义等高线，如图13-32所示。

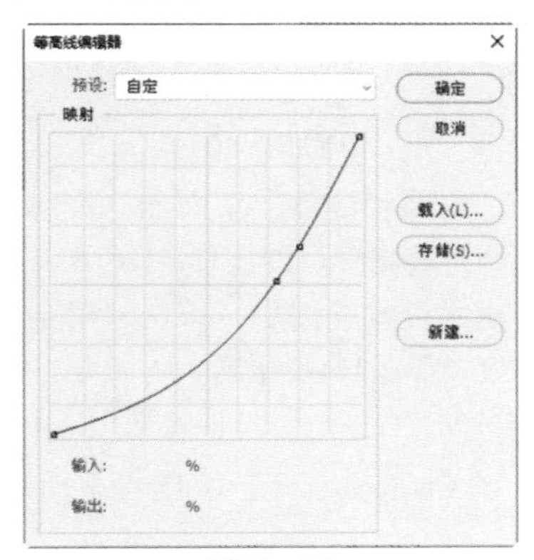

图13-32

14 单击"投影"右侧的⊞按钮，继续添加"投影"样式，设置"混合模式"为"正常"，颜色为#e053d2，"不透明度"为79%，"角度"为-90度，"距离"为51像素，"大小"为147像素，如图13-33所示。

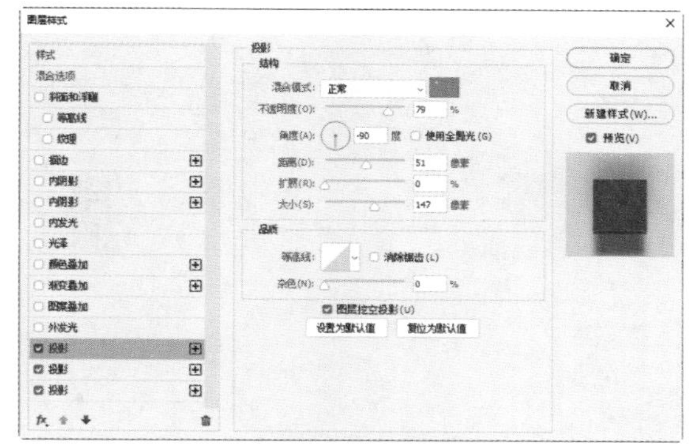

图13-33

15 单击"确定"按钮后，图形效果如图13-34所示。

图13-34

16 再次双击"圆角矩形2"图层，打开"图层样式"对话框，选中"内阴影"复选框，设置"混合模式"为"叠加"，颜色为#ffd166，"不透明度"为41%，"角度"为-90度，"距离"为31像素，"大小"为24像素，如图13-35所示。

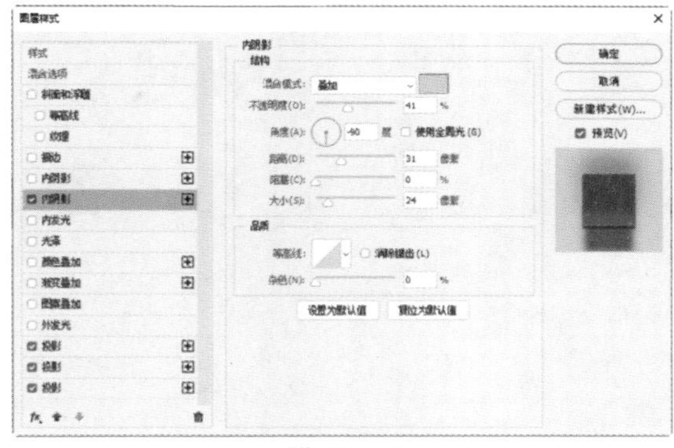

图13-35

17 单击“内阴影”右侧的⊞按钮，继续添加该样式，设置“混合模式”为“正片叠底”，颜色为#edb68c，“角度”为-90度，“距离”为9像素，“大小”为8像素，如图13-36所示。

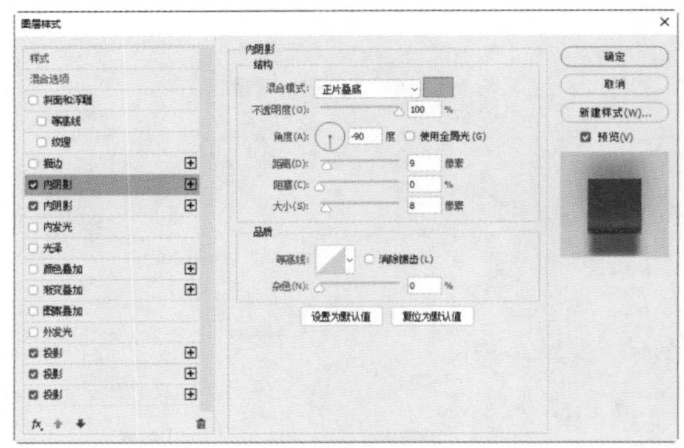

图13-36

18 单击“确定”按钮，图形效果如图13-37所示。

图13-37

19 接下来为白色图形添加图层样式。双击白色图形的图层，打开“图层样式”对话框，选中“投影”复选框，设置“混合模式”为“正片叠底”，颜色为#f97e2b，“不透明度”为23%，“角度”为90度，“距离”为15像素，“大小”为13像素，如图13-38所示。

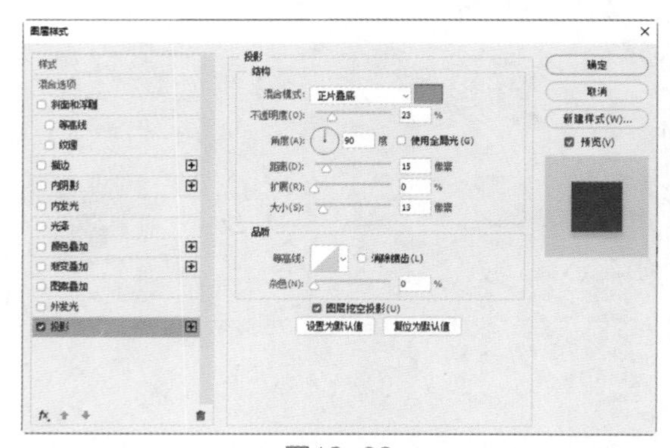

图13-38

20 选中“内阴影”复选框，设置“混合模式”为“正常”，颜色为#fffac2，“角度”为-90度，“距离”为4像素，“大小”为3像素，如图13-39所示。

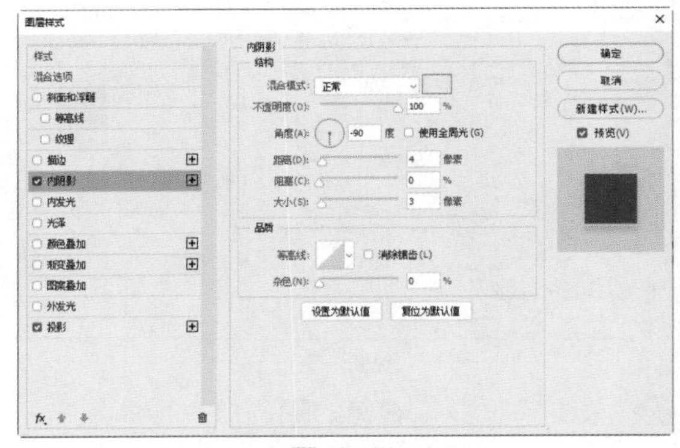

图13-39

21 选中“斜面和浮雕”复选框，设置“样式”为“内斜面”，“方法”为“平滑”，“深度”为324%，“方向”为“上”，“大小”为18像素，“软化”为7像素，“阴影”的“角度”为76度，“高度”为47度，“高光模式”为“正常”，其颜色为黑色，“不透明度”为0%，“阴影模式”为“正片叠底”，其颜色为fccb8b，“不透明度”为60%，如图13-40所示。

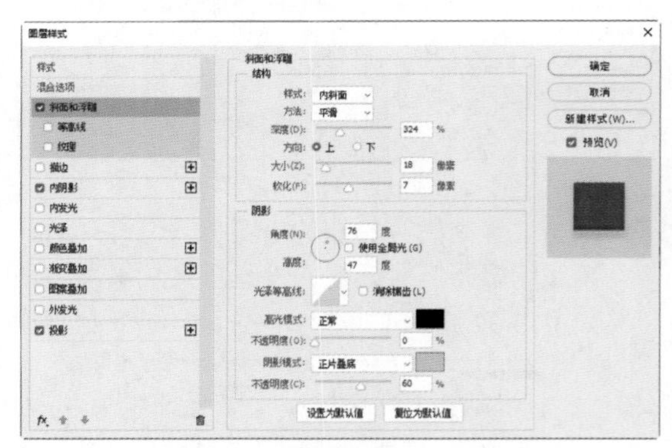

图13-40

22 选中“斜面和浮雕”下面的“等高线”复选框，调整等高线，如图13-41所示。

23 图层样式设置完成后，单击“确定”按钮，最终效果如图13-42所示。

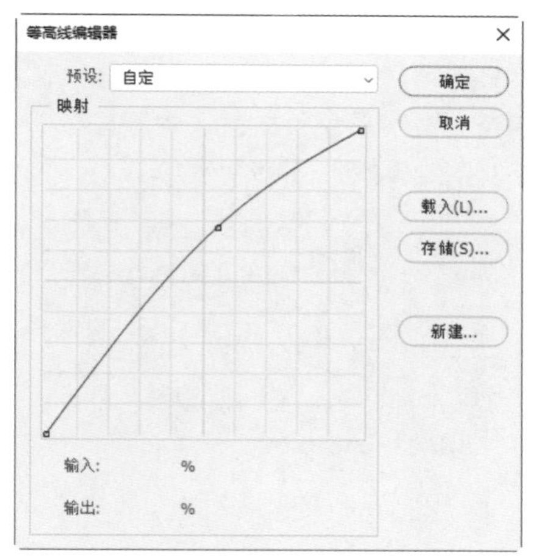

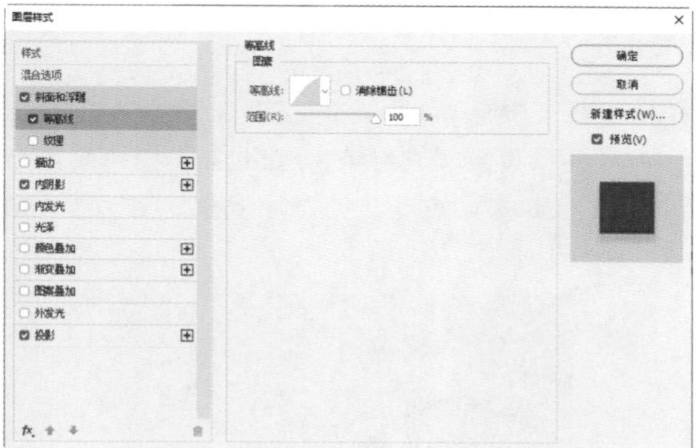

图13-41

图13-42

13.3　手机界面——音乐平台个人中心

本节主要利用“矩形工具”、图层样式和剪贴蒙版制作一个音乐平台个人中心界面。

01 运行Photoshop 2020，执行“文件”|“新建”命令，新建一个宽为750像素、高为1334像素的RGB文档。

02 选择工具箱中的“矩形工具”，在工具选项栏中设置填充颜色为黑色，描边颜色为无，单击并拖曳，在画面顶部绘制矩形，效果如图13-43所示。

图13-43

03 双击矩形图层，打开“图层样式”对话框，选中“渐变叠加”复选框，设置渐变颜色为#96bcf0到#c1dee5，“样式”为“线性”，“角度”为45度，如图13-44所示。

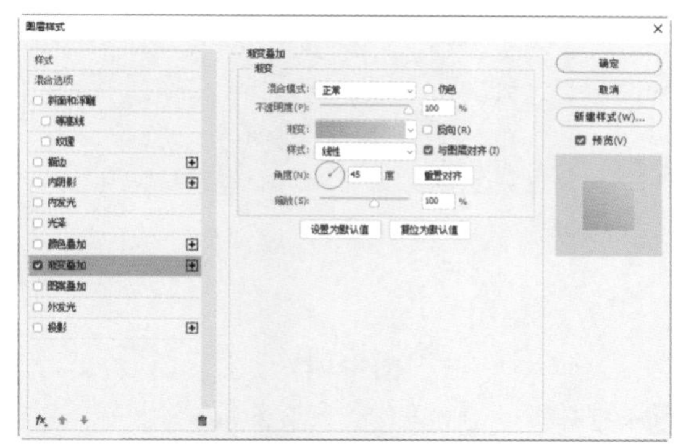

图13-44

04 单击“确定”按钮后，图像效果如图13-45所示。

图13-45

05 打开“状态栏.png”素材，并拖入文档，将其调整到合适大小后移动到顶端，按Enter键确认。

06 双击“状态栏”图层，打开“图层样式”对话框，选中“颜色叠加”复选框，设置叠加颜色为白色，如图13-46所示。

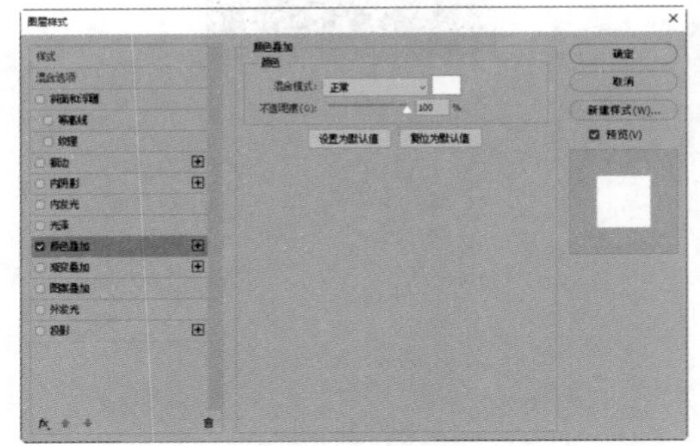

图13-46

07 单击“确定”按钮后，状态栏效果如图13-47所示。

图13-47

08 打开“返回.png”和“菜单.png”素材，依次拖入文档，调整到合适大小后摆放在状态栏下方，然后分别为素材添加“颜色叠加”图层样式，修改素材颜色为白色，效果如图13-48所示。

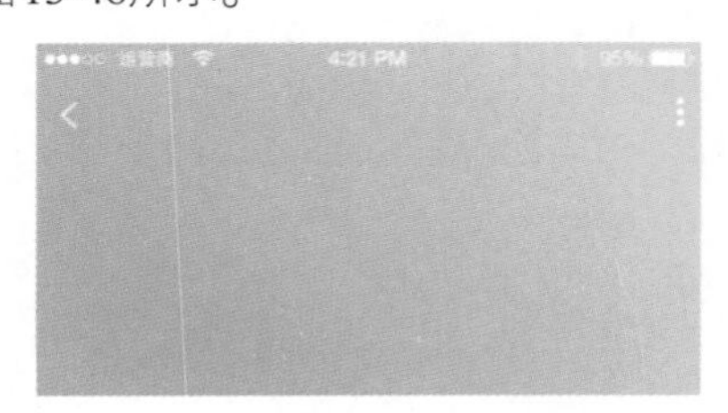

图13-48

09 选择工具箱中的“横排文字工具” T，在工具选项栏中设置字体为“黑体”，字号为34点，文字颜色为白色，输入文字“个人中心”，效果如图13-49所示。

图13-49

10 选择工具箱中的“椭圆工具” ○，在工具选项栏中设置填充颜色为#fdd27b，描边颜色为无，单击并拖曳，绘制小圆形，如图13-50所示。

图13-50

11 打开“猫咪.jpg”素材，并拖入文档，如图13-51所示。

图13-51

12 将素材调整到合适大小后放置在圆形上方，然后按快捷键Ctrl+Alt+G向下创建剪贴蒙版，效果如图13-52所示。

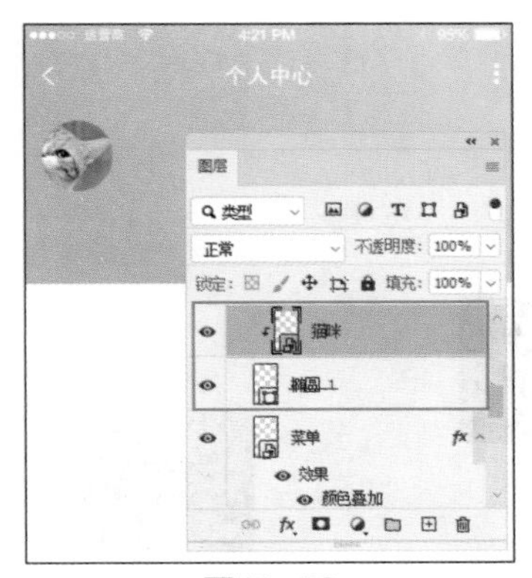

图13-52

13 为“猫咪”图层添加一个“色相/饱和度”调整图层，并调整“饱和度”为30，如图13-53所示，以此来提升图像饱和度。

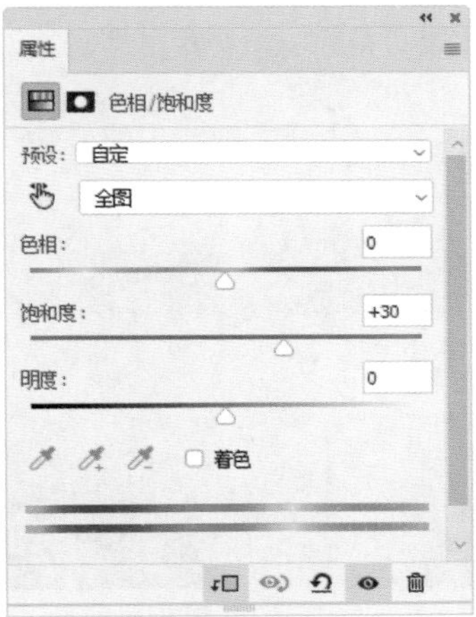

图13-53

14 选择工具箱中的“横排文字工具”T，在工具选项栏中设置字体为“黑体”，文字颜色为白色，在猫咪图像右侧分别输入两行合适大小的文字，如图13-54所示。完成上述操作后，选择顶栏相关图层，按快捷键Ctrl+G编组，并将图层组命名为“顶部”。

图13-54

15 选择工具箱中的“圆角矩形工具”▢，在工具选项栏中设置填充颜色为白色，描边颜色为无，“半径”为10像素，单击并拖曳，绘制圆角矩形，并为该图层添加“投影”图层样式，设置“混合模式”为#187fd9，“不透明度”为40%，“角度”为90度，选中“使用全局光”复选框，“距离”为8像素，“大小”为30像素，如图13-55所示。

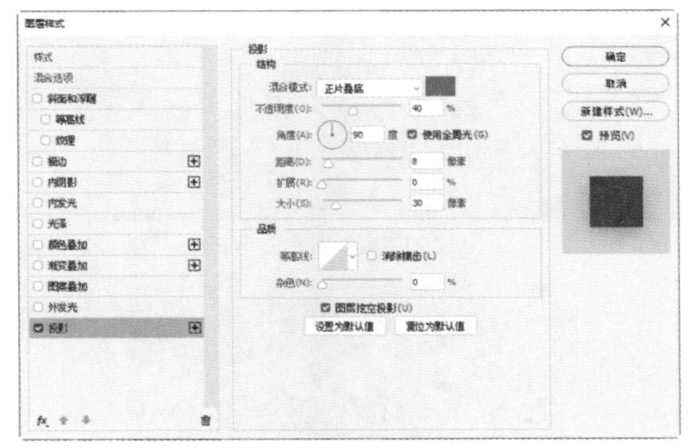

图13-55

16 单击“确定”按钮后，图像效果如图13-56所示。

图13-56

17 打开“音乐.png”素材，并拖入文档，调整大小和位置后，按Enter键确认，为“音乐”图层添加“颜色叠加”图层样式，设置叠加的颜色为#75a4e4，如图13-57所示。

18 选择工具箱中的“横排文字工具”T，在工具选项栏中设置字体为“黑体”，字号为“26点”，文字颜色为黑色，完成文字的设置后，在音乐素材下方输入文字“本地音乐”，如图13-58所示。

19 用同样的方法，继续添加“下载.png”“最近.png”和“收藏.png”素材和文字。操作比较简单，这里就不再重复讲解了，完成效果如图13-59所示。

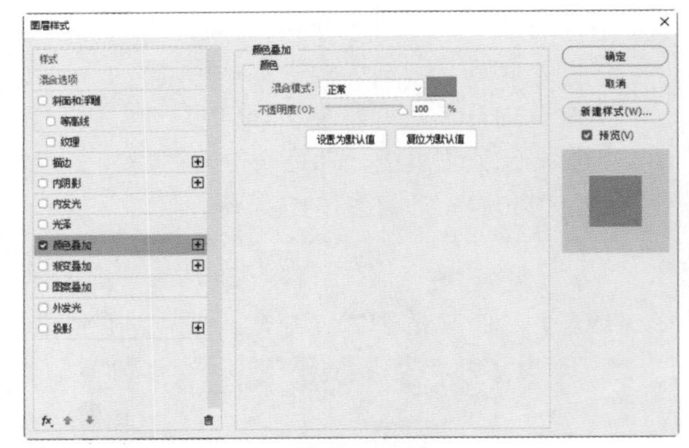

图13-57

图13-58

图13-59

20 完成上述操作后，选择相关图层，按快捷键Ctrl+G编组，并将图层组命名为“主功能区”。

21 选择工具箱中的“圆角矩形工具”，在工具选项栏中设置填充颜色为黑色，描边颜色为无，“半径”为8像素，单击并拖曳，绘制圆角矩形，如图13-60所示。

22 打开“芦苇.jpg”素材，调整大小和位置后，按Enter键确认，如图13-61所示。

图13-60　　图13-61

23 按快捷键Ctrl+Alt+G向下创建剪贴蒙版，使其作用于下方的圆角矩形图层，效果如图13-62所示。

24 用同样的方法，继续添加“鲜花.jpg”“粉末.jpg”和“满天星.jpg”图片素材，效果如图13-63所示。

图13-62　　图13-63

25 使用“横排文字工具”T，在图片素材周围添加文字，使画面更加丰富，如图13-64所示。

图13-64

13.4 网页错误界面——网页404

本节主要利用“钢笔工具”“高斯模糊”滤镜和“横排文字工具”制作网页错误界面。

01 运行Photoshop 2020，执行“文件”|“新建”命令，新建一个宽为1920像素、高为1080像素、背景颜色为#000c4d的RGB文档。

02 执行“文件”|“置入嵌入对象”命令，将“星空背景.png”素材置入到文档中，如图13-65所示。

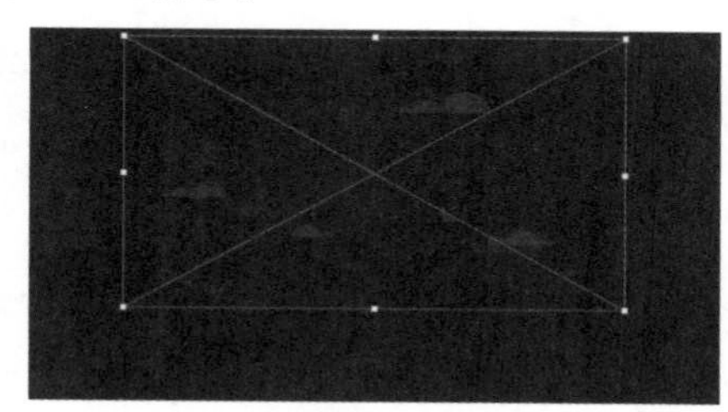

图13-65

03 选择工具箱中的“横排文字工具” T，在工具选项栏中设置字体为“黑体”，字号为300点，字体颜色为#92fcff，在画面左右两边输入数字4，如图13-66所示。

图13-66

04 使用“横排文字工具” T，修改字体为ArialRoundedMTBold，字号为350点，文字颜色为#40e6ff，在数字4上面再输入4，如图13-67所示。

图13-67

05 选中后面输入的两个数字4的文本图层并右击，在弹出的快捷菜单中选择“栅格化文字”命令，将这两个图层栅格化，如图13-68所示。

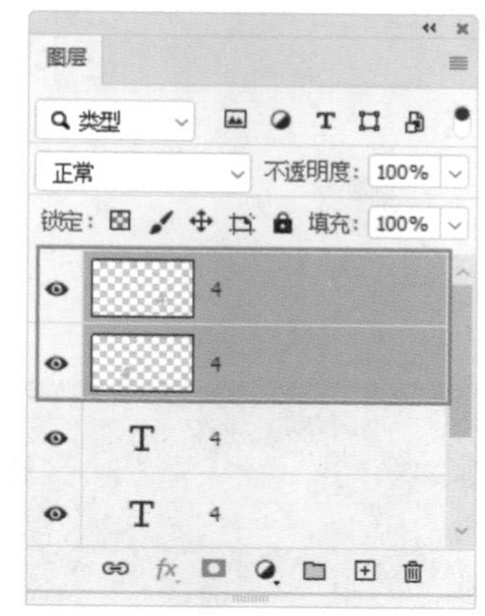

图13-68

06 选中栅格化的图层，使用“多边形套索工具”在左边数字4上方创建选区，然后按Delete键将选区内容删除，如图13-69所示。

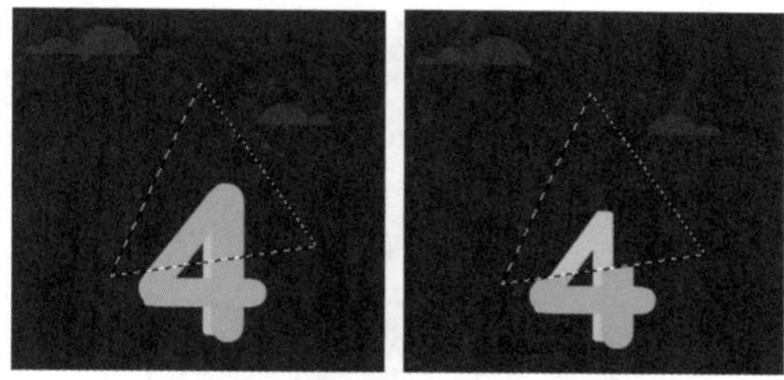

图13-69

07 使用同样的方法制作右边数字4的效果，如图13-70所示。

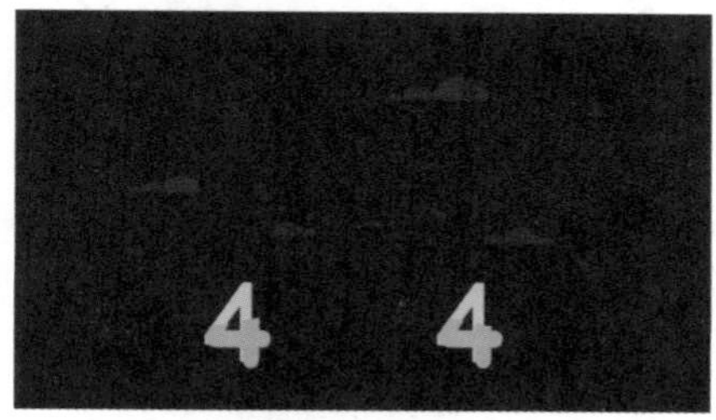

图13-70

08 将其他的文字图层也栅格化，选中所有栅格化的图层，按快捷键Ctrl+E，合并图层，如图13-71所示。

09 打开“飞碟.png”和“奶牛.png”素材，调整大小和位置后，按Enter键确认，效果如图13-72所示。

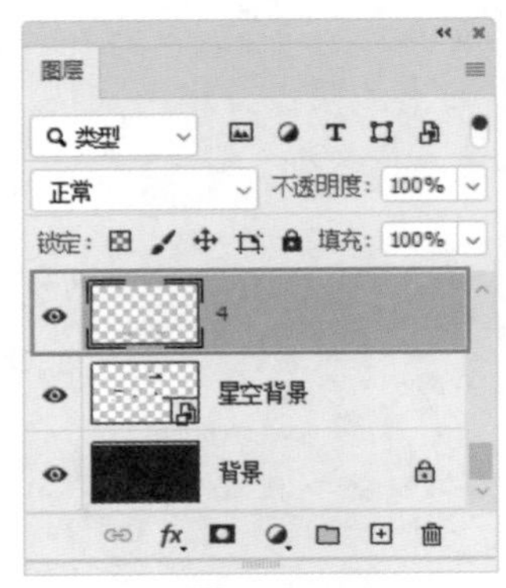

图13-71

图13-72

10 选择工具箱中的“钢笔工具”，在工具选项栏中设置“工具模式”为“形状”，填充颜色为#56fcff，描边颜色为无，在飞碟下方绘制图形，如图13-73所示，

图13-73

11 将该形状图层改名为“光线”，并放置在“飞碟”和“奶牛”图层的下方，效果如图13-74所示。

图13-74

12 按快捷键Ctrl+J复制“光线”图层，得到“光线拷贝”图层，将其移至所有图层的上方并隐藏起来，方便以后使用。

13 将“光线”图层栅格化，选中该图层，执行“滤镜”|“高斯模糊”命令，在打开的“高斯模糊”对话框中设置“半径”为16.7像素，如图13-75所示。

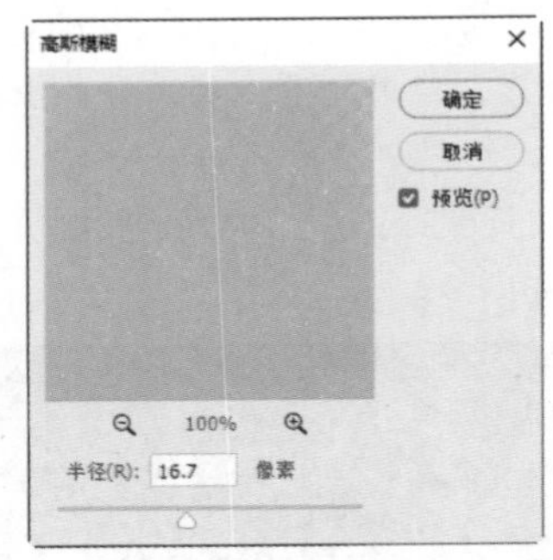

图13-75

14 将该图层的“不透明度”修改为30%，效果如图13-76所示。

图13-76

15 选择工具箱中的“椭圆工具”，在工具选项栏中设置填充颜色为#00e3ff，描边颜色为无，单击并拖曳，在光线的下方绘制椭圆，再在椭圆内绘制一个较小的#0089bb填充无描边的椭圆，修改其图层的“不透明度”为40%，将“椭圆1”图层的名称改为“飞碟光”，将“椭圆2”图层的名称改为“奶牛阴影”，如图13-77所示。

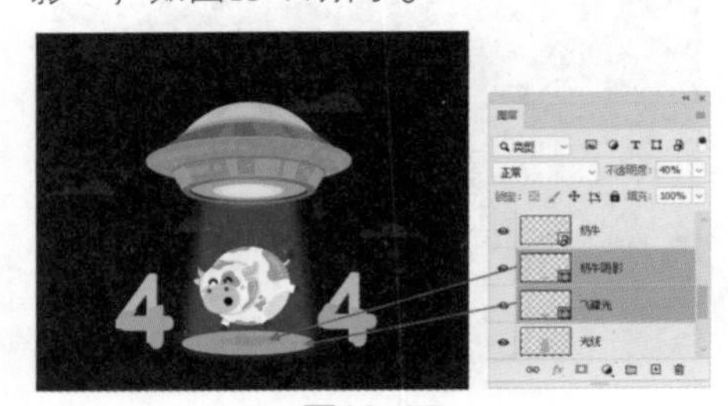

图13-77

16 显示并选中“光线拷贝”图层，修改该图形的填充颜色为#00e3ff，修改图层的“不透明度”为15%，效果如图13-78所示。

图13-78

17 选择工具箱中的“横排文字工具”T，在工具选项栏中设置字体为“幼圆”，字号为50点，文本颜色为白色，在奶牛上方输入文字“出错啦！”，然后单击“创建文字变形”按钮，在打开的“变形文字”对话框中，设置参数，如图13-79所示。

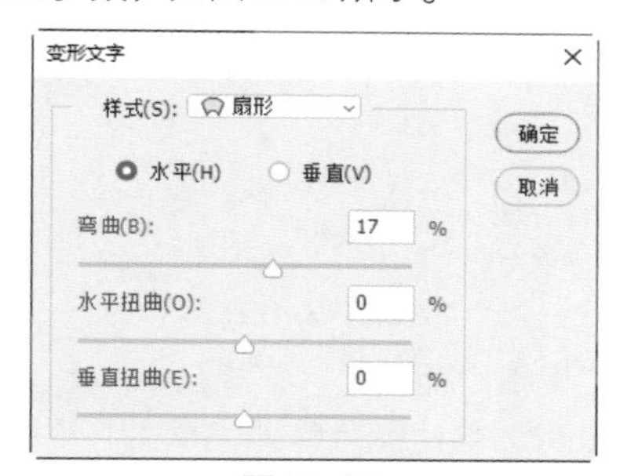

图13-79

18 选中文字，按快捷键Ctrl+T旋转文字，如图13-80所示。

图13-80

19 最后添加“草地背景.png”和“花.png”素材，移动到合适的位置，界面最终效果如图13-81所示。

图13-81

13.5 网页界面——设计网

本节主要利用“横排文字工具”“矩形工具”“圆角矩形工具”和“椭圆工具”制作一个设计网的网页界面。

01 运行Photoshop 2020，执行“文件”|“新建”命令，新建一个宽为800像素、高为600像素、背景颜色为#f6d9d7的RGB文档，如图13-82所示。

02 使用“矩形选框工具”在画面中绘制矩形选区，设置前景色为白色，新建图层并改名为“白色背景”，按快捷键Alt+Delete，在选区内填充白色，如图13-83所示。按快捷键Ctrl+D取消选区。

图13-82

图13-83

03 选择工具箱中的“横排文字工具”T，在工具选项栏中设置字体为“方正舒体”，字号为22点，文本颜色为#ae9cfb，在白色区域左上角输入文字，如图13-84所示。

图13-84

04 修改字体为“黑体”，字号为10点，文本颜色为#666666，在右边输入文字，制作导航栏，如图13-85所示。

图13-85

05 选中所有文字图层并右击，在弹出的快捷菜单中选择“栅格化图层”命令，将它们栅格化，如图13-86所示。

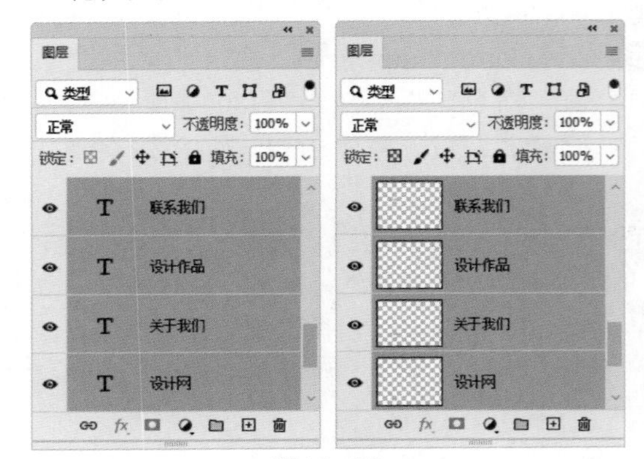

图13-86

06 按住Ctrl键的同时，选择“白色背景”图层，将该图层也选择进来，按快捷键Ctrl+E，将它们和“白色背景”图层合并为一个图层，合并后的图层名称为“白色背景”。

07 选择工具箱中的“矩形工具”，在工具选项栏中设置填充颜色为#fef5e5，描边颜色为无，单击并拖曳，在白色区域右侧绘制矩形，如图13-87所示。将该图层命名为“黄色背景”。

图13-87

08 使用“矩形工具”，修改填充颜色为#fef2d3，单击并拖曳，绘制矩形，按快捷键Ctrl+T调整矩形的大小和方向，如图13-88所示。

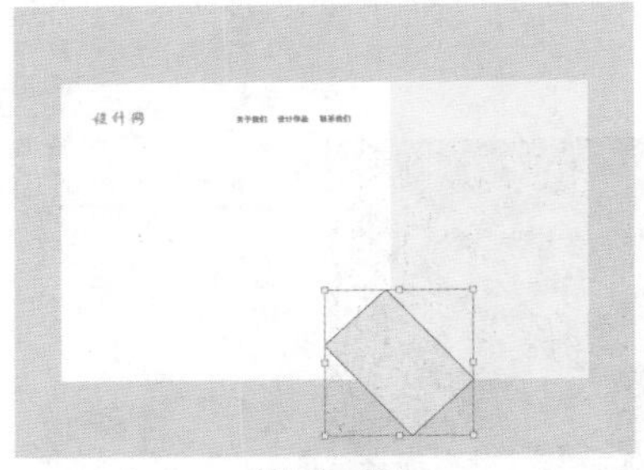
图13-88

09 选择工具箱中的“椭圆工具”，在工具选项栏中设置填充颜色为#ff7e6c，描边颜色为无，单击并拖曳，绘制圆形，如图13-89所示。

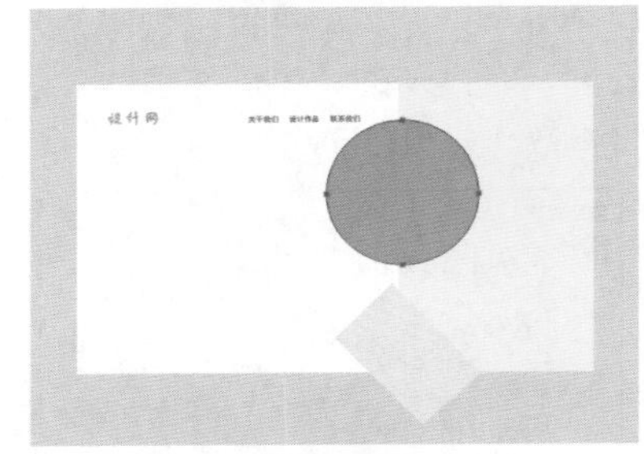
图13-89

10 继续使用“椭圆工具”，修改填充颜色为#feab9c，描边颜色为无，单击并拖曳，在圆形右侧绘制小圆形，按快捷键Ctrl+J复制多个小圆形，将它们排列成三角形的形状，如图13-90所示。

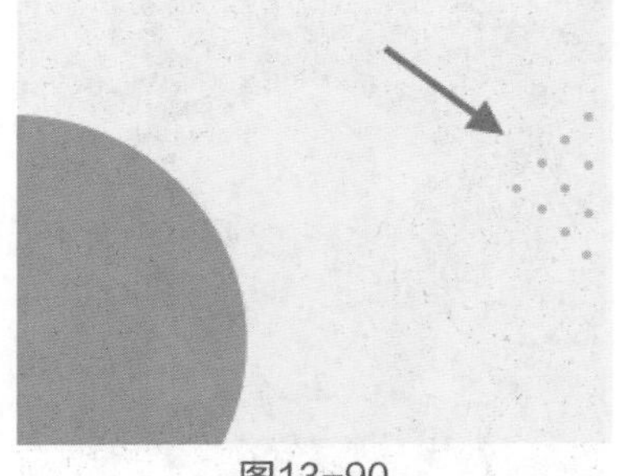
图13-90

11 选择工具箱中的“圆角矩形工具”，在工具选项栏中设置填充颜色为#fcdfdb，描边颜色为无，单击并拖曳，绘制圆角矩形，按快捷键Ctrl+T调整其方向和大小，如图13-91所示。

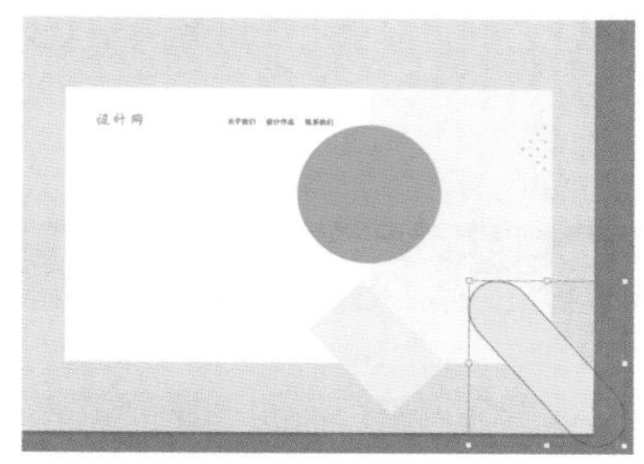

图13-91

12 使用相同的方法，在黄色区域内继续绘制白色的圆角矩形和紫色（#886bfa）的圆形，如图13-92所示。

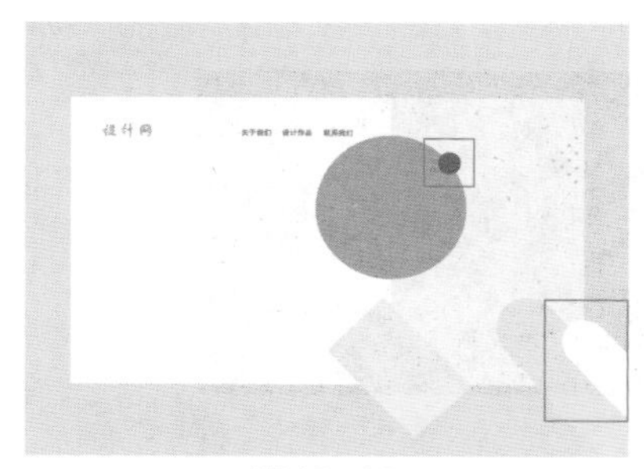

图13-92

13 选中除“黄色背景”图层之外的所有形状图层，右击，在弹出的快捷菜单中选择“创建剪贴蒙版”命令，为选中的图层创建剪贴蒙版，效果如图13-93所示。

图13-93

14 选择工具箱中的“横排文字工具” T，在工具选项栏中设置字体为“黑体”，字号为19.15点，文字颜色分别为黑色和#f97f6c，输入文字，如图13-94所示。

15 修改字号为10点，文字颜色为#666666，在下方再输入较小的文字，如图13-95所示。

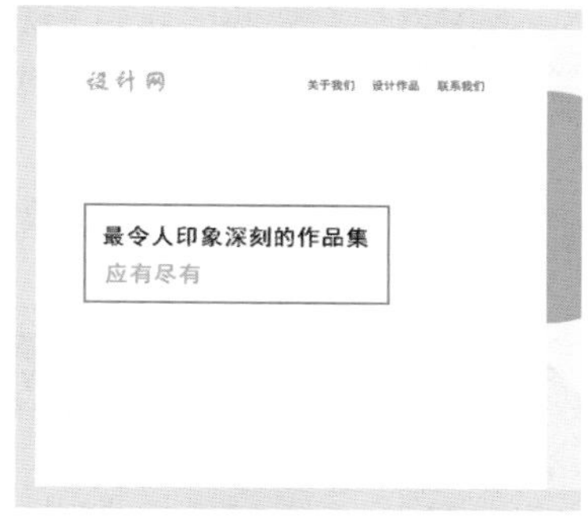

图13-94

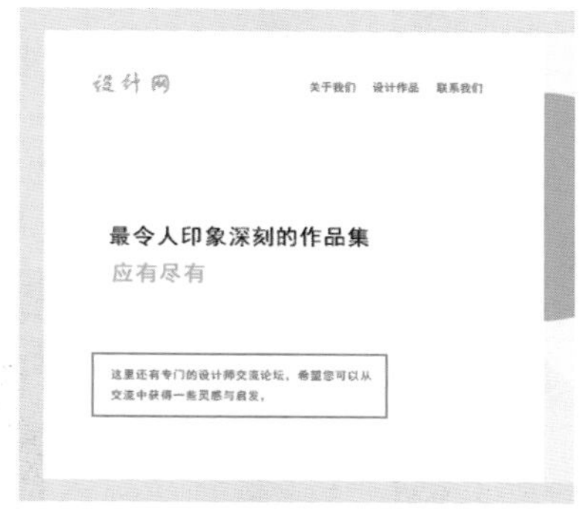

图13-95

16 打开“悬浮按钮.png”素材，并拖入文档，调整位置和大小后，按Enter键确认，如图13-96所示。

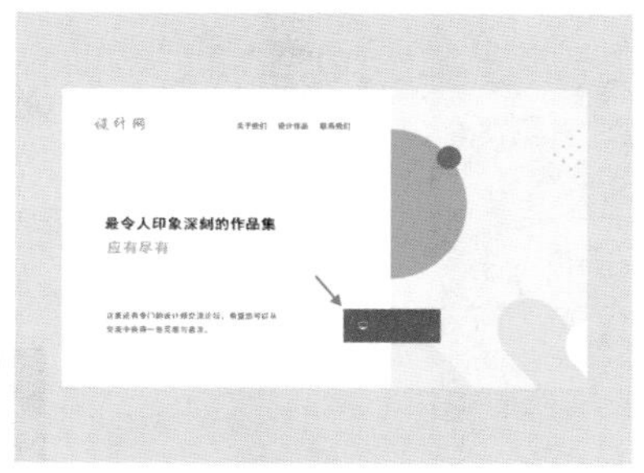

图13-96

17 最后在悬浮按钮中输入白色文字，字号为9点，效果如图13-97所示。

图13-97

第14章 新媒体设计

随着智能手机的普及，大部分消费者的注意力更多地转移到与手机相关的应用上，通过各种新媒体如微博、微信等社交应用与朋友进行沟通，并获得更多资讯，“新媒体”一词开始出现在人们的视野之中。本章主要讲解关于新媒体设计的制作方法和技巧。

14.1 公众号首图——中奖通知

本节主要利用“钢笔工具”“亮度/对比度”调整图层和“横排文字工具”来制作一个中奖通知的公众号首图。

01 启动Photoshop 2020，执行“文件”|“新建”命令，新建一个宽为900像素、高为383像素、分辨率为72像素/英寸的RGB文档。

02 单击“图层”面板中的“创建新图层”按钮，新建图层，设置前景色为#14203d，按快捷键Alt+Delete填充前景色，如图14-1所示。

图14-1

微信公众号后台经过多次改版后，目前无论是头条还是次条，封面图的比例都从原来的16：9变成了现在的2.35：1，公众号封面首图具体的尺寸也从900像素×500像素变成了900像素×383像素。

03 打开“装饰元素.png”素材，并拖入文档，调整大小和位置后，按Enter键确认，如图14-2所示。

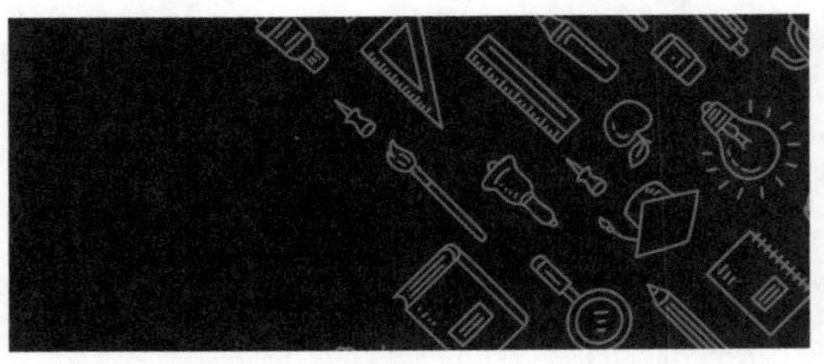

图14-2

04 设置“装饰元素”图层的混合模式为“叠加”，效果如图14-3所示。

图14-3

05 选择工具箱中的“钢笔工具”，在工具选项栏中设置“工具模式”为“形状”，填充颜色为深灰色（#494949），描边颜色为无，在画布左下角绘制图14-4所示的图形。

图14-4

06 在该图形上再绘制图14-5所示的图形，其填充颜色为#757575。

图14-5

07 使用“钢笔工具”继续在画布中绘制图形，上方图形的颜色为#e82121，下方图形的颜色为#ff3131，如图14-6所示。

图14-6

08 在下方图形的位置绘制颜色为#d37979的图形，如图14-7所示，此时该图形为“形状4”图层。

09 选中“形状4”图层，设置该图层的混合模式为“正片叠底”，如图14-8所示。

图14-7

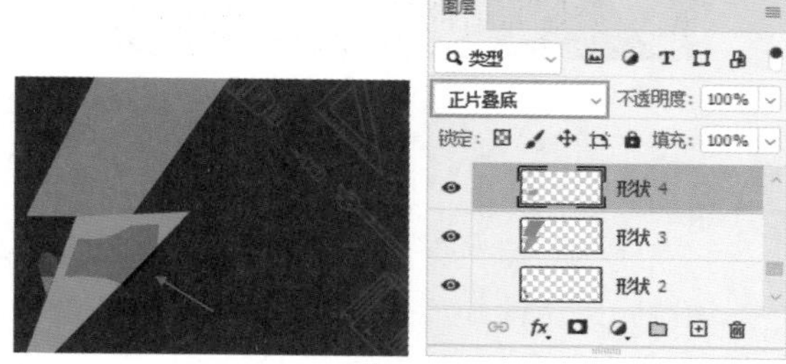

图14-8

10 打开“喇叭.png”素材，拖入文档，调整大小和位置后，按Enter键确认，如图14-9所示。

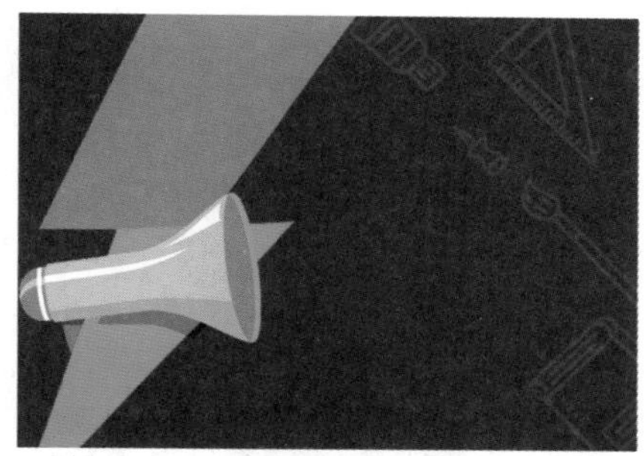

图14-9

11 选择工具箱中的“钢笔工具”，在工具选项栏中设置填充颜色为#82bf16，描边颜色为无，在喇叭右边绘制两个三角形，如图14-10所示。

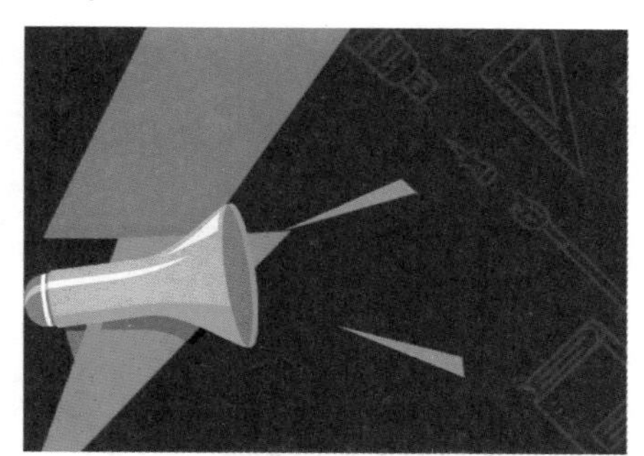

图14-10

12 使用“钢笔工具” 继续在周围绘制多个三角形，修改它们的颜色，其中为绿色（#17bc7d）和黄色（#ffb41f），效果如图14-11所示。

13 选中喇叭及其周围的所有图形，按快捷键Ctrl+G编组，命名为“喇叭”。

图14-11

14 单击“图层”面板中的“创建新的填充或调整图层”按钮 ，在弹出的快捷菜单中选择“亮度/对比度”命令，创建“亮度/对比度”调整图层，设置“亮度”为87，“对比度”为32，如图14-12所示，此时画面效果如图14-13所示。

图14-12

图14-13

15 选择工具箱中的“横排文字工具” ，在工具选项栏中设置字体为“新宋体”，字号为130点，文字颜色为白色，输入文字“中奖了”，如图14-14所示。

图14-14

16 修改字体为Calibri，字号为30点，在文字下方输入英文Winning the prize，如图14-15所示。

图14-15

17 打开“礼品盒.png”素材，并拖入文档，调整大小和位置后，按Enter键确认，如图14-16所示。

图14-16

18 最后添加“红包.png”“金币1.png”和“金币2.png”素材，并复制多个，移动到画面的其他位置，丰富画面效果，如图14-17所示。

图14-17

14.2 微视频插图——粉丝福利

本节主要利用“椭圆工具”“圆角矩形工具”“多边形工具”等形状工具和图层样式来制作一个粉丝福利的微视频插图。

01 启动Photoshop 2020，执行“文件”|“新建”命令，新建一个宽为700像素、高为700像素、分辨率为72像素/英寸的RGB文档。

02 单击“图层”面板中的“创建新图层”按钮 ，新建图层，设置前景色为#b8b6f8，按快捷键Alt+Delete填充前景色，如图14-18所示。

图14-18

03 打开“圆点.png”素材，并拖入文档，调整大小和位置后，按Enter键确认，如图14-19所示。

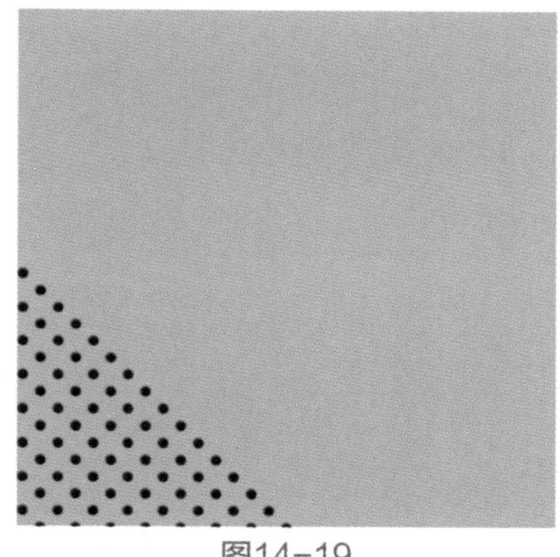
图14-19

04 双击“圆点”图层，打开“图层样式”对话框，选中“颜色叠加”命令，设置叠加颜色为白色，如图14-20所示。

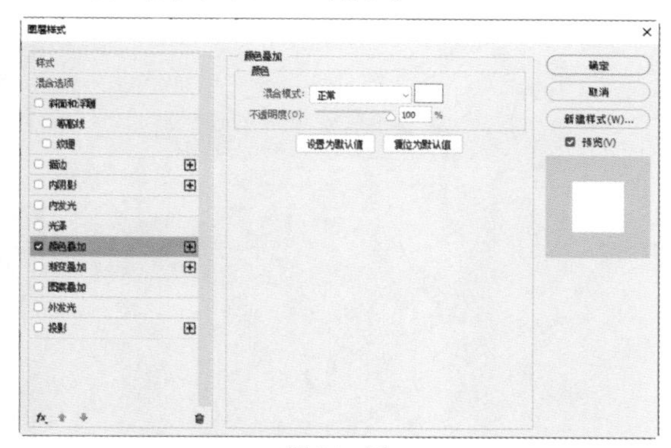

图14-20

05 单击“确定”按钮后，效果如图14-21所示。

06 选择工具箱中的“椭圆工具” ，在工具选项栏中设置填充颜色为无，描边颜色为白色，绘制两个圆形，适当调整描边粗细，如图14-22所示。

图14-21

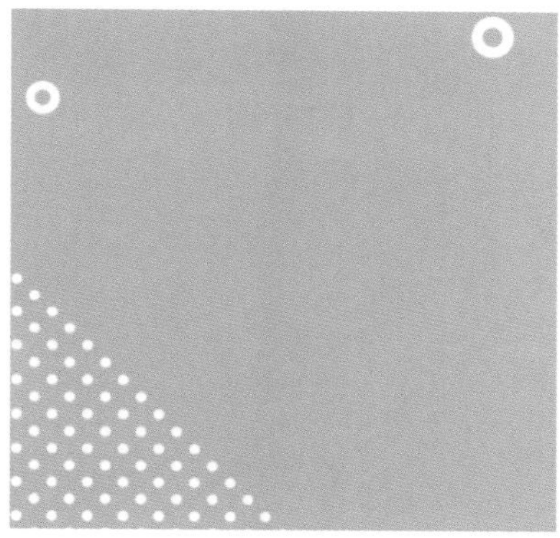
图14-22

07 为右边的圆形添加“颜色叠加”图层样式，叠加颜色为黄色（#ffe082），效果如图14-23所示。

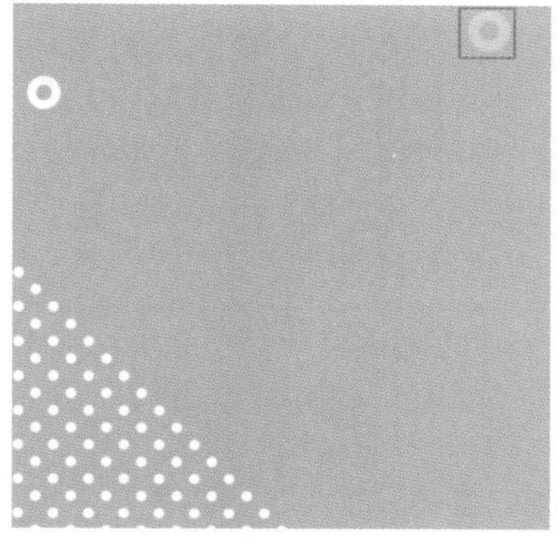
图14-23

08 选择工具箱中的“圆角矩形工具” ，在工具选项栏中设置填充颜色为#f99ac0，描边颜色为无，“半径”为25像素，单击并拖曳，绘制圆角矩形，如图14-24所示。

09 选择工具箱中的“多边形工具” ，在工具选项栏中设置填充颜色为无颜色，描边颜色为#fce473，其描边宽度为“30像素”，“边”为3，单击并拖曳，绘制三角形，如图14-25所示。

图14-24

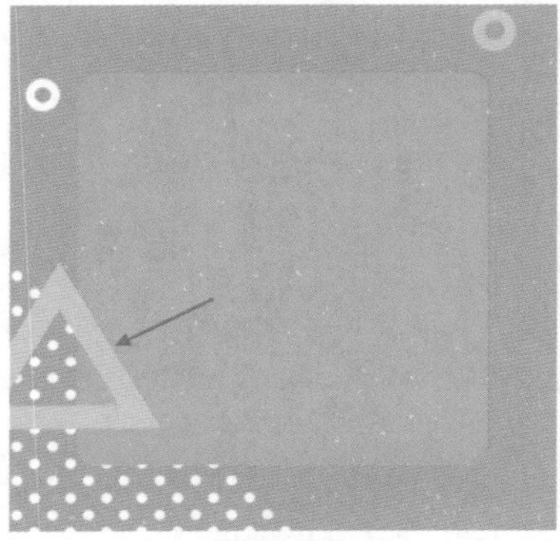

图14-25

10 双击多边形图层，打开“图层样式”对话框，选中“投影”命令，设置“混合模式”为“正片叠底”，颜色为#f18dad，“不透明度”为47%，“角度”为72度，“距离”为24像素，“扩展”为9%，“大小”为0像素，如图14-26所示。

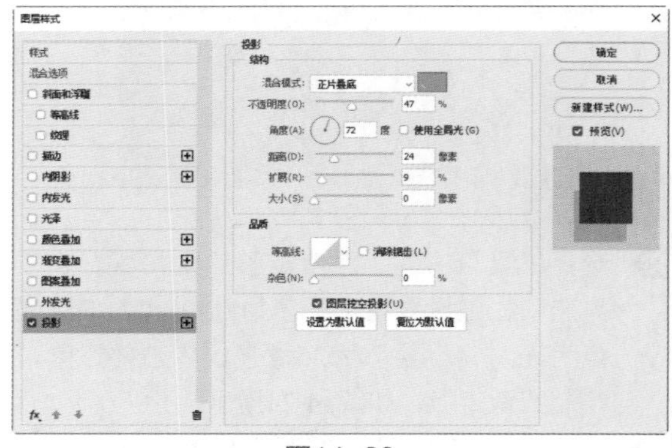

图14-26

11 单击“确定”按钮后，效果如图14-27所示。

图14-27

12 按快捷键Ctrl+J复制多边形，修改复制图形的描边颜色为#f8b6d0，将其垂直翻转并移动到画面右上角，如图14-28所示。

图14-28

13 选择工具箱中的“矩形工具”，在工具选项栏中设置填充颜色为无，描边颜色为白色，单击并拖曳，绘制正方形，如图14-29所示。

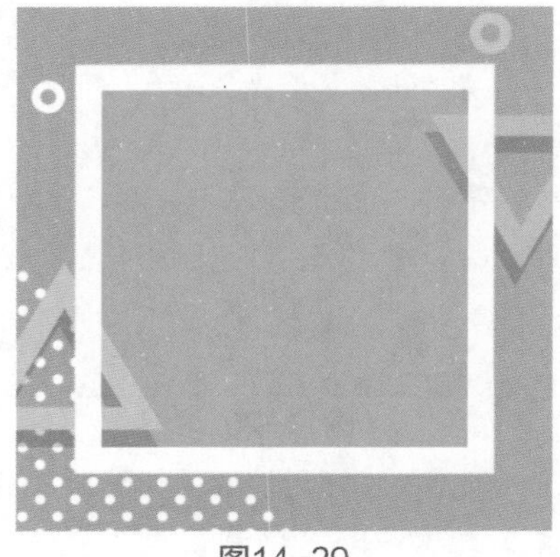

图14-29

14 双击白色正方形图层，打开“图层样式”对话框，设置“混合模式”为“正片叠底”，“不透明度”为51%，“角度”为133度，“距离”为11像素，“扩展”为9%，“大小”为8像素，如图14-30所示。

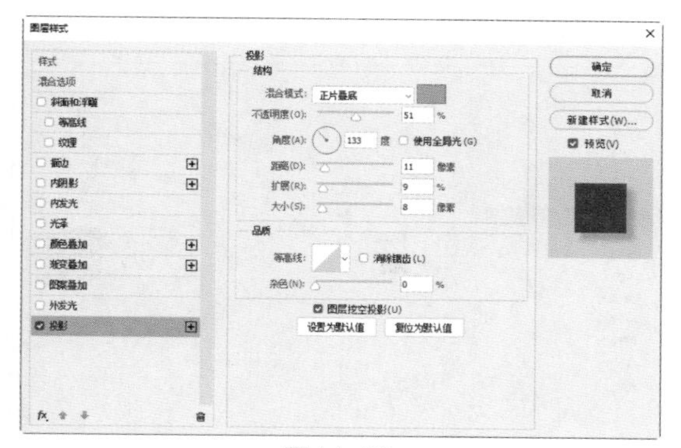

图14-30

15 单击“确定”按钮后，效果如图14-31所示。

图14-31

16 选择工具箱中的“矩形工具”，在左边的三角形被正方形遮挡的地方绘制一个矩形，填充颜色与该多边形的颜色相同，如图14-32所示。

图14-32

17 以同样的方法绘制右边的矩形，此时三角形效果如图14-33所示。

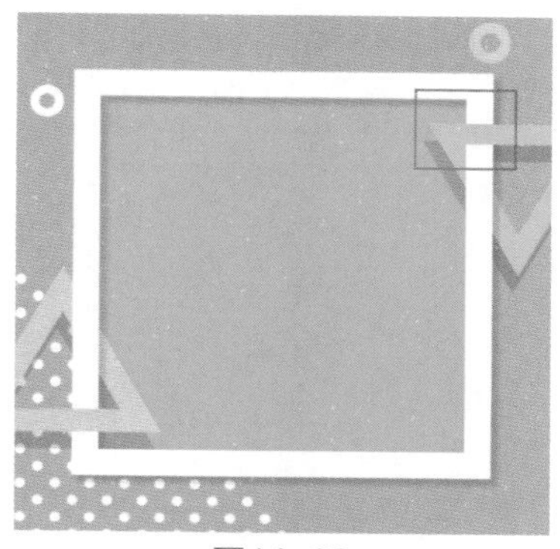
图14-33

18 选择工具箱中的“多边形工具”，在工具选项栏中设置填充颜色为#fce473，描边颜色为无，单击并拖曳绘制小三角形，将其复制多个并整齐排列，如图14-34所示。

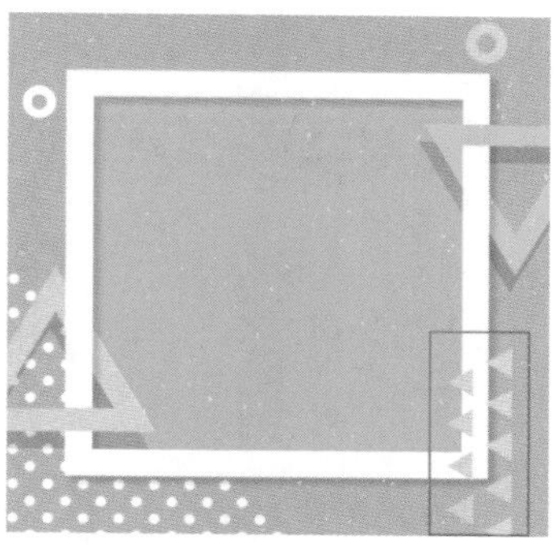
图14-34

19 合并所有小三角形到同一图层，得到“多边形2”图层，双击该图层，打开“图层样式”对话框，选中“投影”命令，设置“混合模式”为“正片叠底”，颜色为#f18dad，“不透明度”为47%，“角度”为157度，“距离”为25像素，“扩展”为9%，“大小”为0像素，如图14-35所示。

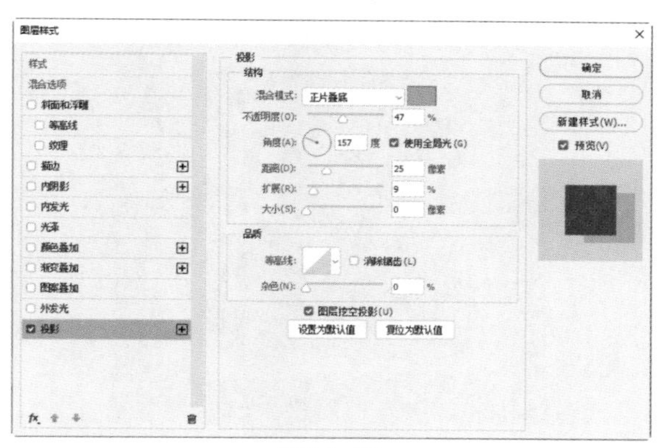

图14-35

20 单击“确定”按钮后，效果如图14-36所示。

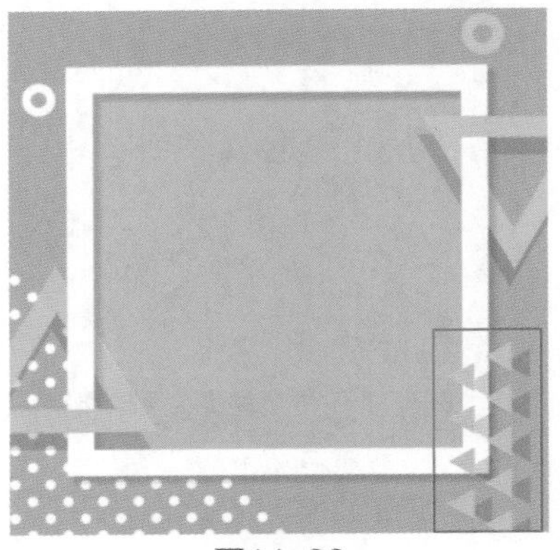

图14-36

21 按快捷键Ctrl+J复制“多边形2”图层，修改复制图形的颜色为#bee6ff，稍微缩小该图形，将其水平翻转并移动到画面左上角，如图14-37所示。

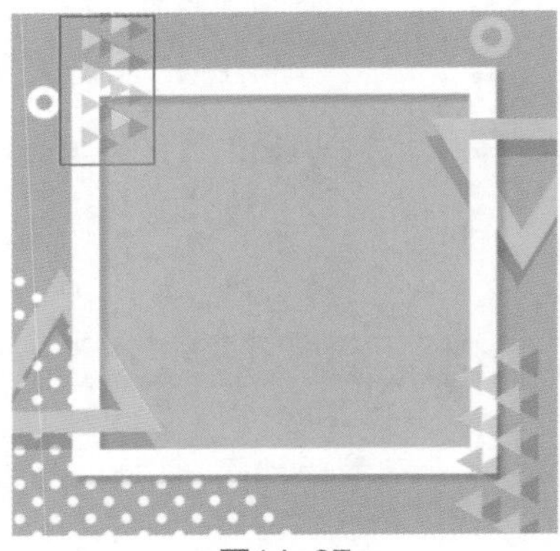

图14-37

22 选择工具箱中的“横排文字工具” T，在工具选项栏中设置字体为“黑体”，字号为200点，文字颜色为#ff00ba，在正方形内输入文字“粉丝福利”，如图14-38所示。

图14-38

23 双击文字图层，打开“图层样式”对话框，选中“描边”复选框，设置“大小”为1像素，“位置”为“外部”，“混合模式”为“正常”，“填充类型”为“颜色”，颜色为黑色，如图14-39所示。

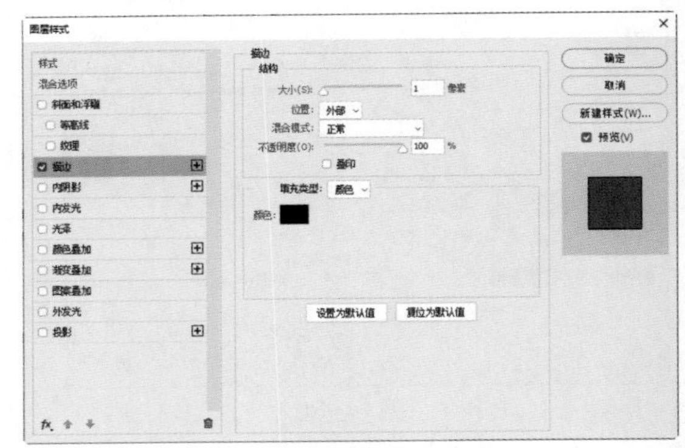

图14-39

24 单击“确定”按钮后，效果如图14-40所示。

图14-40

25 按3次快捷键Ctrl+J，将文本图层复制3次，依次向上稍微移动，制作出立体效果，如图14-41所示。

图14-41

26 按快捷键Ctrl+J再复制一层文本，稍微向上移动，修改文字颜色为白色，效果如

图14-42所示。

图14-42

27 选中所有文本图层，按快捷键Ctrl+G编组，命名为“粉丝福利”。选中“粉丝福利”图层组，按快捷键Ctrl+J复制该组，得到“粉丝福利拷贝”图层组。

28 展开“粉丝福利拷贝”图层组，将白色文字下面的所有文字颜色修改为#de8382，效果如图14-43所示。

图14-43

29 选中“粉丝福利拷贝”图层组内的所有文字图层，将它们栅格化并合并到同一图层中，将合并后的图层移至“粉丝福利”图层组下方，如图14-44所示。

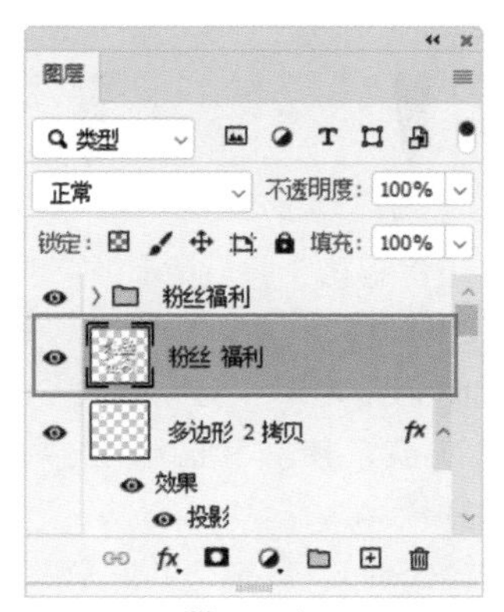

图14-44

30 双击“粉丝福利”图层，打开“图层样式”对话框，选中“投影”命令，设置“混合模式”为“正常”，颜色为#00e8f6，“角度”为142度，“距离”为9像素，“大小”为1像素，如图14-45所示。

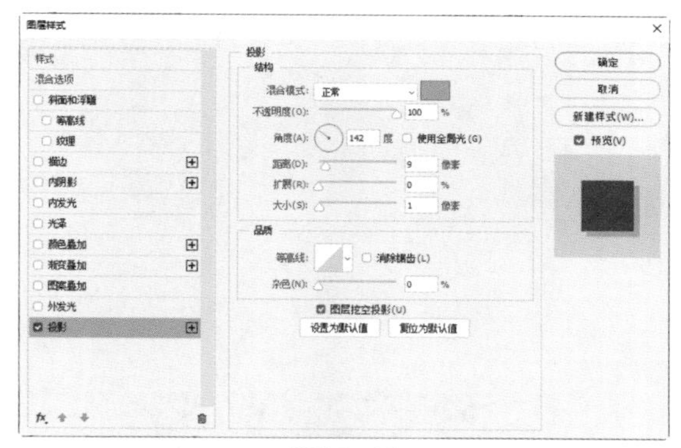

图14-45

31 单击“确定”按钮后，图像制作完成，如图14-46所示。

图14-46

14.3 二维码配图——有奖互动

本节主要利用“钢笔工具”“椭圆工具”“圆角矩形工具”等形状工具和图层样式来制作一个有奖互动的二维码配图。

01 启动Photoshop 2020，执行“文件”|“新建”命令，新建一个宽为600像素、高为600像素、分辨率为72像素/英寸的RGB文档。

02 选中“背景”图层，设置前景色为#ffd820，按快捷键Alt+Delete填充前景色，如图14-47所示。

03 打开“纹理.png”素材，并拖入文档，调整大小和位置后，按Enter键确认，如图14-48所示。

图14-47

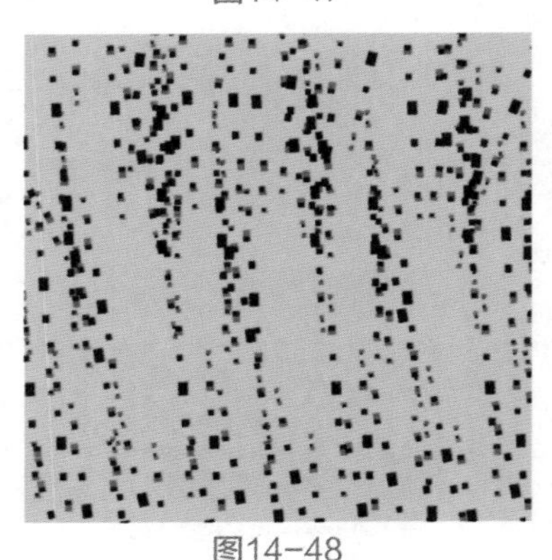

图14-48

04 双击“纹理”图层，打开“图层样式”对话框，选中“颜色叠加”命令，设置叠加颜色为#ffe984，如图14-49所示。

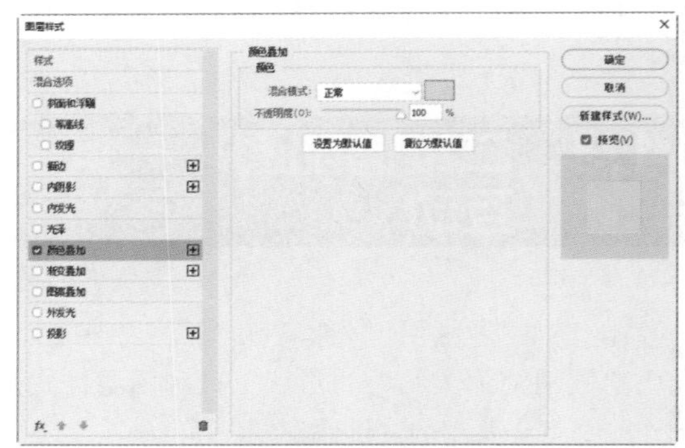

图14-49

05 单击“确定”按钮后，效果如图14-50所示。

06 选择工具箱中的“钢笔工具”，在工具选项栏中设置填充颜色为黑色，描边颜色为无，单击并拖曳，在画面底部绘制黑色图形，将其复制并移动到右边，效果如图14-51所示。

图14-50

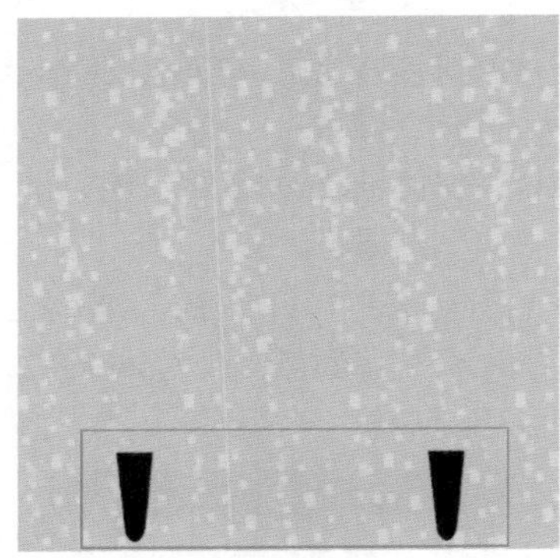

图14-51

07 选择工具箱中的“椭圆工具”，在工具选项栏中设置填充颜色为黑色，描边颜色为白色，描边宽度为13像素，单击并拖曳，绘制圆形，如图14-52所示。

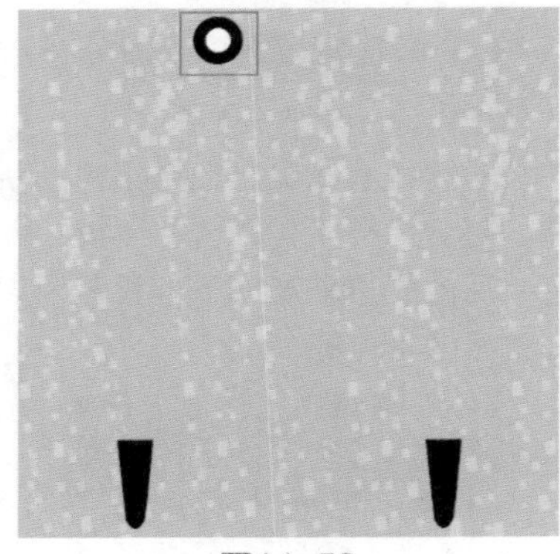

图14-52

08 使用“圆角矩形工具”，在工具选项栏中设置路径操作为“合并形状”，在圆形下方绘制圆角矩形，按快捷键Ctrl+T对其进行自由变换，使其和圆形合并在一起，如图14-53所示。

09 按快捷键Ctrl+J，复制合并图形，将其水平翻转并移动到右边，如图14-54所示。

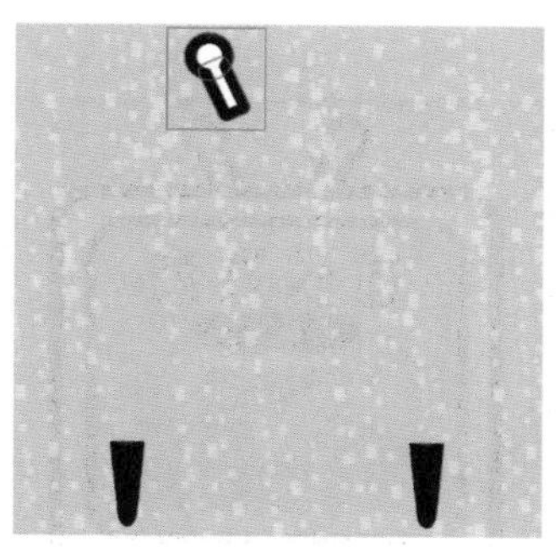

图14-53

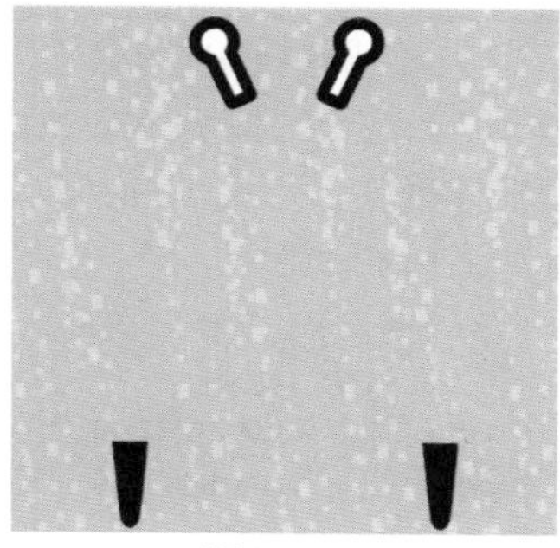

图14-54

10 在画面中心继续绘制一个圆角矩形，修改描边宽度为16像素，如图14-55所示。

图14-55

11 按快捷键Ctrl+J，复制该圆角矩形，将其缩小，修改填充颜色为蓝色（#00c6ff），描边宽度为13像素，如图14-56所示。

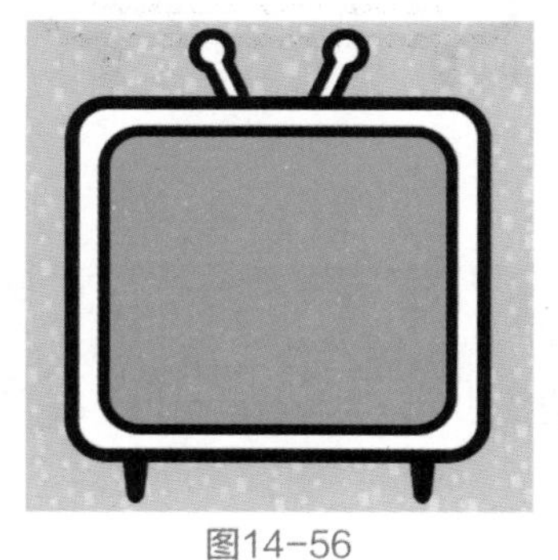

图14-56

12 选择工具箱中的“横排文字工具”T，在工具选项栏中设置字体为“方正姚体”，字号为65点，文字颜色为白色，输入文字“有奖互动”。

13 双击文字图层，打开“图层样式”对话框，选中“描边”命令，设置“大小”为5像素，“位置”为“外部”，“填充类型”为“颜色”，颜色为黑色，如图14-57所示。

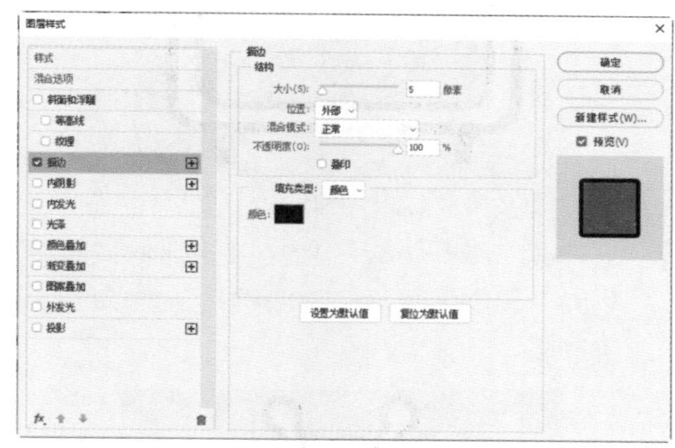

图14-57

14 单击“确定”按钮后，效果如图14-58所示。

图14-58

15 选择工具箱中的“圆角矩形工具”，在工具选项栏中设置填充颜色为黑色，描边颜色为无，“半径”为20.5像素，单击并拖曳，绘制圆角矩形，如图14-59所示。

图14-59

16 在黑色圆角矩形内输入文字，修改文字大小为“30点”，文字颜色为黄色（#ffd820），如图14-60所示。

图14-60

17 打开“二维码.png”素材，并拖入文档，调整大小和位置后，按Enter键确认，如图14-61所示。

图14-61

18 选中“二维码”图层，单击“图层”面板底部的“添加图层蒙版”按钮，为该图层添加图层蒙版，选中蒙版，使用“矩形选框工具”在二维码内绘制选区，如图14-62所示。

图14-62

19 按快捷键Ctrl+Shift+I反选选区，如图14-63所示。

图14-63

20 设置前景色为黑色，按快捷键Alt+Delete在选区内填充前景色，如图14-64所示，图像制作完成，如图14-65所示。

图14-64

图14-65

14.4 公众号封面图——暑假兴趣班

本节主要利用“直线工具”“多边形工

具”“椭圆工具”等形状工具和图层样式来制作一个暑假兴趣班的公众号封面图。

01 启动Photoshop 2020，执行“文件”|“新建”命令，新建一个宽为900像素、高为383像素、分辨率为72像素/英寸、背景色为#82d1e2的RGB文档，如图14-66所示。

图14-66

02 选择工具箱中的“直线工具”，在工具选项栏中设置填充为无颜色，描边为白色，描边粗细为1像素，形状描边类型为虚线，在画面中单击并拖动绘制水平直线，按快捷键Ctrl+J复制多个直线，调整复制直线的位置直至铺满整个画面，如图14-67所示。

图14-67

03 选中所有直线图层，单击“图层”面板中的“创建新组”按钮，命名为“虚线”，按快捷键Ctrl+J复制“虚线”图层组，再按快捷键Ctrl+T将复制的图层组中的所有直线旋转90度，在该图层组中再复制多条直线，移动它们的位置直至铺满整个画面，效果如图14-68所示。

图14-68

04 打开“波浪.png”素材，并拖入文档，调整大小后，按Enter键确认，如图14-69所示。

05 双击该图层，打开“图层样式”对话框，选中“颜色叠加”命令，设置叠加颜色为#f1ed7a，如图14-70所示。

图14-69

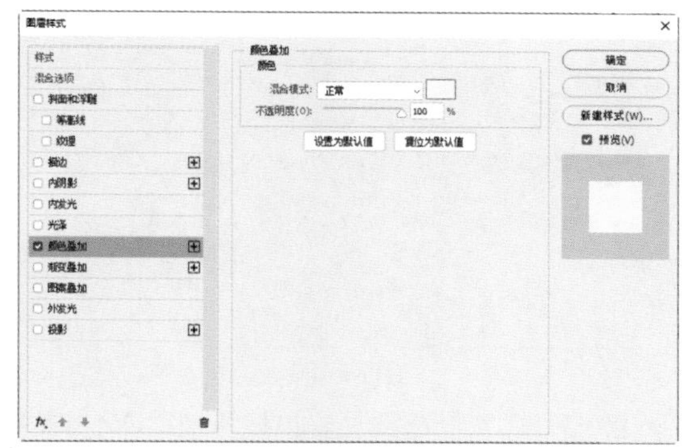

图14-70

06 单击“确定”按钮后，效果如图14-71所示。

图14-71

07 选择工具箱中的“多边形工具”，在工具选项栏中设置填充为无颜色，描边为#ffbe00，形状描边宽度为5像素，“边”为3，单击并拖曳，绘制三角形，按快捷键Ctrl+J复制一个三角形，调整它们的大小和位置，如图14-72所示。

图14-72

08 打开“亮点.png”素材，并拖入文档，调整大小后，按Enter键确认，如图14-73所示。

09 双击该图层，打开“图层样式”对话框，选中“颜色叠加”复选框，设置叠加颜色为白色，如图14-74所示。

图14-73

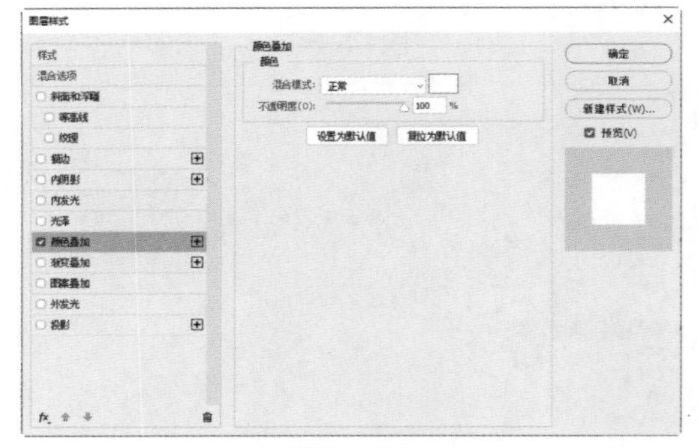

图14-74

10 单击“确定”按钮后，再按快捷键Ctrl+J复制亮点，调整位置后，效果如图14-75所示。

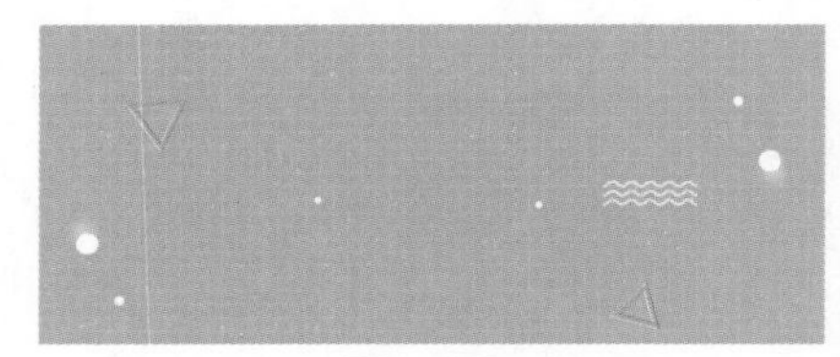

图14-75

11 选择工具箱中的“椭圆工具” ，在工具选项栏中设置填充颜色为白色，描边为无颜色，在画面顶部绘制圆形，如图14-76所示。

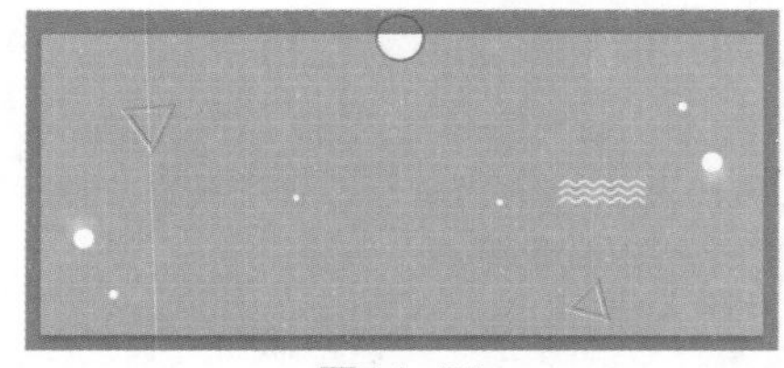

图14-76

12 按快捷键Ctrl+J复制多个圆形，调整位置后，效果如图14-77所示。

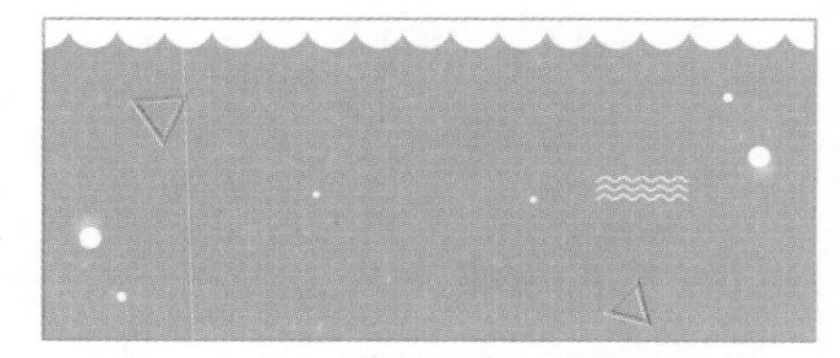

图14-77

13 选择工具箱中的“横排文字工具” ，在工具选项栏中设置字体为“黑体”，字号为80点，输入白色文字“暑假兴趣班”，如图14-78所示。

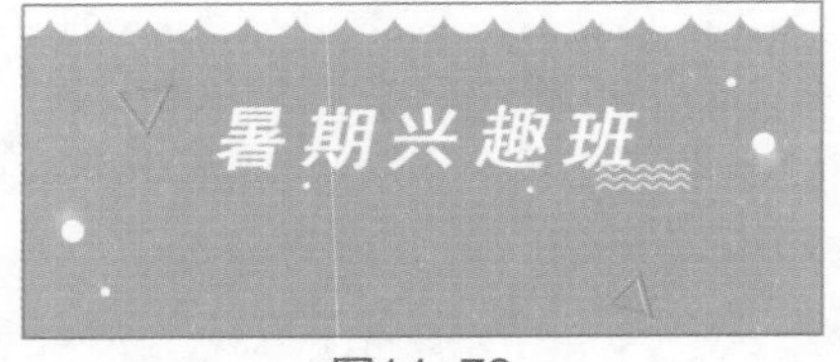

图14-78

14 双击文字图层，打开“图层样式”对话框，选中“描边”命令，设置“大小”为5像素，“位置”为“外部”，“混合模式”为“正常”，“填充类型”为“颜色”，颜色为#ffae00，如图14-79所示。

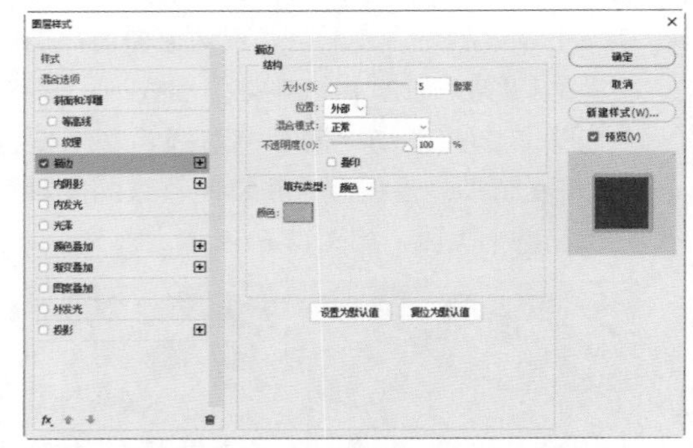

图14-79

15 单击“确定”按钮后，效果如图14-80所示。

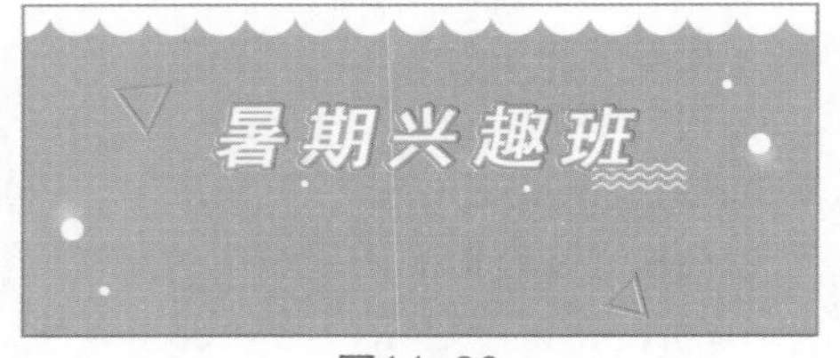

图14-80

16 选择工具箱中的“圆角矩形工具” ，在工具选项栏中设置颜色为无颜色，描边为白色，形状描边宽度为3像素，“半径”为10像素，单击并拖曳，绘制圆角矩形，在圆角矩形内输入文字“√”和“高效率”，如图14-81所示。

图14-81

17 选中圆角矩形图层和文字图层，单击“图层”面板中的“创建新组”按钮，创建图层组，按快捷键Ctrl+J复制两次图层组，调整它们的位置，分别修改圆角矩形内的文字为“聚名师”和“快成长”，如图14-82所示。

图14-82

18 选中所有的文字图层和图层组，单击“图层”面板中的“创建新组”按钮，命名为“文字”，双击“文字”图层组，打开“图层样式”对话框，选中“投影”命令，设置“混合模式”为“正片叠底”，颜色为#86d2e3，“角度”为90度，选中“使用全局光”复选框，设置“距离”为3像素，如图14-83所示。

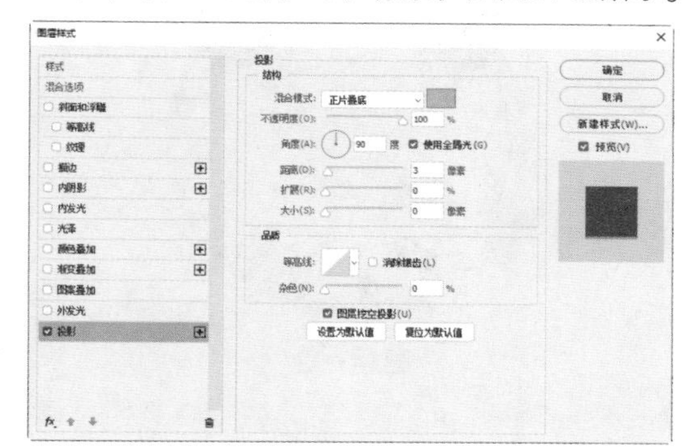

图14-83

19 单击“确定”按钮后，图像制作完成，如图14-84所示。

图14-84

14.5 社交平台头像框——鼠年大吉

本节主要利用“椭圆工具”和图层样式来制作一个鼠年大吉的社交平台头像框。

01 启动Photoshop 2020，执行“文件”|“新建”命令，新建一个宽为2500像素、高为2500像素、分辨率为300像素/英寸的RGB文档。

02 选择工具箱中的“椭圆工具”，在工具选项栏中设置填充为#f397c0，描边为无颜色，单击并拖曳，绘制圆形，如图14-85所示。

图14-85

03 双击圆形图层，打开“图层样式”对话框，选中“内阴影”命令，设置“混合模式”为“正片叠底”，颜色为#4f0321，“不透明度”为67%，“角度”为179度，选中“使用全局光”复选框，设置“距离”为30像素，“阻塞”为27%，“大小”为40像素，如图14-86所示。

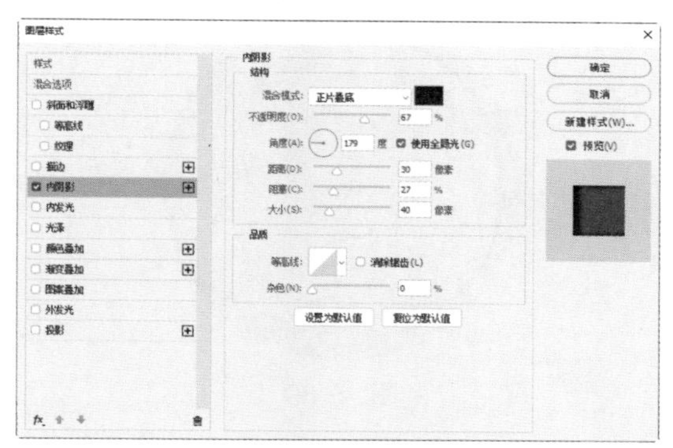

图14-86

04 单击“确定”按钮后，效果如图14-87所示。

05 打开“云朵.png”“雪球.png”和“雪沫.png”素材，并拖入文档，调整大小后，按Enter键确认，按快捷键Ctrl+J复制“云朵”素材，调整其位置，设置两个“云朵”图层的“不透明度”为66%，“雪沫”图层的“不透明度”为37%，选中所有素材图层，右击，在弹出的快捷菜单中选择“创建剪贴蒙版”命令，效果如图14-88所示。

图14-87

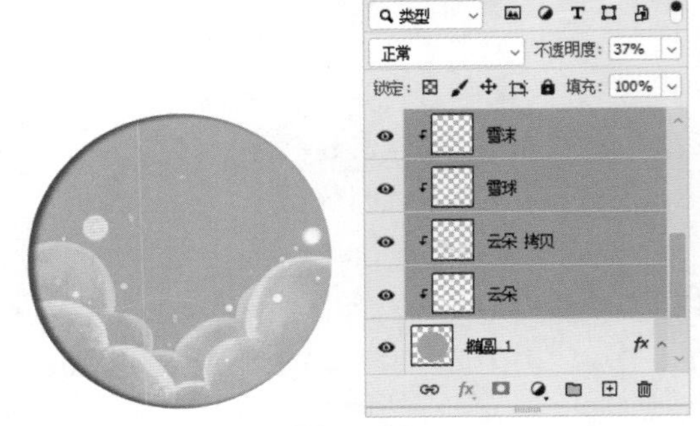

图14-88

06 使用“椭圆工具”，设置填充为无颜色，描边为#ff6166，描边宽度为80像素，单击并拖曳，绘制圆形框，如图14-89所示。

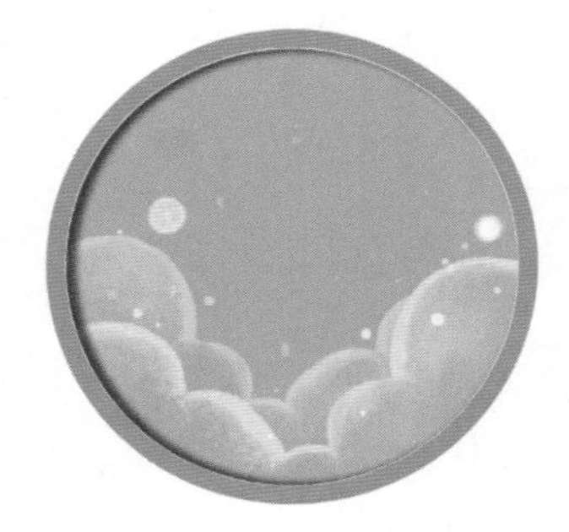

图14-89

07 在圆形框内再绘制一个无填充白色描边的圆形，其描边宽度为10像素，如图14-90所示。

图14-90

08 打开“灯笼.png”和“老鼠.png”素材，并拖入文档，调整位置和大小后，按Enter键确认，如图14-91所示。

图14-91

09 按快捷键Ctrl+J复制“灯笼”素材，按快捷键Ctrl+T打开定界框，右击，在弹出的快捷菜单中选择“水平翻转”命令，将复制的灯笼水平翻转，并调整其位置，如图14-92所示。

图14-92

10 打开“星星.png”素材，并拖入文档，调整位置和大小后，按Enter键确认，图像制作完成，如图14-93所示。

图14-93